KB013895

인조이 **도쿄**

인조이 도쿄

지은이 세계여행정보센터
펴낸이 임상진
펴낸곳 (주)넥서스

초판 1쇄 발행 2006년 11월 15일
5판 98쇄 발행 2018년 3월 25일

6판 1쇄 발행 2023년 11월 5일
6판 2쇄 발행 2023년 11월 10일

출판신고 1992년 4월 3일 제311-2002-2호
주소 10880 경기도 파주시 지목로 5
전화 (02)330-5500 팩스 (02)330-5555

ISBN 979-11-6683-602-2 13980

www.nexusbook.com

여행을 즐기는 가장 빠른 방법

인조이 도쿄 TOKYO

세계여행정보센터 지음

넥서스BOOKS

Prologue

여는 글

2020년 코로나19로 인하여 하늘길이 닫힌 이후 2022년 10월 관광객들이 도쿄를 다시 찾을 때까지 너무도 오랜 시간이 걸렸다. 약 3년 동안 도쿄를 찾는 국내외 관광객들이 급감하면서 인기 관광지뿐만 아니라 상점과 음식점도 많이 폐업하여 코로나19 이전의 모습을 찾아보기 힘들게 되었다. 하지만 빼앗겼던 일상을 되찾은 지금은 도쿄도 새롭게 변하고 있으며 다시 많은 관광객들이 찾고 있어 관광 NO.1 도시의 명성을 되찾아 가고 있다. 2024년 여름쯤이면 항공편도 예전 수준을 회복할 것으로 예상되며 아직까지 비어 있는 상점과 음식점들도 하나둘 다시 문을 열고 있다. 이에 〈인조이 도쿄〉도 새롭게 바뀌는 도쿄 정보에 대해 앞으로도 업데이트를 꾸준하게 진행할 예정이다.

새롭게 개정된 〈인조이 도쿄〉는 도쿄를 방문하는 관광객들이 보다 편하게 인기 관광지를 이동할 수 있도록 교통이나 시간에 대한 내용을 더욱 명확히 하였고, 기존보다 음식점에 대한 정보를 다양하게 업데이트하였다. 물론 작가의 시각에서 추천하는 관광지와 음식점들이 개인의 취향에 다 맞을 수는 없겠지만 최대한 객관적으로 기술하여 초보자들이 어렵지 않게 도쿄 여행을 즐길 수 있도록 노력하였다. 또한 자녀와 함께 도쿄를 찾는 관광객이 많아지는 추세를 반영하여, 부모의 눈높이에서 음식점과 상점을 선택할 수 있도록 '지역 여행'과 '테마 여행' 파트에 별도로 내용을 준비하였다.

무엇보다 해외여행을 할 때 언어가 통하지 않아도 〈인조이 도쿄〉 책 한 권만 있으면 원하는 관광지나 음식점을 쉽게 찾을 수 있도록 상세한 지도와 교통 정보를 수록하였고, 스마트폰으로

QR 코드만 찍으면 구글맵으로 해당 스폿의 위치를 정확히 알 수 있도록 하였다. 또한 음식점의 특징이나 추천 메뉴에 대한 내용을 각각의 음식점 정보에서 다루었고, 여행하면서 필요한 'Travel Tip'을 통해 참고 사항을 담았다. 관광지를 방문하였을 때 단순 구조물에 관련된 내용뿐만 아니라 배경 역사에 관련된 내용도 수록하였고, 각 스폿에 대해 작가의 주관적인 생각을 담았으니 참고하기 바란다

〈인조이 도쿄〉가 새롭게 나오기까지 정말 많은 시간을 들였고 다양한 사람들의 도움을 받았다. 먼저 부족한 제 원고에 관심을 갖고 멋지게 다듬어 주신 넥서스 출판사의 편집팀 여러분께 감사를 드린다. 긍정적인 이야기와 도움을 주시는 멘토 김상훈 교수님과 멋진 한정석 대표님, 예쁜 백지희 대표님, 항상 내 편인 절친 순일이 그리고 여행을 함께 하고 즐겁게 술 한잔 할 수 있는 친구 서호와 자빈이에게도 고마움을 전한다. 함께 새로운 일에 도전하는 골퍼 김영숙 약사님과 명품 박천일 형님 그리고 10년을 같이 일하며 고생하고 있는 채현이에게도 항상 고맙다. 마지막으로 많이 부족하지만 언제나 믿고 이해해 주는 나의 보물 보영이와 예쁜 정연이 그리고 귀여운 승연이에게 사랑한다는 말을 전하고 싶다.

세계여행정보센터

이 책의 구성

1

한눈에 보는 도쿄

도쿄는 어떤 매력을 가지고 있을까? 도쿄의 대표적인 명소와 음식, 쇼핑 아이템를 사진으로 보면서 여행의 큰 그림을 그려 보자.

2

추천 코스

전문가가 추천하는 도쿄 여행 코스를 참고하여 자신의 여행 스타일에 맞는 최적의 일정을 세워 보자.

3

지역 여행 & 근교 여행

도쿄 시내는 물론, 시간을 들여 찾아가도 좋은 매력적인 근교 여행지까지 상세하게 다루었다. 꼭 가 봐야 할 대표적인 명소부터 맛집, 상점, 호텔 등을 소개하고 상세한 관련 정보를 담았다.

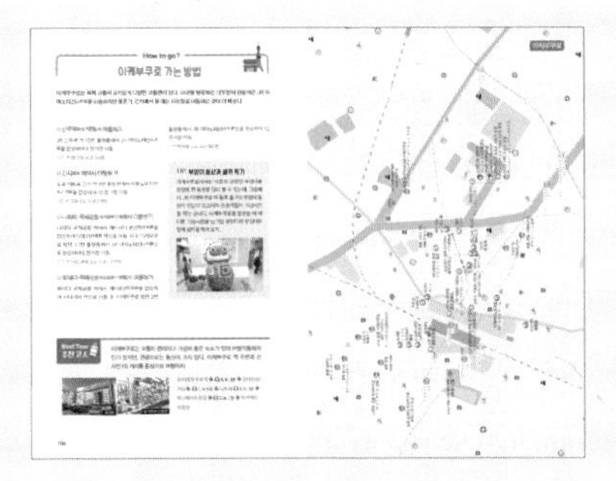

지역별 교통편과 여행 동선, 상세한 지도

각 지역의 주요 명소와 쇼핑 핫플레이스

여행을 더 즐겁게 해 주는 맛집

편안하고 가성비 좋은 숙소

현지의 최신 정보를 정확하게 담고자 하였으나 현지 사정에 따라 정보가 예고 없이 변동될 수 있습니다. 특히 요금이나 시간 등의 정보는 안내된 자료를 참고 기준으로 삼아 여행 전 미리 확인하시기 바랍니다.

4

테마 여행

여행을 더 풍성하고 다채롭게 만들어 줄 도쿄의 즐길 거리들을 테마별로 소개한다.

사계절이 들썩들썩
도쿄 축제 이야기

5

여행 정보

여행 전 준비부터 공항 출입국 수속까지, 여행 전 알아두면 유용한 정보들을 담았다.

TOKYO

6

여행 회화

현지에서 사용할 수 있는 간단한 일본어 회화 표현을 수록했다.

일본어

찾아보기

책에 소개된 관광 명소와 식당, 숙소 등을 이름만 알아도 쉽게 찾을 수 있도록 정리했다.

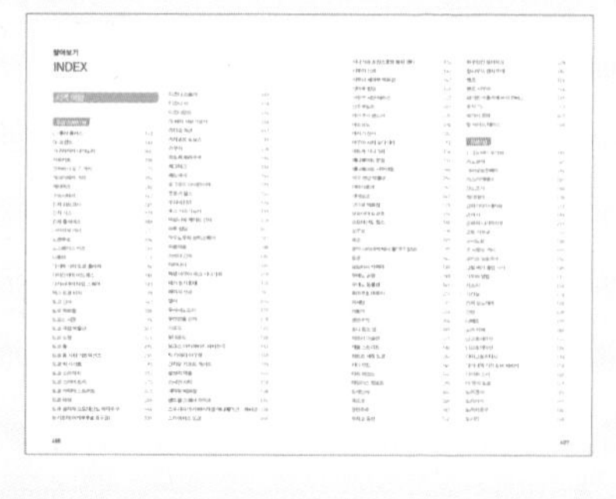
찾아보기
INDEX

모바일 지도 활용법

책에 나온 장소를 내 휴대폰 속으로!

여행 중 길 찾기가 어려운 독자를 위한 인조이만의 맞춤 지도 서비스.
구글맵 기반으로 새롭게 돌아온 모바일 지도 서비스로 스마트하게 여행을 떠나자.

STEP 01

아래 QR을 이용하여 모바일 지도 페이지 접속.

STEP 02

STEP 03

지도 목록에서 찾고자 하는 장소를 검색하여 원하는 장소로 이동!

❶ 지역 목록으로 돌아가기
❷ 길 찾는 장소 선택
❸ 큰 지도 보기
❹ 지도 공유하기
❺ 구글 지도앱으로 장소 검색

※ 구글을 서비스하지 않는 지역에서는 사용이 제한될 수 있습니다.

Contents

목차

한눈에 보는 도쿄

추천 코스

지역 여행

근교 여행

테마 여행

여행 정보

한눈에 보는 도쿄

- 반드시 가야 할 그곳 MUST GO
- 도쿄 여행의 즐거움 MUST BUY
- 여행의 달콤한 유혹 MUST EAT

BUCKET LIST
반드시 가야 할 그곳
MUST GO
도쿄를 여행할 때 이곳에는 꼭 가 봐야 도쿄를 다녀왔다고 말할 수 있는 핵심 지역이 많다. 일정은 한정되어 있어 몇 군데만 선택하려면 굉장히 고민이 될 것이다. 어디에 가야 할지 고민이라면 주목하자! 꼭 가 봐야 할 도쿄의 대표 명소들을 소개한다.

P. 98

레인보우 브리지

도쿄 야경의 상징인 레인보우 브리지를 배경으로 인생 한 컷!

P. 96

다이버 시티 도쿄 플라자

어릴 적 만화 속의 로봇이 내 눈 앞에!
실제 사이즈의 건담 모형 만나기.

P. 124

도쿄 도청 전망대

신주쿠의 아름다운 야경을
무료 전망대에서 감상하기.

P. 142

Q-프런트 & 센터 거리

항상 많은 사람들로 가득 찬 시부야의 대표적인 번화가에서 쇼핑과 미식 즐기기.

P. 128

신주쿠도리 & 가부키초

도쿄 최대 번화가인 신주쿠의 핵심 거리이자
쇼핑과 먹거리의 천국을 활보하기.

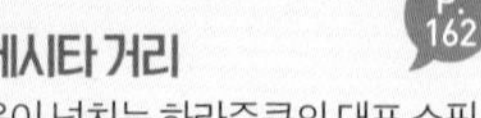
P. 162

다케시타 거리

젊음이 넘치는 하라주쿠의 대표 쇼핑 거리에서
일본 10대와 20대 패션 엿보기.

P. 270

아사쿠사 센소사 & 나카미세 거리

도쿄에서 가장 크고 유명한 사찰과
먹거리와 볼거리가 가득한 전통 상점가에서
일본의 옛 거리 즐기기.

롯폰기 힐즈

복합 쇼핑몰에서 전망대와 미술관도 둘러보고 쇼핑과 먹거리 즐기기.

P. 284

P. 229

긴자 식스 & 주오 거리

도쿄 최대의 쇼핑몰인 긴자 식스와
백화점 및 명품 숍이 가득한
주오 거리에서 럭셔리 쇼핑.

아키하바라 라디오 회관

P. 252

게임과 애니메이션 마니아들의 성지에서
피규어, 프라모델, 애니메이션 굿즈 쇼핑하기.

P. 260

우에노 공원

아름다운 벚꽃비를 맞으면서
연인과 함께, 가족과 함께 산책하기.

P. 262

아메요코 시장

서민적인 분위기가 물씬 풍기는 대표 재래시장 둘러보기.

P. 310

도쿄 디즈니 리조트

일본 최고 인기의 테마파크 도쿄 디즈니 리조트에서 동화 같은 하루를 즐기기.

P. 376

요코하마 **차이나타운**

일본 속의 작은 중국을 느껴 보기.

P. 369

요코하마 **미나토미라이 21 지구**

아름다운 항구 도시에서 멋진 야경 사진 찍기.

하코네 **오와쿠다니**

화산이 터지지는 않겠죠? 자연의 경이로움을 느낄 수 있는 오와쿠다니에서 검은 달걀 먹기.

P.
392

하코네 **도겐다이 유람선**

아름다운 호수 위 유람선에서 하코네의 절경을 감상하기.

가마쿠라 **가마쿠라 대불**

어마어마한 크기의 가마쿠라 대불 앞에서
기념사진 찰칵!

가마쿠라 **가마쿠라 고등학교**

혹시 농구 하실 줄 아세요?
만화 〈슬램덩크〉의 그 학교에서 추억 속으로 떠나기.

닛코 **주젠지호 & 닛코산 세계 문화유산 지역**

자연과 역사가 살아 숨쉬는 곳! 아름다운 닛코로 떠나기.

BUCKET LIST

도쿄 여행의 즐거움

MUST BUY

도쿄에 왔다면 반드시 놓치지 말아야 할 것들이 많다. 그중에서도 많은 도쿄 여행자들이 단연 최고로 꼽는 것은 쇼핑! 기념품부터 생활 잡화, 건강 식품, 화장품까지 한국 여행자들이 가장 선호하는 제품들을 알아 보자.

의약품

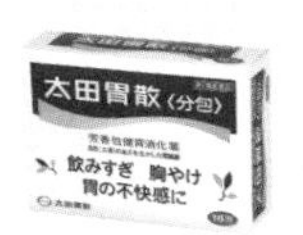

오타이산
太田胃散
효과가 빠른 일본의
인기 소화제.

요구르겐
ヨーグルゲン
변비에 아주 좋은
유산균 가루.

카베진 코와
キャベジンコーワ
건강한 위를 위한
일본 인기 위장약.

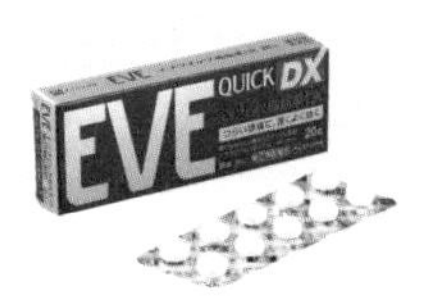

이브 퀵
EVE-QUICK イブクイック
생리통, 두통 등에
효과가 빠른 진통제.

은행 DX 골드
イチョウＤＸゴールド
은행잎 추출물로 만든
혈액 순환 영양제.

무히 연고
ムヒs
벌레 물림, 가려움증 완화에 좋은
크림 타입의 연고.

로이히 쓰보코
ロイヒつぼ膏
하나만 붙여도 효과 만점
동전 파스.

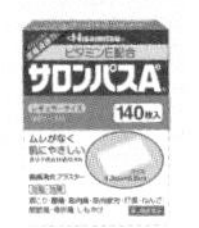

사론 파스
サロンパス
일본의
국민 파스.

사카무케아
サカムケア
방수까지 가능한
바르는 반창고.

호빵맨 모기 패치
アンパンマン ムヒパッチ
여름철 아이들을 위한
모기 패치.

다이쇼 구내염 패치
口内炎パッチ 大正A
입 안 구내염에
붙이는 패치.

다무시친키 골드
タムシチンキゴールド
발톱과 발바닥에 모두 사용할 수 있는
전통의 대표 무좀약.

화장품

퍼펙트 휩
パーフェクトホイップ
거품이 잘 나고 깨끗이 세안되는
일본의 국민 클렌징 폼.

아네사 선크림
アネッサ
여름철에 꼭 필요한
대표 선크림.

루루룬 마스크 팩
ルルルン
보습 효과가 뛰어난
마스크 팩.

보태니스트 샴푸
Botanist シャンプー
일본에서 인기인
천연 식물성 샴푸.

하토무기 화장수
ハトムギ化粧水
율무 추출물로 만든
천연 화장수.

화이트 클리어 젤
ホワイトクリアジェル
피부의 각질을 제거해 주고
기미·여드름 예방에 좋은 젤.

아시리라 시트
足リラシート
발의 붓기와 노폐물을 빼는 데
효과적인 시트.

이토 콜라겐
Itocolla
냄새·방부제·지방분이 없는
먹는 화장품.

오르비스 클리어풀
ORBIS クリアフル
피부 트러블을 방지해 주는
식물성 성분 화장품.

장난감

실바니안 패밀리
シルバニアファミリー
숲속 동물 가족
캐릭터 완구.

포켓몬 제품
ポケモン
일본의 대표
캐릭터 제품.

피규어
FIGURE
인기 애니메이션 속 등장인물을
생동감 있게 만든 모형.

식품

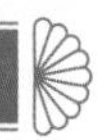

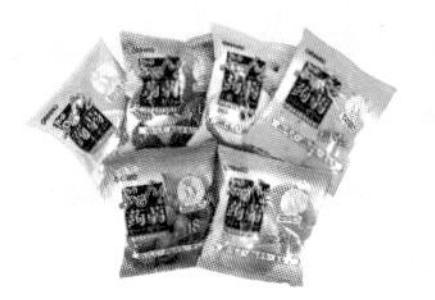

오리히로 곤약 젤리
オリヒロ 蒟蒻ゼリー
맛은 물론 다이어트 식품으로
유명한 곤약 젤리.

부르봉 알포트
ブルボン アルフォート
비스킷에 초콜릿을 씌운
초코 과자.

SB 골든 카레
エスビー ゴールデンカレー
간편하고 맛이 진한
고형 카레.

우마이봉
うまいぼん
아이들이 좋아하는
다양한 맛의 막대 과자.

킷캣 초콜릿
キットカット
다양한 맛을 맛볼 수 있는
일본의 인기 초콜릿.

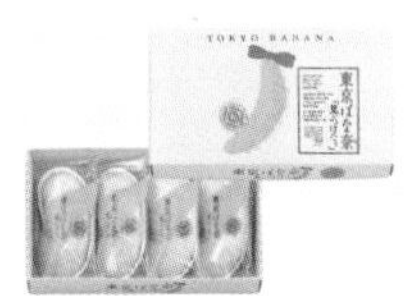

도쿄 바나나
東京ばな奈
한국 관광객들에게 인기 최고인
바나나 모양의 빵.

자가리코
じゃがりこ
샐러드 맛, 치즈 맛, 야채 맛 등
다양한 종류의 스틱형 감자 스낵.

로얄 밀크티
ロイヤルミルクティー
홋카이도산 전분유와 홍차를 더한
일본에서 가장 유명한 밀크티.

로이즈 초콜릿
ROYCE
면세점에서 선물용으로
가장 많이 구매하는 고급 생초콜릿.

주류

히비키 위스키
HIBIKI 響
일본의 대표 위스키.

다사이 사케
DASSAI 獺祭
선물용으로 좋은
고급 사케.

일본 소주
日本焼酎
대표적인 증류주로,
특히 고구마로 만든 소주가 인기.

여행의 달콤한 유혹

MUST EAT

도쿄 여행에서 절대 빠질 수 없는 것이 맛있는 음식이다. 먹거리도 무궁무진한 도쿄는 알고 가야 맛있는 음식을 찾아 먹을 수 있다. 한국 관광객들이 가장 선호하는 초밥부터 시원한 맥주까지 도쿄에서 놓칠 수 없는 대표적인 음식을 보며 추천 맛집을 체크해 보자.

초밥(스시) 무엇보다 신선하고, 종류가 다양해 일본 여행에서 빠뜨릴 수 없는 초밥.
천하 스시 P.150, 다이와 스시 P.100, 스시다이 P.100

라멘

오랫동안 조리한 깊은 맛의 국물과
수타면의 만남!
오니소바 후지야 P.153, 이치란 P.263, 무테키야 P.115

스키야키

고기나 채소 등을 국물에 데쳐 먹는
일본식 전골 요리.
모리타야 P.245, 기소지 P.137

우동

탱글탱글, 오동통통, 쫄깃쫄깃
면발이 굵은 밀가루 국수.
베쓰테이토리자야 P.309, 이노우에 상점 P.411,
쓰루동탄 P.291

냉소바

더운 여름에 시원하게
후루룩 먹는 메밀국수!
소지보 P.101, 곤파치 P.102, 하쓰하나 P.394

돈가스 두툼한 돼지고기와 바삭한 튀김가루의 만남!

돈가스 마이센 P.170

오코노미야키

다진 양배추와 고기
그리고 밀가루로 만든 일본 빈대떡.

쓰키시마 몬자 쿠야 P.148

규카쓰

첫 식감은 바삭하지만
먹을수록 부드러운 소고기 커틀릿.

교토 가쓰규 P.152, 규카쓰 모토무라 P.254

야키도리

술 한 잔이 생각날 때
간단한 안주로 좋은 꼬치구이.

곤파치 P.102, 도사카 P.381,
야키도리 우에노분라쿠 P.264

야키니쿠

고기는 언제나 진리!
한국에서 전파된 일본식 숯불구이.

잔카 P.151, 조조엔 P.218, 야키니쿠 후타고 P.134

규동

맛있게 한 끼 식사 뚝딱 할 수 있는
소고기 덮밥.
마쓰야(체인점), 요시노야(체인점)

가쓰동

따끈한 밥 위에
돈가스와 계란 반숙을 얹은 덮밥.
마쓰야(체인점), 스키야(체인점)

오므라이스

볶음밥 위에 오믈렛을 얹고
소스를 끼얹은 요리.
렌카테이 P.231, 시세이도 팔러 P.234

장어덮밥(히쓰마부시)

따끈한 밥 위에 장어구이를
잘게 썰어 올린 음식.
아나고야 긴자 하라이 P.233, 우나테츠 P.137,
호사카야 P.209

회덮밥(지라시동)

먹기 좋은 크기의 회를
푸짐하게 얹은 밥.
도비초 P.412, 기무라 덮밥 P.131

카레

매운맛 카레부터 블랙 카레까지
다양한 스타일의 일본 카레.
켄닉 카레 P.155, 히노야 카레 P.382

추천 코스

- 직장인을 위한 2박 3일 코스
- 도쿄 미식 투어 3박 4일 코스
- 아이와 함께하는 여행 4박 5일 코스
- 나홀로 자유 여행 7박 8일 코스

직장인을 위한 2박 3일 코스

금요일 업무를 끝내고 주말을 도쿄에서 보내고 싶은 바쁜 직장인을 위한 일정이다. 핵심 지역을 중심으로 여행 계획을 세우고, 맛볼 음식을 고려한 후에 음식점까지 계획에 넣도록 하자.

#오다이바 #시부야 #하라주쿠 #긴자 #아사쿠사
#야키도리 #회전초밥 #장어덮밥 #주말여행

PLAN TIP

❖ **항공은 시간을 절약하기 위해 김포-하네다 노선을 이용**
서울에서 인천 공항보다는 김포 공항으로의 이동이 시간이 절약되고 도쿄에서도 나리타 공항보다는 하네다 공항에서 시내로 이동하는 것이 시간을 절약할 수 있다.

❖ **숙소는 하네다 공항에서 가까운 시나가와 · 하마마쓰초 역 부근으로 예약**
입국 심사를 받고 짐을 찾아 공항을 나오면 벌써 밤 11시가 된다. 다음 날 여행을 위해 역에서 가까운 호텔을 예약하는 것을 추천한다.

1일차 하네다 국제공항 · 시나가와

18:00 **김포 공항 국제선 청사 도착 후, 2층 ANA 항공 카운터에서 탑승 수속**

19:55 **NH868편으로 김포 국제공항 출발**

22:15 **하네다 국제공항 도착 후 입국 수속**

23:00 **하네다 국제공항 ➔ 시나가와**

게이큐선을 탑승하여 시나가와 역에서 하차한 후 다카나와 출구에서 도보로 이동. (탑승하기 전에 시나가와 역을 지나가는지 확인하자. 목적지가 시나가와品川, 게이세이타카사고京成高砂, 나리타 공항成田空港, 시바야마치요다芝山千代田인 열차를 탑승.)

게이큐선 약 15분 + 도보 약 5분

23:30 **시나가와 도부 호텔 도착 후 체크인**

아사쿠사 센소사

2일차 아사쿠사 · 긴자 · 오다이바

08:00 **기상 후 아침 식사**

호텔 조식이나 호텔 입구에 있는 음식점 또는 JR 시나가와 역 안 가게에서 식사.
(예산 약 1,000엔)

09:00 **시나가와 역 ➔ 아사쿠사 센소사**

시나가와 역 JR 게이큐선 2번 플랫폼에서 아사쿠사행 전철을 탑승. 아사쿠사 역 도착 후 1번 출구로 나와 아사쿠사 센소사로 이동(센카쿠지 역에서 직결 환승이므로 같은 열차에 머무르면 됨).

JR 게이큐선 약 23분 + 도보 약 7분

09:35 **아사쿠사 센소사** P.270

약 1400년 정도 된 도쿄에서 가장 큰 사찰

도보 약 5분

10:30 **나카미세 거리** P.272

호조몬에서 가미나리몬까지 각종 기념품과 간단한 먹거리를 판매하고 있다.

나카미세 거리

도보 약 2분

11:30 **아사쿠사 역 ➔ 긴자 역**

아사쿠사 역에서 도쿄 메트로 긴자선을 탑승하여 긴자 역으로 이동.

도쿄 메트로 긴자선 약 17분 + 도보 약 2분

12:00 **점심 아나고야 긴자 히라이** P.233

긴자역 S2 출구로 나와 긴자를 관광하기 전 식사를 하자. 가격은 다소 비싸지만 장어 요리로 아주 유명한 곳이며 장어덮밥을 추천한다. (예산 약 3,000엔)

도보 약 4분

13:40 **긴자** P.220

이토야 긴자점을 시작으로 주오 거리를 걸으며 긴자 식스 쇼핑몰을 지나 신바시 역까지 이동하면서 긴자 일대를 관광.

도보 약 10분

15:40 **신바시 역 → 다이바 역**

신바시 역에서 유리카모메(편도 티켓 구매)를 탑승하여 다이바 역으로 이동.

유리카모메 약 14분 + 도보 약 12분

16:10 **다이버 시티 도쿄 플라자** P.96

실제 사이즈의 건담이 있어 유명한 쇼핑몰이다.

도보 약 15분

18:00 **아쿠아 시티 오다이바 & 덱스 도쿄 비치** P.97·98

다양한 매장이 있는 두 쇼핑몰은 아주 가까이 위치하고 있으므로 저녁 식사 전까지 쇼핑을 즐기자.

19:00 **저녁 곤파치** P.102

레인보우 브리지의 야경을 보면서 맛있는 모듬 꼬치와 일본 술을 곁들이면서 도쿄의 마지막 밤을 보내자. (예산 약 4,000엔)

도보 약 3분

21:00 **오다이바 야경 감상**

자유의 여신상부터 오다이바카이힌코엔 역까지 야경을 감상하면서 천천히 도보로 이동.

22:00 **오다이바카이힌코엔 역 → 신바시 역 → 시나가와 역**

오다이바카이힌코엔 역에서 유리카모메를 탑승하여 신바시 역으로 이동 후, JR 신바시 역으로 도보 이동. JR 신바시 역 4번 플랫폼에서 JR 야마노테선을 탑승하여 JR 시나가와 역으로 이동.

유리카모메 약 14분 + 야마노테선 약 9분 + 도보 약 5분

23:00 **호텔**

07:30 **기상 후 아침 식사와 호텔 체크아웃**

호텔 조식이나 호텔 입구에 있는 음식점이나 JR 시나가와 역 안 가게에서 식사. 호텔에서 체크아웃을 하고 짐은 시나가와 역 사물함에 맡긴다. (예산 약 1,000엔)

도보 약 5분

08:30 **시나가와 역 → 하라주쿠 역**

JR 시나가와 역 2번 플랫폼에서 JR 야마노테선을 탑승하여 JR 하라주쿠 역으로 이동한 후, 오모테산도 출구로 나와 메이지 신궁으로 이동.

야마노테선 약 14분 + 도보 약 2분

09:00 **메이지 신궁** P.161

일요일 아침에 메이지 신궁 앞 신궁교(진구바시)의 코스프레를 보고 메이지 신궁을 가볍게 산책.

도보 약 3분

10:00 **다케시타 거리** P.162

다케시타 거리를 거닐며 크레이프도 먹고 다양한 상점에서 쇼핑을 즐기자.

도보 약 2분

11:00 **하라주쿠 역 → 시부야 역**

JR 하라주쿠 역 1번 플랫폼에서 JR 야마노테선을 탑승하여 JR 시부야 역으로 이동. 이후 하치공 출구로 나와 좌측 횡단보도를 건너 센터 거리로 이동.

야마노테선 약 3분 + 도보 약 2분

11:20 **분카무라 거리 & 센터 거리** P.144·145

여러 상점과 백화점 그리고 도쿄에서 가장 큰 메가 돈키호테에서 쇼핑을 즐기자.

도보 약 3분

12:30 점심 **천하 스시** P.150

회전 초밥집인 천하 스시에서 배부르게 먹도록 하자. 여름에는 시원한 생맥주와 함께 맛보면 좋다. (예산 약 2,000엔)

도보 약 4분

13:30 **시부야 역 ➔ 시나가와 역**

시나가와 역 도착 후 아침에 맡겼던 짐을 찾는다

야마노테선 약 12분

14:00 **시나가와 역 ➔ 하네다 국제공항 역**

게이큐 시나가와 역 1번 플랫폼에서 게이큐 본선 에어포트 급행을 탑승하여 하네다 국제공항 역으로 이동. (주의할 점은 국내선 공항이 아닌 국제선 공항에 하차.)

게이큐 본선 에어포트 급행 약 15분

14:30 **하네다 국제공항 3층 ANA 항공 카운터에서 탑승 수속**

16:10 **NH865편으로 하네다 국제공항 출발**

18:35 **김포 국제공항 도착 후 입국 심사**

19:00 **수하물을 찾은 후 세관 검사**

총 예상 경비

- ★ **왕복 항공료**(ANA 김포-하네다 기준, 공항 이용료 · 유류세 포함) 약 620,000원
- ★ **2일 숙박료** (시나가와 도부 호텔 2인 1실 기준, 조식 불포함) 약 120,000원
- ★ **현지 교통비** 약 25,700원
- ★ **식사비**(간식 비용 포함) 약 110,000원

총 예상 경비 약 875,700원(기타 개인 경비 제외)

※ 환율 기준 100엔 = 1,000원이며, 항공료와 숙박료는 여행사 및 예약 시점에 따라 차이가 있을 수 있다.

도쿄 미식 투어 3박 4일 코스

짧은 도쿄 여행에서 맛집을 중심으로 계획하는 여행이다. 많이 먹는 것보다는 다양하게 맛볼 수 있는 맛집 중심의 일정이다. 식사와 간식 그리고 야식까지 도쿄의 맛집을 알차게 즐겨 보자.

#초밥 #돈가스 #소바 #규동 #와규 #하라주쿠 크레이프 #우동 #회전 초밥

PLAN TIP

❖ 먹거리에 비용을 많이 쓰기 위해 다른 비용을 최소화
항공료를 줄이기 위해 인천 – 나리타 저비용 항공사를 이용하고, 숙소도 다소 저렴한 곳을 이용한다.

1일차 나리타 국제공항 · 신주쿠 · 하라주쿠 · 오모테산도

05:30 **인천 국제공항 제1청사에 도착 후 3층 진에어 항공 카운터에서 탑승 수속**

07:25 **LJ201편으로 인천 국제공항 출발**

09:50 **나리타 국제공항 도착 후 입국 수속**

11:00 **나리타 국제공항 → 우에노 역**

비용을 아끼기 위해서는 게이세이 본선을 탑승하는 것이 좋지만 도착하자마자 고생하지 말고 스카이라이너를 이용하자.

스카이라이너 약 51분

12:00 **APA 호텔 게이세이 우에노 에키마에 도착 후 체크인**

게이세이 우에노 역 이케노하타 출구에서 도보로 이동(바로 앞). 아침 시간이라 객실 배정을 받을 수 없으니 체크인 후 짐을 로비에 맡기자.

12:20 **우에노 역 → 오모테산도 역**

도쿄 메트로 우에노 역 1번 플랫폼에서 긴자선 열차를 탑승하여 오모테산도로 이동.

도쿄 메트로 긴자선 약 25분

13:00 **점심 돈가스 마이센** P.170

도쿄에 도착하여 첫 번째 먹는 식사인데 아무거나 먹을 수 없다! 제대로 된 돈가스를 먹어 보자. 흑돼지 등심 세트를 추천한다. (예산 약 3,500엔)

도보 약 5분

14:00 **오모테산도 & 하라주쿠 P.164, 156**

오모테산도에서는 오모테산도 힐스 길 건너편의 상점가, 하라주쿠는 다케시타 거리를 중심으로 여행을 즐기자.

도보 약 10분

15:30 **간식 마리온 크레이프 P.169**

하라주쿠 다케시타 거리의 명물인 크레이프를 꼭 먹어 보자. (예산 약 600엔)

도보 약 2분

16:30 **하라주쿠 역 → 신주쿠 역**

JR 하라주쿠 역 2번 플랫폼에서 야마노테선을 탑승하여 신주쿠 역으로 이동.

JR 야마노테선 약 5분 + 도보 약 15분

17:00 **도쿄 도청 전망대 P.124**

도쿄 도청에서 바라보는 야경이 유명하지만 시간상 낮에 도쿄 전경을 감상하자.

도보 약15분

18:00 **신주쿠 동쪽 & 가부키초 P.126·128**

신주쿠 역 북쪽 가부키초 출구나 동쪽 출구로 나가면 신주쿠 거리를 만날 수 있는데, 이 일대가 백화점과 상점이 가장 많다. 저녁을 가부키초에서 먹을 예정이므로 식사 장소로 이동하면서 관광한다.

도보 약 2분

19:30 **저녁 우나테쓰 P.137**

장어 요리 전문점으로 장어덮밥, 구이, 꼬치구이 등의 메뉴가 있다. 여러 가지 요리를 먹을 수 있는 오마카세 코스를 추천한다. (예산 약 8,800엔)

도보 약10분

22:00 **신주쿠 역 → 우에노 역**

JR 신주쿠 역까지 도보로 이동한 다음 JR 신주쿠 역 15번 플랫폼에서 야마노테선을 이용하여 JR 우에노 역으로 이동.

JR 야마노테선 약 25분

22:40 **호텔**

로비에서 오전에 맡겨두었던 짐을 찾아서 체크인을 한 후에 객실로 올라간다.

2일차 긴자 · 마루노우치 · 오다이바

09:00 **기상 후 아침 식사**

호텔 조식을 먹거나 가까운 마쓰야에 가서 규동 또는 조식 세트를 먹자. 대부분 상점이 10시 이후에 개점하므로 일찍 나왔다면 우에노 공원을 산책하자. (예산 약 1,000엔)

09:50 **우에노 역 ➔ 도쿄 역**

JR 우에노 역 3번 플랫폼에서 야마노테선을 탑승하여 도쿄 역으로 이동.

JR 야마노테선 약 7분 + 도보 약 2분

10:00 **도쿄 캐릭터 스트리트** P.243

일본의 애니메이션 캐릭터 제품을 판매하는 다양한 상점들이 한곳에 모여 있다.

도보 약 15분

11:00 **마루노우치** P.236

도쿄 역에서 가까워 도보 이동이 가능하며 마루노우치 빌딩과 신마루노우치 빌딩을 중심으로 쇼핑과 관광을 하자.

12:30 **점심 만텐 스시** P.244

제대로 된 고급 스시를 맛볼 수 있는 곳으로, 낮에 방문하면 다소 저렴한 가격으로 오마카세 요리를 먹을 수 있다. (예산 약 3,850엔)

도보 약 20분

14:00 **긴자** P.220

마루노우치에서 긴자까지 걸어가기에 멀지 않다. 다음 일정인 오다이바를 가기 위해 주오 거리를 따라 신바시 역까지 걸어가면서 긴자를 둘러보자.

도보 약 10분

16:00	**신바시 역 ➔ 다이바 역** 신바시 역 유리카모메 탑승장(JR 신바시 역이 아닌 별도 건물이 있음)에서 유리카모메를 탑승하여 다이바 역으로 이동. 유키카모메 약 14분 + 도보 약 12분
16:30	**다이버 시티 도쿄 플라자** P.96 실제 크기의 건담 모형을 배경으로 기념사진을 찍고 쇼핑몰을 둘러보자. 도보 약 15분
18:00	**아쿠아 시티 오다이바 & 덱스 도쿄 비치** P.97·98 플라잉 타이거 코펜하겐, 토이 저러스, 디즈니 숍 등 인기 매장 등이 많고 다이바 잇초메 상가와 다코야키 박물관 같은 다양한 볼거리도 있다.
19:30	**저녁 1129 바이 오가와** P.103 유명 정육점에서 운영하는 레스토랑에서 맛있는 스테이크와 함께 간단하게 와인과 맥주도 한 잔! 밖으로 보이는 레인보우 브리지의 야경을 직접적으로 볼 수 있는 곳이다.(예산 약 3,000엔) 도보 약 5분
21:00	**오다이바카이힌코엔 역 ➔ 신바시 역 ➔ 우에노 역** 오다이바카이힌코엔 역으로 이동하며 야경을 감상하면서 천천히 걷자. 역에서 유리카모메를 탑승하여 신바시 역으로 이동 후, JR 신바시 역 5번 플랫폼에서 야마노테선을 탑승하여 JR 우에노 역으로 이동. 유리카모메 약 14분 + 야마노테선 약 12분
21:30	**호텔**

08:00 **기상 후 아침 식사**

호텔 조식을 먹거나 가까운 마쓰야에 가서 규동 또는 조식 세트를 먹자. (예산 약 1,000엔)

09:00 **우에노 역 → 시부야 역**

지하철 우에노 역 1번 플랫폼에서 도쿄 메트로 긴자선을 탑승하여 시부야 역으로 이동.

도쿄 메트로 긴자선 약 20분

09:40 **시부야** P.138

아직 이른 시간이라 문을 열지 않은 상점이 많으므로 먼저 도쿄에서 가장 큰 메가 돈키호테에서 쇼핑을 즐기고 다른 곳으로 이동하자.

도보 약 5분

12:00 **점심 쓰키시마 몬자 쿠야** P.148

오코노미야키, 몬자야키, 야키소바 맛집으로 좌석 앞에서 바로 요리를 하기 때문에 보는 즐거움과 먹는 즐거움을 함께 느낄 수 있다. (예산 약 2,500엔)

도보 약 1분

13:30 **시부야 역 → 다이칸야마 역**

시부야 역 3·4번 플랫폼에서 도큐 도요코선 완행을 탑승하여 다이칸야마 역으로 이동.

도큐 도요코선 완행 약 3분 + 도보 약 4분

13:40 **간식 카페 미켈란젤로** P.190

다이칸야마에 도착하여 커피 한 잔의 여유를 가져 보자. (예산 약 780엔)

14:30 **다이칸야마** P.180

카페 옆에 있는 힐 사이드 테라스를 시작으로 다이칸야마 어드레스 그리고 캐슬 스트리트까지 시계 방향으로 둘러본다.

도보 약 3분

16:30 **다이칸야마 역 → 나카메구로 역 → 롯폰기 역**

다이칸야마 역 1번 플랫폼에서 도큐 도요코선 완행을 탑승하여 나카메구로 역에 하차. 3번 플랫폼에서 도쿄 메트로 히비야선으로 환승하여 롯폰기 역으로 이동.

도큐 도요코선 완행 약 1분 + 도쿄 메트로 히비야선 약 8분

17:00 **롯폰기** P.280

롯폰기 힐스와 모리 미술관, 도쿄 시티 뷰를 관광하고 저녁을 먹자.

도보 약 4분

19:00 **저녁 곤파치 니시아자부** P.291

영화 〈킬빌〉의 촬영 장소이기도 한 이곳에서 야키도리를 비롯한 여러 메뉴를 주문하여 도쿄에서의 마지막 밤을 보내자. (예산 약 3,000엔)

도보 약 4분

21:30 **롯폰기 역 → 우에노 역**

지하철 롯폰기 역 2번 플랫폼에서 도쿄 메트로 히비야선을 탑승하여 우에노 역으로 이동.

도쿄 메트로 히비야선 약 27분

22:00 **호텔**

4일차 아사쿠사 · 우에노 · 나리타 국제공항

08:30 **기상 후 아침 식사**

호텔 조식을 먹거나 가까운 마쓰야에 가서 규동 또는 조식 세트를 먹자. 호텔에서 체크아웃을 하고 짐을 호텔에 맡기고 이동하자. (예산 약 1,000엔)

09:30 **우에노 역 → 아사쿠사 역**

우에노 역 2번 플랫폼에서 도쿄 메트로 긴자선을 탑승하여 아사쿠사 역으로 이동하자.

도쿄 메트로 긴자선 약 6분 + 도보 약 1분

09:40 **아사쿠사** P.266

나카미세 거리, 아사쿠사 센소사, 갓파바시도구 거리 순으로 관광을 한다.

12:00 **점심 아오이마루신** P.275

비행기를 타기 전 현지에서 먹는 마지막 식사이다. 아사쿠사에서 아주 유명한 식당인 아오이마루신에서 튀김덮밥을 먹어 보자. 점심 시간에 줄이 길 수 있으므로 가능한 일찍 가게를 방문하자. (예산 약 2,400엔)

도보 약 2분

우에노 공원

13:00 **아사쿠사 역 ➔ 우에노 역**

지하철 아사쿠사 역에서 도쿄 메트로 긴자선을 탑승하여 우에노 역으로 이동.

도쿄 메트로 긴자선 약 5분 + 도보 약 2분

13:10 **우에노** P.256

우에노 공원을 중심으로 아메요코 시장을 둘러보자. 시간의 여유가 된다면 도쿄 국립 박물관을 추천하지만 호텔에서 짐을 찾아서 떠나야 하니 꼭 시간 체크를 하자!

15:30 **호텔**

역으로 이동하기 전 호텔에 들러 아침에 맡겨 두었던 짐을 찾아서 가자.

도보 약 1분

15:40 **우에노 역 ➔ 나리타 국제공항**

도쿄에 도착했을 때와 마찬가지로 스카이라이너를 이용하도록 하자.

스카이라이너 약 45분

16:30 **나리타 국제공항 도착 후 출국 수속**

나리타 국제공항에서 내릴 때 나리타 국제공항 제1터미널 역에 내리도록 한다. (진에어는 국제선 제1터미널 북쪽 윙에 위치함) 전철에서 내린 후 진에어 카운터에서 탑승 수속을 하면 된다.

18:20 **LJ204편으로 나리타 국제공항 출발**

20:55 **인천 국제공항 도착 후 입국 심사**

21:30 **수하물을 찾은 후 세관 검사**

총 예상 경비

★ **왕복 항공료** (진에어 인천 - 나리타 기준, 공항 이용료, 유류세 포함) 약 454,000원
★ **3일 숙박료** (APA 호텔 게이세이 우에노 에키마에 2인 1실 기준, 조식 불포함) 약 180,000원
★ **현지 교통비** 약 79,500원
★ **식사비**(간식 비용 포함) 약 314,300원 (아침 조식 비용 1식 1,000엔 기준)

총 예상 경비 약 1,027,800원 (기타 개인 경비 제외)

※ 환율 기준 100엔 = 1,000원이며, 항공료와 숙박료는 여행사 및 예약 시점에 따라 차이가 있을 수 있음.

아이와 함께하는 여행 4박 5일 코스

아이와 즐거운 추억을 만드는 가족 여행이다. 아이는 물론 엄마도 아빠로 만족할 만한 여행 일정이다. 일정은 유치원생 정도의 자녀 1명과 함께 다닐 수 있는 곳이며 예산은 가족 전체 비용으로 표시하였다.

#가족 여행 #디즈니 리조트 #레고 랜드 #하코네
#가족사진 #장난감 쇼핑 #추억 만들기

PLAN TIP

❖ **아이들 중심의 일정을 준비**
아이와 함께 즐길 수 있는 여행지를 중심으로 일정을 준비한다. 또한 많은 곳을 한 번에 다니면 아이가 쉽게 지칠 수 있으므로 하루에 몇 개의 간단한 일정만 준비하고 부모와 함께 즐길 수 있는 일정으로만 다니도록 한다.

❖ **기내 아동식을 미리 신청**
여행 출발 24시간 전까지 해당 항공사 홈페이지에서 아동식을 미리 신청하자.

❖ **공항으로의 이동은 시간을 넉넉하게 잡자**
아이가 아침 일찍 움직이기 힘들 수 있기 때문에 항공 출발 1시간 30분 전까지 공항에 도착할 수 있도록 준비한다.

1일차 하네다 국제공항 · 오다이바

07:30 **김포 국제공항 도착 후, 2층 대한항공 카운터에서 탑승 수속**

09:00 **KE2101편으로 김포 국제공항 출발**

11:10 **하네다 국제공항 도착 후 입국 수속**

12:00 **하네다 국제공항 ➔ 시나가와 역**
JR 게이큐선을 탑승하여 시나가와 역으로 이동한다. 탑승 전에 시나가와 역을 지나가는지 확인하자. 잘 구분하기 힘들 때는 목적지가 시나가와品川, 게이세이타카사고京成高砂, 나리타 공항成田空港, 시바야마치요다芝山千代田인 열차를 탑승하자.
JR 게이큐선 약 16분 + 도보 약 3분(시나가와 역 다카나와 출구 이용)

12:30 **시나가와 프린스 호텔 도착 후 짐 맡기기**
시나가와 프린스 호텔에 도착하면 체크인 없이 카운터에서 짐을 맡기자.

12:40 **점심 시나가와 프린스 호텔 푸드코트**
멀리 이동하지 말고 호텔 2층에 위치한 푸드코트에서 아이들과 함께 먹을 수 있는 메뉴를 주문하여 먹도록 하자. (예산 3,500엔)
도보 약 3분

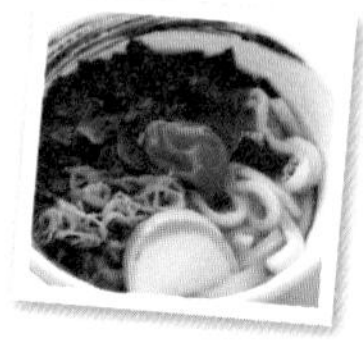

13:40 **시나가와 역 → 신바시 역 → 오다이바카이힌코엔 역**

시나가와 역 1번 플랫폼에서 야마노테선을 탑승하여 JR 신바시 역으로 이동. 신바시 역 도착 후 유리카모메 신바시 역으로 도보 이동하여 유리카모메를 탑승하고 오다이바카이힌코엔 역으로 이동. 이때 가장 앞자리에 탑승을 하면 시야가 확 트여서 도쿄의 전경을 감상할 수 있는데, 아이들이 대단히 좋아한다.

야마노테선 약 8분 + 유리카모메 약 13분 + 도보 약 4분

14:20 **레고 랜드 디스커버리 센터(덱스 도쿄 비치 내 위치)** P.98, 445

체험형 어트랙션부터 즐기고 나서 자유롭게 관람하자. (예산 11,200엔)

도보 약 2분

17:30 **저녁 카페 라보엠** P.102

레고 랜드가 있는 덱스 도쿄 비치 옆 건물인 아쿠아 시티 오다이바 6층에 위치하고 있으며 아이들과 함께 먹을 수 있는 메뉴가 많다. (예산 5,000엔)

19:00 **디즈니 스토어, 토이저러스 쇼핑** P.97

1층의 디즈니 스토어와 지하1층에 위치한 토이저러스에서 장난감, 학용품, 생활용품까지 아이들과 함께 즐거운 쇼핑.

도보 약 1분

20:00 **오다이바에서 추억 사진 만들기**

오다이바의 멋진 야경을 배경으로 예쁜 가족사진을 꼭 찍자.

도보 약 2분

20:30 **다이바 역 → 신바시 역 → 시나가와 역**

다이바 역에서 유리카모메를 탑승하여 신바시 역로 이동 후 JR 신바시 역으로 도보 이동. JR 신바시 역 4번 플랫폼에서 야마노테선을 탑승하여 JR 시나가와 역으로 이동. 시나가와 역 다카나와 출구로 나와 호텔로 이동.

유리카모메 약 15분 + 야마노테선 약 9분 + 도보 약 3분

21:20 **호텔**

오전에 맡겨 두었던 짐을 찾고 체크인하자.

2일차 도쿄 디즈니 리조트

08:00 **기상 후 아침 식사**

아이와 함께 외부로 나가서 아침을 먹기는 힘드니 호텔을 예약할 때 조식 포함으로 예약하자. 호텔 조식을 먹고 하루 일정을 시작하자.

09:30 **시나가와 역 → 도쿄 역 → 마이하마 역**

JR 시나가와 역 1번 플랫폼에서 야마노테선을 탑승하여 도쿄 역에서 하차 후 게이요선 라인을 따라 도보 이동. JR 게이요선 4번 플랫폼에서 환승하여 마이하마 역으로 이동.

야마노테선 약 14분 + JR 게이요선 약16분 + 도보 약 15분

10:40 **도쿄 디즈니 리조트** P.310

아이와 함께할 수 있는 어트렉션으로는 옴니버스, 웨스턴 리버 철도, 정글 크루즈, 매력의 티키룸, 잇츠 어 스몰 월드 등이 있다. 퍼레이드 행사는 날짜, 요일, 시즌에 따라 일정이 바뀔 수 있어, 자세한 일정은 홈페이지를 통해 미리 확인하자.
(예산 19,600엔)

12:30 **점심 레스토랑 호쿠사이**

고기덮밥, 돈가스, 우동, 튀김 등이 있으며 어린이 메뉴도 있다. (예산 8,000엔)

17:30 **저녁 더 다이아몬드 호스슈**

공연을 보면서 코스 식사를 즐길 수 있는 곳으로, 인터넷에서 사전 예약을 하자. 저녁 퍼레이드나 불꽃놀이 시작 약 2시간 전에 식사한다. (예산 20,000엔)

19:30 **퍼레이드 및 불꽃놀이 보기**

디즈니 리조트에서 빼놓을 수 없는 퍼레이드와 불꽃놀이를 가족과 함께 보면서 추억을 만들어 보자. 자세한 일정은 홈페이지 참고.

도보 약 15분

20:30 **마이하마 역 → 도쿄 역 → 시나가와 역**

마이하마 역 2번 플랫폼에서 게이요선을 탑승하여 도쿄 역으로 이동한 후 JR 지상 전철 역사 5번 플랫폼에서 야마노테선을 탑승하여 시나가와 역으로 이동.

게이요선 약16분 + 야마노테선 약 14분+ 도보 약 3분

21:30 **호텔**

09:00 **기상 후 아침 식사**

전날 활동량이 많았으니 아침에 푹 자고 천천히 일어나자. 시나가와 프린스 호텔은 여러 개의 레스토랑을 선택하여 이용할 수 있으므로 뷔페의 줄이 길다면 단품으로 식사하자.

10:10 **시나가와 역 ➔ 사쿠라기초 역**

JR 시나가와 역 5번 플랫폼에서 JR 게이힌도호쿠-네기시선을 탑승하여 JR 사쿠라기초 역으로 이동. 사쿠라기초 역 북 1번 출구로 나와 박물관으로 이동. 거리가 호수 공원처럼 조성되어 있고 한적하니 여유 있게 움직이자.

JR 게이힌도호쿠-네기시선 약 32분 + 도보 약 20분

11:10 **요코하마 컵라면 박물관** P.374·444

직접 라면을 만드는 체험 학습은 언어가 통하지 않아 제외하고, 각각의 개성 있는 컵라면을 만들 수 있는 '마이 컵라면 팩토리'와 30분간 신나게 뛰어놀 수 있는 컵라면 파크를 즐기자. (예산 3,000엔)

도보 약 10분

12:40 **점심 가가와잇푸쿠** P.380

도큐 스퀘어 지하 1층에 위치한 가가와잇푸쿠에서 간단하게 아이들도 잘 먹을 수 있는 우동을 먹자. (예산 2,500엔)

13:30 **도큐 스퀘어 · 랜드마크 플라자** P.371

아이의 의류를 판매하는 상점들 위주로 역 방향으로 이동하면서 쇼핑하자.

도보 약 3분

16:00 **사쿠라기초 역 ➔ 시나가와 역**

JR사쿠라기초 역 4번 플랫폼에서 JR 게이힌도호쿠-네기시선을 탑승하여 JR 시나가와 역으로 이동.

JR 게이힌도호쿠-네기시선 약 32분

16:40 **시나가와 프린스 호텔 볼링 센터** P.216·445

시나가와 프린스 호텔 메인 타워 1층에 있는 볼링장에서 아이와 즐거운 시간을 보내자. 레일 양쪽으로 가드가 있어 공을 살짝 굴려도 핀을 쓰러트릴 수 있고, 아이에게 맞는 가벼운 볼링공도 있다. 어린이 전용 레일 이용을 요청하자. (예산 평일 1 게임 기준 4,400엔)

18:30 **저녁 조조엔** P.218

호텔 아넥스 타워에 있는 조조엔은 맛있는 고기를 구워 먹을 수 있는 프리미엄 야키니쿠 전문점이다. 사전 예약은 필수다. (예산 15,000엔)

20:00 **호텔**

4일차 긴자 · 도쿄 돔 시티

09:00 **기상 후 호텔에서 아침 식사**

10:30 **시나가와 역 → 신바시 역**

JR 시나가와 역 1번 플랫폼에서 야마노테선을 탑승하여 JR 신바시 역으로 이동.

야마노테선 약 9분 + 도보 약 3분

11:00 **하쿠힌칸 토이 파크** P.228·444

긴자의 하쿠힌칸 토이 파크에서 아이와 함께 쇼핑을 즐겨 보자.

도보 약 2분

13:00 **점심 훗카이 샤부샤부** P.235

샤부샤부에 고기, 야채, 우동, 두부 등이 있어 아이들과 함께 먹기 좋고 단품 메뉴로 임연수어구이나 닭튀김을 별도로 주문할 수 있다. (예산 8,000엔)

도보 약 3분

14:30 **긴자 역 → 히비야 역 → 스이도바시 역**

도보로 지하철 긴자 역까지 이동한 다음 긴자 역 5번 플랫폼에서 도쿄 메트로 히비야선을 탑승하여 히비야 역에서 하차한 후, 2번 플랫폼에서 도에이 미타선으로 환승하여 스이도바시 역으로 이동.

도쿄 메트로 긴자선 약12분 + 도에이 미타선 약12분 + 도보 약 1분

15:00 **아소보노** P.298·443

아이와 함께 뛰어놀 수 있는 아소보노에서 즐거운 시간을 보내자. 가족이 함께할 수 있는 여러 놀이가 많다. (예산 3,800엔)

도보 약 5분

16:20 **스이도바시 역 → 미타 역 → 시나가와 역**

도보로 JR 스이도바시 역으로 이동하여 스이도바시 역 1번 플랫폼에서 도에이 미타선을 탑승하여 미타 역으로 이동. 미타 역 1번 플랫폼에서 도에이 아사쿠사선 급행(하네다 공항 방면)으로 환승하여 시나가와 역으로 이동.

도에이 미타선 약 5분 + 도에이 아사쿠사선 급행 약 17분

17:00 **저녁 JR 시나가와 역 내 음식점**

JR 시나가와 역에 하차한 후 게이트를 나가기 전 음식 포장이 가능한 음식점이 많으니 있으니 먹고 싶은 것을 구매하자. 또한 호텔과 반대 방향으로 조금 걸어가면 아트레 백화점이 있는데 이곳 지하에 슈퍼마켓이 있으니 아이들과 함께 할 수 있는 음식을 구매하자. (예산 5,000엔)

18:00 **호텔**

도쿄에서의 마지막 저녁 식사는 객실에서 포장 음식으로 편하고 여유 있게 즐기자. 식사 후 수영장이나 2층 게임 센터를 이용하며 시간을 보내거나 호텔 아케이드에서 간단한 쇼핑을 하는 것도 좋다.

5일차 하네다 국제공항

09:00 **기상 후 호텔에서 아침 식사**

10:00 **체크아웃 후 시나가와 역으로 이동**

10:10 **시나가와 역 → 하네다 국제공항**

게이큐 시나가와 역 1번 플랫폼에서 게이큐본선 에어포트 급행을 탑승하여 하네다 국제공항 역으로 이동. 주의할 점은 국내선 공항이 아닌 국제선 공항(제2 터미널)에 하차하도록 한다.

게이큐본선 에어포트 급행 약 22분

10:40 **하네다 국제공항 3층 대한항공 카운터에서 출국 수속**

12:25 **KE2102편으로 하네다 국제공항 출발**

15:00 **김포 국제공항 도착 후 입국 심사**

15:20 **수하물을 찾은 후 세관 검사**

총 예상 경비(4인 가족 기준)

★ **왕복 항공료** (대한항공 김포-하네다 기준, 공항 이용료, 유류세 포함) 약 2,110,000원

★ **4일 숙박료** (시나가와 프린스 호텔 3인 1실 기준, 조식 포함) 약 960,000원 + 72,000원(어린이 조식 요금)

★ **현지 교통비** 약 97,000원

★ **입장료 및 이용료** 약 492,000원

★ **식사비** 약 670,000원

총 예상 경비 약 4,401,000원 (기타 개인 경비 제외)

※ 환율 기준 100엔 = 1,000원

※ 항공료와 숙박료는 여행사 및 예약 시점에 따라 차이가 있을 수 있음.

나홀로 자유 여행 7박 8일 코스

혼자 여행을 떠나지만 절대 심심하지 않은 자기만족을 위한 인생 여행이다. 일정이 긴 만큼 도쿄 도심은 물론 도쿄 근교까지 아우를 수 있는 여행 코스이다.

#하코네 #가마쿠라 #우동 #초밥 #소바 #와규
#라멘 #돈가스 #오코노미야키 #자유 여행

PLAN TIP

❖ 일정은 여유 있게 비용은 아끼지 않기
타이트한 일정은 지치기만 하고 좋은 추억을 만들 수 없으니, 여유 있게 즐길 수 있는 일정을 계획하자. 또한 보고 싶은 것 먹고 싶은 것을 다 즐기기 위해 비용을 너무 아끼지 말자.

❖ 도심 일정만이 아닌 도쿄의 외곽 일정도 준비
여행 기간이 길어서 도쿄의 근교 힐링 여행을 준비한다.

1일차 나리타 국제공항 · 우에노 · 마루노우치 · 긴자

06:30 **인천 국제공항 제1 청사에 도착 후, 3층 제주항공 항공 카운터에서 탑승 수속**

08:30 **7C1102편으로 인천 국제공항 출발**

11:00 **나리타 국제 공항 도착 후 입국 수속**

11:30 **나리타 국제공항 ➔ 우에노 역**
빠르고 편안한 스카이라이너를 탑승하여 우에노까지 이동. 게이세이 우에노 역 이케노하타 출구에서 도보 이동.(바로 앞)
스카이라이너 약 51분

12:40 **APA 호텔 게이세이 우에노 에키마에 도착 후 체크인**
이른 시각이라 객실을 배정받을 수 없으니 체크인 후 짐을 로비에서 맡기자.
도보 약 2분

13:00 **점심 이치란** P.263
JR 우에노 역으로 걸어가는 길에 있으며, 홀로 식사하기에 안성맞춤이다. (예산 약 980엔)

13:30 **우에노 역 ➔ 도쿄 역**
JR 우에노 역 3번 플랫폼에서 야마노테선을 탑승하여 JR 도쿄 역으로 이동.

야마노테선 약 8분 + 도보 약 2분

13:40 **도쿄 캐릭터 스트리트 P.243**

일본의 인기 애니메이션 캐릭터의 제품을 한 번에 볼 수 있다.

도보 약 3분

15:00 **스카이버스 도쿄 탑승 P.240**

왕궁→마루노우치→긴자를 둘러보는 일정의 스카이버스 도쿄를 타고 기념사진을 찍어 보자. 단, 우천 시 이용이 불가하고 겨울에는 추천하지 않는다. (요금 1,800엔)

도보 약 7분

16:00 **마루노우치 P.236**

마루노우치 북쪽에서부터 JR 유라쿠초 역 쪽으로 이동하면서 관광을 즐기자.

도보 약 7분

17:30 **저녁 렌카테이 P.231**

돈가스의 원조라고 할 수 있는 렌가테이에서 저녁 식사를 하자. 저녁 6시가 넘어가면 사람들이 많이 몰리니 그 전에 방문한다. (예산 약 2,000엔)

18:20 **긴자 P.220**

주오 거리를 따라 신바시 역으로 이동하면서 긴자 식스도 방문하고 긴자의 밤거리를 걸어 보자. 대부분 저녁 9시면 문을 닫으므로 시간 배정을 잘 하도록 한다.

도보 약 10분

21:20 **신바시 역 → 우에노 역**

JR 신바시역 5번 플랫폼에서 야마노테선을 탑승하여 JR 우에노 역으로 이동.

야마노테선 약 13분

21:40 **호텔**

로비에서 맡겨두었던 짐을 찾아서 체크인을 다시 한 후 객실로 올라간다.

07:00 **기상 후 아침 식사**

호텔에서 조식을 먹거나 가까운 마쓰야에서 규동이나 조식 세트를 먹자. (예산 약 700엔)

07:40 **우에노 역 ➔ 도쿄 역 ➔ 기타가마쿠라 역**

JR 우에노 역 3번 플랫로폼에서 야마노테선을 탑승하여 도쿄 역으로 이동한 다음 1번 플랫폼에서 JR 요코스카선으로 환승하여 기타가마쿠라 역으로 이동.

야마노테선 약 7분 + JR 요코스카선 약 52분

09:00 **가마쿠라** P.396

기타가마쿠라 역을 시작으로 쓰루가오카하치만궁까지 이동하자. 쓰루가오카하치만궁 정문으로 내려가면 긴 대로가 있는데, 3월 말~4월 중순까지 예쁜 벚꽃길이 펼쳐진다. 또한 양옆으로 많은 상점이 있어 가마쿠라 역까지 걸어가기 좋다.

도보 약 20분(쓰루가오카하치만궁 정문에서 이동 시)

11:00 **가마쿠라 역 ➔ 에노시마 역**

에노덴 가마쿠라 역에서 후지사와 방면 에노시마 전철을 탑승하여 에노시마 역으로 이동. (에노덴 1일권 구매) 에노시마 역에서 하차 후 에노시마까지 도보 이동.

에노덴 약 26분 + 도보 약 20분

12:00 **점심 도비초** P.412

에노시마에서 가장 유명한 음식점으로, 생멸치가 잔뜩 올라간 덮밥과 소바가 아주 유명하다. 에노시마를 여행하기 전에 식사를 하자. (예산 약 1,300엔)

도보 약 1분

13:00	**에노시마** P.407 에노시마 관광은 에노시마 신사를 중심으로 반시계 방향으로 관광한다. 도보 약 20분
15:00	**에노시마 역 → 가마쿠라코코마에 역** 에노덴 약 4분
15:10	**가마쿠라 고등학교** P.407 만화 〈슬램덩크〉의 배경인 가마쿠라 고등학교 앞에서 인증샷을 남기자.
15:40	**가마쿠라코코마에 역 → 하세 역** 에노덴 약 16분 + 도보 약 5분
16:00	**하세** P.405 하세 지역은 하세사와 가마쿠라 대불을 중심으로 관광을 한다. 도보 약 5분
17:30	**하세 역 → 가마쿠라 역** 에노덴 약 4분 + 도보 약 1분
17:40	**가쓰규 가마쿠라점** P.412 오늘 하루 많이 걸었으니 배불리 먹자! 맛있는 규카쓰 더블! (예산 약 2,409엔)
18:30	**가마쿠라** P.396 역 주변에 상점이 많아 볼거리가 꽤 있다. 주변을 둘러보고 천천히 숙소로 돌아가도록 하자.
20:00	**가마쿠라 역 → 도쓰카 역 → 우에노 역** 가마쿠라 역 2번 플랫폼에서 JR 요코스카선을 탑승하여 도쓰카 역으로 이동한 다음, 2번 플랫폼에서 JR 다카사키선으로 환승하여 우에노역으로 이동. 요코스카선 약 15분 + 다카사키선 약 42분
21:10	**호텔**

07:30 **기상 후 아침 식사**

어제 도보 이동이 많았으니 밖에 나가지 말고 호텔에서 간단히 조식을 먹자. 전날 조식 쿠폰을 구입하면 저렴하다. (예산 약 1,300엔)

08:30 **우에노 역 → 하라주쿠 역**

JR 우에노 역 2번 플랫폼에서 야마노테선을 탑승하여 JR 하라주쿠 역으로 이동.

야마노테선 약 31분

09:10 **메이지 신궁 산책** P.161

하라주쿠 역 오모테산도 출구로 나가 메이지 신궁을 가볍게 산책한다.

도보 약 2분

10:00 **하라주쿠 다케시타 거리** P.162

다케시타 거리의 상점을 둘러보면서 동쪽으로 이동을 한다. 중간에 간식으로 맛있는 크레이프도 먹자.

(예산 약 600엔)

도보 약 3분

11:30 **오모테산도 캣 스트리트 관광** P.164·166

오모테산도에서 도큐 플라자, 오모테산도 힐스를 둘러보고 키디 랜드를 시작으로 시부야까지 이동하면서 캣 스트리트의 상점들을 방문해 보자.

도보 약 25분

13:00

점심 오니소바 후지야 P.153

시부야에서 라면으로 유명한 곳으로 항상 사람이 많지만 회전율이 좋아 조금만 기다리면 들어갈 수 있다. 만석이면 직원이 입구에서 안내를 한다. (예산 약 1,100엔)

도보 약 1분

14:00 **시부야** P.138

메가 돈키호테, 디즈니 스토어 등 여러 상점을 둘러보며 여유 있게 쇼핑하자.

도보 약 3분

17:00 **시부야 역 → 신주쿠 역**

JR 시부야 역 1번 플랫폼에서 야마노테선을 탑승하여 JR 신주쿠로 이동 후, 서쪽 출구로 나가서 1층으로 올라간다.

야마노테선 약 7분

17:20 **하코네 프리 패스 예약** P.389

오다큐선 1층 여행 서비스 센터에서 다음 날 여행할 하코네의 프리 패스와 로망스카 예약. (예산 하코네 프리 패스 6,100엔 + 왕복 로망스카 2,400엔)

도보 약 5분

18:00 **저녁 기무라 덮밥** P.131

풍성한 회가 올라간 맛있는 일본식 회덮밥을 먹자. (예산 약 3,400엔)

19:00 **신주쿠** P.118

저녁 식사 후 길 건너편의 서던 테라스를 시작으로 신주쿠 거리, 가부키초를 관광하자. 만약 시간이 된다면 도쿄 도청 전망대를 방문하여 도쿄의 야경을 보는 것도 추천한다.

21:30 **신주쿠 역 → 우에노 역**

JR 신주쿠 역까지 도보로 이동한 다음 JR 신주쿠 역 15번 플랫폼에서 야마노테선을 이용하여 JR 우에노 역으로 이동.

야마노테선 약 25분

22:10 **호텔**

4일차 하코네

07:00 **기상 후 호텔 출발**

아침 식사는 하지 않고 출발한다.

07:15 **우에노 역 → 신주쿠 역**

JR 우에노역 2번 플랫폼에서 야마노테선을 탑승하여 JR 신주쿠 역으로 이동.

야마노테선 약 26분

07:50 **오다큐 신주쿠 역 탑승장으로 이동 후 도시락 구매**

기차에서 먹을 도시락을 준비하자. 열차 승강장 중간에 판매점이 있으니 도시락과 간식, 음료수 등을 구매한다. (예산 약 1,500엔)

08:31 **신주쿠 역 → 하코네유모토 역 (하코네 프리 패스)**

열차 시간은 요일과 계절에 따라 다를 수 있으니 하코네 프리 패스를 예약할 때 확인하자.

기차 약 1시간 42분

10:13 **하코네유모토 역 도착 후 고라행 등산 열차로 환승**

10:20 **하코네유모토 ➔ 고라 (하코네 프리 패스)**

고라 역에 하차하여 하코네 프리패스를 보여 주고 개찰구를 통과 후 바로 옆 케이블카 승강장으로 이동한다.

등산 열차 약 36분

11:10 **고라 ➔ 소운잔 (하코네 프리 패스)**

소운잔 역에 하차하여 하코네 프리 패스를 보여 주고 개찰구를 통과 후 로프웨이 승강장으로 이동한다.

케이블카 약 9분

11:30 **소운잔 ➔ 오와쿠다니 (하코네 프리 패스)**

오와쿠다니로 올라가는 동안 실제 유황이 피어나는 화산 지대를 볼 수 있다.

로프웨이 약 8분

11:40 **오와쿠다니** P.391

하코네산의 정점이라 할 수 있는 오와쿠다니에 내려서 맛있는 검은 계란도 먹고 주변의 화산 활동도 둘러보자. (예산 검은 계란 500엔)

12:30 **오와쿠다니 ➔ 도겐다이 (하코네 프리 패스)**

도겐다이에 도착하여 1층으로 내려가면 유람선 탑승장이 있다.

로프웨이 약 15분

13:00 **도겐다이 ➔ 하코네마치 (하코네 프리 패스)**

유람선을 탑승하여 하코네마치로 이동하자. 주변 전경이 좋으니 유람선 위로 올라가 하코네의 아름다움을 감상하며 기념사진을 찍어 보자.

유람선 약 30분

13:40 **하코네마치 · 모토하코네** P.392·393

하코네마치와 모토하코네의 작은 상점을 관광하고 중간에 있는 삼나무길도 걸어 보자. 단, 여름은 벌레가 많고 겨울은 너무 춥기 때문에 등산 버스를 탑승하자. 하코네 프리 패스가 있다면 무료로 몇 번이든 탑승할 수 있다.

15:00 **모토하코네 ➔ 하코네유모토 (하코네 프리 패스)**

모토하코네 버스 탑승장에서 하코네유모토행 등산 버스를 탑승하여 이동.

등산 버스 약 40분

16:00 **점심 하쓰하나** P.394

하코네 유모토에서 가장 유명한 음식점 중 하나로, 하코네산에서 직접 채취한 마를 갈아 만든 소스에 차가운 소바를 담가 먹는 마 소바가 인기 있다. (예산 약 1,100엔)

도보 약 2분

17:00 **하코네유모토** P.390

하쓰하나에서 대로변으로 나오면 하코네 유모토 역까지 상점들이 즐비한데 볼거리가 많으니 천천히 둘러보자.

18:39 **하코네유모토 역 ➔ 신주쿠 역 ➔ 우에노 역**

오랜 시간을 이동해야 하므로 기차에서 먹을 도시락이나 간식을 구매하여 탑승하자. 신주쿠 역에 도착하여 JR 신주쿠 역까지 도보로 이동한 다음 15번 플랫폼에서 야마노테선을 이용하여 JR 우에노 역으로 이동. (예산 도시락 약 2,000엔)

기차 약 1시간 26분 + 야마노테선 25분

21:00 **호텔**

08:30 **기상 후 아침 식사**

전날까지 힘든 일정들이 많았으므로 천천히 일어나서 호텔에서 여유롭게 조식를 한 후 여행을 시작하자. (예산 약 1,300엔)

09:30 **우에노 역 ➔ 유라쿠초 역 ➔ 도요스 역**

JR 우에노 역 3번 플랫폼에서 야마노테선을 탑승하여 JR 유라쿠초 역에서 하차 한 후, 지하철역 1번플랫폼에서 도쿄 메트로 유라쿠초선을 탑승하여 도요스 역으로 이동.

↓ 야마노테선 약 9분 + 도쿄 메트로 유라쿠초선 7분 + 도보 약 3분

10:00 **라라포트 도요스** P.93

생활용품점, 서점, 문구점을 중심으로 쇼핑을 즐기자.

↓ 도보 약 5분

12:00 **도요스 역 ➔ 시조마에 역**

유리카모메 도요스 역 1 · 2번 플랫폼에서 유리카모메를 탑승하여 시조마에 역으로 이동. (유리카모메 1일권 구매)

↓ 유리카모메 약 3분 + 도보 약 4분

12:20

점심 스시다이 P.100

신선한 횟감으로 만든 퀄리티 높은 스시를 먹자. 주방장 특선을 추천한다. (예산 약 5,000엔)

↓ 도보 약 4분

14:00 **시조마에 역 ➔ 아오미 역**

신바시 역 방면 유리카모메를 탑승하여 아오미 역으로 이동. 다이버 시티 도쿄 플라자까지 15분 정도 걸어간다.

↓ 유리카모메 약 8분 + 도보 15분

14:30 **다이버 시티 도쿄 플라자** P.96

입구에 있는 건담과 함께 꼭 셀카를 찍고 쇼핑몰은 가볍게 둘러보자.

↓ 도보 약 15분

16:20 **아쿠아 시티 오다이바** P.97

플라잉 타이거 코펜하겐을 비롯하여 인기 매장이 많이 있으므로 즐겁게 쇼핑하자.

↓ 도보 약 1분

17:30 **덱스 도쿄 비치** P.98

시 사이드 몰에 있는 다이바잇초메 상가와 다코야키 박물관을 중심으로 다른 상점을 둘러보자.

19:00	**🍽 저녁 1129 바이 오가와** P.103 인기 레스토랑에서 맛있는 훅소 스테이크와 함께 간단하게 와인이나 맥주를 한잔하자. 레인보우 브리지의 야경을 직접 볼 수 있다. (예산 약 3,000엔)
20:00	**오다이바 야경 감상** 오다이바카이힌코엔 역으로 가는 길 왼쪽으로 레인보우브릿지를 중심으로 도쿄의 멋진 야경이 펼쳐지므로 감상하면서 천천히 걸어가도록 하자.
20:30	**오다이바카이힌코엔 역 ➔ 신바시 역 ➔ 우에노 역** 유리카모메를 탑승하여 신바시 역으로 이동 후 JR 신바시 역으로 도보 이동. JR 신바시 역 5번 플랫폼에서 야마노테선을 탑승하여 우에노 역으로 이동 . 유리카모메 14분 + 야마노테선 약 12분
21:30	**호텔**

6일차 아키하바라 · 요코하마

09:00	**기상 후 호텔 출발** 천천히 일어나서 가까운 마쓰야에 가서 규동이나 조식 세트를 먹는다. (예산 약 700엔)
10:00	**우에노 역 ➔ 아키하바라 역** JR 우에노 역 3번 플랫폼에서 야마노테선을 탑승하여 JR 아키하바라 역으로 이동. 야마노테선 약 4분
10:10	**아키하바라** P.248 라디오 회관, 게이머즈, 빅 카메라, 애니메이트를 중심으로 둘러보자.
12:00	**스에히로초 역 ➔ 간다 역 ➔ 이시카와초 역** 스에히로초 역 1번 플랫폼에서 도쿄 메트로 긴자선을 탑승하여 간다 역으로 이동. JR 간다 역 1번 플랫폼에서 JR 게이힌도호쿠-네기시선으로 환승하여 이시카와초 역으로 이동. 도쿄 메트로 긴자선 약 2분 + 게이힌도호쿠-네기시선 약 48분
13:00	**🍽 점심 히노야 카레** P.382 이시카와초 역 앞에 위치한 히노야 카레에서 간단하게 점심 식사. (예산 약 760엔) 도보 약 5분

14:00 **요코하마 차이나타운** P.376

JR 이시가와초 역에서 5분 거리에 일본 최대의 차이나타운이 있다. 여러 상점을 구경하면서 간단한 간식도 먹자. (예산 간식 약 500엔)

도보 약 5분

15:00 **야마시타 공원 산책** P.377

차이나타운에서 미나토미라이 21 지역으로 이동하기 전에 해변을 따라 걷다 보면 야마시타 공원을 볼 수 있는데 이곳에서 넓은 요코하마의 앞바다를 볼 수 있다.

도보 약 15분

15:30 **아카렌가 창고** P.375

옛 화물 창고를 리뉴얼한 쇼핑몰인 아카렌카 창고에는 개성 있는 상점이 많아 다양한 볼거리가 있다.

도보 약 10분

17:00 **요코하마 코스모 월드** P.378

코스모 월드의 대관람차를 타면 아름다운 요코하마의 전경과 넓은 바다를 볼 수 있다. (예산 약 900엔)

도보 약 2분

18:30 **랜드마크 플라자 & 도큐 스퀘어** P.371·372

도큐 스퀘어부터 랜드마크 플라자까지 도보로 이동하면서 쇼핑을 즐기자.

20:00 **저녁 기스케** P.380

랜드마크 플라자 1층에 있는 식당으로 소고기 정식을 먹을 수 있다. 이색 음식인 우설 숯불구이 정식을 시원한 맥주와 함께 먹어 보자. (예산 약 3,000엔)

21:00 **요코하마의 야경 즐기기**

JR 사쿠라기초 역으로 도보로 이동하면서 아름다운 미나토미라이 21지구의 야경을 사진에 담아 보자.

21:30 **사쿠라기초 역 ➔ 우에노**

JR 사쿠라기초 역 4번 플랫폼에서 JR 게이힌도호쿠-네기시선을 탑승하여 JR 우에노 역으로 이동.

JR 게이힌도호쿠-네기시선 약 51분

22:30 **호텔**

7일차 스카이 트리 · 롯폰기

08:00 **기상 후 아침 식사**

JR 우에노 역 커피숍에서 모닝 커피와 샌드위치를 먹거나, 호텔 앞 편의점의 도시락이나 샌드위치로 가볍게 먹고 여유 있게 출발하자. (예산 약 1,000엔)

09:30 **우에노 역 ➔ 아사쿠사 역 ➔ 오시아게 역**

지하철 우에노역 2번 플랫폼에서 도쿄 메트로 긴자선을 탑승하여 아사쿠사 역으로 이동한 후 아사쿠사 역 2번 플랫폼에서 도에이 아사쿠사선 쾌속을 탑승하여 오시아게 역에서 하차.

도쿄 메트로 긴자선 약 6분 + 도에이 아사쿠사선 쾌속 약 3분

10:00 **도쿄 스카이 트리** P.273

세계에서 가장 높은 전파탑 전망대인 스카이 트리에서 지금까지 여행한 여행지들을 찾아보자. 날씨가 좋으면 멀리 하코네까지 볼 수 있다. 또한 아케이드 소라마치에는 다양한 상점이 많고 레스토랑도 잘 갖추어져 있다. (예산 약 3,100엔)

13:00 **점심 트리톤** P.278

소라마치 6층에 위치한 트리톤은 적당한 가격으로 양질의 초밥을 골라 먹을 수 있는 회전 초밥 전문점이다. (예산 약 4,000엔)

14:00 **센트럴 스퀘어 라이프** P.274

스카이 트리 건너편에 있는 센트럴 스퀘어 라이프에는 식자재나 간식류 그리고 선물 등을 살 수 있는 큰 슈퍼마켓이 있고 생활용품 전문점인 니토리가 있어 볼 것이 많다.

15:30 **오시아게 역 ➔ 다이몬 역 ➔ 롯폰기 역**

지하철 오시아게 역 1 · 2번 플랫폼에서 도에이 아사쿠사선 에어포트를 탑승하여 다이몬 역으로 이동. 다이몬 역 4번 플랫폼에서 도에이 오에도선으로 환승하여 롯폰기 역에서 하차.

도에이 아사쿠사선 에어포트 약 19분 + 도에이 오에도선 약 6분

16:00 **롯폰기 힐스** P.284

롯폰기 힐즈의 쇼핑몰과 모리 정원을 둘러보자. 그리고 해 질 녘의 도쿄 타워를 배경으로 기념사진을 남기자.

도보 약 5분

18:00 **저녁 쓰루동탄** P.291

맛있는 우동과 튀김 그리고 맥주 한잔을 마시고 싶다면 쓰루동탄으로 가자. 명품 거리인 게야키자카 거리를 지나 롯폰기의 거리도 구경하면서 천천히 이동하자. (예산 약 3,000엔)

도보 약 5분

19:00 **롯폰기 역 ➔ 우에노오카치마치 역**

도에이 지하철 롯폰기 역 1번 플랫폼에서 도에이 오에도선을 탑승하여 우에노오카치마치 역에서 하차 후 A4 출구로 이동.

도에이 오에도선 약 30분 + 도보 약 3분

19:40 **우에노 돈키호테**

한국으로 가져갈 선물들을 구매하자. 다음 일정이 없으니 천천히 쇼핑하자.

도보 약 15분

22:00 **호텔**

8일차 아사쿠사 · 우에노

08:30 **기상 후 아침 식사**

호텔에서 조식을 먹어도 좋고 근처 식당에서 간단히 아침 식사를 한다. 호텔에서 체크아웃을 하고 짐을 호텔에 맡기고 마지막 여행을 떠나자. (예산 호텔 조식 약 1,300엔)

09:30 **우에노 역 ➔ 아사쿠사 역**

지하철 우에노역 2번 플랫폼에서 도쿄 메트로 긴자선을 탑승하여 아사쿠사 역으로 이동.

도쿄 메트로 긴자선 약 6분 + 도보 약 1분

09:40 **아사쿠사** P.266

나카미세 거리, 아사쿠사 센소사, 갓파바시 도구 거리 순으로 관광.

12:00 **점심 아오이마루신** P.275

아사쿠사에서 아주 유명한 식당인 아오이마루신에서 튀김 덮밥을 먹자. (예산 약 2,400엔)

도보 약 3분

13:00 **아사쿠사 역 ➔ 우에노 역**

지하철 아사쿠사 역에서 도쿄 메트로 긴자선을 탑승하여 우에노 역으로 이동.

도쿄 메트로 긴자선 약 5분 + 도보 약 3분

13:15 **도쿄 국립 박물관 · 우에노 공원** P.260·261

일본 최고의 박물관인 도쿄 국립 박물관을 관람하고 우에노 공원을 산책하면서 호텔 방향으로 이동한다. (예산 1,000엔)

15:20 **호텔**

역으로 이동하기 전 호텔에 들러 아침에 맡겨 두었던 짐을 찾아서 가자.

도보 약 1분

15:30 **게이세이 우에노 역 ➔ 나리타 국제공항**

스카이라이너 약 41분

16:30 **나리타 국제공항 도착 후 출국 수속**

나리타 국제공항에서 내릴 때 나리타 국제공항 제2 빌딩 역에 내리자. 이곳에서 제주항공을 탑승하는 제3 터미널까지는 도보로 약 10분, 무료 셔틀버스로는 약 3분 소요된다.

18:30 **7C1103편으로 나리타 국제공항 출발**

21:10 **인천 국제공항 도착 후 입국 심사**

21:40 **수화물을 찾은 후 세관 검사**

총 예상 경비

- ★ **왕복 항공료** (제주항공 인천-나리타 기준, 공항 이용료, 유류세 포함) 약 430,000원
- ★ **7일 숙박료** (APA 호텔 게이세이 우에노에키마에 1인 1실 기준, 조식 불포함) 약 630,000원
- ★ **현지 교통비** 약 235,300원
- ★ **입장료 및 이용료** 약 40,000원 (가마쿠라 사찰 입장료 제외)
- ★ **식사비**(간식 비용 포함) 약 447,500원

총 예상 경비 1,782,800원 (기타 개인 경비 제외)

※ 환율기준 100엔 = 1,000원이며 항공료와 숙박료는 여행사 및 예약 시점에 따라 차이가 있을 수 있음.

지역 여행

- 오다이바
- 이케부쿠로
- 신주쿠
- 시부야
- 하라주쿠
- 에비스
- 다이칸야마
- 나카메구로
- 지유가오카
- 시나가와
- 긴자
- 마루노우치
- 아키하바라
- 우에노
- 아사쿠사
- 롯폰기
- 도쿄 돔 시티
- 가구라자카
- 도쿄 디즈니 리조트
- 지브리 미술관

일본 기본 정보

국가명 일본(日本, JAPAN)
수 도 도쿄(東京, Tokyo)
인 구 1억 2,330만 명
면 적 약 37만km²(한반도의 약 1.7배)
종 교 신도(神道), 불교, 기독교
언 어 일본어
1인당 GDP 약 3만 8천 달러
환 율 100엔(円) = 약 1,000원
시 차 그리니치 천문대를 기준으로 +9시간이며 한국과 시차는 없다.

도쿄의 역사와 개요

1869년 2월 11일 교토에서 도쿄로 수도를 이전한 이후 지금까지 일본의 정치·경제·문화의 중심지로 자리매김했다. 도쿄도를 중심으로 하는 도쿄 도시권의 인구는 약 3,790만 명(2020년 기준)으로 세계 최대의 도시권이자 인구 밀집 지역이며 경제 규모도 세계적인 메가시티다. 현재 도쿄는 총 23개 구로 구성되어 있으며 1943년 도쿄시에서 도쿄도로 승격되었다.

공휴일

- 1월 1일 설
- 1월 둘째 주 월요일 성인의 날
- 2월 11일 건국 기념일
- 2월 23일 일왕 탄신일
- 3월 20일 춘분
- 4월 29일 쇼와의 날
- 5월 3일 헌법 기념일
- 5월 4일 식목일
- 5월 5일 어린이날
- 7월 셋째 주 월요일 바다의 날
- 9월 셋째 주 월요일 경로의 날
- 9월 23일 추분
- 10월 둘째 주 월요일 체육의 날
- 11월 3일 문화의 날
- 11월 23일 근로 감사의 날

※ 4월 말부터 5월 초까지는 골든 위크 기간이어서 관광객이 많이 몰린다. 12월 말부터는 대부분의 회사가 마감하고 휴무 기간에 들어가기 때문에 이 시기에 여행할 계획이라면 미리 준비해야 한다. 또 일본은 대체 휴무제를 시행하고 있어 공휴일이 일요일인 경우 다음 날을 휴무일로 대체한다.

기후

도쿄는 바다와 인접해 있어 해양성 기후를 띤다. 겨울에는 추위가 심하지 않지만 여름에는 고온 다습하여 실제 온도보다 후덥지근하게 느껴진다. 여름에는 열대야 때문에 잠을 못 이루는 날이 많아 여행 시 숙소에 냉방이 되는지 꼭 확인해야 한다.

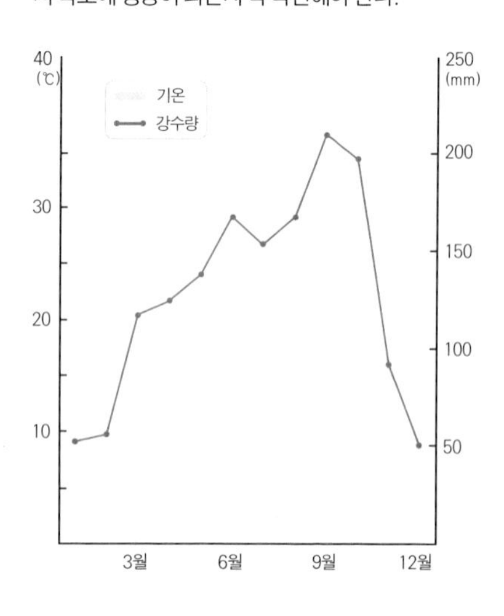

여행 시즌

도쿄 여행을 하기에는 벚꽃을 즐길 수 있는 3월 말~4월 초, 날씨가 선선한 10~11월이 가장 좋다. 참고로 관광객이 많이 몰려 항공권과 호텔 요금이 비싼 시기는 4월 말~5월 초 일본의 골든위크, 7~8월 여름 연휴, 1~2월 겨울 연휴이다. 또한 한국 연휴 기간에도 도쿄를 방문하려는 관광객이 많이 몰리므로 일본과 한국의 연휴를 잘 체크해야만 좀 더 저렴하게 여행 계획을 세울 수 있다.

화폐

화폐 단위는 엔(¥, 円)으로 표기하며 동전은 1엔, 5엔, 10엔, 50엔, 100엔, 500엔이 있고, 지폐는 1,000엔, 2,000엔, 5,000엔, 10,000엔이 있다.

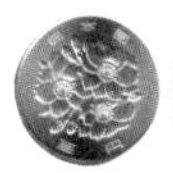

전압

일본은 우리나라보다 낮은 100V의 전압을 사용한다. 따라서 여행을 할 때에는 일명 돼지코라 불리는 어댑터를 준비해야 한다. 또한 일본에서 파는 전자 제품은 100V이므로, 구입할 때 자동 변환이 되는 제품인지, 변압기가 필요한지 꼭 확인하도록 하자.

인터넷

호텔에서 PC로 이용하는 인터넷은 대부분이 유료이지만 간혹 무료인 곳도 있으니 사전에 확인하는 것이 좋다. 휴대폰으로 인터넷을 이용하는 경우 호텔 와이파이를 이용하여 접속이 가능하니 호텔 체크인 시 확인하도록 하자. 로밍 혹은 에그(포켓 와이파이)를 사용하지 않는 경우에는 호텔 외의 장소에서 인터넷 연결이 힘들다는 점은 참고하도록 한다.

전화와 로밍

일본의 국가 번호는 81이며 도쿄의 지역 번호는 03이다. 한국에서 스마트폰을 가지고 가면 자동 로밍이 되는데, 사전에 로밍 요금제를 신청하지 않으면 자칫 요금 폭탄을 맞을 수 있다. 각 통신사별로 기간별 로밍 정액 요금이 있으니 꼭 확인하고 사전 신청하도록 하자. 로밍을 별도로 하지 않고 와이파이나 에그(포켓 와이파이)를 사용해도 되지만 장소에 따라 사용이 잘 안 될 수 있다는 점은 감안해야 한다.

우편

일본에서 우편물을 보내려면 우체국이나 우체국 분소를 이용하면 되고, 혹은 호텔(사전 비용 지불)을 통해 발송할 수도 있다. 주소는 영문 혹은 일어로 기재해야 한다.

교통

도쿄를 여행할 때 가장 많이 이용하는 교통수단은 전철과 지하철이다. 티켓 대부분은 역내 티켓 머신으로 발매가 가능하고 영어와 한국어로도 서비스가 되고 있으므로 쉽게 이용할 수 있다.

JR선과 민영 지하철은 서로 내부 환승이 되지 않기 때문에 티켓을 별도로 구입하여 외부 환승을 해야 한다. 버스는 거리 비례 요금제이며 뒷문으로 탑승하여 앞문으로 내릴 때 요금을 지불한다. 리무진 버스나 지역 관광버스는 정액 요금이 표시되어 있고, 구매처가 별도로 있는 경우도 있으니 사전에 탑승 정보를 확인해야 한다. 택시 요금은 회사에 따라 요금 차이가 있으며 우리나라에 비해 아주 비싼 편이기 때문에 급하지 않다면 이용하지 않는 편이 좋다.

화장실

여행 중 화장실이 급하다면 백화점과 쇼핑몰, 호텔, 지하철을 이용하는 것이 가장 좋다. 참고로 길에서 많이 보이는 파친코의 화장실도 무료로 이용할 수 있다.

편의점

대로변은 물론이고 골목에서도 편의점을 쉽게 볼 수 있다. 편의점마다 자체 개발 상품이 많아서 편의점을 쇼핑하는 재미도 쏠쏠하다.

자판기

자판기의 천국인 일본에서는 사람만큼 많은 것이 자판기다. 음료를 쉽게 구입할 수 있고 호텔의 자판

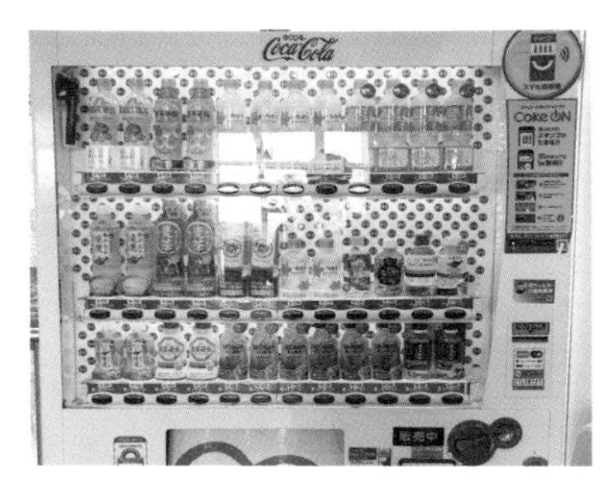

기에서는 주류도 구매가 가능하다. 담배의 경우 외국인은 구매를 할 수 없으니 편의점 혹은 담배 판매점을 이용하도록 한다.

팁

일본은 우리나라와 마찬가지로 팁 문화가 없다. 음식점이나 상점은 물론 호텔에서도 기본적인 서비스 외에 추가적인 서비스를 이용할 때는 팁을 주기도 하지만 따로 기준은 없으니 부담 갖지 말자.

숙박 요금 도시세 징수

도쿄에서 호텔에 투숙할 때 1인 1박 기준으로 숙박 요금이 10,000엔 이상 15,000엔 미만인 경우, 1박당 100엔의 도시세를 징수하며 15,000엔 이상은 1박당 200엔을 징수한다. 호텔 체크인 시 직원의 안내에 따라 사전 지불하면 된다.

긴급 상황 대처 안내

여행을 하다 보면 여러 가지 긴급 상황이 생길 수 있다. 만약 이 티켓(E-Ticket)을 분실했다면 항공사나 여행사에 연락하여 재발급을 받거나 수신한 이메일에서 재출력할 수 있다. 여권을 분실했다면 도쿄 총영사관을 통하여 임시 여권을 신청해야 한다. 현금이나 카드를 분실해 여행을 지속할 수 없거나 귀국할 비용이 없다면 외교통상부의 긴급 송금 서비스를 이용할 수 있다. 범죄 및 응급 상황이 발생했을 경우에는 110 혹은 070 2153-5454(도쿄 한국 대사관)을 통해 도움을 요청할 수 있는데, 일본어를 모르더라도 통역사를 통해 도움을 받을 수 있다.

외교부

전화 02-3210-0404
홈페이지 www.0404.go.kr

주일본 대한민국 대사관 영사과

전화 03-3455-2601~3
주소 東京都港区南麻布1-7-32

도쿄로 가는 길(나리타 - 도쿄)

나리타 국제공항 → 도쿄 시내

나리타 국제공항에서 도쿄 시내로 들어가려면 전철과 버스, 택시를 이용할 수 있는데, 택시는 비싼 요금 때문에 추천하지 않는다. 여행 일정과 예약한 숙소의 위치를 파악한 다음 자신에게 맞는 교통편을 선택하자. 또한 귀국할 때는 항공사마다 공항 터미널이 다르므로 꼭 사전에 확인해야 한다.

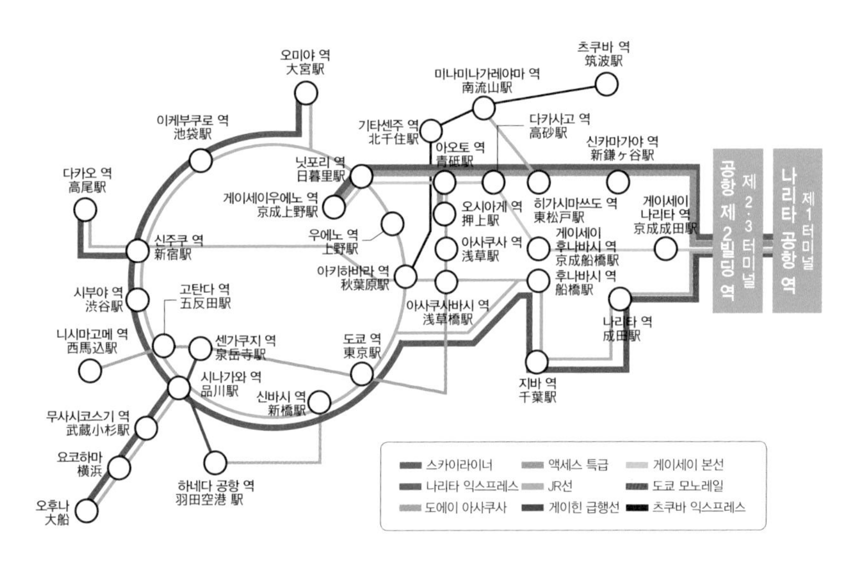

게이세이 본선 특급

나리타 국제공항에서 닛포리 · 우에노 역까지 저렴하게 이동할 수 있다는 장점이 있지만 정차역이 많아 이동 시간이 길다. 신주쿠 방면으로 이동하려면 닛포리 역에서 하차하여 JR 야마노테선을 이용하면 된다.

시간 약 1시간 20분 소요 금액 성인 1,050엔, 소인 525엔 구매 장소 나리타 국제공항 게이세이 승차권 티켓 카운터 및 티켓 머신, 게이세이 닛포리 · 우에노 역 티켓 카운터 및 티켓 머신 홈페이지 www.keisei.co.jp/keisei/tetudou/accessj

게이세이 스카이라이너

닛포리 · 우에노 역까지 소요 시간이 가장 적고 지정 좌석이기 때문에 편안하게 이동할 수 있다는 장점이 있지만 비싼 것이 흠이다. 비용을 절약하기 위해 출국 전에 스카이라이너 사이트에서 이용권을 구매하거나 한국의 지정 여행사를 통해 할인받아 구입하자. 편도 외에 왕복 할인권도 판매하고 있는데, 스카이라이너 사이트에서만 구매 가능하며 나리타 국제공항 스카이라이너 티켓 카운터에서만 탑승권으로 교환할 수 있다. 교환권 유효 기간은 발급 후 6개월 이내이다.

시간 약 51분 소요 금액 편도 성인 2,570엔, 소인 1,290엔(할인 성인 2,300엔, 소인 1,150엔) 왕복 성인 5,140엔, 소인 2,580엔(할인 성인 4,480엔, 소인 2,240엔) 구매 장소 나리타 국제공항 스카이라이너 티켓 카운터, 나리타 국제공항 게이세이 승차권 티켓 카운터, 게이세이 닛포리 · 우에노 역 티켓 카운터 홈페이지 www.keisei.co.jp/keisei/tetudou/skyliner/e-ticket/ko

스카이라이너(편도) + 도에이 지하철 + 도쿄 메트로 결합권

스카이 라이너는 도에이 지하철과 도쿄 메트로를 함께 이용할 수 있는 결합권을 판매하고 있다. 국내 지정 여행사와 스카이라이너 홈페이지에서 판매하고 있으니 자신의 일정을 생각하여 알맞은 교통 티켓을 구매하자.

도쿄로 가는 길(나리타 - 도쿄)

나리타 익스프레스

나리타 국제공항에서 도쿄 중심부까지 빠르게 이동할 수 있고 지정 좌석이기 때문에 편안하게 갈 수 있다는 장점이 있지만 비용이 상당히 비싸다. 또한 단순히 중심부(신주쿠, 이케부쿠로, 시나가와, 도쿄 역 등)까지만 이동한다면 환승이 없어 편리하지만, 환승하여 다른 지역으로 갈 경우 시간 및 비용이 게이세이 스카이라이너보다도 더 비싸다. 그러므로 자신의 일정과 꼼꼼히 따져 보고 구매하도록 한다.

시간 약 55분 소요 요금 성인 3,070엔, 소인 1,530엔(도쿄 역 기준) / 성인 3,250엔 소인 1,620엔(시나가와 · 신주쿠 · 시부야 역 기준) ※ 비수기는 200엔 할인을 받을 수 있고 성수기에는 최대 400엔을 추가 지불해야 함
구매 장소 JR 매표소, JR 동일본 여행 서비스 센터

나리타 익스프레스 N'EX 왕복권

나리타 익스프레스 왕복 티켓을 구매하면 가격도 저렴하고 다른 JR 철도로 환승하여 이동하는 데에도 할인이 적용되므로 자신의 일정과 꼼꼼히 따져보고 구매하자.

요금 성인 4,070엔, 소인 2,030엔(구간 상관없음) 구매 방법 나리타 국제공항 JR 매표소, JR 동일본 여행 서비스 센터, 나리타 국제공항 제1터미널 트래블 센터, 나리타국제공항 제2 · 3터미널 트래블 센터

★ 주의 사항 외국 여권을 소지한 여행객만 구매할 수 있다. 국외에서는 구매가 불가능하다.

공항 리무진 버스

공항 리무진은 도쿄의 도시 전경을 감상하면서 목적지까지 편안하게 이동할 수 있다. 또한 도쿄의 전철처럼 탑승장까지 이동할 필요 없이 공항 청사 앞 정류장에서 바로 탈 수 있어 좋다. 하지만 요금이 다소 비싸고 시내 교통체증으로 많은 시간이 걸릴 수도 있으니 이 점을 유의하자. 승차장별 행선지 안내와 추가 목적지 관련 사항은 홈페이지를 참고하자.

홈페이지 www.limousinebus.co.jp/kr
요금(편도 기준)

출발지	목적지	요금
나리타 국제공항	신주쿠 역(서쪽 출구), 이케부쿠로 역(서쪽 출구) 시나가와 역(코난 출구 7번)	성인 3,200엔, 소인 1,600엔
	요코하마 시티 에어 터미널	성인 3,700엔, 소인 1,850엔
	도쿄 디즈니 리조트	성인 1,900엔, 소인 950엔

탑승 장소

나리타 국제공항 제1터미널 1층
1번, 10번 승차장 : 도쿄, 이케부쿠로, 긴자, 시부야
2번, 11번 승차장 : 신주쿠, 롯폰기, 아사쿠사
3번, 12번 승차장 : 요코하마, 하네다 공항
4번, 13번 승차장 : 에비스, 시나가와
5번 승차장 : 도쿄 디즈니 리조트

나리타 국제공항 제2터미널 1층
4번, 14번 승차장 : 에비스, 시나가와
5번, 15번 승차장 : 요코하마, 하네다 공항
6번, 16번 승차장 : 신주쿠, 롯폰기, 아사쿠사
7번, 17번 승차장 : 도쿄, 이케부쿠로, 긴자, 시부야
12번 승차장 : 도쿄 디즈니 리조트

나리타 국제공항 제3터미널 1층
3번 승차장 : 도쿄, 이케부쿠로, 긴자, 시부야
4번 승차장 : 신주쿠, 롯폰기, 아사쿠사
5번 승차장 : 요코하마, 시나가와, 하네다 공항
6번 승차장 : 도쿄 디즈니 리조트

구매 방법
공항 Airport Limousine 티켓 카운터
제1터미널 2, 7, 8번 승차장 옆 티켓 카운터
제2터미널 9, 14번 승차장 옆 티켓 카운터
제3터미널 본관 2층 티켓 카운터

택시

리무진 버스가 목적지까지 가지 않거나 전철로 움직이기에 부담스러워 어쩔 수 없는 경우가 아니라면 이용하지 말자. 소요 시간은 교통 상황에 따라 다르지만 신주쿠까지 1시간 30분 정도 소요된다.
요금
나리타 국제공항 → 우에노 역 약 33,000엔
나리타 국제공항 → 신주쿠 역 약 34,000엔

하네다 국제공항 ➔ 도쿄 시내

하네다 국제공항에서 도쿄 시내로 들어가는 방법은 게이큐선과 모노레일을 탑승하는 방법이 있다. 택시를 이용한다면 목적지에 따라 다르지만 다소 비싼 요금을 지불해야 하므로 여행 일정과 예약한 숙소의 위치를 파악한 다음 자신에게 맞는 교통편을 선택하여 움직이자.

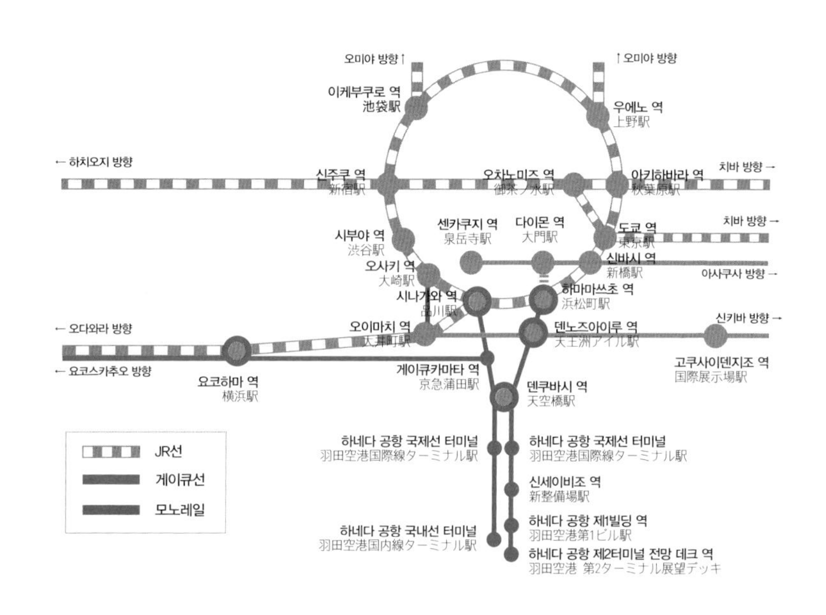

게이큐선

하네다 국제공항에 도착 후 시나가와 역까지 이동할 때 가장 유용한 교통편이다. 시나가와 역에서 JR 야마노테선을 환승하여 서쪽 지역(신주쿠, 하라주쿠, 이케부쿠로, 시부야) 방면과 요코하마로 이동하는 여행객에게 편리하다.

시간 특급 약 20분 소요, 에어포트 쾌속 특급 약 14분 소요 요금 성인 300엔, 소인 150엔 구매 방법 하네다 국제선 청사 지하 게이큐선 개찰구 앞 티켓 머신 홈페이지 www.keikyu.co.jp

★ 주의 사항 시나가와 역에서 다른 열차로 환승하는 경우 별도의 티켓을 구매하여 환승 게이트로 나가도록 한다.

도쿄 모노레일

게이큐선과 더불어 하네다 공항에서 도쿄 시내로 이동할 때 가장 많이 이용하는 교통편이다. 하네다 국제공항에 도착 후 하마마쓰초浜松町 역까지 이동할 때 가장 유용한 교통편이며 하마마쓰초 역에서 JR 야마노테선을 환승하여 동쪽 지역으로 이동하는 여행객에게 편리하다.

시간 일반 약 27분 소요, 공항 쾌속 약 19분 소요 요금 성인 500엔, 소인 250엔 구매 방법 하네다 국제선 청사 3층 도쿄모노레일 개찰구 앞 티켓 머신 홈페이지 www.tokyo-monorail.co.jp

★주의 사항 하마마쓰초 역에서 다른 열차로 환승하는 경우 별도의 티켓을 구매하여 환승 게이트로 나가도록 한다.

도쿄 모노레일 + 야마노테선 결합권

나리타 국제공항에서 하마마쓰초浜松町로 이동한 다음 JR 야마노테선을 탑승하여 다른 지역으로 이동하는 경우에는 도쿄 모노레일 + 야마노테선 결합권을 이용하는 게 경제적이다. 단, 결합권을 판매하는 날짜가 정해져 있으므로 홈페이지의 내용을 참고하자.

요금 성인 500엔, 소인 250엔 홈페이지 www.tokyo-monorail.co.jp/korea

리무진 버스

공항 리무진은 목적지까지 편리하게 이동할 수 있지만 요금이 비싸고 교통 상황에 따라 소요 시간이 달라진다. 짐이 많아 이동하는 데 불편한 것이 아니라면 다른 교통편을 이용하자.

요금(편도 기준)

출발지	목적지	요금	
하네다 국제공항	신주쿠(신주쿠 고속버스 터미널), 이케부쿠로(JR 이케부쿠로 역 서쪽 출구)	성인	1,400엔
		소인	700엔
	도쿄(도쿄 역 야에스 북쪽 출구)	성인	1,000엔
		소인	500엔
	오다이바(그랜드 닛코 호텔)	성인	800엔
		소인	400엔

※ 목적지가 다양해 관련 사항은 홈페이지 참고

탑승 장소

1번 승차장 : 도쿄 역

2번 승차장 : 이케부쿠로, 에비스, 시나가와, 오다이바

3번 승차장 : 신주쿠, 긴자, 아카사카

5번 승차장 : 도쿄 디즈니 리조트, 나리타 국제공항

구매 방법 하네다 국제공항 청사 도착 로비(2층) 리무진 승차권 카운터, 공항 청사 1층 리무진 1, 2, 3, 5 승차장 옆 티켓 머신

홈페이지 www.limousinebus.co.jp/kr

택시

나리타 공항에서 이동하는 것보다는 저렴하지만, 다른 교통편에 비해 비싼 것은 마찬가지이다. 어쩔 수 없는 경우가 아니라면 이용하지 않도록 하자.

시간 약 30분 소요 요금 하네다 국제공항→신주쿠 역 약 9,000엔

도쿄의 교통 완전 정복

도쿄를 효율적으로 여행하기 위해서는 도쿄의 교통 체계를 이해하고 개인의 일정에 맞는 효율적인 교통수단을 이용하는 것이 중요하다. 따라서 도쿄의 중요 교통수단을 확인하고 여행 전 미리 계획을 세우자.

JR 선과 주요 민영 철도

도쿄 여행의 중심이 되는 교통수단으로 일본 도심 여행에서는 가장 중요한 야마노테선山手線을 비롯한 JR 선과 도에이 지하철都営地下鉄, 민영 도쿄 메트로東京メトロ, 공항에서 이동하거나 오다이바お台場로 이동할 때 이용하는 모노레일モノレール 그리고 외곽으로 이동하는 오다큐선小田急線을 비롯한 각종 민영 철도 등이 있다.

● JR 야마노테선 山手線

우리나라 서울의 지하철 2호선처럼 도쿄 시내를 원형으로 순환하는 야마노테선은 신주쿠新宿 역을 비롯하여 시부야渋谷 역, 하라주쿠原宿 역, 우에노上野 역 등 도쿄의 주요 관광지로 이동할 수 있다. 우리나라 여행객들이 가장 많이 이용하는 노선으로, 노선 표시는 연두색으로 한다.

●● JR 주오선 中央線

주오 본선中央本線이 원래 명칭이며 나고야名古屋의 아이치현愛知県에서 출발하여 도쿄東京 역까지 이어지는 전철이다. 도쿄에서는 지브리 미술관ジブリ美術館을 볼 수 있는 미타카三鷹 역으로 이동할 때와 신주쿠新宿 역에서 도쿄 역으로 이동할 때 주오선 쾌속中央線快速을 탑승하면 더욱 빠르게 이동할 수 있다. 주오 본선의 노선 색은 파란색이며 주오선 쾌속의 노선 표시 색은 주황색이다.

도에이 지하철 都営地下鉄

도쿄도의 교통국에서 운영하는 총 4개 호선 지하철이다. JR 야마노테선山手線이 닿지 않는 도심 중앙부나 도심을 동서로 가로질러 이동할 때 편리하다.

노선	주요 역
A 아사쿠사선(草線)	신바시(新橋) 역, 아사쿠사(浅草) 역 등
I 미타선(三田線)	메구로(目黒) 역, 히비야(日比谷) 역 등
S 신주쿠선(新宿線)	신주쿠(新宿) 역, 오가와마치(小川町) 역 등
E 오에도선(大江戸線)	도초마에(都庁前) 역, 롯폰기(六本木) 역, 신주쿠(新宿) 역 등

도쿄 메트로 東京メトロ

도쿄 지하철 주식회사가 운영하는 총 9개 호선 지하철로, 노선이 도에이 지하철보다 도심을 더 촘촘히 운행하고 있어 도심의 주요 거점으로 바로 이동할 때 편리하다.

노선	주요 역
H 히비야선(日比谷線)	롯폰기(六本木) 역, 긴자(銀座) 역 등
G 긴자선(銀座線)	시부야(渋谷) 역, 긴자(銀座) 역 등
M m 마루노우치선(丸ノ内線)	이케부쿠로(池袋) 역, 긴자(銀座) 역, 신주쿠(新宿) 역 등
T 도자이선(東西線)	다카다노바바(高田馬場)역, 오테마치(大手町) 역 등
N 난보쿠선(南北線)	메구로(目黒) 역, 아자부주반(麻布十番) 역 등
Y 유라쿠초선(有楽町線)	이케부쿠로(池袋) 역, 도요스(豊洲) 역 등
C 지요다선(千代田線)	오모테산도(表参道) 역, 히비야(日比谷) 역 등
Z 한조몬선(半蔵門線)	시부야(渋谷) 역, 오모테산도(表参道) 역 등
F 후쿠토신선(副都心線)	히가시신주쿠(東新宿) 역, 메이지진구마에(明治神宮前) 역 등

OK 오다큐선 小田急線

오다큐 전철 주식회사가 운영하고 있으며 하코네箱根 지역을 여행하기 위해 신주쿠新宿 역↔하코네유모토箱根湯本 역 구간을 이용하거나 에노시마江島 관광을 하기 위해 신주쿠 역↔가타세에노시마片瀬江ノ島 역 구간을 이용할 때 편리하게 움직일 수 있다. 별도의 역사를 운영하고 있으므로 티켓 구매 및 탑승장이 다른 전철 · 지하철과는 다르다.

TS 도부선 東武線

도부 철도 주식회사가 운영하고 있으며 닛코 지역을 여행하기 위해 아사쿠사↔닛코 구간을 이용할 때 편리하게 움직일 수 있다. 별도의 역사를 운영하고 있으므로 티켓 구매 및 탑승장이 다른 전철 · 지하철과는 다르다.

KS 게이세이선 京成線

게이세이 전철 주식회사가 운영하고 있으며 나리타 국제공항成田国際空港을 이용하는 여행객이 도쿄 도심으로 이동하기 위해 가장 많이 이용하는 전철이다. 닛포리日暮里 역은 JR선과 역사를 같이 이용하고 있어 별도의 티켓만 구매하면 환승이 가능하며 우에노上野 역은 별도의 역사를 운영하고 있으므로 티켓 구매 및 탑승장이 다른 전철 · 지하철과는 다르다.

JR선과 주요 민영 철도 이용 시 주의할 점

★ JR 선, 지하철, 민영 철도를 환승할 때에는 티켓을 별도로 구매하고 탑승장을 이동해야 한다.

★ 교통 패스나 카드를 사용하는 경우는 출구 게이트를 나올 때 꼭 패스와 카드를 받자.(재발급 불가)

★ 장거리 노선의 특급 열차(지정석·자유석)를 이용할 때에는 별도의 티켓을 구매해야 하며 대부분 여행일 오전에 출발하므로 여행일 전날까지 트레블 센터에서 사전 구매하자.

KK JR 게이큐선 京急線

하네다 국제공항에서 시나가와 역으로 이동할 때 많이 이용하는 전철이다. 하네다 국제공항에서 에어포트 쾌속 특급エアポート快特을 탑승하면 시나가와 역까지 빠르게 이동할 수 있어 신주쿠 역, 이케부쿠로 역 등 JR 야마노테선의 서쪽 지역으로 이동할 때 많이 탑승한다. 다른 노선의 열차로 환승할 때는 티켓을 별도로 구매해야 한다.

MO 도쿄 모노레일 東京モノレール

하네다 국제공항羽田国際空港을 이용하는 여행객이 하마마쓰초浜松町 역으로 이동할 때와 신바시新橋 역, 도쿄東京 역 등 JR 야마노테선山手線의 동쪽 지역으로 이동할 때 유용하다. 별도의 역사를 운영하고 있으므로 티켓 구매 및 탑승장이 다른 전철 · 지하철과는 다르다.

JK JR 게이힌도호쿠선 京浜東北線

위성 도시인 요코하마로 이동하기 위해 많이 이용하는 전철이다. 미나토미라이みなとみらい 21지구가 있는 JR 사쿠라기초桜木町 역과 차이나타운이 있는 JR 이시카와초石川町 역으로 이동할 때에는 오후나大船 방면 열차를 확인하고 탑승하자.

U 유리카모메 ゆりかもめ

주식회사 유리카모메에서 운영하고 있으며 오다이바의 관광지가 목적인 사람들이 많이 이용한다. 별도의 역사를 운영하고 있으므로 티켓 구매 및 탑승장이 다른 전철 · 지하철과는 다르다.

탑승권 구매 방법 및 티켓 머신 이용 순서

전철이나 지하철, 모노레일을 탑승할 때는 티켓 머신에서 구매해야 하는데 대부분의 기계가 한글을 지원하므로 어려움은 없다. 하지만 오다큐선과 도부선의 특급 열차 예약은 각 철도 역의 트레블 센터에서 사전 구매해야 한다.

step 1 티켓 머신 위쪽의 노선도에서 목적지를 찾는다(영어 또는 일본어).

step 2 노선도에서 목적 지역의 구간 요금을 체크한다.

step 3 해당 요금을 티켓 머신에 넣는다.

step 4 화면에 표시된 티켓 요금을 누른다.

step 5 티켓과 잔돈을 수령한다.

버스

버스는 크게 노선버스와 관광지에서만 운영하는 관광버스가 있다. 노선버스는 우리나라처럼 일반 버스 정류장에서 탑승하면 되지만, 관광버스는 별도의 탑승장이 있으므로 여행 계획을 세울 때 사전에 정보를 확인해야 한다.

버스의 탑승 및 요금 계산

노선버스는 두 종류가 있는데 도에이 버스都営バス는 탑승할 때 구간 정액 요금제이므로 앞문으로 탑승을 하며 탑승할 때 구간 요금을 내고 하차 시 뒷문으로 내린다. 그 외 버스는 뒷문으로 탑승을 하며 탑승할 때 티켓 머신에서 승차권을 받고 하차 시 버스 앞 모니터에 표시된 요금을 기사 옆 기계에 넣고 하차하면 된다. 버스를 탑승하면 힘들게 전철역이나 지하철역을 오르락내리락하지 않아도 되고 외부 전경을 보면서 이동할 수 있다는 장점이 있지만 교통 체증 시간에 걸리면 목적지까지의 소요 시간을 예상할 수 없고 환승 정보가 부족하여 사전 준비를 하지 않으면 애를 먹을 수 있다.

택시

편하게 이동하기에 택시만큼 편한 교통수단이 없지만, 장거리를 이동할 때 택시를 이용하면 요금 폭탄을 맞을 수 있다. 도쿄는 기본 요금 자율제를 시행하고 있는데 기본요금이 410엔 정도의 저렴한 택시는 단거리를 이용하기에는 적합하나 거리당 요금이 빠르게 올라가며 기본요금이 680엔이 넘어가는 중형 택시는 장거리를 이동하는 데 더 좋다. 주의할 점은 택시의 뒷문이 자동문이어서 승 · 하차 시 자동으로 열리니 문을 직접 열거나 닫지 말자.

도쿄의 교통 패스와 교통 카드

도쿄를 여행할 때 이동이 많다면 패스를 이용하거나 교통 카드를 구매하여 구간 할인을 받는 것이 좋다. 패스를 구매하면 관광지 이동 시 별도의 티켓을 구매하지 않아서 편리하지만, 몇 차례 이용하지 않는다면 구간별 티켓보다 더 비쌀 수 있다. 교통 카드는 구매도 쉽고 전철이나 버스를 탑승할 때도 편리하지만, 최초 구매 시 보증금을 내야 하며 여행을 마무리하고 떠날 때 보증금을 환급받아야 하는 번거로움이 있다. 여행 계획을 세우면서 자신에게 맞는 패스 및 교통 카드를 선택하자.

도쿠나이 패스トクなきっぷ

도쿄 23구역 내의 JR 전철을 1일간 무제한으로 탑승이 가능하며 티켓 머신에서 쉽게 구매할 수 있다. 구간에 따라 다르지만 5회 이상 승·하차를 하는 경우에 유용하다. 구입 시 사용 날짜를 정할 수 있어 이용 1개월 전부터 미리 구입할 수 있다. 분실할 경우 재발급은 되지 않는다.

요금 성인 760엔, 소인 380엔

도쿄 프리 패스東京一日乗車券

도쿄 23구역 내의 JR 전철, 지하철, 도에이 버스를 1일간 무제한으로 탑승이 가능한 티켓으로 JR 매표소 또는 여행 서비스 센터(View Plaza)에서 구매가 가능하다. 이용 날짜로부터 1개월 이내에 구입이 가능하며 분실할 경우 재발급은 되지 않는다. 패스 가격이 비싸 실질적으로 많이 사용되지 않는데, 10회 이상 승하차하며 지하철과 버스를 동시에 이용하는 경우에만 구매하자.

요금 성인 1,600엔, 소인 800엔

도에이 마루고토 티켓都営まるごときっぷ

도에이 지하철과 도에이 버스를 1일간 무제한으로 탑승이 가능한 티켓이며 도에이 지하철역 티켓 머신에서 쉽게 구매할 수 있다. 이용 날짜로부터 6개월 이내에 구입이 가능하며 분실할 경우 재발급은 되지 않는다. 도에이 지하철과 버스를 4회 이상 이용하는 경우에만 구매하자.

요금 성인 700엔, 소인 350엔

도쿄 지하철 패스東京の地下鉄全線きっぷ

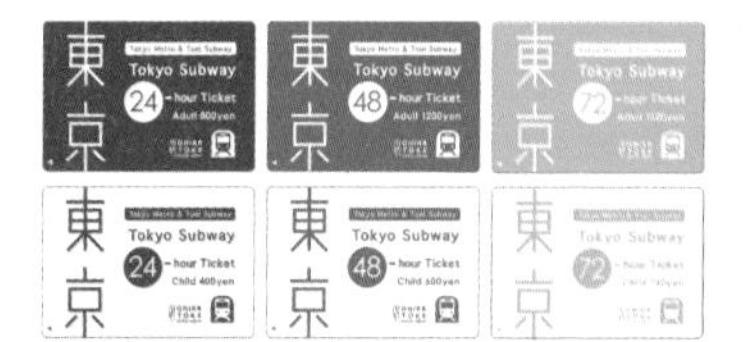

도에이 지하철과 도쿄 메트로를 해당 시간만큼 자유롭게 승하차를 할 수 있는 패스다. 하네다 국제공항과 나리타 공항 국제선 관광 정보 센터, 주요 호텔 및 빅카메라 매장 등에서 구매가 가능하다. 해외 여행객을 대상으로 판매하므로 구매 시 여권을 제시해야 한다. 일정에 따라 유용하게 사용할 수 있으므로 여행 일정을 세운 다음 지하철을 탑승하는 횟수에 맞춰 구매하자(단, 여행 시즌에 따라 티켓을 구매하기 위해 다소 긴 줄을 서야한다).

요금 24시간 성인 800엔, 소인 400엔 48시간 성인 1,200엔, 소인 600엔 72시간 성인 1,500엔, 소인 750엔

도에이 지하철 · 도쿄 메트로 공통 1일 패스都営地下鉄・東京メトロ共通一日乗車券

도에이 지하철과 도쿄 메트로를 1일간 무제한으로 이용하는 티켓이다. 티켓 머신에서 쉽게 구매할 수 있으나 여행객들은 도쿄 지하철 패스가 더욱 저렴하여 최근에는 많이 이용하지 않는다.

요금 성인 900엔, 소인 450엔

도에이 버스 1일 패스都営バス一日乗車券

도에이 버스를 1일간 무제한으로 이용하는 티켓으로 버스를 탑승하여 기사에게 직접 구매할 수 있고, 구매 당일만 사용 가능하다.

요금 성인 500엔, 소인250엔

도쿄 메트로 1일 패스東京メトロ24時間券

도쿄 메트로를 1일간 무제한으로 이용하는 티켓이다. 사용 6개월 이내에 구입이 가능하고, 티켓 머신에서 구매할 수 있다. 여행 계획에 따라 도쿄 메트로를 3회 이상 탑승을 한다면 유용하다.

요금 성인 600엔, 소인 300엔

스이카, 파스모 교통 카드SUICA, PASMO

스이카(SUICA)는 최근 여행객이 많이 구매하는 교통 카드로 한번 충전하면 모든 교통수단은 물론 카드 결제 대용으로도 사용할 수 있다. 충전 금액을 모두 사용하면 모든 역의 티켓 머신에서 충전할 수 있으며 전철이나 지하철, 버스를 이용할 때에는 티켓을 별도로 구매하는 금액보다 할인받을 수 있어 유용하다. 여행을 마치고 돌아갈 때 보증금 500원을 환급받을 수 있다.

파스모(PASMO)는 이용객의 영문 이름을 카드에 새길 수 있어 보증금을 환급받지 않고 여행 기념품으로 많이 가져오기도 한다. 모든 역사의 티켓 머신에서 손쉽게 구매가 가능하며 어린이권을 구매할 경우에는 티켓 창구를 통해 여권을 확인한 후 구매할 수 있다.

홈페이지 스이카 www.jreast.co.jp/suica

탑승권 구매 방법 및 티켓 머신 이용 순서

- step 1 티켓 머신의 언어 버튼 중 KOREAN을 선택한다.
- step 2 교통 카드 SUICA / PASMO를 선택한다.
- step 3 처음 구매를 선택하고 구매 금액을 누른다.
- step 4 카드에 새길 영문 이름과 생년월일을 입력한다.
- step 5 해당 금액을 넣고 교통 카드와 잔돈을 수령한다.

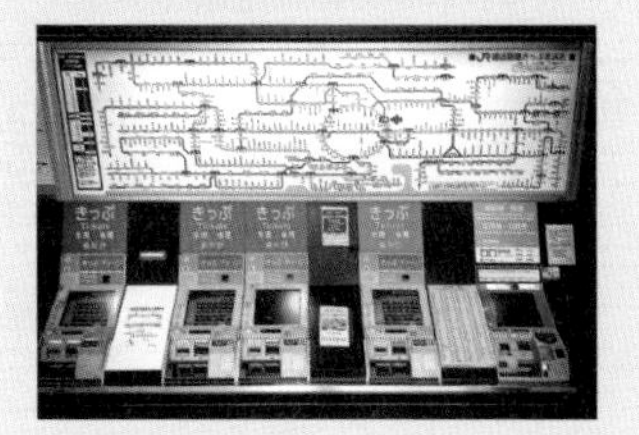

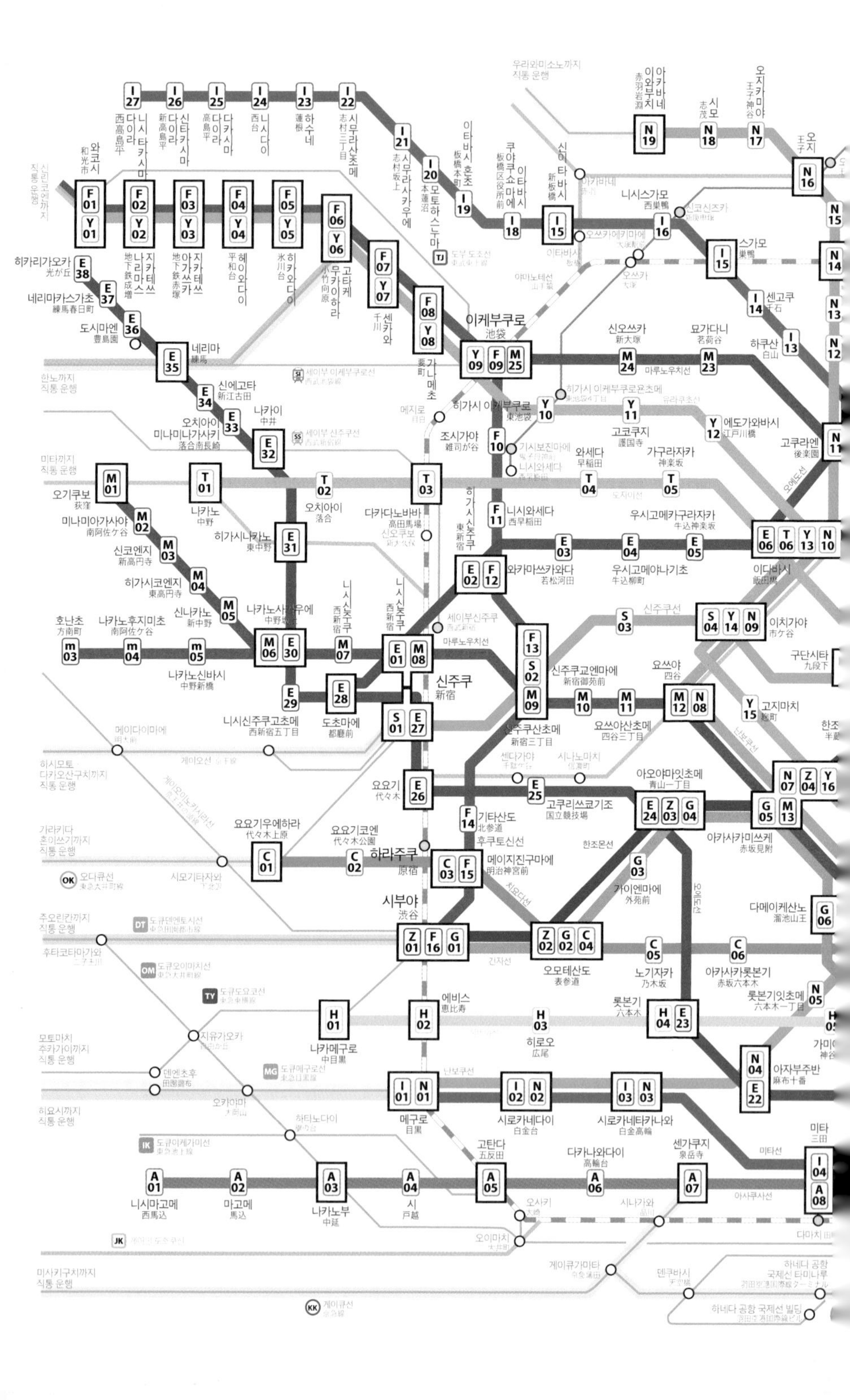

우리와미소노까지
직통 운행
I 27
I 26
I 25
I 24
I 23
I 22
니시다카시마다이라 西高島平
신타카시마다이라 新高島平
다카시마다이라 高島平
니시다이 西台
하스네 蓮根
시무라산초메 志村三丁目
I 21 시무라사카우에 志村坂上
I 20 모토하스누마 本蓮沼
I 19 이타바시혼초 板橋本町
I 18 이타바시쿠야쿠쇼마에 板橋区役所前
I 15 신이타바시 新板橋
N 19 아카바네이와부치 赤羽岩淵
N 18 시모 志茂
N 17 오지카미야 王子神谷
N 16 오지 王子
N 15
N 14
N 13
N 12
신린코엔까지
직통 운행
F 01 Y 01 와코시 和光市
F 02 Y 02 지카테쓰나리마스 地下鉄成増
F 03 Y 03 지카테쓰아카쓰카 地下鉄赤塚
F 04 Y 04 헤이와다이 平和台
F 05 Y 05 히카와다이 氷川台
F 06 Y 06 고타케무카이하라 小竹向原
F 07 Y 07 센카와 千川
F 08 Y 08 가나메초 要町
니시스가모 西巣鴨
I 16
I 15 스가모 巣鴨
I 14 센고쿠 千石
I 13 하쿠산 白山
도부도조선 東武東上線
이타바시 板橋
야마노테선 山手線
오쓰카 大塚
오쓰카에키마에 大塚駅前
신코신즈카 新庚申塚
히카리가오카 光が丘 E 38
네리마카스가초 練馬春日町 E 37
도시마엔 豊島園 E 36
네리마 練馬 E 35
신에고타 新江古田 E 34
오치아이미나미나가사키 落合南長崎 E 33
나카이 中井 E 32
이케부쿠로 池袋 Y 09 F 09 M 25
신오쓰카 新大塚 M 24
묘가다니 茗荷谷 M 23
마루노우치선
세이부 이케부쿠로선 西武池袋線
세이부 신주쿠선 西武新宿線
한노까지
직통 운행
메지로 目白
히가시 이케부쿠로 東池袋 Y 10
히가시 이케부쿠로욘초메 東池袋4丁目
고코쿠지 護国寺 Y 11
유라쿠초선
에도가와바시 江戸川橋 Y 12
고라쿠엔 後楽園
조시가야 雑司が谷 F 10
기시보진마에 鬼子母神前
니시와세다
와세다 早稲田
가구라자카 神楽坂
미타까지
직통 운행
M 01 오기쿠보 荻窪
T 01 나카노 中野
T 02 오치아이 落合
T 03 다카다노바바 高田馬場
T 04
T 05
도자이선
미나미아사가야 南阿佐ケ谷 M 02
신코엔지 新高円寺 M 03
히가시코엔지 東高円寺 M 04
신나카노 新中野 M 05
히가시나카노 東中野 E 31
F 11 니시와세다 西早稲田
히가시신주쿠 東新宿
우시고메카구라자카 牛込神楽坂
E 06 T 06 Y 13 N 10 이다바시 飯田橋
E 03
E 04 우시고메야나기초 牛込柳町
E 05
E 02 F 12 와카마쓰카와다 若松河田
오에도선
호난초 方南町 m 03
나카노후지미초 南阿佐ケ谷 m 04
m 05 나카노신바시 中野新橋
나카노사카우에 中野坂上 M 06 E 30
니시신주쿠 西新宿 M 07
니시신주쿠 西新宿
E 01 M 08
세이부신주쿠 西武新宿
마루노우치선
신주쿠 新宿
S 03
신주쿠선
S 04 Y 14 N 09 이치가야 市ケ谷
구단시타 九段下
F 13 S 02 M 09
신주쿠교엔마에 新宿御苑前
신주쿠산초메 新宿三丁目
M 10
M 11
요쓰야 四谷 M 12 N 08
요쓰야산초메 四谷三丁目
Y 15 고지마치 麴町
난보쿠선
E 29
E 28 도초마에 都庁前
S 01 E 27
니시신주쿠고초메 西新宿五丁目
메이다이마에 明大前
게이오선 京王線
하시모토
다카오산구치까지
직통 운행
게이오이노카시라선 京王井の頭線
센다가야 千駄ケ谷
시나노마치 信濃町
요요기 代々木 E 26
E 25 고쿠리쓰쿄기조 国立競技場
아오야마잇초메 青山一丁目 E 24 Z 03 G 04
N 07 Z 04 Y 16
G 05 M 13 아카사카미쓰케 赤坂見附
한조몬
가라키다
초이쓰기까지
직통 운행
요요기우에하라 代々木上原 C 01
요요기코엔 代々木公園 C 02
하라주쿠 原宿
F 14 기타산도 北参道
후쿠토신선
C 03 F 15 메이지진구마에 明治神宮前
한조몬선
G 03 가이엔마에 外苑前
시모기타자와 下北沢
오다큐선 小田急線
다메이케산노 溜池山王 G 06
오에도선
주오린칸까지
직통 운행
DT 도큐덴엔토시선 東急田園都市線
시부야 渋谷 Z 01 F 16 G 01
Z 02 G 02 C 04 오모테산도 表参道
C 05 노기자카 乃木坂
C 06 아카사카롯폰기 赤坂六本木
후타코타마가와 二子玉川
OM 도큐오이마치선 東急大井町線
TY 도큐도요코선 東急東横線
긴자선
에비스 恵比寿
H 01 나카메구로 中目黒
H 02
H 03 히로오 広尾
롯폰기 六本木 H 04 E 23
N 05 롯폰기잇초메 六本木一丁目
가미야초 神谷町
모토마치
추카가이까지
직통 운행
지유가오카 自由が丘
덴엔초후 田園調布
MG 도큐메구로선 東急目黒線
오카야마 大岡山
난보쿠선
N 04 E 22 아자부주반 麻布十番
히요시까지
직통 운행
I 01 N 01 메구로 目黒
I 02 N 02 시로카네다이 白金台
I 03 N 03 시로카네타카나와 白金高輪
하타노다이 旗の台
IK 도큐이케가미선 東急池上線
고탄다 五反田
다카나와다이 高輪台
센가쿠지 泉岳寺
미타 三田
미타선
I 04 A 08
A 01 니시마고메 西馬込
A 02 마고메 馬込
A 03 나카노부 中延
A 04 시 戸越
A 05
A 06
A 07
아사쿠사선
오사키 大崎
시나가와 品川
다마치 田町
오이마치 大井町
JK 게이힌토호쿠선
게이큐가마타 京急蒲田
덴쿠바시 天空橋
하네다 공항
국제선 터미나루
羽田空港国際線ターミナル
하네다 공항 국제선 빌딩
미사키구치까지
직통 운행
KK 게이큐선 京急線

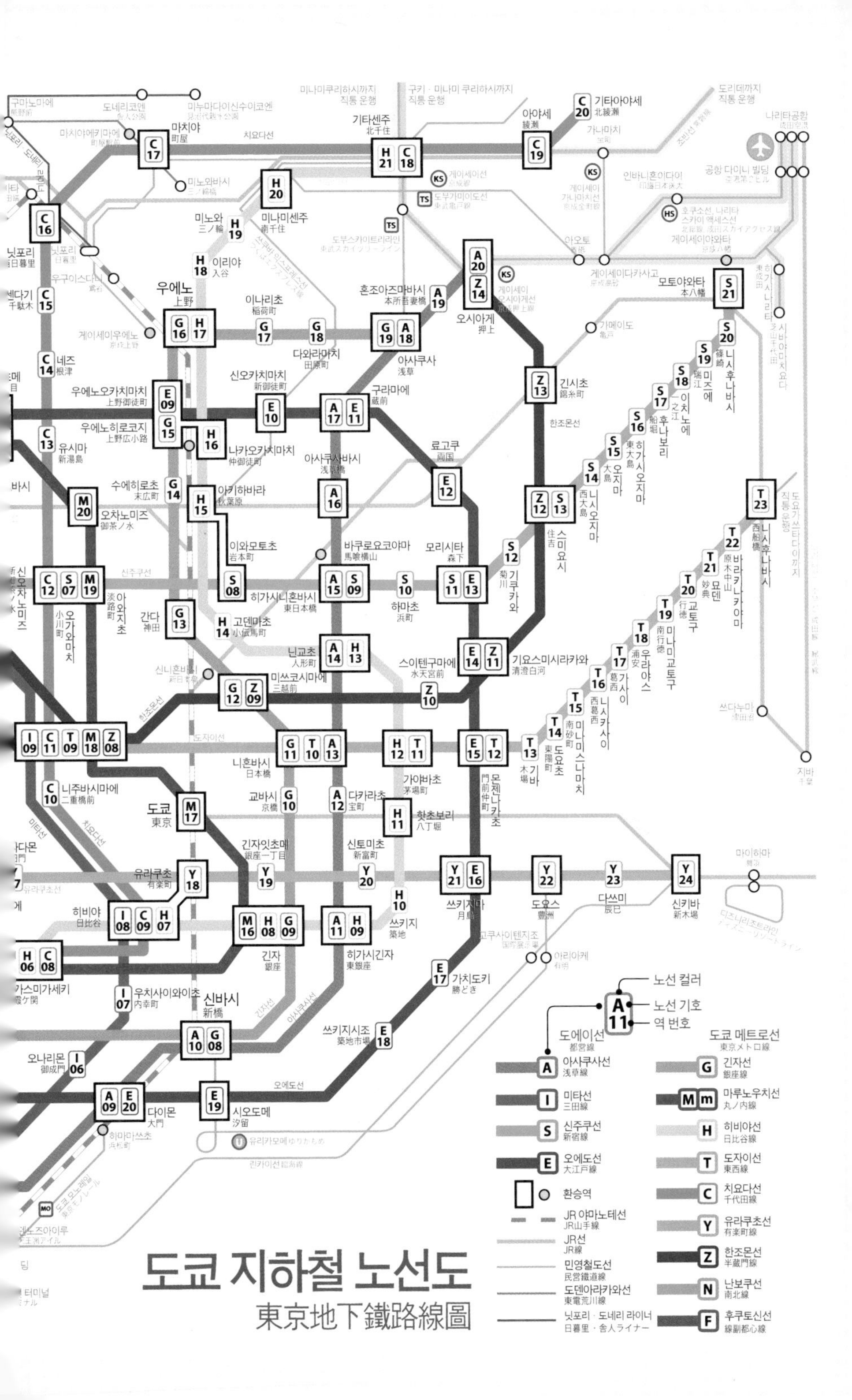

도쿄 지하철 노선도
東京地下鐵路線圖
노선 컬러
노선 기호
역 번호
도에이선
都営線
도쿄 메트로선
東京メトロ線
아사쿠사선
浅草線
미타선
三田線
신주쿠선
新宿線
오에도선
大江戸線
환승역
JR 야마노테선
JR山手線
JR선
JR線
민영철도선
民営鐵道線
도덴아라카와선
東電荒川線
닛포리 · 도네리 라이너
日暮里 · 舎人ライナー
긴자선
銀座線
마루노우치선
丸ノ内線
히비야선
日比谷線
도자이선
東西線
치요다선
千代田線
유라쿠초선
有楽町線
한조몬선
半蔵門線
난보쿠선
南北線
후쿠토신선
線副都心線
미나미쿠리하시까지 직통 운행
구키 · 미나미 쿠리하시까지 직통 운행
도리데까지 직통 운행
나리타공항
成田空港
공항 다이니 빌딩
기타센주
北千住
아야세
綾瀬
기타아야세
北綾瀬
마치야
町屋
도네리코엔
舎人公園
치요다선
미노와바시
미나미센주
南千住
미노와
三ノ輪
이리야
入谷
닛포리
日暮里
우구이스다니
鶯谷
센다기
千駄木
네즈
根津
우에노
上野
이나리초
稲荷町
다와라마치
田原町
게이세이우에노
京成上野
혼조아즈마바시
本所吾妻橋
오시아게
押上
아사쿠사
浅草
우에노오카치마치
上野御徒町
우에노히로코지
上野広小路
신오카치마치
新御徒町
구라마에
蔵前
나카오카치마치
仲御徒町
유시마
湯島
아사쿠사바시
浅草橋
료고쿠
両国
긴시초
錦糸町
한조몬선
스에히로초
末広町
아키하바라
秋葉原
오차노미즈
御茶ノ水
이와모토초
岩本町
바쿠로요코야마
馬喰横山
모리시타
森下
스미요시
住吉
신주쿠선
신오차노미즈
오가와마치
小川町
아와지초
淡路町
간다
神田
히가시니혼바시
東日本橋
하마초
浜町
기쿠카와
菊川
고덴마초
小伝馬町
닌교초
人形町
스이텐구마에
水天宮前
기요스미시라카와
清澄白河
신니혼바시
新日本橋
미쓰코시마에
三越前
도자이선
니혼바시
日本橋
가야바초
茅場町
몬젠나카초
門前仲町
기바
木場
도요초
東陽町
미나미스나마치
南砂町
니시카사이
西葛西
가사이
葛西
우라야스
浦安
미나미교토쿠
南行徳
교토쿠
行徳
묘덴
妙典
바라키나카야마
原木中山
니시후나바시
西船橋
니주바시마에
二重橋前
교바시
京橋
다카라초
宝町
핫초보리
八丁堀
도쿄
東京
긴자잇초메
銀座一丁目
신토미초
新富町
유라쿠초
有楽町
쓰키시마
月島
도요스
豊洲
다쓰미
辰巳
신키바
新木場
히비야
日比谷
긴자
銀座
히가시긴자
東銀座
쓰키지
築地
고쿠사이텐지조
国際展示場
가치도키
勝どき
우치사이와이초
内幸町
신바시
新橋
쓰키지시조
築地市場
가스미가세키
霞ケ関
오나리몬
御成門
다이몬
大門
시오도메
汐留
하마마쓰초
浜松町
유리카모메
오에도선
모토야와타
本八幡
시노자키
篠崎
미즈에
瑞江
이치노에
一之江
후나보리
船堀
히가시오지마
東大島
오지마
大島
니시오지마
西大島
가메이도
亀戸
아오토
게이세이다카사고
게이세이야와타
인바니혼이다이
게이세이 가나마치선
가나마치
게이세이선
도부스카이트리라인
도부가메이도선
게이세이 오시아게선
호쿠소선, 나리타 스카이 액세스선
쓰다누마
津田沼
지바
마이하마
舞浜
디즈니리조트라인
아리아케
有明
도쿄 모노레일

도쿄 전도
나리타 공항행 →
JR 야마노테선
닛포리
日暮里
JR 게이힌토호쿠
게이세이선
이케부쿠로
池袋
아사쿠사
浅草
우에노
上野
도부선
닛코 · 기누가와행 →
가스가
春日
도쿄 돔 시티
TOKYO
DOME CITY
← 지브리 미술관행
신오쿠보
新大久保
오에도선
오차노미즈
御茶ノ水
아키하바라
秋葉原
JR 소부선
도초마에
都庁前
신주쿠
新宿
JR 주오선 · JR 소부선
황거
皇居
마루노우치
丸の内
도쿄
東京
오다큐선

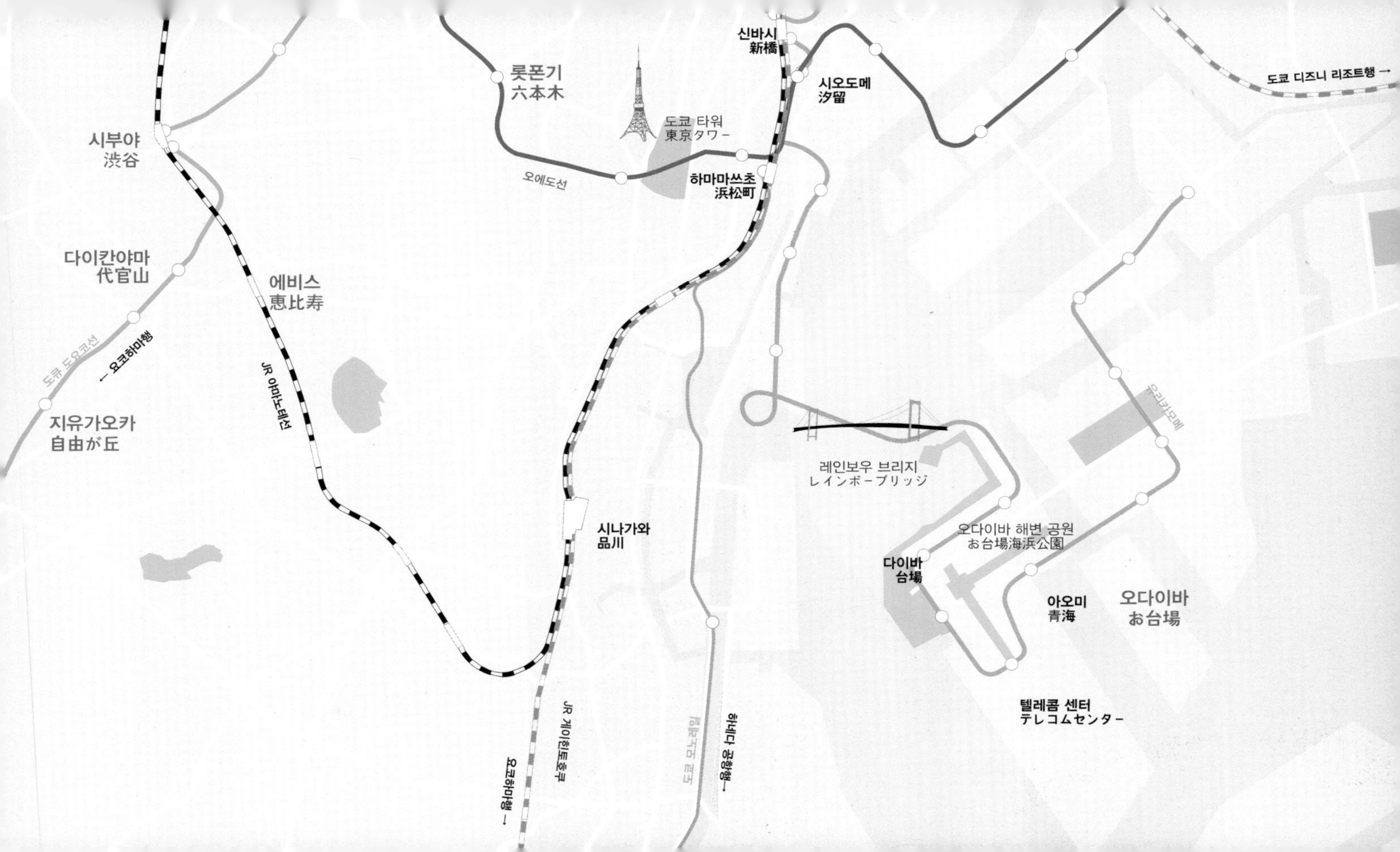
신바시
新橋
롯폰기
六本木
시오도메
汐留
도쿄 디즈니 리조트행 →
도쿄 타워
東京タワー
시부야
渋谷
오에도선
하마마쓰초
浜松町
다이칸야마
代官山
에비스
恵比寿
도큐 도요코선
← 요코하마행
JR 야마노테선
지유가오카
自由が丘
유리카모메
레인보우 브리지
レインボーブリッジ
시나가와
品川
오다이바 해변 공원
お台場海浜公園
다이바
台場
아오미
青海
오다이바
お台場
텔레콤 센터
テレコムセンター
JR 게이힌토호쿠
요코하마행 →
하네다 공항행→

새로운 변화를 준비하는 도쿄 대표 여행지

도쿄에서 가장 손꼽히는 여행지였던 오다이바는 코로나19로 직격탄을 맞았다. 국내외 관광객 수요가 급감하면서 쇼핑몰을 비롯한 여러 시설이 수익성 악화를 견디지 못하고 문을 닫았다. 오다이바의 주요 관광지인 메가 웹과 비너스 포트가 자리 잡은 팔레트 타운이 전면 신축 공사 중이며, 한국 관광객들에게 인기가 많았던 오에도 온천 이야기가 내부 사정으로 2021년 9월 문을 닫았다. 사실상 기존 오다이바 관광지의 절반이 사라지고 새로운 준비를 하고 있는 셈이다. 하지만 대형 쇼핑몰인 다이버 시티 도쿄 플라자와 후지 TV가 있는 오다이바 센트럴 지역, 그리고 아쿠아 시티 오다이바와 덱스

도쿄 비치가 있는 오다이바 해변 지역은 여전히 많은 관광객이 찾고 있다. 레인보우 브리지와 자유의 여신상이 어우러진 야경은 도쿄 여행의 필수 코스라고 할 수 있다.

한 눈에 보는 지역 특색

가족과 함께 즐길 수 있는 테마가 풍부한 곳

식사와 쇼핑을 즐길 수 있는 대형 쇼핑몰

도쿄에서 가장 멋진 야경을 감상할 수 있는 곳

오다이바

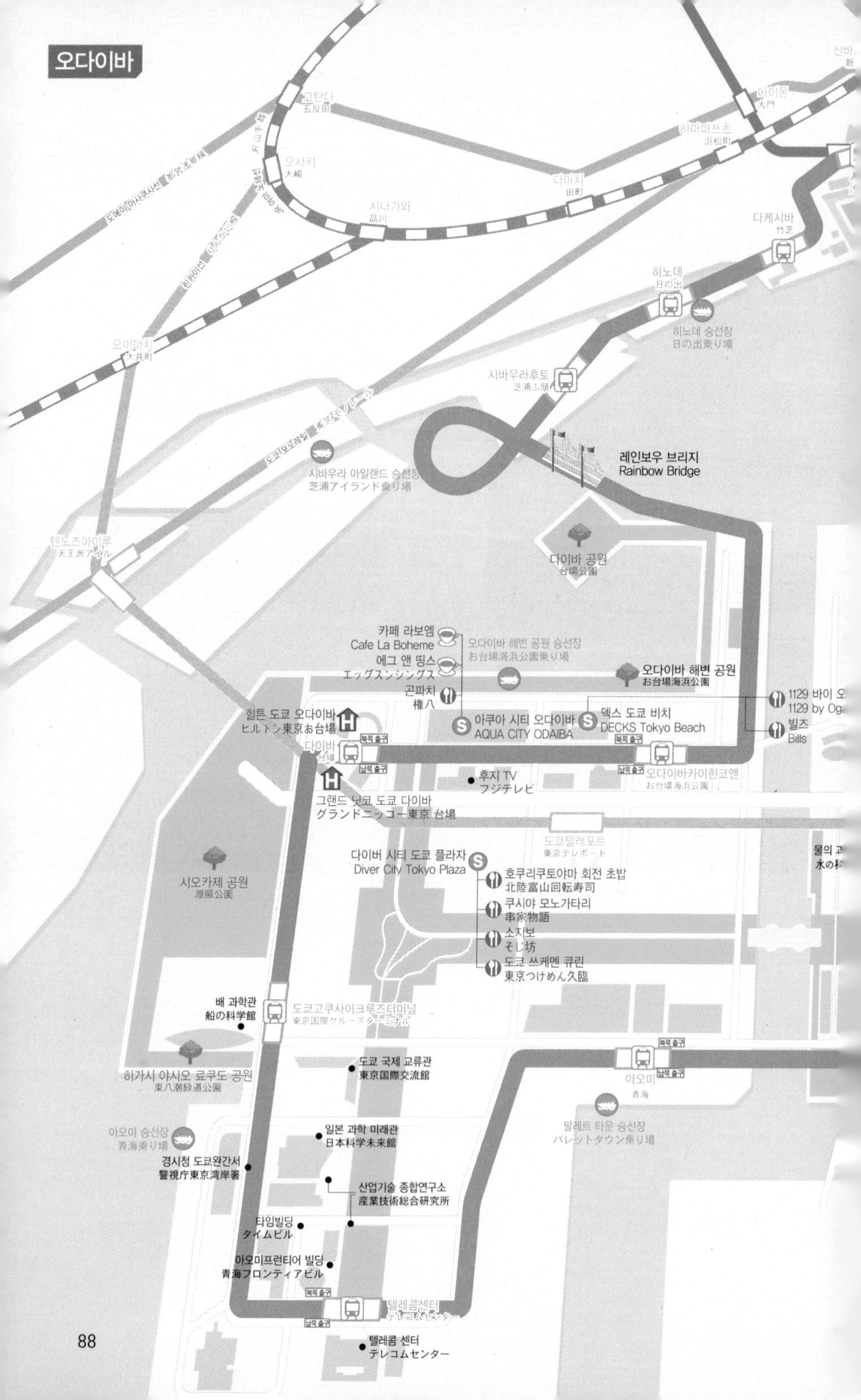
고탄다
五反田
오사키
大崎
시나가와
品川
다마치
田町
하마마쓰초
浜松町
다이몬
大門
다케시바
竹芝
히노데
日の出
히노데 승선장
日の出乗り場
시바우라후토
芝浦ふ頭
오이마치
大井町
텐노즈아이루
天王洲アイル
시바우라 아일랜드 승선장
芝浦アイランド乗り場
레인보우 브리지
Rainbow Bridge
다이바 공원
台場公園
카페 라보엠
Cafe La Boheme
에그 앤 띵스
エッグスンシングス
곤파치
権八
오다이바 해변 공원 승선장
お台場海浜公園乗り場
오다이바 해변 공원
お台場海浜公園
힐튼 도쿄 오다이바
ヒルトン東京お台場
아쿠아 시티 오다이바
AQUA CITY ODAIBA
덱스 도쿄 비치
DECKS Tokyo Beach
빌즈
Bills
다이바
台場
북쪽 출구
남쪽 출구
오다이바카이힌코엔
お台場海浜公園
후지 TV
フジテレビ
그랜드 닛코 도쿄 다이바
グランドニッコー東京 台場
도쿄텔레포트
東京テレポート
다이버 시티 도쿄 플라자
Diver City Tokyo Plaza
호쿠리쿠토야마 회전 초밥
北陸富山回転寿司
쿠시야 모노가타리
串家物語
소지보
そじ坊
도쿄 쓰케멘 큐린
東京つけめん久臨
시오카제 공원
潮風公園
배 과학관
船の科学館
도쿄고쿠사이크루즈터미널
東京国際クルーズターミナル
히가시 야시오 료쿠도 공원
東八潮緑道公園
도쿄 국제 교류관
東京国際交流館
아오미
青海
팔레트 타운 승선장
パレットタウン乗り場
아오미 승선장
青海乗り場
일본 과학 미래관
日本科学未来館
경시청 도쿄완간서
警視庁東京湾岸署
산업기술 종합연구소
産業技術総合研究所
타임빌딩
タイムビル
아오미프런티어 빌딩
青海フロンティアビル
텔레콤센터
テレコムセンター
텔레콤 센터
テレコムセンター

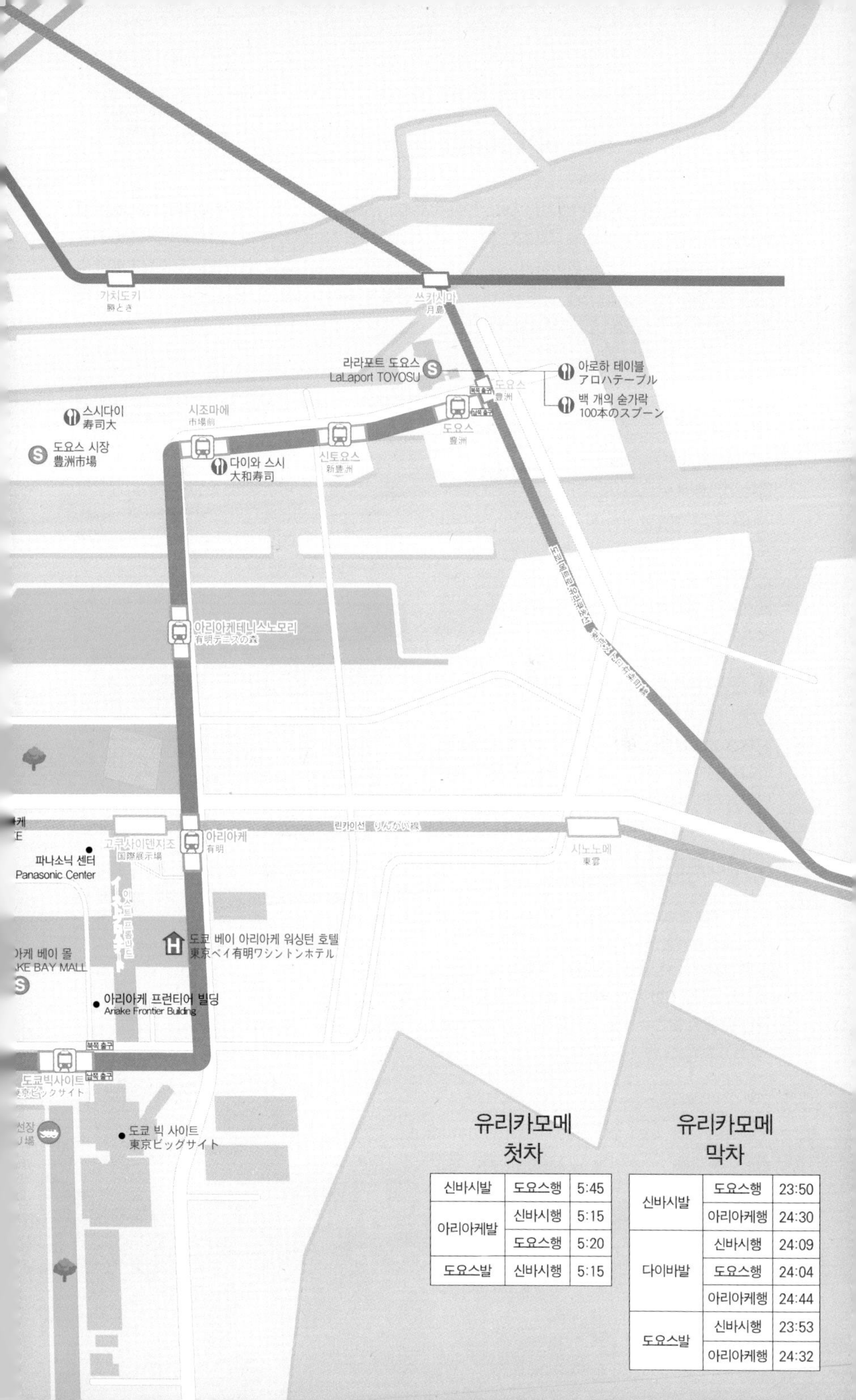

유리카모메 첫차

신바시발	도요스행	5:45
아리아케발	신바시행	5:15
	도요스행	5:20
도요스발	신바시행	5:15

유리카모메 막차

신바시발	도요스행	23:50
	아리아케행	24:30
다이바발	신바시행	24:09
	도요스행	24:04
	아리아케행	24:44
도요스발	신바시행	23:53
	아리아케행	24:32

How to go?

오다이바 가는 방법

오다이바로 가는 방법은 다양하지만 신바시역新橋駅에서 유리카모메ゆりかもめ를 탑승하여 이동하는 것을 가장 추천한다. 오전에 아사쿠사浅草 지역과 묶어서 관광하려 한다면 수상 버스인 도쿄 크루즈를 이용하자. 신주쿠에서 이용하는 린카이선りんかい線은 운행 간격이 뜸하여 자칫 기다리다 시간을 다 보낼 수 있다. 또한 버스는 비용도 크게 저렴하지 않고 시간이 많이 걸리며, 초행길이거나 일본어를 모른다면 다른 방향으로 탈 수 있어서 추천하지 않는다.

유리카모메ゆりかもめ 이용 방법

❶ 신바시新橋 역으로 이동하기

신바시 역은 전철인 JR 야마노테선山手線, 도카이도선東海道線, 게이힌 도호쿠선京浜東北線, 요코스카선横須賀線과 지하철 긴자선銀座線, 아사쿠사선浅草線이 있다. 출발하는 곳과 가까운 역에서 위 노선을 참고하여 신바시 역으로 이동하자.

❷ 신바시新橋 역에서 유리카모메ゆりかもめ 역으로 이동하기

선택한 교통편을 이용하여 신바시 역에서 내리면 유리카모메 역까지 안내 표시가 잘 되어 있다. 지시 방향을 따라 이동하면 유리카모메 신바시 역 입구로 쉽게 찾아갈 수 있다.

❸ 유리카모메 티켓 구매하기

유리카모메 신바시 역 입구로 들어가 에스컬레이터를 타고 3층 개찰구 앞으로 가면 티켓 머신이 있다. 많은 관광객이 1일권(820엔)을 구매하는데 이것은 유리카모메를 3번 이상 타는 사람에게 유용하다. 만일 한 곳만 들른다면 편도 티켓을 구매하거나 파스모 카드를 이용하는 것이 더 저렴하다. 또한 오다이바를 오후에 방문하고 다음 날 오전에 다시 방문하려 한다면 유리카모메 24시간권ゆりかもめ24時間券(900엔)을 구매하면 된다.

Info

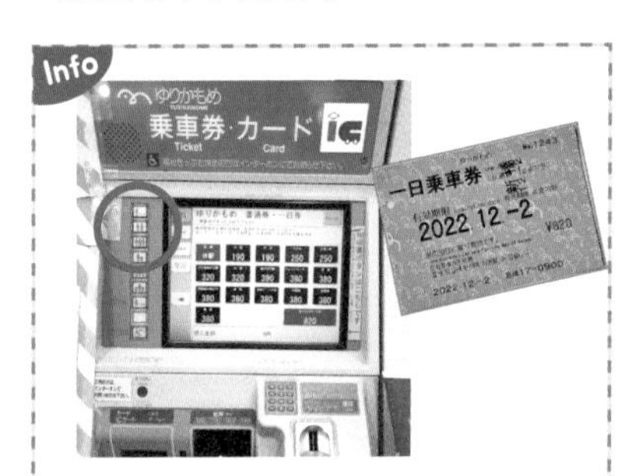

1일권을 구매할 때 티켓 머신이 영문과 한국어를 지원하기 때문에 어려움이 없다. 화면 좌측 버튼을 누르면 여러 요금이 표시되는데 화면 오른쪽 아래에 유리카모메 1일권ゆりかもめ一日券을 볼 수 있다. 돈을 넣고 이것을 누르면 구매 완료!

❹ 유리카모메 탑승하기

개찰구에 티켓을 넣은 다음(티켓은 다시 나오므로 꼭 챙겨야 한다.) 4층으로 올라가면 양쪽으로 탑승장이 있는데 신바시 역이 종점이어서 양쪽으로 탑승할 수 있다. 출발 시간의 차이가 있으므로 탑승장의 모니터를 참고하자. 멋진 경치를 즐기기 위해서는 유리카모메의 가장 앞쪽(시오도메汐留 방향)에 탑승해야 하는데 자리는 단 세 자리이므로 대기자 숫자를 잘 파악하고 줄을 서도록 하자.

TIP. 유리카모메

유리카모메는 신바시 역에서 오다이바까지 운행하며 기관사가 없는 무인 모노레일이다. 유리카모메를 탈 때 맨 앞자리나 뒷자리에 타 보자. 맨 앞자리에 타면 기관사가 된 기분을 느낄 수 있는데, 다만 오랫동안 줄을 서야 할 수도 있다. 비교적 대기 줄이 짧은 맨 뒷자리는 창이 커 도시 전경을 감상하며 사진을 찍기에 더없이 좋다.
유리카모메 요금은 구간별로 다른데 한 정거장만 이동해도 190엔이 넘기 때문에, 3번 이상 탑승한다면 1일권(820엔)이나 24시간권(900엔)을 사는 것이 저렴하다. 하지만 최근에는 오다이바 관광지가 축소되어 오다이바 센트럴 지역과 오다이바 해변 지역만 들르는 경우가 많은데, 이 경우에는 편도 티켓을 구매하거나 파스모 카드를 이용하는 것이 더 저렴하니 먼저 여행 일정을 세운 후 자신에게 맞는 티켓을 구매하도록 하자.

수상 버스 도쿄 크루즈 이용 방법

❶ 아사쿠사 도쿄 크루즈 선착장으로 이동

지하철 긴자선銀座線, 아사쿠사선浅草線의 아사쿠사浅草 역에서 하차하여 도쿄 크루즈 선착장까지 도보로 1분 정도 이동하면 된다. 아사쿠사 센소지에서는 도보로 약 15분 정도 소요되는데 지도를 참고하면 어렵지 않게 찾을 수 있다.

❷ 크루즈 티켓 구매하기

티켓은 머신을 이용하거나 티켓 부스를 이용할 수 있는데 우선 오다이바 해변 공원お台場海浜公園까지 가는 크루즈의 시간표를 확인하자. 홈페이지(www.suijobus.co.jp)에서 시간표와 가격을 확인할 수 있고 예약도 가능하다.

요금 어른 1,720엔, 어린이 860엔 시간 약 70분 소요

❸ 크루즈 탑승하여 출발

출발 시간 20분 전 탑승 방송이 나오고 티켓을 확인 후 탑승한다. 가격도 비싸고 유리카모메를 탑승하여 이동하는 시간이 비슷하지만 푸른 바다 위에 멋진 수상 버스를 타고 오다이바와 도쿄만을 한눈에 볼 수 있어 색다른 도쿄 여행을 할 수 있다. 주변 전경을 감상하다 보면 목적지까지는 금방 도착하니 카메라 셔터를 부지런히 누르면서 이동하자.

Best Tour 추천 코스

오다이바는 보고 즐길 것이 많아서 하루를 통째로 투자해도 아깝지 않은 지역이다. 단, 짧은 일정의 도쿄 여행이라면 반나절만 즐기는 것도 고려해 보자.

오다이바 핵심 지역을 중심으로 한 오후 반나절 일정

신바시 역 → 유리카모메 15분 → 다이바 역 → 도보12분 → 다이버 시티 도쿄 플라자 → 도보15분 → 아쿠아 시티 → 도보1분 → 덱스 도쿄 비치 → 도보 3분 → 오다이바카이힌코엔 역 → 유리카모메 13분 → 신바시 역

오다이바 전 지역을 관광하는 하루 일정

신바시 역 → 유리카모메 29분 → 시조마에 역 → 도보 3분 → 도요스 시장 → 도보 3분 → 시조마에 역 → 유리카모메 3분 → 도요스 역 → 도보 5분 → 라라포트 도요스 → 도보 5분 → 도요스 역 → 유리카모메 16분 → 다이바 역 → 도보12분 → 다이버 시티 도쿄 플라자 → 도보15분 → 아쿠아 시티 → 도보1분 → 덱스 도쿄 비치 → 도보 3분 → 오다이바카이힌코엔 역 → 유리카모메 13분 → 신바시 역

도요스

도요스 해변 공원과 라라포트 도요스를 중심으로 가족 단위로 쇼핑과 식사를 즐기기 좋은 곳이며, 쓰키지 어시장이 이전하면서 새로운 볼거리가 추가되었다.

라라포트 도요스 LaLaport TOYOSU [라라포토 도요스]

해변 공원이 조성된 종합 쇼핑몰

2000년대 중반까지만 해도 볼거리가 전혀 없었던 도요스豊洲 역 부근에 2006년 라라포트 도요스가 오픈하면서 상권의 규모가 점점 커지고 있다. 바다를 끼고 있어 수상 버스를 탈 수 있고, 앞마당에는 넓은 잔디밭이 있어 쇼핑뿐만 아니라 휴식을 하거나 간단한 피크닉을 즐길 수 있다. 쇼핑몰 내부는 가운데 아트리움을 중심으로 생활용품 전문점인 핸즈HANDS, 자라홈Zara Home, 아이들을 위한 실내 놀이터와 토이저러스Toysrus를 갖추고 있다. 여유로운 공간에서 가족들과 쾌적한 쇼핑을 하고 싶다면 이곳을 방문해 보자.

주소 東京都江東区豊洲2丁目4-9 위치 유리카모메 도요스(豊洲) 역 2번 출구에서 도보 5분 전화 03-6904-1013 시간 쇼핑 10:00~21:00 / 레스토랑 11:00~23:00 홈페이지 mitsui-shopping-park.com/lalaport/toyosu

도요스 시장 豊洲市場 [토요스 시조우] 

쓰키지에서 이전한 도쿄 최대의 어시장

과거에 도쿄의 최대 어시장이었던 쓰키지 시장이 시설 낙후로 인해 문을 닫고 2018년 9월부터 지금의 도요스 시장으로 이전하여 지금은 꽤 자리를 잡았다. 현대식 건물의 대형 어시장이 개점했을 때에는 많은 업체들이 이전하지 않아서 어수선한 분위기였지만 2020년 이후 대부분의 도매상과 소매상 그리고 인기 음식점들이 새롭게 영업을 하면서 지금은 많은 사람들이 방문을 하고 있다. 견학 시설,박물관 및 소매점의 경우는 관광객도 쉽게 둘러볼 수 있으며 무엇보다도 신선한 재료로 만든 초밥이나 회 그리고 덮밥류를 판매하는 음식점들이 큰 인기이다. 새벽부터 오픈하여 점심시간을 지나면 폐점하는 음식점도 많으니 식사를 할 예정이라면 점심시간 전에 방문하는 것을 추천한다.

주소 東京都江東区豊洲6-6-2 위치 유리카모메 시조마에(市場前) 역 1A, 2A 출구에서 도보 3분 시간 시장 05:00~15:00(수·일 휴무) / 레스토랑은 매장마다 다름(홈페이지 참고) 홈페이지 www.shijou.metro.tokyo.lg.jp/toyosu

도쿄 빅 사이트 부근

주말에 도쿄 빅 사이트 입구 광장으로 가면 코스튬 플레이를 하는 사람과 구경하고 있는 관광객을 많이 볼 수 있다. 하지만 주말을 제외하고는 전시회가 있을 때만 북적인다.

도쿄 빅 사이트 東京ビッグサイト [도쿄 빗쿠 사이토]

일본 최대의 국제 전시장

1996년 4월에 개관한 도쿄 국제 전시장은 '도쿄 빅 사이트TOKYO BIC SIGHT'라는 별칭으로 더 유명하다. 대형 역삼각형 모양의 메인 건물인 회의동, 6개의 전시실이 있는 동쪽 전시관, 4층의 건물로 대형 홀이 있는 서쪽 전시관 등 3개의 대형 건물로 이루어져 있다. 도쿄 모터쇼나 일본 최고의 IT 전시를 개최하고 있으며 유명 가수들의 콘서트장으로도 활용된다. 최근에는 코스튬 플레이Costume Play 마니아가 많기로 유명한 하라주쿠보다 더 많은 마니아가 주말마다 이곳을 찾고 있어서 관광객들에게 또 다른 즐거움을 주고 있다.

주소 東京都江東区有明3-11-1 위치 유리카모메 도쿄빅사이트(東京ビッグサイト) 역 2B 출구에서 도보 2분 전화 03-5530-1111 시간 11:00~17:00 ※ 전시 일정에 따라 운영 시간이 다를 수 있으므로 홈페이지 참고 홈페이지 www.bigsight.jp

완자 아리아케 베이 몰(TFT 빌딩) WANZA ARIAKE BAY MALL [완자 아리아케 베 모루]

소규모 상점과 음식점이 있는 작은 쇼핑 공간

1996년에 오픈한 완자 아리아케 베이 몰은 '도쿄 패션 타운Tokyo Fashion Town'의 약자인 'TFT 빌딩'으로도 불린다. 정확히 말하면 TFT 빌딩 내에 완자 아리아케 베이 몰이라는 작은 쇼핑 공간이 있는 것이다. 빌딩 외관은 멋지고 웅장하지만 대부분 사무실이기 때문에 관광객이 갈 수 있는 곳은 1층과 2층뿐이다. 쇼핑을 즐길 만한 상점이 많지는 않지만 몇몇 음식점이 있어 가볍게 점심을 해결하기에는 나쁘지 않은 곳이다. 2층에 있는 100엔 숍은 붐비지 않아 여유롭게 쇼핑을 즐길 수 있다.

주소 東京都江東区有明3-6-11 위치 유리카모메 도쿄빅사이트(東京ビッグサイト) 역 1A 출구에서 도보 1분 전화 03-5530-5010 시간 레스토랑 11:00~22:30 / 패스트푸드점 08:00~21:00 / 상점 10:00~19:30 홈페이지 www.bigsight.jp/organizer/buildings/tft

다이바 역-오다이바 해변 공원 부근

오다이바 관광의 핵심 지역으로 대형 쇼핑몰이 자리 잡고 있으며, 레인보우 브리지와 자유의 여신상 등 도쿄에서 가장 아름다운 야경을 볼 수 있는 곳이다.

다이버 시티 도쿄 플라자 Diver City Tokyo Plaza [다이바 세이티 도쿄 푸라자]

오다이바를 대표하는 대형 복합 쇼핑몰

다이버 시티 도쿄 플라자는 2012년 4월 19일 등장한 초대형 쇼핑몰로 관광객들에게 가장 사랑받는 곳이다. 레인보우브리지, 자유의 여신상과 더불어 오다이바 최고의 포토 스폿 중 하나로 꼽히는 대형 건담 모형이 쇼핑몰의 앞을 지키고 있다. 다른 쇼핑몰과는 달리 입점 브랜드들이 젊은 취향에 맞춰져 있고 대형 엔터테인먼트와 인기 레스토랑들이 입점해 있어 오다이바의 대표 관광 명소가 되었다. 총 7층 건물로 층별 면적도 넓어 많은 시간을 할애해야만 다 둘러볼 수 있다. 유리카모메 다이바 역과는 조금은 떨어져 있어 도보로 이동해야 하지만 오다이바의 최대 쇼핑몰이자 가장 많은 레스토랑과 카페가 입점해 있으므로 꼭 빼놓지 말고 방문하도록 하자.

주소 東京都江東区青海1-1-10 위치 유리카모메 다이바(台場) 역 1A번 출구에서 도보 12분 전화 03-6380-7800 시간 레스토랑 11:00~23:00 / 푸드코트 11:00~22:00 / 상점 10:00~21:00 홈페이지 mitsui-shopping-park.com/divercity-tokyo

후지 TV フジテレビ [후지 테레비]

오다이바의 최첨단 건축물

도쿄 도청을 설계한 단게 겐조라는 건축가가 설계한 것으로 오다이바 어느 곳에서도 이 은빛 대형 건물을 볼 수 있다. 건물의 대부분이 후지 TV 사무실과 내부 시설이어서, 일부분만 관광객들이 이용할 수 있다. 건물의 상단 중앙에 위치한 구체 전망대에 올라가면 오다이바의 중심에서 오다이바를 내려다 볼 수 있으며, 특히 저녁에 이곳에 올라가면 레인보우 브리지의 아름다운 야경을 감상할 수 있다. 구체 전망대에서 내려오면서 스튜디오 프롬나드라는 곳을 들를 수 있다. 이곳은 후지 TV에서 과거에 방영되었거나 혹은 지금 방영되고 있는 인기 드라마를 소개하는 곳이며 작은 쇼핑 공간도 있다.

주소 東京都港区台場2-4-8 위치 유리카모메 다이바(台場) 역 1A번 출구에서 도보 5분 전화 03-5500-8888 시간 10:00~18:00(월요일 휴무) 요금 [구체 전망대] 고등학생 이상 700엔, 초등학생 이상 500엔 홈페이지 www.fujitv.co.jp

아쿠아 시티 오다이바 AQUA CITY ODAIBA [아쿠아 시티 오다이바]

오다이바 해변 공원에 인접한 대형 쇼핑몰

2000년 4월에 문을 연 아쿠아 시티 오다이바는 정면으로 아름다운 레인보우 브리지의 야경을 볼 수 있고, 서쪽으로는 프랑스에서 건너온 자유의 여신상이 있어 더욱 돋보이는 쇼핑몰이다. 많은 브랜드의 상점과 편집 숍 그리고 아이들을 위한 토이저러스Toysrus와 베이비저러스Babyesrus가 입점해 있으며 무엇보다도 전망이 좋은 레스토랑이 많아 연인들에게 인기 있는 곳이다. 또한 아쿠아 시티 오다이바 동쪽에 위치한 유나이티드 시네마즈United Cinemas(구. 메디아주)는 도쿄 최대의 복합 영화관으로서 도쿄 최대의 스크린 수를 자랑한다. 그리고 저녁이 되면 바로 앞에 있는 오다이바 해변 공원으로 내려가 레인보우브릿지의 야경을 보며 산책을 하는 것이 연인들에게는 잘 알려져 있는 데이트 코스이다.

주소 東京都港区台場1-7-1 위치 유리카모메 다이바(台場) 역 1A번 출구에서 도보 2분 전화 03-3599-4700 시간 상점 월~금 11:00~20:00, 토·일·공휴일 11:00~21:00 / 레스토랑·카페 11:00~23:00 ※ 매장에 따라 운영 시간이 다를 수 있음 홈페이지 www.aquacity.jp

덱스 도쿄 비치 デックス東京ビーチ [덱쿠스 도쿄 비치]

즐길 거리가 넘치는 테마 쇼핑몰

유리카모메 개통 이후 오다이바에 최초로 생긴 쇼핑몰로 아름다운 야경을 조망할 수 있을 뿐만 아니라 재미있는 놀거리도 가득한 곳이다. 덱스 도쿄 비치는 시사이드몰Seasidemall과 아일랜드몰Islandmall로 나뉘는데, 시사이드몰 3층에는 오다이바 최대의 엔터테인먼트 게임 시설인 조이폴리스Joypolis가 있고, 아일랜드몰에는 레고랜드 디스커버리센터Lego Land Discovery Center와 60여 개의 피규어가 전시된 마담 투소 도쿄Madame Tussauds Tokyo가 있다. 무엇보다도 최근에 오픈한 실내 놀이터인 더 키즈The Kids는 미취학 어린이들이 뛰어놀 수 있는 대규모 놀이 시설로, 부모의 휴식 공간도 갖춰져 있으니 아이들과 함께 여행을 한다면 꼭 들러 보자. 시사이드몰 4층에는 일본의 옛 거리를 테마로 한 다이바 잇초메 상점가台場一丁目商店街와 작은 다코야키 박물관도 있다. 다양한 즐길 거리와 쇼핑몰 그리고 아름다운 야경이 어우러진 덱스 도쿄 비치를 꼭 방문해 보자.

주소 東京都港区台場1-6-1 위치 유리카모메 오다이바카이힌코엔(お台場海浜公園) 역 2C번 출구에서 도보 4분 전화 03-3599-6500 시간 **상점** 월~금 11:00~20:00, 토·일·공휴일 11:00~21:00 **레스토랑·카페** 11:00~23:00(매장에 따라 운영 시간이 다를 수 있음) **조이폴리스** 월~금 11:00~19:00, 토·일·공휴일 10:00~20:00 **마담 투소 도쿄** 10:00~18:00 **레고 랜드 디스커버리 센터** 10:00~18:00 **더 키즈** 월~금 11:00~19:00 , 토·일·공휴일 11:00~20:00 요금 **조이폴리스** 입장권 7~17세 500엔, 18세 이상 800엔, 60세 이상 무료 / 자유이용권 7~17세 3,500엔, 18세 이상 4,500엔 ※ 요금이 다양하므로 홈페이지 참고(tokyo-joypolis.com) **마담 투소 도쿄** 자유이용권 4세 이상 2,600엔(온라인 구매 시 2,100엔) ※ 레고 랜드 디스커버리 센터의 티켓을 같이 구매하면 추가 할인이 가능하므로 홈페이지 참고(www.madametussauds.com/tokyo) **레고 랜드 디스커버리 센터** 자유이용권 2,800엔(온라인 구매시 2.250엔) ※ 연간 회원권은 등급에 따라 금액이 다르므로 홈페이지 참고(www.legolanddiscoverycenter.com/tokyo) **더 키즈** 월~금 종일권 1,200엔(2세 이상), 토·일·공휴일 3시간 1,200엔(최대 5시간 이용 가능, 추가 요금 발생) 홈페이지 www.odaiba-decks.com

Tip

오다이바 최고의 야경 스폿

유리카모메 다이바 역 1A번 또는 2A번 출구로 나오면 아쿠아 시티부터 길게 뻗은 대로가 있는데 이곳에서 오다이바의 가장 아름다운 야경을 볼 수 있다. 양쪽에 짧고 예쁜 가로등으로 장식한 다리를 지나면 뉴욕에서나 볼 수 있는 자유의 여신상과 그 뒤로 보이는 레인보우 브리지의 아름다운 야경을 한눈에 감상할 수 있다. 참고로 자유의 여신상 앞으로 산책길이 있으니 레인보우 브리지의 야경을 바라보며 여유 있는 시간을 가져 보자.

오다이바 추천 맛집

아로하 테이블 アロハテーブル [아로하 테에부루]

하와이언 메뉴와 음료가 인기 있는 레스토랑

하와이의 맛있는 음식들을 맛볼 수 있는 레스토랑으로 로코모코와 새우튀김이 인기 있는 맛집이다. 낮에는 간단한 식사나 커피를 마시는 손님들이 많고 저녁에는 술을 곁들여 식사를 하는 손님들이 많이 찾는다. 아담한 야외 정원이 있어서 분위기 있게 식사를 할 수 있는데, 식사 시간에는 자리를 잡기가 아주 힘들다. 또한 딸기 축제, 맥주 축제 등 다양한 테마로 이벤트를 진행하기도 하니 사전에 인터넷을 통해 확인해 보자. 당일 혹은 특정일을 제외하고는 인터넷으로 사전 예약을 할 수 있으니, 방문할 예정이라면 이벤트가 있을 때 야외의 좋은 자리로 예약하여 즐겁고 분위기 있는 시간을 보내도록 하자.

주소 東京都江東区豊洲2-2-1 위치 라라포트 도요스 3관 1층 전화 03-3520-8399 시간 11:00~22:00 메뉴 프리미엄 로코모코(プレミアム・ロコモコ) 1,265엔, 코나의 슈림프&만새기 1,155엔 홈페이지 alohatable-lalaporttoyosu.business.site

백 개의 숟가락 100本のスプーン [햐쿠혼노 스푸운]

어린 자녀와 함께하기 좋은 패밀리 레스토랑

가게 이름처럼 100개의 메뉴는 아니지만 아주 다양한 메뉴가 갖춰진 패밀리 레스토랑으로 미취학 자녀와 함께하기 딱 좋은 음식점이다. 다양한 세트 메뉴가 준비되어 있으며 어린이용 테이블, 의자, 식기 그리고 공간의 인테리어까지 어린 자녀를 둔 부모들이 아주 선호하는 곳이다. 무엇보다도 유모차가 쉽게 다닐 수 있고 테이블 옆에 둘 수 있도록 공간이 널찍하며 아이들이 뛰어놀 수 있는 작은 놀이방도 갖추고 있다. 아이들과 편하게 식사를 하고 여유 있는 시간을 보내길 바란다면 추천하고 싶은 곳이다.

주소 東京都江東区豊洲2-2-1 위치 라라포트 도요스 3관 1층 전화 03-5859-0231 시간 11:00~22:00 메뉴 리틀빅플레이트(リトルビッグプレート, 10종) 2,180엔, 아와지마산 양파 그라탕 스프(淡路島産オニオングラタンのスープ) 680엔 홈페이지 100spoons.com/toyosu

다이와 스시 大和寿司 [다이와 스시]

최상의 스시를 맛볼 수 있는 곳

쓰키지 어시장 때부터 신선한 스시를 맛볼 수 있어서 많은 사람들이 붐비던 다이와 스시는 도요스 시장으로 이전한 후에도 그 인기가 여전하다. 매일 새벽에 공수한 재료만을 사용하며, 테이블이 아닌 카운터カウンター 좌석에서 주문과 동시에 만들어지므로 회전 스시보다 훨씬 높은 품질을 자랑한다. 비싼 가격과 작은 가게 그리고 항상 많은 사람들이 줄을 서며 예약을 받지 않는 단점이 있지만 식사 후에는 장인 스시의 만족감을 느낄 수 있으니 적극 추천한다. 새벽에 문을 열어 오후 1시면 폐점을 하기 때문에 점심시간인 12시에 방문했다가는 긴 줄에 입장조차 할 수 없는 경우가 많으니 꼭 시간을 체크하자. 또한 도요스 시장 안이 아니라 유리카모메 시조마에역 아래에 위치하고 있기 때문에 지도를 보고 잘 찾아가야 한다.

주소 東京都江東区豊洲6-3-2 위치 유리카모메 시조마에(市場前) 역 2A출구에서 도보 2분 전화 03-6633-0220 시간 05:30~13:00(일요일·공휴일·시장 폐점일 휴무) 메뉴 주방장 특선 요리(おまかせコース) 5,000엔~ 홈페이지 toyosu.tsukijigourmet.or.jp/shop/5-daiwazushi/index.html

스시다이 寿司大 [스시다이]

신선한 스시를 다양하게 먹을 수 있는 곳

다이와 스시와 더불어 도요스 시장의 양대 스시집인 스시다이는 오픈 전부터 긴 줄이 서는 것으로 유명한 곳이다. 재료의 질이 다이와 스시보다 조금 못하다는 평도 있지만, 더 다양하고 저렴하게 먹을 수 있는 것이 장점이다. 그날 새벽에 공수된 재료로 만든 다양한 스시가 코스로 나오는데, 기본적인 코스는 공통이지만 마지막 스시는 선택할 수 있다. 다만 선택한 스시에 따라 추가 금액이 붙을 수 있다는 것은 명심하자. 카운터 자리에서 요리사가 바로 만든 신선한 스시를 맛볼 수 있으며 다양한 메뉴를 추가로 주문할 수 있다. 항상 많은 사람들이 대기하지만 오픈 시간보다는 오전 10시쯤에 방문하는 것을 추천한다.

주소 東京都江東区豊洲6-5-1 위치 유리카모메 시조마에(市場前) 역 1A출구에서 도보 5분, 도요스 중앙도매시장 3층 전화 03-6633-0042 시간 05:00~14:00(일요일·공휴일·시장 폐점일 휴무) 메뉴 주방장 특선 요리(おまかせコース) 5,000엔~ 홈페이지 toyosu.tsukijigourmet.or.jp/shop/6-sushidai/index.html

호쿠리쿠토야마 회전 초밥 北陸富山回転寿司 PREMIUM 海王 [호쿠리쿠토야마 카이텐스시 프리미아무 카이오우]

오다이바에서 보기 드문 회전 초밥집

넓은 매장에서 먹고 싶은 초밥을 골라 먹을 수 있는 이곳

은 회전 초밥집이지만 테이블 좌석도 마련되어 있다. 테이블 좌석에 앉으면 태블릿 모니터로 먹고 싶은 메뉴를 주문할 수 있는데, 한국어 지원이 되기 때문에 손쉽게 선택할 수 있다. 또한 주문을 하면 신칸센 모양의 기차가 초밥 접시를 배달해 주며 본인의 좌석 앞에 멈추면 접시를 내리고 버튼을 누르면 다시 기차가 출발한다. 이런 재미가 있어 아이를 동반한 가족들이 선호하지만 스시의 퀄리티는 크게 기대하지 말자.

주소 東京都江東区青海 1-1-10 위치 다이버 시티 도쿄 플라자 6층 전화 03-3527-6886 시간 11:00~22:00 메뉴 접시당 128엔~ 홈페이지 gardengroup.co.jp/kaio

쿠시야 모노가타리 串家物語 [쿠시야 모노가타리]

다양한 튀김을 맛볼 수 있는 곳

길다란 꼬치에 여러 가지 재료를 꽂아 기름에 튀겨 먹는 쿠시카쓰串カツ 요리 전문점인 이곳은 먹고 싶은 재료를 골라서 직접 만들어 먹는 재미가 있다. 정해진 시간 안에 마음껏 먹을 수 있는 장점도 있고 해산물부터 감자, 야채까지 먹고 싶은 재료를 선택하여 직접 만들어 먹을 수 있기 때문에 가족 단위 여행객이 많이 찾는다. 아이스크림과 음료까지 먹을 수 있는 뷔페식이라 모두들 실컷 먹으려 벼르지만, 기름기가 많아 생각보다 많이 먹기 힘들다는 것은 참고하자.

주소 東京都江東区青海1-1-10 위치 다이버 시티 도쿄 플라자 6층 전화 050-5385-3877 시간 11:00~23:00 메뉴 평일 점심 뷔페 90분(음료 포함) 1,980엔, 주말·공휴일 점심 뷔페 70분(음료 포함) 2,200엔 홈페이지 divercity-tokyo.kushi-ya.com

소지보 そじ坊 [소지보오]

자루소바 정식을 맛볼 수 있는 전문점

적당한 가격에 다양한 사이드 메뉴와 함께 소바를 맛볼 수 있는 곳으로, 점심시간이 되면 항상 사람들로 북적인다. 기본 메뉴인 자루소바가 가장 인기가 좋고 사이드 메뉴인 튀김과 사시미도 많은 사람이 찾는다. 따로 주문하면 가격 부담이 있으니 튀김과 사시미를 소바와 함께 먹을 수 있는 세트 메뉴를 추천한다.

주소 東京都江東区青海1-1-10 위치 다이버 시티 도쿄 플라자 6층 전화 03-5520-1310 시간 11:00~23:00 메뉴 새우튀김 자루소바(大海老天ざるそば) 1,550엔 홈페이지 www.gourmet-kineya.co.jp/brands/11

도쿄 쓰케멘 큐린 東京つけめん久臨 [도쿄 쓰케멘 큐린]

국물에 면을 찍어 먹는 라면집

국밥에 따로국밥이 있다면 라멘에도 국물과 면이 따로 나오는 쓰케멘이 있다. 큐린은 쓰케멘으로 유명한 로쿠린샤六厘舎의 분점이다. 부드럽고 통통한 면이 별도의 그릇에 담겨 나오고 달걀, 차슈, 채소 등의 토핑을 선택해 다양한 수프(소스)에 찍어 먹는 요리다. 취향에 맞게 국물에 어분을 넣어 맛을 조절할 수 있다. 새로운 일본의 면 음식을 맛보고 싶다면 이곳에 들러 보자.

주소 東京都江東区青海1-1-10 위치 다이버 시티 도쿄 플라자 2층 푸드코트 전화 03-6457-2668 시간 월~금 11:00~21:00, 토·일·공휴일 11:00~22:00 메뉴 쓰케멘 대(つけめん大) 890엔 홈페이지 www.kyurin.com

카페 라보엠 Cafe La Boheme [카훼 라 보에무]

레인보우 브리지의 야경이 아름다운 이탈리안 음식점

유럽 중세시대풍의 인테리어가 특징이며 이탈리아 피자가 맛있기로 소문난 집이다. 가격도 비싸지 않고 오다이바의 야경을 바라보면서 맛있는 이탈리안 음식을 즐길 수 있는 장점이 있어 많은 사람이 끊임없이 찾고 있는 인기 레스토랑이다. 꼼꼼히 엄선된 신선한 식재료를 사용하며 파스타는 이탈리아에서 직수입하여, 모든 메뉴가 전부 인기 음식이라 해도 과언이 아니다. 연인과 함께 하는 여행이라면 야경 맛집 라보엠을 적극 추천한다.

주소 東京都港区台場1-7-1 위치 아쿠아 시티 오다이바 4층 전화 050-5444-6478 시간 11:30~23:00(월~금 15:00~17:00 브레이크타임) 메뉴 마르게리타(マルゲリータ) 1,815엔, 고르곤졸라(ゴルゴンゾラ) 1,705엔, 카르보나라(カルボナーラ) 1,265엔 홈페이지 boheme.jp/odaiba

곤파치 権八 [곤파치]

일본의 다양한 음식을 맛볼 수 있는 곳

화려한 레인보우 브리지의 야경을 감상하면서 일본 음식을 맛볼 수 있는 곳으로, 분위기 있는 일본 전통 가옥의 인테리어가 돋보인다. 인기 있는 음식은 모듬 꼬치구이와 메밀 소바를 꼽을 수 있는데, 그중 메밀 소바는 수타로 직접 만들어서 쫄깃쫄깃한 면발이 일품이다. 레인보우 브리지를 배경으로 식사를 할 수 있다는 장점 때문에 대체로 음식의 가격이 비싼데 곤파치 코스 요리보다는 단품으로 여러 개 시켜서 먹을 것을 추천한다. 예약은 필수다.

주소 東京都 港区 台場 1-7-1 위치 아쿠아 시티 오다이바 4층 전화 050-5444-6490 시간 11:30~23:00(월~금 15:00~17:00 브레이크타임) 메뉴 곤파치 튀김덮밥(権八天丼) 1,628엔, 세이로소바(せいろそば) 880엔, 도리모모(鶏もも, 꼬치) 308엔 홈페이지 www.gonpachi.jp/odaiba

에그 앤 띵스 Eggs'n Things エッグスンシングス [엣구슨신구스]

야경과 함께하는 분위기 있는 음식점

하와이의 인기 팬케이크 전문점이 오다이바의 가장 아름다운 야경을 볼 수 있는 곳에 오픈했다. 에그 앤 띵스는 도쿄의 인기 스폿에 여러 지점을 가지고 있지만 오다이바점은 레인보우 브리지와 도쿄 타워를 배경으로 저녁 식사를 즐길 수 있어 연인들에게 인기가 높은 곳이다. 야외에서 식사할 수 있는 데크 테이블은 반드시 예약해야 하며, 내부 좌석도 늘 대기 시간이 필요하다. 인기 있는 팬케이크뿐만 아니라 미국 요리도 인기가 좋다.

주소 東京都 港区 台場 1-7-1 위치 아쿠아 시티 오다이바 3층 전화 03-6457-1478 시간 09:00~22:00 메뉴 팬케이크(ストロベリー+ホイップクリームと+マカダミアナッツ, 딸기+휘핑크림+마카다미아) 1,507엔, 블루베리 와플(ブルーベリーワッフル) 1,232엔, 에그 베네딕트(エッグスベネディクト, 시금치+베이컨) 1,518엔 홈페이지 www.eggsnthingsjapan.com/odaiba

1129 바이 오가와

1129 by Ogawa [이치이치니큐 바이 오가와]

흑우 요리를 저렴하게 맛볼 수 있는 곳

유명 정육점에서 직접 운영하는 곳으로 고기 등급 대비 저렴하게 일본 흑우 고기를 맛볼 수 있고, 덱스 도쿄 비치 6층에 있어 레인보우 브리지의 환상적인 야경을 감상할 수 있다. 점심에는 런치 세트가 있지만 일본 흑우로 만든 고급 스테이크를 먹으려면 5,000엔 이상 지불해야 한다. 가격이 부담된다면 좀 더 저렴한1129 햄버거 스테이크나 갈매기살 스테이크를 맛보도록 하자.

주소 東京都港区台場1-6-1 위치 덱스 도쿄 비치 6층 전화 03-3599-9211 시간 11:00~21:00 메뉴 1129 햄버거(1129ハンバーグ) 1,500엔, 갈매기살 스테이크(ハラミサイコステーキ) 200g 2,000엔, 흑우 와규 등심 스테이크(黒毛和牛リブロースステーキ) 200g 6,138엔 홈페이지 www.odaiba-decks.com/shop/tenant/1129-by-ogawa.html

빌즈 Bills [비루즈]

팬케이크가 맛있는 인기 브런치 레스토랑

덱스 도쿄 비치에서 여유 있게 브런치를 먹기에 딱 좋은 레스토랑으로, 앞쪽에는 레인보우 브리지가 있는 바다가 펼쳐져 있고 내부 공간도 확 트여 있어 상쾌하게 식사를 할 수 있는 곳이다. 빌즈는 원래 팬케이크가 가장 인기 있는 메뉴이지만 점점 메뉴를 확장하여 샐러드와 케이크뿐만 아니라 파스타 같은 간단한 식사류도 많이 판매하고 있다. 식사보다는 가볍게 팬케이크와 커피 한잔의 여유를 즐기고 싶을 때 찾도록 하자.

주소 東京都港区台場1-6-1 위치 덱스 도쿄 비치 3층 전화 03-3599-2100 시간 월~금 09:00~21:00, 토·일·공휴일 08:00~21:00 메뉴 리코타 팬케이크(リコッタパンケーキ)1,900엔, 빌즈 시저 샐러드(Billsシーザーサラダ) 1,700엔 홈페이지 billsjapan.com/jp/%E3%81%8A%E5%8F%B0%E5%A0%B4

IKEBUKURO

이케부쿠로

池袋

도쿄 북쪽 교통의 요지

도쿄의 북서 지역으로 빠지는 시테쓰私鉄를 비롯한 시 외곽선과 주요 지하철, JR 국철이 지나는 교통의 중심지이다. 과거에는 이러한 교통의 요지로써 세이부와 도부 백화점을 중심으로 쇼핑 지역으로 자리를 잡았으나, 시간이 흐르면서 가까운 신주쿠와 시부야에 밀려 조금씩 상권 규모가 작아졌다. 이케부쿠로 서쪽 지역은 여전히 발전이 더디지만 동쪽 지역은 2010년대부터 선샤인 60 거리를 중심으로 애니메이트를 비롯한 여러 애니메이션 상점이 곳곳에 입점하였고, 평가 좋은 인기 라멘집들이 오픈하면서 도쿄의 라멘 메카로 떠오르고 있다. 또한 교통이 편리하고 가성비가 뛰어난 숙소가 많으

며 저녁 늦게까지 즐길 수 있는 상점도 많아 여행객들에게는 여행 거점으로 추천하고 싶은 지역이기도 하다.

한 눈에 보는 지역 특색

떠오르는 애니메이션 마니아들의 성지

출출한 배를 채워 줄 라멘 맛집이 많은 곳

가성비 좋은 숙소가 많은 곳

How to go?

이케부쿠로 가는 방법

이케부쿠로는 북쪽 교통의 요지답게 다양한 교통편이 있다. 이곳을 방문하는 대부분의 관광객은 JR 야마노테선山手線을 이용하지만 롯폰기, 긴자에서 올 때는 지하철로 이동하는 것이 더 빠르다.

신주쿠新宿 역에서 이동하기

JR 신주쿠 역 15번 플랫폼에서 JR 야마노테선山手線을 탑승하여 4 정거장 이동.

시간 약 9분 소요 요금 160엔

긴자銀座 역에서 이동하기

도쿄 메트로 긴자 역 4번 플랫폼에서 마루노우치선丸ノ内線을 탑승하여 10 정거장 이동.

시간 약 20분 소요 요금 210엔

나리타 국제공항成田国際空港에서 이동하기

나리타 국제공항 역에서 게이세이 본선京成本線을 탑승하여 닛포리日暮里 역으로 이동. 이후 이케부쿠로 방면 11번 플랫폼에서 JR 야마노테선山手線으로 환승하여 6 정거장 이동.

시간 약 1시간 40분 소요 요금 1,230엔

하네다 국제공항羽田国際空港에서 이동하기

하네다 국제공항 역에서 게이큐선京急線을 탑승하여 시나가와 역으로 이동 후, 이케부쿠로 방면 2번 플랫폼에서 JR 야마노테선山手線으로 환승하여 12 정거장 이동.

시간 약 52분 소요 요금 580엔

TIP. 부엉이 동상과 셀카 찍기

이케부쿠로에서는 이곳의 상징인 부엉이를 모델로 한 동상을 많이 볼 수 있는데, 그중에서 JR 이케부쿠로 역 동쪽 출구의 부엉이 동상이 만남의 장소이자 관광객들이 기념사진을 찍는 곳이다. 이케부쿠로를 방문할 때 색다른 기념사진을 남기길 원한다면 부엉이와 함께 셀카를 찍어 보자.

Best Tour 추천 코스

이케부쿠로는 교통이 편리하고 가성비 좋은 숙소가 있어 여행객들에게 인기 있지만, 관광으로는 동선이 크지 않다. 이케부쿠로 역 주변과 선샤인 60 거리를 중심으로 여행하자.

세이부

빅 카메라 아웃렛

JR이케부쿠로 역 → 도보 3분 → 선샤인60 거리 → 도보 5분 → 니토리 도보 2분 → 애니메이트 본점 → 도보 2분 → 빅 카메라 아웃렛

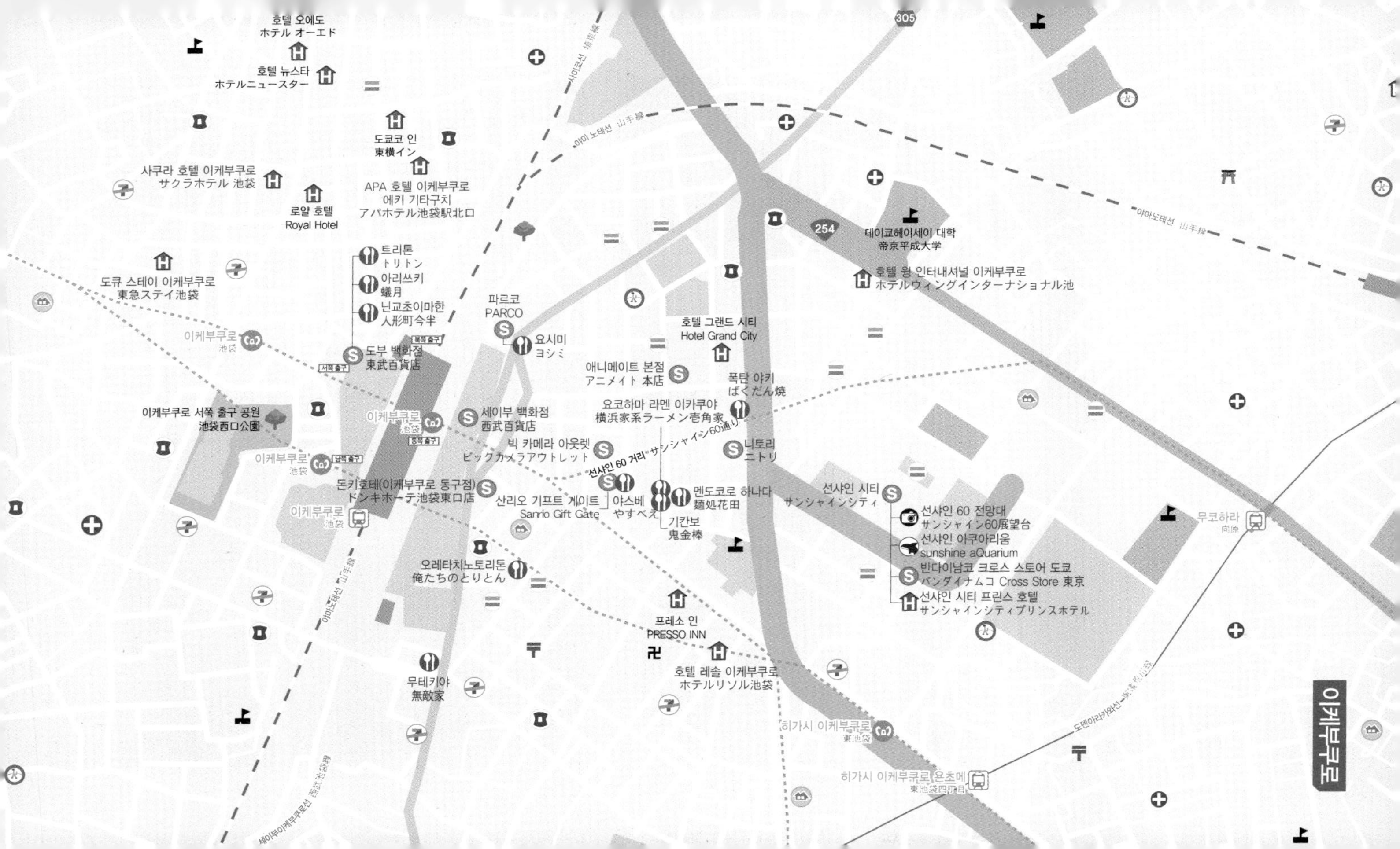

이케부쿠로
호텔 오에도
ホテル オーエド
호텔 뉴스타
ホテルニュースター
도쿄코 인
東横イン
사쿠라 호텔 이케부쿠로
サクラホテル 池袋
APA 호텔 이케부쿠로 에키 기타구치
アパホテル池袋駅北口
로얄 호텔
Royal Hotel
도큐 스테이 이케부쿠로
東急ステイ池袋
트리톤
トリトン
아리쓰키
蟻月
닌교초이마한
人形町今半
도부 백화점
東武百貨店
파르코
PARCO
요시미
ヨシミ
이케부쿠로 서쪽 출구 공원
池袋西口公園
세이부 백화점
西武百貨店
빅 카메라 아웃렛
ビックカメラアウトレット
돈키호테(이케부쿠로 동구점)
ドンキホーテ池袋東口店
산리오 기프트 게이트
Sanrio Gift Gate
선샤인 60 거리 サンシャイン60通り
야스베
やすべえ
멘도코로 하나다
麺処花田
기칸보
鬼金棒
오레타치노토리톤
俺たちのとりとん
무테키야
無敵家
프레소 인
PRESSO INN
호텔 레솔 이케부쿠로
ホテルリソル池袋
애니메이트 본점
アニメイト 本店
요코하마 라멘 이카쿠야
横浜家系ラーメン壱角家
호텔 그랜드 시티
Hotel Grand City
폭탄 야키
ばくだん焼
니토리
ニトリ
선샤인 시티
サンシャインシティ
선샤인 60 전망대
サンシャイン60展望台
선샤인 아쿠아리움
sunshine aQuarium
반다이남코 크로스 스토어 도쿄
バンダイナムコ Cross Store 東京
선샤인 시티 프린스 호텔
サンシャインシティプリンスホテル
데이쿄헤이세이 대학
帝京平成大学
호텔 윙 인터내셔널 이케부쿠로
ホテルウィングインターナショナル池
야마노테선 山手線
이케부쿠로
池袋
무코하라
向原
히가시 이케부쿠로
東池袋
히가시 이케부쿠로 욘초메
東池袋四丁目
254
305

JR 이케부쿠로 역 주변

교통의 요지인 이케부쿠로 역 주변은 항상 많은 사람들로 번잡하다. 메인 출구는 동쪽 출구東口와 서쪽 출구西口인데, 서쪽 출구는 주거 지역으로 관광객들이 잘 찾지 않으니 동쪽 출구를 중심으로 움직이도록 하자.

세이부 백화점 西武百貨店 [세이부 하쯔카텐]

이케부쿠로의 백화점 양대 산맥

세이부西武라는 이름을 보면 서쪽 출구에 위치할 것 같지만 반대로 동쪽 출구에 위치하고 있다. 세이부 백화점 본점으로서 연간 방문객이 7천만 명이 넘고 전체 지점 중 점유율이 10%를 넘어 본점다운 매출을 자랑하고 있다. 1층과 2층에는 루이뷔통을 비롯한 명품 매장, 3층부터 6층까지는 부티크 매장이 자리 잡고 있다. 하지만 10~12층에는 생활 잡화 쇼핑몰인 LOFT가 입점해 있고, 별관 1~2층에는 MUJI가 입점하여 과거의 고급 백화점 이미지에서 좀 더 대중적인 백화점으로 변화하였다.

주소 東京都豊島区南池袋1-28-1 위치 JR 이케부쿠로(池袋) 역 동쪽 출구와 연결 전화 03-3981-0111 시간 매장 월~토 10:00~21:00, 일·공휴일 10:00~20:00 / 레스토랑 월~금 11:00~23:00, 토·일·공휴일 10:30~23:00 홈페이지 www.sogo-seibu.jp/ikebukuro

도부 백화점 東武百貨店 [토오부 하쯔카텐]

이케부쿠로 최대 규모의 백화점

세이부 백화점과 함께 이케부쿠로의 백화점 양대 산맥 중 하나인 도부 백화점은 세이부 백화점보다 6년 늦게 생겼지만 규모는 조금 더 크고 매장 수도 더 많다. 지하 1~2층에는 넓은 식료품 매장이 있어 지역 주민뿐만 아니라 여행객들도 도시락이나 간식을 구매하기에 좋으며, 11층부터 15층까지는 많은 레스토랑이 입점해 있어 식사 시간에는 사람들이 붐비는 곳이다. 쇼핑 매장은 명품이나 부티크 매장보다는 대중적인 매장에 초점을 맞추어 운영하고 있다.

주소 東京都豊島区西池袋1-1-25 위치 JR 이케부쿠로(池袋) 역 서쪽 출구와 연결 전화 03-5950-7098 시간 지하 2~3층 및 9~10층 10:00~20:00, 4~8층 10:00~19:00, 11~15층(레스토랑) 11:00~22:00 ※ 일부 점포는 운영 시간이 다름 홈페이지 www.tobu-dept.jp/ikebukuro

파르코 PARCO [파루코] 

젊은 층을 겨냥한 차별화된 백화점

대형 백화점의 본점이 두 군데나 있는 이케부쿠로에 도전장을 내민 파르코 본점은 원래는 세이부 백화점과 같은 계열사였지만 매각되어 2020년부터는 완전히 독자적인 영업을 하고 있다. 주변의 대형 백화점과 비교할 때 규모면에서 크게 뒤지지 않기 때문에 젊은층을 타겟으로 한 공격적인 영업을 하고 있다. 본관에는 젊은 층을 겨냥한 쇼핑 매장이 많고, 별관에는 타워레코드, 만다라케, 세리아(생활용품) 등이 입점하여 주변 백화점과 차별화된 운영으로 점점 주목받고 있다.

주소 東京都豊島区南池袋1-28-2 위치 JR 이케부쿠로(池袋) 역 동쪽 출구와 연결 전화 03-5391-8000 시간 매장 11:00~21:00, 레스토랑 11:00~23:00 홈페이지 ikebukuro.parco.jp

돈키호테(이케부쿠로 동구점) ドンキホーテ池袋東口店 [돈키호테 이케부쿠로히가시구치텐] 

역에서 가까운 돈키호테 지점

돈키호테는 일본인과 한국 관광객 모두에게 인기가 좋은 생활용품 전문점으로 다이소보다 더 다양한 품목을 많이 갖추고 있다. 가격 또한 저렴하고 제품의 질도 다이소보다 좋은 편이다. 생활용품과 화장품, 가전제품은 기본이고 명품과 다양한 주류도 구매가 가능하며 기념품을 저렴하게 구입하기도 좋다. 이케부쿠로 돈키호테 매장은 관광객이 적어 가까운 신주쿠 매장보다 훨씬 더 수월하게 쇼핑을 즐길 수 있으며 역과 가까워 제품 구매 후 다른 지역으로의 이동이 편리하다는 점이 가장 큰 장점이다.

주소 東京都豊島区南池袋1-22-5 위치 JR 이케부쿠로(池袋) 역 동쪽 출구 건너편, 42번 지하 출구 바로 앞 전화 0570-044-911 시간 24시간 홈페이지 www.donki.com

선샤인 60 거리

선샤인 60 거리는 이케부쿠로 동쪽 출구 건너편부터 선샤인 시티까지를 말한다. 이케부쿠로의 메인 번화가인 선샤인 60 거리에는 상점과 음식점이 즐비하여 늦은 밤까지 많은 사람들로 북적인다.

산리오 기프트 게이트 Sanrio Gift Gate [산리오 기후토 게에토]

산리오 캐릭터 제품 총집합

선샤인 60 거리에 들어서자마자 우측에 바로 보이는 2층 규모의 건물인 산리오 기프트 게이트는 키티를 비롯하여 다양한 산리오 캐릭터 제품을 판매하고 있다. 인기 제품들이 매장에 꽉 들어차 있고 사람들도 많아서 이동하는 데 불편함이 좀 있으나 점원들도 모두 친절하고 안내도 잘되어 있어 어렵지 않게 필요한 아이템을 구매할 수 있다.

주소 東京都豊島区東池袋1-12-10 위치 JR 이케부쿠로(池袋) 역 동쪽 출구에서 도보 7분, 선샤인 60 거리 입구 오른쪽에 위치 전화 03-3985-6363 시간 11:00~20:00 홈페이지 stores.sanrio.co.jp/4431100

빅 카메라 아웃렛 ビックカメラアウトレット [빗쿠 카메라 아우토렛토]

전자 제품보다 건담 제품이 더 인기 많은 매장

도쿄의 주요 거점 지역마다 빅 카메라 매장이 있지만 전자 제품을 더 할인하여 판매하는 아웃렛은 별로 없다. 아웃렛에서는 전자 제품을 할인하여 저렴하게 판매를 하는데, 신제품보다는 이월 상품이 많다. 이곳 이케부쿠로의 빅 카메라 아웃렛은 전자 제품보다 지하 1층에 위치한 반다이 프라모델 매장이 더 유명하다. 이곳에서 건담 제품을 다양하게 만날 수 있으니 프라모델에 관심이 있는 여행자라면 방문해 보자.

주소 東京都豊島区東池袋1-11-7 위치 : JR 이케부쿠로(池袋) 역 동쪽 출구에서 도보 7분, 선샤인 60 거리 입구 바로 왼쪽에 위치 전화 050-3032-9888 시간 10:00~21:00 홈페이지 www.sofmap.com

니토리 ニトリ[니토리]

일본의 인기 생활용품 백화점

전 세계적으로 생활용품과 생활 가구의 선두 주자로 이케아가 자리 잡고 있지만, 일본에서는 이케아 못지않게 니토리가 대중적인 인기를 얻고 있다. 전국 820여 개의 매장을 운영하는 니토리는 일반 생활용품과 주방용품뿐만 아니라 가구와 침구류까지 가격도 저렴하고 실용적이며 품질도 좋다. 선샤인 60 거리에 위치한 니토리는 규모가 크지 않지만 인기 제품들을 한눈에 볼 수 있다는 장점이 있다. 면세 혜택도 받을 수 있지만 국내에는 니토리 매장이 없어 환불이나 교환 그리고 AS를 받을 수 없으니 간단한 물건만을 구매하는 것이 좋다.

주소 東京都豊島区東池袋1-28-10 위치 JR 이케부쿠로(池袋) 역 동쪽 출구에서 도보 12분, 선샤인 60 거리 출구 끝에 위치 전화 0570-064-210 시간 10:00~21:00 홈페이지 shop.nitori-net.jp/nitori

애니메이트 본점 アニメイト本店[아니메이토 혼텐]

애니메이션 마니아의 성지

전국 120여 개의 매장을 운영하고 있는 애니메이트의 본점인 이곳은 1층부터 8층까지는 일반 매장으로 운영하고 있으며 9층에는 이벤트홀이 있어 행사와 판매를 함께하고 있고 지하 2층에는 애니메이션 극장을 운영하고 있다. 1층에 가끔 인기 애니메이션 팝업 스토어를 운영하기도 하는데 이때마다 사람들이 몰려 주변 일대가 꽉 들어찬다. 일본의 최신 애니메이션부터 추억의 애니메이션까지 학용품, 인형, CD, 키링 등 셀 수 없는 다양한 형태의 굿즈를 판매하고 있어 일본 애니메이션을 좋아하는 마니아라면 이곳이 바로 천국이다.

주소 東京都豊島区東池袋1-20-7 위치 JR 이케부쿠로(池袋) 역 동쪽 출구에서 도보 12분, 선샤인 60 거리 유니클로 매장 옆 골목으로 2번째 블럭에 위치 전화 03-3988-1351 시간 11:00~21:00 홈페이지 animate.co.jp

선샤인 시티 サンシャインシティー [산샤인 시티]

이케부쿠로의 랜드마크이자 관광 명소

선샤인 60 거리 끝에 자리한 선샤인 시티는 1978년에 오픈하여 지금까지 이케부쿠로의 랜드마크 역할을 하고 있다. 선샤인 시티는 360° 전망대가 있는 선샤인 시티 60 빌딩과 선샤인 시티 프린스 호텔, '천공의 오아시스'라는 콘셉트의 선샤인 아쿠아리움이 있는 월드 임포트 마트 빌딩ワールドインポートマートビル, 극장과 박물관과 전시관이 있는 문화회관文化会館으로 구성되어 있다. 이케부쿠로의 가장 큰 볼거리이니 이케부쿠로 관광에서 가장 많은 시간을 할애하여 일정을 잡자.

선샤인 60 전망대

サンシャイン60展望台 [산샤인 로쿠주우 덴보오다이]

높이 239.7m의 초고층 건물 60층에 위치한 선샤인 60 전망대가 '덴보파크てんぼうパーク'라는 새로운 콘셉트로 다시 태어났다. 전망대 60층을 공원으로 꾸며 잔디 위에서 책도 읽고 엎드려서 야경도 감상하며 자유롭게 즐길 수 있다. 아이들과 함께 뛰어놀 수 있는 공간도 만들어 놓았고 연인끼리 차를 마시며 여유 있는 시간을 보낼 수 있는 카페도 갖추어져 있다. 주변이 온통 푸른색이라 시각적으로도 편안하고 마음도 한결 가벼워지는 이색적인 전망대이다.

시간 11:00~21:00 요금 **입장권** (평일) 성인 700엔, 초·중학생 500엔 / (토·일·공휴일) 성인 900엔, 초·중학생 600엔 / (성수기) 성인 1,200엔, 초·중학생 800엔 **전망대+수족관 세트권**(한정 판매, 비수기 평일 기준) 성인 3,000엔, 초·중학생 1,500엔

선샤인 아쿠아리움

sunshine aQuarium [산샤인 아쿠아리우무]

선샤인 빌딩 바로 옆의 임포트 마트 빌딩 10층에 위치한 선샤인 아쿠아리움은 1978년 10월에 개관하였으며 2011년 8월에 리뉴얼 오픈하였다. 수족관은 총 3개 층으로 나뉘어 있으며 그중 3층 옥외에 설치된 마린 가든이 가장 인기가 좋다. 건물의 높은 층에 자리 잡고 있어 물의 중량 제한 때문에 규모는 다소 작지만 물개 쇼나 주주ZOO-ZOO 하우스는 어린 자녀를 둔 가족에게 인기가 있다.

시간 09:30~21:00 요금 (평일) 성인 2,600엔, 초·중학생 1,300엔, 4세 이상 유아 800엔 / (토·일·공휴일) 성인 2,700엔, 초·중학생 1,300엔, 4세 이상 유아 800엔 / (성수기) 성인 2,800엔, 초·중학생 1,400엔, 유아 900엔

반다이남코 크로스 스토어 도쿄

バンダイナムコ Cross Store 東京
[반다이나무코 쿠로수스토아 도쿄]

건담으로 유명한 반다이와 게임 소프트웨어로 유명한 남코가 자신들의 제품 히스토리와 개발 과정 등을 보여 주는 쇼룸으로 운영하고 있다. 두 회사에서 출시된 제품이나 게임, 애니메이션을 개발하는 과정 및 각각의 스토리를 보여 주는 쇼룸과 제품을 판매하는 쇼핑 공간이 어우러져 있으며 이벤트 행사를 개최하여 특별 판매 제품을 선보이기도 한다. 아쿠아리움이 있는 임포트 마트 빌딩 3층에 위치해 있으며, 쇼핑을 하지 않아도 볼거리가 많아 재미있으므로 꼭 방문해 보자.

시간 10:00~21:00 요금 무료

이케부쿠로 추천 맛집

요시미 ヨシミ [요시미]

구운 소고기 덮밥 전문점

이곳은 소고기를 스테이크보다는 얇게 썰어서 미디엄으로 구운 후 밥 위에 얹은 로스트 비프 덮밥 전문점이다. 햄버그 스테이크 메뉴도 있지만 이곳의 베스트 메뉴인 로스트 비프 덮밥에 날계란을 올려 같이 비벼 먹으면 평소 맛보지 못했던 색다른 맛을 느낄 수 있다. 조금 느끼할 수도 있지만 함께 나오는 장국과 같이 먹거나 샐러드를 추가하여 먹으면 덜 느끼하게 먹을 수 있다.

주소: 東京都豊島区南池袋 1-28-2 위치 파르코 8층 전화 03-5956-2830 시간 11:00~22:00 메뉴 스페셜 로스트 비프 덮밥(スペシャルローストビーフ丼) 1,510엔 홈페이지 www.yoshimi-ism.com

트리톤 トリトン [토리톤]

나 홀로 편하게 먹을 수 있는 회전 스시

백화점 쇼핑을 하다 배가 고플 때 혼자서 편하게 스시를 먹을 수 있는 곳으로 자리가 많고 회전율이 좋다. 각각의 자리에 개인 모니터가 있어서 레일에 없는 스시도 손쉽게 주문하여 먹을 수 있으며 종류도 꽤 다양하다. 하지만 신선함과 맛은 그냥 일반적인데 반해 백화점에 입점해 있어 가격은 저렴하지 않으니 참고하자.

주소 東京都豊島区西池袋 1-1-25 위치 도부 백화점 11층 전화 03-5927-1077 시간 11:00~22:00 메뉴 1접시당 143엔~ 홈페이지 toriton-kita1.jp/shop/ikebukuro

아리쓰키 蟻月 [아리츠키]

후쿠오카의 하카다 모츠나베 전문점

우리나라의 곱창전골과 거의 흡사한 모츠나베를 주 메뉴로 판매하는 음식점으로 맛도 있고 전골의 내용물도 충실하다. 일본에서 도축한 소의 내장을 깨끗하게 손질하고 신선도를 유지하여 지점에 배송한다고 매장 내에 광고를 크게 붙여 놓은 데서 알 수 있듯이 재료에 대한 자신감이 있는 가게이다. 우리 입맛에도 잘 맞지만 얼큰함보다는 달달한 맛이 강한 점은 좀 아쉽다. 모츠나베 코스 정식도 있지만 가격이 비싼 반면에 먹을 것은 크게 없으니 단품 메뉴로 주문하도록 하자.

주소 東京都豊島区西池袋1-1-25 위치 도부 백화점 14층 전화 03-5904-9550 시간 11:00~22:00 메뉴 붉은 모츠나베(赤のもつ鍋) 1,628엔, 불꽃 모츠나베(炎のもつ鍋) 1,892엔 홈페이지 toriton-kita1.jp/shop/ikebukuro

닌교초이마한 人形町今半 [닌교우쵸이마한]

스키야키와 샤부샤부 전문점

여러 백화점에 입점해 있는 닌교초이마한은 100년이 넘은 스키야키 전문점으로 도부 백화점에서도 영업 중이다. 우리나라 전골 요리와 비슷하며 선택한 등급의 소고기와 각종 채소, 두부, 곤약면 그리고 계란을 넣어 끓여 먹는다. 고기 등급은 상급, 특급, 초특선으로 3가지인데 어느 등급이든 좋은 고기를 사용하므로 기본 등급인 상급으로 주문하도록 하자.

주소 東京都豊島区西池袋1-1-25 위치 도부 백화점 15층 전화 03-5957-3565 시간 11:00~22:00 메뉴 상선 스키야키 세트(上撰 すき焼セット) 7,700엔, 상선 샤부샤부 세트(上撰 しゃぶしゃぶセット) 7,700엔 홈페이지 restaurant.imahan.com/ikebukuro-tobu

무테키야 無敵家 [무테키야]

구수함과 얼큰함이 어우러진 엄지척 라멘

돼지뼈와 고기를 우려 만든 구수한 국물에 식감 좋은 두꺼운 생면으로 만든 무테키야 라멘은 새벽까지 항상 많은 사람들로 북적이는 인기 맛집이다. 라멘에 고명처럼 나오는 김 한 장에 새겨진 'Welcome to Mutekiya'라는 글씨는 사소하지만 신기하고도 감동적이다. 면도 추가 요금 없이 곱빼기로 주문할 수 있고 진한 국물에 반숙의 계란 그리고 두꺼우면서도 부드러운 챠슈(고기)까지 모두 만족스럽다. 메뉴도 다양하지만 처음 방문이라면 무조건 대표 메뉴인 무테키야 라멘을 주문하도록 하자.

주소 東京都豊島区南池袋1-17-1 崎本ビル1F 위치 ❶ JR 이케부쿠로(池袋) 역 동쪽 출구에서 도보 5분 ❷ 세이부 이케부쿠로 역 남쪽 출구에서 도보 1분 전화 03-3982-7656 시간 10:30~04:00 메뉴 무테키야 라멘 고기·계란(無敵家らーめんニクタマ) 1,280엔 홈페이지 www.mutekiya.com

오레타치노토리톤 俺たちのとりとん [오레타치노토리톤]

닭요리 전문 이자카야

지하에 위치해 있어 외부에서는 보이지 않지만 막상 들어가면 상당히 큰 규모의 이자카야다. 다른 이자카야처럼 다양한 메뉴가 있지만 이곳은 닭의 다양한 부위로 만든 꼬치구이와 닭야채볶음 그리고 닭튀김からあげ이 가장 인기가 많다. 매일 신선한 닭을 양계장에서 곧바로 배송해 직접 손질하여 만들기 때문에 신선함은 물론이고 맛도 일품이며 가격도 착하다. 여행을 하다 숙소로 돌아가기 전에 야키도리와 함께 시원한 맥주 한 잔을 즐기기 좋다.

주소 東京都豊島区南池袋1-20-9 地下2F 위치 JR 이케부쿠로(池袋) 역 동쪽 출구에서 도보 2분 전화 03-5952-1518 시간 17:00~05:00 메뉴 오마카세 5종 꼬치구이(おまかせ5本盛り) 539엔, 작은 모츠나베(おつまみ上もつ鍋) 539엔 홈페이지 toriton.five-group.co.jp/oretori

요코하마 라멘 이카쿠야

横浜家系ラーメン壱角家 [요코하마 카케에라멘 이카쿠야]

저렴한 가격의 든든한 한 끼

가성비가 좋은 라멘집으로, 밥도 별도로 주문하여 말아 먹을 수 있다는 특징이 있다. 과거에는 곱빼기와 밥을 무료로 제공해 주었지만 코로나19 이후로는 유료가 되었다는 아쉬움이 있다. 특정일에는 가격이 더 저렴해지는데, 특정일 공지는 가게 앞에서만 확인할 수 있기 때문에 여행객에게는 하늘의 별 따기다. 가볍게 일본 라멘을 먹고 싶을 때 딱 적당한 곳이다.

주소 東京都豊島区東池袋1-13-12, 1F 위치 JR 이케부쿠로(池袋) 역 동쪽 출구에서 도보 7분, 선샤인 60 거리 라운드원 건너편 골목 전화 03-5956-8431 시간 10:30~03:00 메뉴 소금 라멘(塩ラーメン) 550엔 홈페이지 gardengroup.co.jp/brand/ichikakuya

기칸보 鬼金棒 [키칸보]

진한 육수의 얼큰한 미소 라멘

얼큰한 미소 라멘으로 잘 알려진 기칸보는 라멘이 메인인지, 라멘 위에 올라간 동파육 같은 차슈(고기)가 메인인지 모를 정도로 푸짐한 비주얼이 유명하다. 진한 돈코츠 국물에 볶은 콩나물을 듬뿍 담아 국물이 깊고 시원하며 고명으로 올라간 부드럽고 두툼한 차슈의 맛 또한 일품이다. 계란 등의 토핑을 고를 수 있으며 밥도 주문하여 먹을 수 있다. 가게 입구의 티켓 머신을 이용해 라멘 쿠폰을 살 때 함께 구매하자.

주소 東京都豊島区東池袋1-13-14 위치 JR 이케부쿠로(池袋) 역 동쪽 출구에서 도보 7분, 선샤인 60 거리 라운드원 건너편 골목 전화 03-5396-4202 시간 11:00~22:00 메뉴 고기 카라시비 미소 라멘(肉々カラシビ味噌らー麺) 1,700엔 , 특제 카라시비 미소 라멘(特製カラシビ味噌らー麺) 1,330엔 홈페이지 kikanbo.co.jp

멘도코로 하나다 麺処花田 [멘도코로 하나다]

밥 말아 먹기에 딱 좋은 진한 미소 라멘

이곳의 라멘은 면이 두꺼워 식감도 좋고 오랫동안 돼지뼈를 우려낸 진한 육수도 일품이다. 여기에 다진 양념을 팍팍 넣고 고춧가루를 좀 뿌리고 밥을 말아 먹으면 더욱 맛있다. 매운맛 미소 라멘 메뉴도 있지만 도저히 추천할 수 없는 정체불명의 맛이고 국물과 따로 나오는 쓰케멘도 별로이다. 따라서 무조건 기본 미소 라멘에 밥 추가+계란 추가가 정답이다.

주소 東京都豊島区東池袋1-23-8, 1F 위치 JR 이케부쿠로(池袋) 역 동쪽 출구에서 도보 7분, 이카쿠야 라멘 건너편 골목 우측에 위치 전화 03-3988-5188 시간 11:00~22:00 메뉴 미소 라멘(味噌らー麺) 950엔 홈페이지 www.eternal-company.com

야스베 やすべえ [야스베에]

자루소바처럼 국물에 찍어 먹는 쓰케멘

우리에게는 많이 생소한 쓰케멘은 따로국밥처럼 면과 국물이 따로 나오는 것이 특징이고 자루소바처럼 면을 국물에 적셔 먹는다. 다른 라멘처럼 국물의 깊은 맛을 느낄 수는 없지만 면의 식감을 제대로 느낄 수 있다는 장점도 있고 속도 덜 느끼하다. 매운 국물을 선택하여 야채와 다진 마늘을 좀 넣고 계란이나 차슈(고기)를 주문하여 같이 먹으면 색다른 맛을 느낄 수 있다.

주소 東京都豊島区東池袋1-12-14 위치 JR 이케부쿠로(池袋) 역 동쪽 출구에서 도보 5분, 선샤인 60 거리에 위치 전화 03-5951-4911 시간 월~토 11:00~03:00, 일 11:00~24:00 메뉴 미소 쓰케멘(味噌つけ麺) 1,020엔, 계란+차슈(味玉チャーシュー) 400엔 홈페이지 www.yasubee.com

폭탄 야키 ばくだん焼 [바쿠당야끼]

신기하고 맛있는 대형 타코야키

일본 인기 간식인 타코야키의 5배 정도 크기인 폭탄 야키는 이케부쿠로의 명물이자 자랑이다. 주먹만 한 크기의 타코야키에 여러 가지 토핑을 올려 판매하는데 젓가락으로 섞어서 먹어 보면 처음 접하는 맛이지만 생각보다 맛있다. 먹을 공간이 따로 마련되어 있지 않아 길에서 먹어야 한다는 것이 단점인데, 적당한 곳을 찾아 먹은 후 박스와 젓가락은 가게 앞 쓰레기통에 버리도록 하자. 특히 명란젓 토핑을 섞어 먹으면 간도 딱 맞고 색다른 맛이니, 이케부쿠로를 방문한다면 이것만큼은 꼭 먹어 보도록 하자.

주소 東京都豊島区東池袋1-29, 1F 위치 JR 이케부쿠로(池袋) 역 동쪽 출구에서 도보 12분, 선샤인 60 거리 출구 끝에 위치 전화 080-4802-8296 시간 11:00~21:00 메뉴 레귤러(レギュラー) 390엔, 더블 명란젓(ダブル明太子) 490엔 홈페이지 www.bakudanyakihonpo.co.jp

SHINJUKU

신주쿠

新宿

도쿄 최대의 번화가

도쿄 관광 계획을 세울 때 가장 먼저 일정에 넣는 곳이 바로 신주쿠다. 교통의 요충지이자 쇼핑의 천국이며, 다양한 먹거리가 있고 늦은 밤까지 유흥을 즐길 수 있는 곳이 바로 신주쿠다. 엄청난 인파로 온종일 북적이며 신주쿠 역의 출구만도 지하철 및 연결 출구까지 모두 합쳐 200여 개에 이르니 자칫하다가는 길을 잃기 쉽다. 신주쿠는 크게 네 구역으로 나눌 수 있는데 서쪽은 신주쿠의 야경을 볼 수 있는 도쿄 도청을 비롯해 큰 빌딩군을 이루고 있는 상업 지구, 남쪽은 대형 백화점과 세련된 분위기의 신주쿠 서던 테라스, 동쪽은 신주쿠를 대표하는 대형 백화점과 상점 그리고 레스토랑이 즐비하

다. 마지막으로 북쪽은 새벽까지도 사람들의 발길이 끊이지 않는 도쿄의 최대 유흥가인 가부키초歌舞伎町가 있으며 수많은 음식점, 술집, 쇼핑 상점이 끝없이 이어진다.

한 눈에 보는 지역 특색

늦은 저녁까지 먹거리와 놀거리가 풍부한 번화가

도쿄 도청에서 멋진 야경을 볼 수 있는 곳

백화점부터 할인점까지 다양한 쇼핑이 가능한 곳

How to go?

신주쿠 가는 방법

교통의 요지답게 많은 교통편이 신주쿠를 지나간다. 가까운 관광지인 하라주쿠, 시부야, 이케부쿠로에서 이동할 때에는 JR 야마노테선山手線을 이용하고, 동쪽 지역에서 이동할 때에는 JR 주오선 쾌속中央線快速을 이용하면 빠르게 신주쿠 역까지 움직일 수 있다.

도쿄東京 역에서 이동하기

JR 도쿄 역 2번 플랫폼에서 JR 주오선 쾌속中央線快速을 탑승하여 4 정거장 이동.

시간 약 14분 소요 요금 210엔

시부야渋谷 역에서 이동하기

JR 시부야 역 1번 플랫폼에서 JR 야마노테선山手線을 탑승하여 3 정거장 이동.

시간 약 7분 소요 요금 170엔

나리타 국제공항成田国際空港에서 이동하기

❶ 나리타 국제공항 역에서 게이세이 본선京成本線을 탑승하여 닛포리日暮里 역으로 이동 후, 신주쿠 방면 11번 플랫폼에서 JR 야마노테선山手線으로 환승하여 10 정거장 이동.

시간 약 1시간 38분 소요 요금 1,250엔

❷ 나리타 국제공항 역에서 나리타 익스프레스成田エクスプレス를 탑승하여 신주쿠로 이동.

시간 약 1시간 25분 소요 요금 3,250엔

하네다 국제공항羽田国際空港에서 이동하기

하네다 국제공항 역에서 게이큐선京急線을 탑승하여 시나가와 역으로 이동 후, 이케부쿠로 방면 2번 플랫폼에서 JR 야마노테선山手線으로 환승하여 8 정거장 이동.

시간 약 42분 소요 요금 510엔

Best Tour 추천 코스

쇼핑 스폿과 맛집이 가득한 신주쿠를 오후 3~4시부터 둘러보고, 해가 지면 도쿄 도청에서 멋진 야경을 감상하는 일정을 추천한다.

JR 신주쿠 역 → 도보 2분 → 신주쿠 동쪽 지역(빅 카메라·무사시노도리·돈키호테 등) → 도보 10분 → 다카시마야 타임 스퀘어 → 도보 2분 → 신주쿠 서던 테라스 → 도보 10분 → 신주쿠 서쪽 지역(요도바시 카메라) → 도보 5분 → 도쿄 도청 전망대

신주쿠 서던 테라스

신주쿠 동쪽 지역

다카시마야 타임 스퀘어

신주쿠
오쿠보 방향
(大久保)
세이부 신주쿠
西武新宿
APA 호텔 신주쿠 가부키초 타워
アパホテル新宿歌舞伎町タワー
신주쿠 그란벨 호텔
新宿グランベルホテル
니시 신주쿠 중학교
西新宿中学校
호텔 마이스테이스 니시신주쿠
ホテルマイステイズ西新宿
호텔 그레이서리 신주쿠
ホテルグレイスリー新宿
이타마에 스시
板前寿司
우나테츠
新宿うな鐵
신주쿠 프린스 호텔
新宿プリンスホテル
시타딘 센트럴 신주쿠 도쿄
シタディーンセントラル新宿東京
호텔 선라이트 신주쿠
ホテルサンライト新宿
니시 신주쿠
西新宿
호텔 로즈 가든 신주쿠
ホテルローズガーデン新宿
호텔 아센트 신주쿠
HOTEL ASCENT 新宿
돈키호테
ドン・キホーテ
호텔 비아인 신주쿠
HOTEL ビアイン新宿
오모이데 요코초
思い出横丁
도쿄 스카이리조트
와일드비치 신주쿠
東京スカイリゾート
ワイルドビーチ 新宿
힐튼 도쿄
ヒルトン東京
로열 호스트
ロイヤルホスト
신주쿠
新宿
돈가스 와코
とんかつ 和幸
다마고토와타시
卵と私
기소지
木曽路
이세탄
ISETAN
나베조
鍋ぞう
스위트 파라다이스
スイーツパラダイス
로열 호스트
ロイヤルホスト
도쿄 모드 학원
東京モード学園
하얏트 리젠시 도쿄
ハイアット リージェンシー 東京
미로드
MYLORD
루미네 EST
LUMINE EST
도큐 스테이 신주쿠
東急ステイ新宿
신주쿠 산초메
新宿三丁目
도초 마에
都庁前
고가쿠인 대학
工学院大学
신주쿠
新宿
튀김 후나바시야
天ぷら船橋屋
멘야 카이진
麺屋 海神
오다큐 백화점
小田急百貨店
신주쿠 중앙 공원
新宿中央公園
도쿄 도청
東京都庁
게이오 플라자 호텔
京王プラザホテル
요도바시 카메라
ヨドバシカメラ
신주쿠 산초메
新宿三丁目
신주쿠 비즈니스 호텔
Shinjuku Business Hotel
신센 신주쿠
新線新宿
신주쿠 서던 테라스
Shinjuku Southern Terrace
야키니쿠 후타고
焼肉 ふたご
신주쿠 교엔 마에
新宿御苑前
신주쿠 뉴 시티 호텔
SHINJUKU
NEW CITY HOTEL
신센 신주쿠
新線新宿
페셰 도로
Pesce D'oro
핸즈
HANDS
신주쿠
新宿
다카시마야 타임 스퀘어
TAKASIMAYA TIMES SQUARE
호텔 선루트 플라자 신주쿠
ホテルサンルートプラザ新宿
팀호완
TIMHOWAN
브리즈 카페
BREIZH Cafe
신주쿠 어원
新宿御苑
신주쿠 워싱턴 호텔
新宿ワシントンホテル
기무라 덮밥
きむら丼
오다큐 호텔 센추리 서던 타워
小田急ホテルセンチュリーサザンタワー
아카사카 후키누키
赤坂ふきぬき
파크 하얏트 도쿄
パ□クハイアット東京
사립 분카학원 대학 단기 대학부
私立文化学園大学短期大学部
키노쿠니야
Kinokuniya
닌교초이마한
人形町今半
시오미 베이커리
パン屋塩見
가부키초 歌舞伎町
신주쿠도리 新宿通り
야스쿠니도리 靖国通り
무사시노도리 武蔵野通り
도에이 신주쿠선 都営新宿線
야마노테선 山手線
주오본선 中央本線
4
20
305
414
430
317
A1
A2
A3
A4
A5
A6
A7
A8
A15
A16
A18
B2
B3
B4
B5
B6
B9
B10
B13
B14
B15
B17
C1
C2
C4
C5
C6
C7
C8
D1
D2
D5
E1
E2
E3
E4
E5
E6
E7
E8
E9
E10

남쪽 출구 부근

남쪽 출구는 JR 야마노테선에서 내려 신주쿠 번화가로 나가는 동쪽·북쪽 출구와는 정반대 방향에 있다. 핸즈나 다카시마야 타임 스퀘어, 신주쿠 서던 테라스가 목적지인 경우 이용하자.

신주쿠 서던 테라스 Shinjuku Southern Terrace [신주쿠 사잔 테라스]

신주쿠 도심의 이국적이고 화려한 공간

최근 신주쿠를 방문하는 여행객들이 가장 선호하는 서던 테라스는 미로드MYLORD에서 센추리 서던 타워 호텔까지 이어지는 약 300m의 산책로이다. 이곳은 저녁이 되면 화려한 일루미네이션으로 도심 같지 않은 이국적인 공간으로 탈바꿈한다. 산책로 주변으로 인기 인테리어 상점인 프랑프랑Francfranc을 비롯하여 홍콩의 인기 딤섬 레스토랑 팀호완Tim Ho Wan까지 젊은 층에 있기 있는 상점과 레스토랑이 많이 들어섰다. 저녁 시간이 되어야 멋지고 아름다운 거리를 감상할 수 있으므로 숙소로 돌아가기 전 꼭 들러 볼 것을 추천한다.

주소 東京都渋谷区代々木2-2-1 위치 신주쿠(新宿) 역 오다큐(小田急) 남쪽 출구에서 도보 2분(미로드·요요기 방향 출구 이용) 시간 상점 및 레스토랑마다 다름

미로드 MYLORD [미로도]

젊은 고객들을 타깃으로 한 백화점

기존의 미로드는 신주쿠의 많은 대형 백화점 사이에서 그저 평범한 작은 백화점에 불과했지만, 코로나19 때 많은 변화를 시도하여 젊은 층을 타깃으로 한 상점이 많이 입점하였다. 고가의 제품을 판매하는 매장은 대부분 오다큐 백화점으로 이동했고, 2~6층을 패션 플로어로 구성하여 젊은 여성들을 겨냥한 뷰티, 패션, 생활용품 매장을 전면으로 배치하였다. 또한 7~9층에는 가성비 좋은 다양한 레스토랑도 있어 쇼핑과 식사를 해결하는 데 안성맞춤이다.

주소 東京都新宿区西新宿1-1-3 위치 신주쿠(新宿) 역 오다큐(小田急) 남쪽 출구와 연결 전화 0507-003610 시간 상점(2~6층) 11:00~21:00, 레스토랑(7~9층) 11:00~22:00, 스타벅스(5층) 07:00~22:30 홈페이지 www.odakyu-sc.com/shinjuku-mylord

다카시마야 타임 스퀘어 TAKASIMAYA TIMES SQUARE [다카시마야 타이무즈스쿠에아]

현지인이 많이 찾는 대형 백화점

신주쿠의 4대 백화점 중 하나로 큰 규모를 자랑하는 다카시마야 타임 스퀘어는 신주쿠역 신남쪽 출구와 바로 연결되어 있어 접근성이 좋고, 매장 사이의 간격이 넓어 쾌적한 쇼핑을 즐길 수 있다는 장점이 있다. 하지만 관광객들이 많이 찾지 않는 신주쿠 남쪽 지역에 위치해 있어 해외 관광객이 별로 없고, 규모에 비해 매장이 다양하지 못하고 명품 매장도 상대적으로 적은 편이라서 매출에 있어서는 다른 백화점에 밀리고 있다. 그래서 대형 생활용품점인 핸즈를 방문하거나 12~14층의 레스토랑을 이용하고자 할 때 가는 것을 권장한다.

주소 東京都渋谷区千駄ヶ谷5-24-2 위치 JR 신주쿠(新宿) 역 신남쪽 출구와 연결 전화 03-5361-1111 시간 상점 10:30~19:30, 레스토랑 11:00~23:00 홈페이지 www.takashimaya.co.jp/shinjuku/timessquare/index.html

핸즈 HANDS [한즈]

일본의 대표적인 생활용품 전문점

생활용품과 다양한 아이디어 제품을 판매하는 '도큐 핸즈'가 '핸즈'로 브랜드 이름을 변경하였다. 핸즈는 대형 생활용품 매장인 니토리와 더불어 일본을 대표하는 토종 브랜드이다. 니토리가 인테리어와 가구 제품이 강점이라면 핸즈는 생활용품, 액세서리, 문구류 등 실용성이 뛰어난 제품이 많으며 기발하고 독창적인 제품이 많아 볼거리가 풍성한 곳이다. 또한 가구 코너에는 DIY 제품이 다양하게 준비되어 있어 멋진 완성품을 만들 수 있는 키트도 구입할 수 있고, 집의 인테리어를 스스로 꾸밀 수 있는 핸즈만의 특별한 아이디어 소품들도 만나볼 수 있다. 핸즈는 이런 아이디어 상품들이 많아 새로운 아이템을 찾기 위해 많은 사람들이 방문하는 곳으로, 시부야에 더 큰 매장이 있지만 지하철역과 멀어 접근성이 떨어지기 때문에 신주쿠 매장을 더 추천한다.

주소 東京都渋谷区千駄ヶ谷5-24-2 위치 JR 신주쿠(新宿) 역 신남쪽 출구에서 다카시마야 타임 스퀘어와 연결 전화 03-5361-3111 시간 10:00~21:00 홈페이지 shinjuku.hands.net

서쪽 출구 부근

서쪽 출구로 나와 오다큐 백화점 또는 오다큐선 예약 센터로 가려면 계단이나 에스컬레이터를 타고 1층으로 올라가야 하며, 도쿄 도청 쪽으로 간다면 지하 무빙워크를 이용하면 된다.

도쿄 도청 東京都庁 [도쿄 도초우]

신주쿠의 멋진 야경을 볼 수 있는 무료 전망대

신주쿠 서쪽 출구는 오피스 지역으로 고층 건물이 많은데, 그중에서도 웅장한 규모의 쌍둥이 빌딩인 도쿄 도청이 가장 눈에 들어온다. 48층 규모의 대형 건물인 도쿄 도청은 도쿄의 행정을 담당하는 곳으로, 45층에 위치한 전망대는 도쿄 시내 전체를 볼 수 있으며 특히 저녁의 멋진 야경을 볼 수 있는 곳으로 인기 명소이다. 무료로 입장이 가능하고 45층까지 올라가는 고속 엘리베이터는 채 1분이 걸리지 않으며 전체 통유리로 되어 있어 사방으로 도쿄의 아름다운 야경을 볼 수 있다. 남쪽과 북쪽의 두 전망대가 있는데, 날짜와 시간에 따라 관람 시간이 다르고 휴관일도 있으니 사전에 꼭 체크를 하고 방문하도록 하자.

주소 東京都新宿区西新宿2-8-1 위치 ❶ JR 신주쿠(新宿) 역 서쪽 지하 출구로 나와 좌측 연결 통로를 따라 끝까지 걸어 나온 후 직진, 도보 15분 ❷ 도에이 오에도선 도초마에(都庁前) 역 A2, A3, A4 출구에서 도보 1분 전화 03-5320-7890 시간 남쪽 전망대 09:30~22:00(입장 마감 21:30) ※ 북쪽 전망대는 코로나19로 인해 폐관 홈페이지 www.yokoso.metro.tokyo.lg.jp/en/tenbou/pdf/tenboukaishitsu.pdf(전망대 운영 시간표)

요도바시 카메라 ヨドバシカメラ 新宿西口本店 [요도바시 카메라 신주쿠 니시구치 혼텐]

신주쿠에서 손꼽히는 게임 · 가전제품 할인 매장

과거에는 아키하바라秋葉原를 중심으로 전자 제품과 게임 제품 상권이 형성되었지만, 신주쿠에 빅 카메라ビックカメラ, 라비LABI, 요도바시 카메라ヨドバシカメラ 등 대형 할인 매장이 들어서면서 신주쿠로 상권이 많이 옮겨 왔다. 그중 한 장소에서 가장 크고 오래된 매장을 운영하고 있는 대표 할인 매장인 요도바시 카메라는 전자 제품과 카메라부터 게임, 애니메이션, 프라모델 하비관까지 영역을 확장하면서 1975년부터 지금까지 많은 대중들의 인기를 얻고 있다. 제품별로 카테고리를 나누어 주변 여러 건물에서 운영하고 있어 요도바시 카메라 타운으로도 불리고 있다. 다만 전자 제품의 경우 일본은 전압이 110V이기 때문에 한국에서 사용하려면 변압기가 필요하고, 프로그램이나 CD · DVD의 경우 코드값이 달라 사용이 어렵기 때문에 구매할 때 주의가 필요하다.

주소 東京都新宿区西新宿1-11-1 위치 신주쿠(新宿) 역 오다큐(小田急) 서쪽 출구에서 도보 3분 전화 03-3346-1010 시간 09:30~22:00 홈페이지 www.yodobashi.com/ec/store/0011

오다큐 백화점 小田急百貨店 [오다큐 하츠카텐]

신주쿠의 대표적인 백화점

신주쿠 서쪽 출구를 나오면 바로 만날 수 있는 오다큐 백화점은 신주쿠에서 가장 큰 규모를 자랑한다. 신주쿠 역 지하에 있는 쇼핑몰인 오다큐 에이스小田急エース와 신주쿠 역 서쪽 출구와 바로 연결되는 신주쿠 테라스 시티新宿テラスシティ 그리고 건너편 본관 건물인 헐크ハルク까지 모두 오다큐 백화점에서 운영하는 초대형 쇼핑 타운이다. 본점인 헐크는 2~6층에 대형 전자 제품 매장인 빅 카메라ビックカメラ가 입점해 있고 지하 1~2층에는 오다큐 백화점의 자랑인 식료품점과 델리, 카페들이 다양하게 영업하고 있다. 테라스 시티는 서쪽 출구와 연결되어 있어 접근성이 좋고 레스토랑을 많이 갖추고 있으며 5층의 다양한 시계 매장이 특히 고객들에게 인기가 많다.

주소 東京都新宿区西新宿1-5-1 위치 신주쿠(新宿) 역 오다큐(小田急) 서쪽 출구와 연결 전화 03-6302-0405 시간 **헐크·테라스시티** 상점 월~금 10:00~20:30, 토·일·공휴일 10:00~20:00 / 레스토랑 11:00~22:30(매장에 따라 다를 수 있음) **오다큐 에이스** 상점 10:00~20:30, 레스토랑 07:00~22:00(매장에 따라 다를 수 있음) 홈페이지 www.odakyu-dept.co.jp

오모이데 요코초 思い出横丁 [오모이데 요코초]

기찻길 옆 선술집 골목

'추억의 거리'라는 이름의 오모이데 요코초는 과거 '야키도리(꼬치구이) 거리'로 많이 알려졌으며 기찻길 옆 골목을 따라 작은 음식점들이 줄지어 있는 곳이다. 과거 직장인들이 퇴근 후 저렴하게 술 한잔할 수 있고 관광객들도 신주쿠 관광 후 간단하게 요기하면서 술을 마실 수 있는 곳이었는데, 코로나19 이후 깨끗하게 정비를 하여 예전처럼 야키도리를 구우며 오픈되어 있는 매장은 없고 작은 선술집 골목으로 변하였다. 날씨가 좋을 때는 매장 앞 야외 테이블을 이용할 수 있고 안주 가격도 비교적 저렴하여 간단하게 한잔하기에 딱 좋은 곳이다. 신주쿠역을 이용할 때 잠깐 들러 가볍게 맥주를 마시는 곳으로 추천한다.

주소 東京都新宿区西新宿1-2 위치 신주쿠(新宿) 역 오다큐(小田急) 서쪽 출구로 나와 우측 유니클로 매장을 지나서 바로. 도보 3분 시간 점포마다 다름 홈페이지 shinjuku-omoide.com

동쪽 출구 부근

루미네 EST에서 쇼핑을 즐기거나 신흥 먹거리 지역인 무사시노 거리로 이동을 하려면 동쪽 출구를 이용하도록 하자.

루미네 EST LUMINE EST [루미네 에스토]

젊은 여성을 타깃으로 한 패션 백화점

JR 신주쿠역 동쪽 출구와 연결되어 있어 접근성이 좋은 루미네 EST 백화점은 젊은 여성을 타깃으로 한 패션·악세서리·화장품을 중심으로 특화된 매장을 운영하고 있다. 주변의 대형 백화점보다 규모는 작지만 유동 인구가 많고 접근성이 좋은 동쪽 출구에 위치해 있고, 젊은 여성들이 선호하는 매장이 다양하여 우리나라 관광객들도 많이 찾는 곳이다. 또한 7~8층에는 여성 취향의 카페와 레스토랑이 영업 중이고 옥상에는 라 페스타 비어가든을 운영하고 있어 신주쿠 시내를 바라보면서 바비큐 파티를 즐길 수 있는 이색적인 공간도 마련되어 있다.

주소 東京都新宿区新宿3-38-1 위치 JR 신주쿠(新宿) 역 동쪽 출구와 연결 전화 03-5334-0550 시간 상점 월~금 11:00~21:00, 토·일·공휴일 10:30~21:00 / 레스토랑 11:00~22:00(매장에 따라 다를 수 있음) 홈페이지 www.lumine.ne.jp/est

이세탄 ISETAN [이세탄]

신주쿠에서 가장 오래된 명품 백화점

1886년 아키하바라에 문을 연 이세탄 백화점은 1936년 지금의 신주쿠점을 개장한 후 본사를 신주쿠로 이전했다. 이세탄 백화점 매출의 50% 이상을 신주쿠점이 차지할 정도로 많은 사람이 찾는 곳이며 도쿄의 중산층 이상을 공략하는 마케팅을 고수하고 있다. 명품 매장 또한 도쿄에서 가장 먼저 신제품을 출시하는 것으로 유명하며 폭탄 세일 기간에는 엄청난 인파가 몰린다. 하지만 2000년대 들어서는 주변 백화점과의 경쟁이 심해지고 시대 흐름에 뒤떨어지는 고급 매장만 운영하다 매출이 급감하면서 건물 일부를 매각하고 절반 규모로 쪼그라들었다. 그래도 신주쿠에서 가장 많은 명품 매장을 보유한 백화점이니 명품에 관심 있는 여행자라면 방문해 보자.

주소 東京都新宿区新宿3-14-1 위치 JR 신주쿠(新宿) 역 동쪽 출구에서 도보 3분 전화 03-3352-1111 시간 상점 10:00~20:00, 레스토랑 11:00~22:00 홈페이지 www.mistore.jp/store/shinjuku.html

무사시노도리 武蔵野通り [무사시노도리]

새롭게 정비된 깨끗한 먹자골목

오랫동안 공사를 거듭했던 신주쿠 동쪽의 무사시노도리가 새롭게 정비되어 많은 음식점과 술집이 들어서면서 코로나19 이후 활기를 찾고 있다. 새롭게 리뉴얼한 대형 잡화 전문점 돈키호테ドン・キホーテ 동남출구점과 피규어·게임 쇼핑 매장인 뮬란MULAN을 비롯하여 다양한 상점과 음식점이 빽빽하게 들어섰다. 무엇보다도 새롭게 정비가 된 거리라 깨끗하고 골목들이 비좁지 않아서 좀 여유 있게 다닐 수 있다. 아직까지는 한국 관광객에게 잘 알려지지 않아서 조금은 여유롭게 음식점을 선택할 수 있으니 복잡한 가부키초보다는 무사시노도리를 더 추천한다.

주소 東京都新宿区新宿 3丁目 위치 JR 신주쿠(新宿) 역 동쪽 출구에서 도보 5분

북쪽 출구 부근

신주쿠의 주요 쇼핑 지역 및 유흥 · 먹거리 지역으로 이동하기 위해 가장 많은 사람이 이용하는 신주쿠의 중심 출구다. 가부키초나 신주쿠도리로 이동하려면 이 출구를 이용하는 것이 좋다.

가부키초 歌舞伎町 [가부키초]

신주쿠 최고의 번화가이자 유흥가

도쿄 최고의 유흥가로 과거에는 긴자를 손꼽았지만, 현재는 신주쿠 북쪽에 위치한 가부키초를 꼽는다. 가부키초는 낮에는 식당을 찾는 일본인과 관광객으로 북적이고 저녁이면 화려한 네온사인으로 둘러싸인 유흥가를 찾는 사람들로 북새통을 이룬다. 유흥가라고 하면 무서운 곳을 생각하는데 가부키초 1번가歌舞伎町一番街와 주오도리中央通り 쪽은 음식점과 술집이 가득하다 보니 항상 사람이 많아 안전하다. 하지만 UNOTOKO 나이트클럽(옛 코마극장) 뒤쪽으로 가면 러브호텔과 퇴쇄적인 술집들이 있고 호객 행위가 많으니 안쪽 깊숙한 곳까지는 가지 말자. 신주쿠에서 술 한잔을 하고 싶다면 가부키초가 최고의 선택이라 할 수 있다.

주소 東京都新宿区歌舞伎町1-17 위치 JR 신주쿠(新宿)역 동쪽 출구에서 도보 10분

신주쿠도리 新宿通り [신주쿠도리]

신주쿠의 핵심 쇼핑 거리

신주쿠 동쪽 출구로 나와 북쪽으로 조금 걸어가면 사람들의 만남의 장소인 광장이 있는데(스튜디오 알타 건너편) 이곳부터 신주쿠산초메新宿三丁目 지하철역까지 이르는 길을 신주쿠도리新宿通り라 한다. 상점과 음식점이 즐비하며, 북쪽으로는 가부키초로 갈 수 있고 남쪽으로는 무사시노도리로 이어지는 핵심 지역이다. 대형 ABC 마트와 빅 카메라, 디즈니 스토어 등 다양한 매장이 있어 볼거리가 풍성하고 음식점도 많으므로 꼭 들러 보도록 하자.

주소 東京都新宿区新宿 3丁目 위치 JR 신주쿠(新宿) 역 북쪽 출구에서 도보 1분

오쿠보 大久保 [오쿠보]

도쿄 최대의 한인 타운

신주쿠 북쪽의 오쿠보 지역은 한국 유학생과 재일 교포가 모여 있는 한인 타운이다. 한국인이 많다 보니 한국 상점과 한국 음식점이 몰려 있고 길에서 쉽게 한국어를 들을 수 있다. 최근에는 중국인도 이곳에 많이 거주하여 한국 음식점뿐만 아니라 중국 음식점도 많이 늘어났다. 최근 K 컬처 바람을 타고 한국 제품이나 인기 연예인의 기념품을 사기 위해 일본인도 많이 찾는 곳이다. 일본 속 한인 타운의 모습이 궁금하다면 들러 보자.

주소 東京都新宿区百人町2丁目 위치 JR 신오쿠보(新大久保) 역 출구 바로 앞에 위치

신주쿠 추천 맛집

돈가스 와코 とんかつ 和幸 [돈카츠 와코]

육질이 뛰어난 돈가스 전문점

일본 전역에서 유명한 돈가스 체인점인 와코는 좋은 육질은 물론이고 튀김옷으로 쓰는 빵가루를 직접 만들며 100% 식물성 기름만 사용한다. 또한 밥과 미소 된장국, 양배추를 무제한으로 먹을 수 있어 든든한 식사를 할 수 있다. 미로드MYLORD 8층에 위치해 있어 쇼핑과 더불어 간단하게 식사를 할 때 들르기 좋다.

주소 東京都新宿区西新宿1-1-3 위치 신주쿠 미로드 8층 전화 03-3349-5823 시간 11:00~22:00 메뉴 히레가스 정식(ひれかつ御飯) 1,500엔, 아자미(あざみ) 1,280엔 홈페이지 wako-group.co.jp/shop/detai/shop_1081

다마고토와타시 卵と私 [타마고토와타시]

수플레 계란 오므라이스 전문점

가게 이름은 '계란과 나'라는 뜻으로, 풍성하게 부풀어 오른 부드러운 수플레 계란으로 만든 오므라이스 전문점이다. 데미글라스 소스를 비롯한 다양한 소스를 선택할 수 있고 토핑도 고를 수 있으며 무엇보다도 크기를 골라 먹을 수 있어 대식가 남자들도 좋아하는 곳이다. 오븐에서 바로 만든 햄버그 스테이크와 함께 먹는 그라탕 메뉴가 가장 선호도가 높고 세트 메뉴로 주문하면 음료나 샐러드도 저렴하게 함께 먹을 수 있다는 장점이 있다.

주소 東京都新宿区西新宿1-1-3 위치 신주쿠 미로드 7층 전화 03-3349-5814 시간 11:00~22:00 메뉴 수플레 계란 오므라이스 & 햄 샐러드(スフレ卵のオムライスとハムサラダ) 1,600엔 홈페이지 www.n-rs.co.jp

브리즈 카페 BREIZH Café [부렛추 카훼]

메밀로 만든 크레이프 맛집

메밀로 만든 독특한 크레이프를 파는 카페로, 맛도 좋지만 비주얼이 더 좋아 여성들이 즐겨 찾는 곳이다. 크레이프라고 하면 얇은 전병 안에 아이스크림이나 과일이 들어 있는 것을 떠올리는데 이곳은 메밀 전병 안에 각종 샐러드, 과일, 햄, 치즈, 버터 등 메뉴마다 다른 재료를 넣어 아주 특색 있고 창작성이 돋보이는 크레이프를 선보인다. 얼핏 보기에는 느끼하고 먹기 부담스러울 것 같지만 담백하고 재료들 간에 궁합이 맞아 깜짝 놀라게 된다. 또한 13층 야외 정원 앞에 위치하고 있어 따뜻한 날 야외에 자리를 잡으면 분위기가 최고이므로, 봄과 가을의 정취를 만끽하며 크레이프를 맛보도록 하자.

주소 東京都渋谷区千駄ケ谷5-24-2 위치 다카시마야 타임 스퀘어 13층 전화 03-5361-1335 시간 11:00~23:00 메뉴 갈레트 카나르(ガレット カナール) 2,180엔 , 무뉴도 셰프(ムニュー ド シェフ) 3,980엔 홈페이지 le-bretagne.com

기무라 덮밥 きむら丼 [키무라동]

풍성한 회덮밥 전문점

신선하고 다양한 회를 풍성하게 올린 회덮밥을 먹을 수 있는 곳으로 한국 사람이 좋아하는 메뉴들을 판매하고 있다. 우리나라는 회덮밥을 초장이나 고추장에 비벼 먹는데 일본은 간장과 와사비 정도만 섞어서 먹기 때문에 비리다고 생각할 수 있지만 재료 자체가 신선하여 맛있게 먹을 수 있다. 백화점에 위치하고 있고 재료가 풍성하여 가격이 비싸다는 것이 흠이지만 일본에서 색다른 음식을 맛보고 싶다면 한 번쯤 시도해 보자.

주소 東京都渋谷区千駄ケ谷5-24-2 위치 다카시마야 타임 스퀘어 14층 전화 03-5361-2027 시간 11:00~21:00 메뉴 나카토로 훈제 덮밥(中とろ燻し丼) 3,400엔 홈페이지 www.restaurants-park.jp/restaurant/?id=419

아카사카 후키누키 赤坂ふきぬき [아카사카후키누키]

3가지 맛으로 나누어 먹는 장어덮밥

나고야의 명물 음식인 히쓰마부시ひつまぶし 장어덮밥 요리를 파는 곳으로 먹는 재미가 있는 곳이다. 밥 위에 올라간 장어덮밥을 받으면 먼저 3등분을 한 후 1/3은 장어와 밥만 먹으며 요리 그대로의 맛을 느끼고 1/3은 파, 고추냉이, 김 등 같이 나온 재료를 섞어 비벼서 먹으면 또 다른 맛을 느낄 수 있다. 마지막 1/3은 '오차즈케'라고 하여 함께 나온 차를 부어서 말아 먹으면 깔끔하게 장어덮밥을 마무리할 수 있다. 가격은 조금 비싸지만 여유가 있다면 이런 색다른 방식으로 일본의 장어요리를 먹어 보도록 하자.

주소 東京都渋谷区千駄ケ谷5-24-2 위치 다카시마야 타임 스퀘어 14층 전화 03-5361-6511 시간 11:00~21:00 메뉴 하쓰마부시 소나무(ひつまぶし 松) 5,200엔 , 점심 장어덮밥(일반, ランチうな重) 1,980엔, 점심 히쓰마부시(ランチひつまぶし) 2,500엔 홈페이지 www.fukinuki.jp

닌교초이마한 人形町今半 [닌교우쵸이마한]

전통 있는 스키야키 전문점

1895년 창업한 닌교초이마한의 지점인 이곳은 스키야키 전문점으로 제공되는 고기의 맛이 일품인 곳이다. 스키야키는 일종의 냄비 요리로 우리나라의 전골 요리와 비슷하며 소고기를 비롯한 각종 채소와 두부, 계란을 넣어 끓여 먹는다. 고기의 등급에 따라 가격이 달라지니 주머니 사정을 고려하여 고기를 선택하면 된다. 어떤 고기를 선택해도 다 질이 좋아서 고급 요리처럼 먹을 수 있으니 일본의 새로운 요리를 경험한다는 생각으로 방문해 보자.

주소 東京都渋谷区千駄ケ谷5-24-2 위치 다카시마야 타임 스퀘어 14층 전화 03-5361-1871 시간 11:00~22:00(주문 마감 21:00) 메뉴 최상급 스키야키(極撰すき焼) 8,250엔, 점심 한정 엄선한 반상 차림(厳選 今半御膳) 3,740엔 홈페이지 restaurant.imahan.com/shinjyuku-takashimaya

팀호완 TIMHOWAN [티무호우완]

대만의 유명 딤섬 체인점

신주쿠 서던 테라스에서 가장 눈에 띄는 외관을 한 식당으로, 딤섬 요리로 잘 알려져 있다. 딤섬은 속이 꽉 차고 특유의 향신료 냄새가 많이 나지 않아 먹기 편하며 같이 곁들어서 먹을 수 있는 채소, 튀김, 조림류도 양이 적어 다양하게 먹을 수 있고 가격도 적당하다. 생각보다 비용 부담이 적은 장점이 있어, 저녁에 야경이 아름다운 서던 테라스에서 가볍게 저녁을 먹으면서 시간을 보내기에는 괜찮은 곳이다.

주소 東京都渋谷区代々木2-2-2 위치 신주쿠(新宿) 역 오다큐(小田急) 남쪽 출구 건너편 서던 테라스 남쪽에 위치 전화 03-6304-2861 시간 10:00~21:00 메뉴 새우만두(海老とニラの蒸し餃子) 680엔, 7종 야채만두(7種野菜の蒸し餃子) 580엔 홈페이지 timhowan.jp

페셰 도로 Pesce D'oro [펫셰도오로]

파스타 맛집 이탈리안 레스토랑

요즘 핫한 서던 테라스에 위치해 있고 입구부터 고급스러운 느낌의 식당이다. 내부로 들어가면 창밖으로 철길과 신주쿠 남쪽 지역을 배경으로 확 트인 공간이 눈에 들어온다. 밖에서 음식에 대한 정보를 미리 확인할 수도 있고 아주 적당한 가격에 맛있는 음식을 먹을 수 있어 낮부터 밤까지 많은 사람들이 찾는 인기 맛집이다. 피자도 괜찮지만 특히 다양한 파스타 요리가 사랑받고 있다. 낮이든 밤이든 손님이 많으니 사전에 예약을 하고 방문하도록 하자.

주소 東京都渋谷区代々木2-2-1 위치 신주쿠(新宿) 역 오다큐(小田急) 남쪽 출구 건너편 서던 테라스 중간에 위치 전화 0505-494-3586 시간 11:00~22:00 메뉴 카르보나라 스파게티(スパゲッティ パンチェッタのカルボナーラ) 1,410엔, 오징어 먹물 베네치아 스파게티(スパゲッティ ヴェネツィア名物！イカ墨) 1,520엔 , 마르게리타 피자(マルゲリータ) 1,630엔 홈페이지 www.giraud.co.jp/pesce-doro/index.html

시오미 베이커리 パン屋塩見 [팡시오미]

화덕으로 구운 정성 가득 빵집

오픈 키친으로 내부가 훤히 보이는 시오미 베이커리는 직접 밀가루를 채로 곱게 거르고 화덕에 빵을 구워 그 고소함이 뛰어난 로컬 빵집이다. 가짓수가 다양하지는 않지만, 식감 좋고 고소한 식빵과 캄파뉴가 인기가 많다. 또한 빵을 절반 혹은 1/4만 살 수도 있어서 부담스럽지 않게 구매할 수 있다. 관광지와는 조금 떨어져 있지만 도쿄 도청을 방문할 일정이 있다면 잠깐 들러 간식을 골라 보자.

주소 東京都渋谷区代々木3-9-5 위치 ❶ 오다큐선 미나미신주쿠(南新宿) 역에서 도보 5분 ❷ 오다큐 호텔 센추리 서던 타워에서 도보 15분, 도쿄 도청에서 도보 20분 전화 03-6276-6310 시간 금~화 12:00~18:00, 수~목 휴무 메뉴 캄파뉴 1/4(カンパーニュ 1/4) 486엔, 식빵(食パン) 918엔 홈페이지 www.giraud.co.jp/pesce-doro/index.html

야키니쿠 후타고 焼肉 ふたご [야끼니쿠 후타고]

다양한 부위의 고기와 곱창구이 전문점

다양한 부위의 질 좋은 소고기와 신선한 곱창을 구워 먹을 수 있는 야키니쿠 전문점으로, 고기의 퀄리티와 친절함으로 인기 있는 곳이다. 또한 돼지 특수 부위도 함께 판매하고 있으며 특제 소스로 양념한 메뉴가 많으니, 종류별로 맛을 보기 위해 1인분씩 다양하게 주문할 것을 추천한다. 또한 사케를 비롯해 100여 가지의 주류가 준비되어 있어 가볍게 반주를 한잔하기도 좋다. 가성비가 좋아 재방문 고객이 많으니, 저녁에 방문한다면 꼭 사전에 홈페이지를 통해 예약하도록 하자.

주소 東京都新宿区西新宿1-14-5 浅田ビル 2F 위치 JR 신주쿠(新宿) 역 서쪽 출구에서 도보 4분 전화 03-6304-5259 시간 월~금 17:00~24:00, 토 15:00~24:00, 일 15:00~23:30 메뉴 흑우 와규 갈비(黒毛和牛のはみ出るカルビ) 1,848엔, 곱창(ホルモン) 528엔 홈페이지 yakiniku-futago.com/tenpo/shinjukunishigutiten

도쿄 스카이 리조트 와일드 비치 신주쿠

東京スカイリゾート ワイルドビーチ 新宿 [도쿄 스카이리조토 와이루도비치 신주쿠]

신주쿠 야경을 바라보며 도심에서 즐기는 바비큐 파티

신주쿠 역 동쪽의 루미네 EST 옥상에서 신주쿠의 핵심 번화가인 가부키초와 신주쿠도리를 내려다보면서 즐기는 도심의 바비큐 파티 레스토랑이다. 다양한 테마의 테이블이 준비되어 있고 많은 인원이 함께 즐겁게 시간을 보내면서 식사를 할 수 있는 공간까지 마련되어 있다. 다만 가격이 비싸고 선택할 수 있는 메뉴는 한정적이며 퀄리티가 높다고 말할 수 없지만 확 트인 장소만큼은 신주쿠에서 손꼽을 수 있는 곳이다. 저녁 시간에 여유롭고 색다른 분위기를 내고 싶다면 사전 예약 후 방문하자.

주소 東京都新宿区新宿3-38-1 위치 JR 신주쿠(新宿) 역 동쪽 출구 루미네 EST 옥상 전화 070-3884-7290 시간 11:00~22:00 메뉴 여성 모임 플랜(女子会プラン) 1인 3,900엔, 럭셔리 테라스(ラグジュアリーテラス) 1인 6,600엔 홈페이지 wildbeach.jp/shinjuku

멘야 카이진 麺屋 海神 [멘야카이진]

깔끔하고 맑은 국물의 소금라면 전문점

지금까지 알고 있던 진한 육수로 만든 소금라면이 아닌 맑고 깔끔한 국물이 일품인 소금라면 전문점이다. 5단계의 매운맛을 선택하여 먹을 수 있는 것이 특징인데, 5단계는 너무 매워 라면 맛을 못 느낄 수 있으니 1단계나 2단계를 추천한다. 또한 헤시코야키 주먹밥과 함께 먹거나 새우로 만든 완자를 넣어 색다르게 먹을 수 있다. 곱빼기를 주문해도 추가 요금이 없으니 배가 고프다면 주문할 때 '오오모리 大盛り(곱빼기)'를 외쳐 보자.

주소 東京都新宿区新宿3-35-7 위치 JR 신주쿠(新宿) 역 동남쪽 출구에서 도보 1분 , 무사시노도리 남쪽 끝, 돈키호테 부근에 위치 전화 03-3356-5658 시간 월~금 11:00~15:00, 16:30~22:00 / 토~일 11:00~22:00 메뉴 아라타키시오멘(あら炊き塩らぁめん) 800엔, 헤시코야키 주먹밥(へしこ焼きおにぎり) 200엔 홈페이지 menya-kaijin.tokyo

튀김 후나바시야 天ぷら船橋屋 [텐푸라 후나바시야]

다양한 종류의 튀김 요리 전문점

20여 가지 재료를 깨끗한 기름에 튀겨 낸 튀김 전문점인 후나바시야는 100년 이상의 전통을 자랑하는 장인 음식점이다. 튀김의 종류가 다양하여 고르는 재미가 있고 다양한 세트 메뉴가 준비되어 있는데 가격이 좀 비싸고 양이 적다. 가성비가 높은 런치 메뉴를 오후 3시까지 판매하니 이 시간에 방문하는 것을 추천한다. 사시미도 판매하지만 그다지 인기가 좋지 않고 가격도 저렴하지 않으니 튀김만 먹도록 하자.

주소 東京都新宿区新宿 3-28-14 위치 JR 신주쿠(新宿) 역 동남쪽 출구에서 도보 1분 , 무사시노도리 남쪽 끝, 돈키호테 부근에 위치 전화 03-3354-2751 시간 11:30~21:00 메뉴 런치 메뉴 튀김 7종(ランチメニュー 天ぷら 7品) 1,630엔 홈페이지 www.tempura-funabashiya.com

스위트 파라다이스 スイーツパラダイス [수이투 파라다이수]

입안 가득 단맛을 느낄 수 있는 디저트 카페

정해진 시간 안에 케이크, 과자, 음료, 과일 등 각종 디저트를 마음껏 먹을 수 있는 곳으로, 가게 이름 그대로 단맛 나는 메뉴들로 가득한 천국이다. 딸기나 망고, 포도가 나오는 철에는 해당 재료가 들어간 각종 디저트가 준비되고 추가 요금을 내면 여러 종류의 하겐다즈 아이스크림과 젤라토를 먹을 수 있다. 분위기와 디저트류는 괜찮지만 가격이 좀 비싸고, 단것을 많이 먹지 못한다면 의미가 없는 곳이다. 식사를 한 후 디저트를 먹기 위해 방문한다고 생각하지 말고 정말 달달한 디저트로 배를 채울 수 있다는 확신이 들 때 방문하자.

주소 東京都新宿区新宿3-26-6 위치 JR 신주쿠(新宿) 역 동쪽 출구에서 도보 3분 전화 03-5925-8876 시간 월~금 11:00~21:00, 토·일·공휴일 10:30~21:00 메뉴 뷔페(100분 이용 가능) 평일 어른 3,200엔, 어린이 1,800엔 / 토·일·공휴일 어른 3,500엔, 어린이 1,800엔 홈페이지 www.sweets-paradise.jp/shop/shinjuku

기소지 木曽路 [키소지]

東京スカイリゾート ワイルドビーチ 新宿 [도쿄 스카이리조토와이루도비치 신주쿠]

엄청난 마블링의 고급 고기를 사용한 스키야키 맛집

일본 대표 전골 요리인 스키야키 전문점인 기소지는 스키야키를 비롯하여 샤부샤부, 장어덮밥, 전채 요리 등을 판매하는 고급 음식점이다. 최상급 재료만 사용하기 때문에 만족도가 높고 서비스와 분위기도 아주 좋다. 스키야키나 샤부샤부를 선택하면 고기의 종류에 따라 가격이 다른데 어떤 것을 선택해도 육질이 뛰어나고 맛있기 때문에 무리해서 비싼 것을 시키지 않아도 괜찮다. 또한 직원들이 친절하게 조리해 주기 때문에 편하게 먹을 수 있다. 신주쿠에서 강력 추천하는 맛집이니 비용과 시간이 된다면 예약 후 방문해 보자.

주소 東京都新宿区新宿3-17-5 위치 ❶ JR 신주쿠(新宿) 역 동쪽 출구에서 도보 4분 ❷ 신주쿠산초메(新宿三丁目) 역 B6 출구에서 도보1분 전화 03-3226-0667 시간 월~금 11:00~15:00, 17:00~22:00 / 토·일·공휴일 11:00~15:00, 17:00~21:30 메뉴 스키야키 와규 특제 차돌박이(すきやき, 和牛特選霜降肉) 6,490엔, 샤부샤부 와규 차돌박이(しゃぶしゃぶ, 和牛霜降肉) 5,720엔 홈페이지 266kisoji.gorp.jp

우나테츠 新宿うな鐵

다양한 장어 요리를 맛볼 수 있는 장어 요리 전문점

장어를 한가득 담은 장어덮밥도 일품이지만 장어를 이용한 여러 요리를 코스로 맛볼 수 있어 민물장어 애호가들이 선호하는 맛집이다. 관광객을 위한 별도의 코스 요리도 준비되어 있으며 음식에 대한 자부심이 높아 영어와 일어, 한국어를 섞어 가며 열정적으로 설명해 준다. 특제 소스를 바른 장어 꼬치구이를 비롯해 꼬치구이 메뉴도 여러 가지 있고, 코스 요리를 주문하면 장어뿐만 아니라 다양한 요리를 맛볼 수 있어 이런 것이 60년간 사랑받아 온 진정한 오마카세라는 것을 느끼게 된다. 사전에 인터넷으로 예약을 하면 친절하게 메일로 회신이 오며 확인 메일도 발송해 준다. 꼭 사전 예약을 하고 방문해 보자.

주소 東京都新宿区歌舞伎町1-11-2 위치 ❶ JR 신주쿠(新宿) 역 동쪽 출구에서 도보 15분 ❷ 세이부신주쿠(西武新宿) 역 정면 출구에서 도보 3분, 가부키초 돈키호테에서 뒤쪽 블럭에 위치 전화 03-3200-5381 시간 11:00~23:00 메뉴 장어덮밥 특(うな重・特上) 3,300엔, 해외 고객 특별 코스(海外のお客様向け特別コース) 8,800엔 홈페이지 shinjuku-unatetsu.com

이타마에 스시 板前寿司 [이타마에 스시]

회전 스시보다 더 편하게 먹을수 있는 스시

이타마에 스시는 주말에는 24시간 영업을 하고 평일에는 자정까지 영업을 해서 언제든 찾기 편하다. 각 자리에 있는 모니터로 스시를 비롯한 다양한 먹거리를 편하게 주문할 수 있어 회전 스시를 먹는 것보다 더 다양하게 먹을 수 있는 장점이 있다. 또한 스시 외에도 간단히 맥주를 곁들여 먹을 수 있는 메뉴가 다양하다. 편안한 자리는 만족스럽지만 스시의 퀄리티는 중간 점수를 줄 수 있다. 밤늦게 신주쿠를 관광하다 스시가 생각난다면 편하게 쉬어 갈 수 있는 이타마에 스시를 방문해 보자.

주소 東京都新宿区西新宿1-19-1 위치 ❶ JR 신주쿠(新宿) 역 동쪽 출구에서 도보 12분 ❷ 세이부신주쿠(西武新宿) 역 정면 출구에서 도보 1분 전화 050-3161-2866 시간 월~목 09:00~익일 05:00, 금 09:00~24:00, 토·일·공휴일 24시간영업 메뉴 참다랑어 & 연어 스시 세트(まぐろ&サーモンセット) 2,780엔, 해산물 계란찜(海鮮茶碗蒸) 620엔 홈페이지 itamae.co.jp

나베조 鍋ぞう [나베조우]

퀄리티 높은 샤부샤부 뷔페 음식점

100분 동안 선택한 고기를 기본으로 음식들을 마음껏 먹을 수 있는 뷔페 식당으로, 적당한 가격에 질 좋은 고기로 샤부샤부를 먹을 수 있어 관광객들에게 인기가 좋다. 고기의 종류와 등급에 따라 가격이 따로 책정이 되어 있으며 샤부샤부에 들어가는 야채와 국수를 비롯하여 사이드 메뉴까지 충분히 먹을 수 있는 것이 특징이다. 다만 뷔페 식당이라는 특성 때문에 계속 이동을 해야 한다는 점과 시끄러운 매장 환경이 다소 아쉽다고 할 수 있다.

주소 東京都新宿区新宿3-5-4 위치 ❶ JR 신주쿠(新宿) 역 동쪽 출구에서 도보 7분 ❷ 신주쿠산초메(新宿三丁目) 역 E4 출구에서 도보1분 전화 050-3146-4395 시간 11:30~15:00, 17:00~22:30 메뉴 냄비 요리 코스(鍋ぞうコース) 3,850엔, 특선 코스(特選コース) 5,500엔 홈페이지 nabe-zo.com/restaurant_search/#res671

SIBUYA

시부야

渋谷

도쿄 젊은이들의 쇼핑·음식·문화 중심지

이른 아침부터 늦은 저녁까지 놀거리가 많아 항상 인파로 가득 찬 시부야는 신주쿠, 이케부쿠로와 더불어 도쿄의 3대 부도심 중 하나이다. JR 시부야 역을 나와 Q-프런트 앞 횡단보도를 건널 때 도로를 가득 메우는 엄청난 숫자의 사람들을 몸소 경험할 수 있다. 주말 저녁에는 지하철역 개찰구 안에서부터 출구까지 줄을 서서 나가야 할 정도이다. 시부야는 먹거리와 쇼핑, 클럽으로도 유명한데 24시간 우동집과 라멘집 앞에 새벽부터 긴 줄을 서는 모습을 자주 볼 수 있고, 저녁에는 도겐자카 도로 안쪽의 클럽들을 방문하려는 젊은이들로 항상 붐빈다. 시부야는 백화점뿐만 아니라 쇼핑몰과 개별 매장

이 잘 갖춰져 있어 도쿄의 패션 문화를 직접 접해 볼 수 있으며, 풍부한 먹거리와 이색 상점, 인기 카페들이 많아 어디에 갈지 행복한 고민을 하게 만드는 곳이다.

한 눈에 보는 지역 특색

늦은 저녁까지
번화한 지역

도쿄에서 쇼핑으로
손꼽히는 곳

다양한 먹거리와 놀거리가
풍부한 곳

How to go?

시부야 가는 방법

시부야에는 숙소를 잘 잡지 않아 숙소를 잡은 지역에서 이동하거나 신주쿠 - 시부야 - 긴자를 엮어서 쇼핑을 즐기는 사람이 많다. 하라주쿠와 같은 날 관광 일정을 잡는다면 하라주쿠에서 시부야로 도보로 이동하는 것도 추천한다.

✿ 신주쿠新宿 역에서 이동하기

JR 신주쿠 역 14번 플랫폼에서 JR 야마노테선山手線을 탑승하여 3 정거장 이동.

시간 약 7분 소요 요금 170엔

✿ 긴자銀座 역에서 이동하기

지하철 긴자 역 1번 플랫폼에서 도쿄 메트로 긴자선銀座線을 탑승하여 8 정거장 이동.

시간 약 16분 소요 요금 210엔

✿ 시부야에서 도보로 이동하기

오모테산도 413 도로에 위치한 키디 랜드Kiddy Land를 바라보고 좌측 캣 스트리트キャットストリート를 따라서 도보로 20분 소요.

Best Tour 추천 코스

시부야 관광은 시부야 109의 좌측 길인 도겐자카道玄坂를 시작으로 우측으로 이동하며 관광할 것을 추천한다.

JR 시부야 역 ➔ 도보 2분 ➔ 시부야 109 ➔ 도보 1분 ➔ 도겐자카 ➔ 도보 3분 ➔ 메가 돈키호테 ➔ 도보 3분 ➔ 핸즈 시부야 ➔ 도보 3분 ➔ 센터 거리 ➔ 도보 5분 ➔ 디즈니 스토어

메가 돈키호테

센터 거리

디즈니 스토어

TIP. JR 시부야 역에 도착을 하여 하치코ハチ公 출구로 나가면 넓은 횡단보도를 볼 수 있는데 여기가 시부야 관광의 시작점이다. 갈림길이 많아 길을 잃어버리기 쉬우니 Q-프런트나 시부야 109를 중심으로 움직이도록 하자.

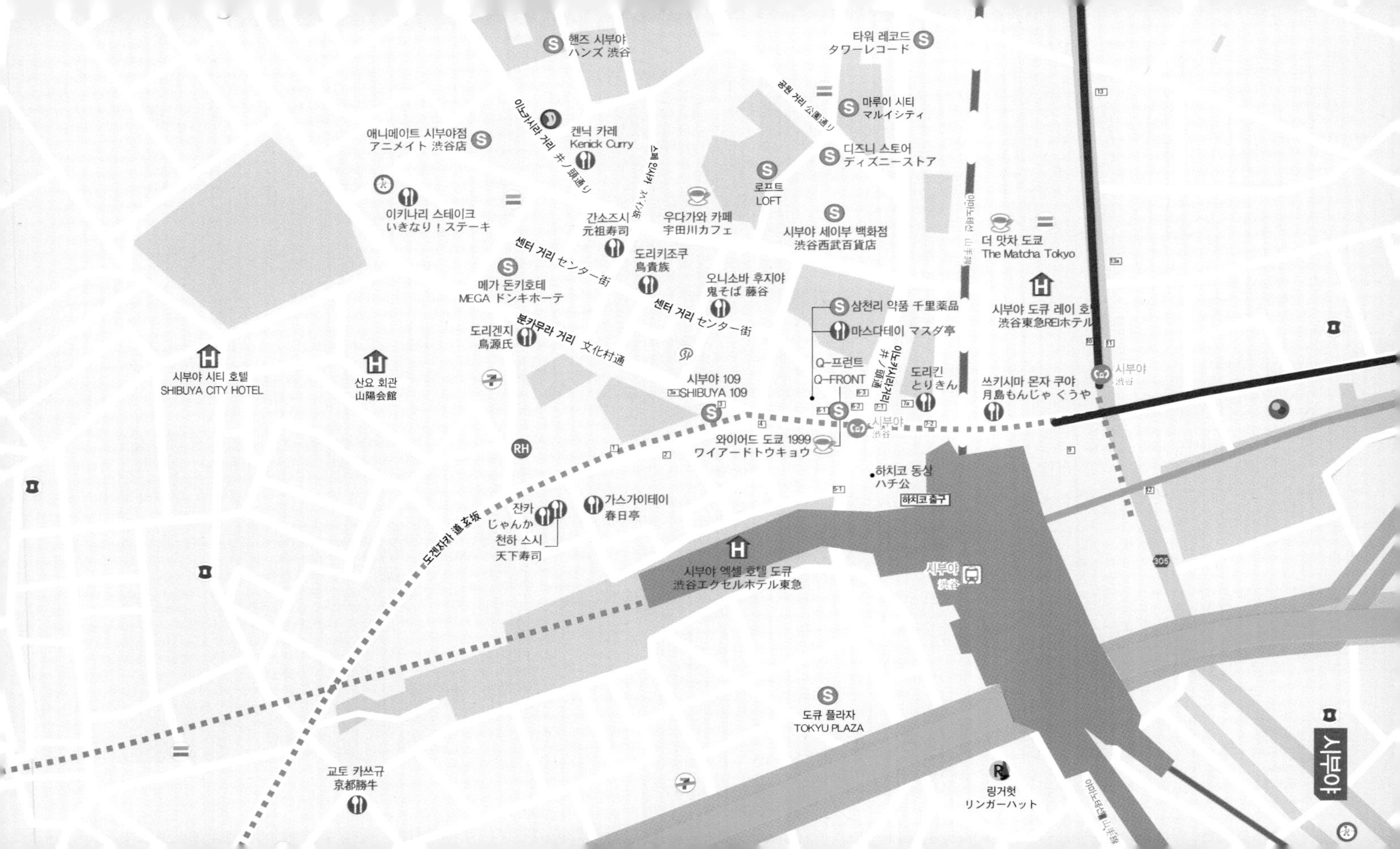
시부야
햊즈 시부야
ハンズ 渋谷
타워 레코드
タワーレコード
공원 거리 公園通り
마루이 시티
マルイシティ
애니메이트 시부야점
アニメイト 渋谷店
이노카시라 거리 井ノ頭通り
켄닉 카레
Kenick Curry
스페인사카 スペイン坂
디즈니 스토어
ディズニーストア
로프트
LOFT
이키나리 스테이크
いきなり！ステーキ
간소스시
元祖寿司
우다가와 카페
宇田川カフェ
시부야 세이부 백화점
渋谷西武百貨店
더 맛차 도쿄
The Matcha Tokyo
야마노테선 山手線
센터 거리 センター街
도리키조쿠
鳥貴族
오니소바 후지야
鬼そば 藤谷
메가 돈키호테
MEGA ドンキホーテ
삼천리 약품 千里薬品
마스다테이 マスダ亭
시부야 도큐 레이 호텔
渋谷東急REIホテル
도리겐지
鳥源氏
분카무라 거리 文化村通
시부야 시티 호텔
SHIBUYA CITY HOTEL
산요 회관
山陽会館
Q-프런트
Q-FRONT
이노카시라거리
井ノ頭通
도리킨
とりきん
쓰키시마 몬자 쿠야
月島もんじゃ くうや
시부야 109
SHIBUYA 109
시부야
渋谷
와이어드 도쿄 1999
ワイアードトウキョウ
하치코 동상
ハチ公
하치코 출구
가스가이테이
春日亭
잔카
じゃんか
천하 스시
天下寿司
도겐자카 道玄坂
시부야 엑셀 호텔 도큐
渋谷エクセルホテル東急
도큐 플라자
TOKYU PLAZA
교토 카쓰규
京都勝牛
링거헛
リンガーハット
야마노테선 山手線

시부야 역 출구 부근

시부야 역에 도착하면 여러 출구와 많은 인파로 정신이 없는데 무조건 하치코 출구를 찾아 나가도록 하자. 출구로 나가 길 건너 Q-프런트가 보이면 제대로 나온 것이다.

Q-프런트 Q-FRONT [큐 후론토]

시부야 관광의 시작점이자 중심

JR 시부야 역에서 내려 시부야의 여행을 시작하기 위해 하치코ハチ公 출구로 나오면 넓은 오거리 횡단보도와 대형 멀티비전이 걸린 Q-프런트 건물이 가장 먼저 눈이 들어온다. Q-프런트 건물은 도큐東急 그룹 계열의 상업 빌딩으로 지하 2층~7층까지 대형 서점인 쓰타야TSUTAYA가 입점해 있고 엄청난 인파가 횡단하는 교차로를 위에서 내려다볼 수 있는 스타벅스 커피숍이 1~2층에서 영업 중이다. 그리고 건물의 외관에 시부야 교차로 어디에서든 볼 수 있는 대형 멀티비전인 Q'S EYE가 설치되어 연중 대형 광고를 볼 수 있는데 요즘에는 심심치 않게 한국 연예인들의 모습을 볼 수 있다. 시부야의 관광을 시작할 때 길을 헷갈리기 쉬우므로 이 Q-프런트를 중심으로 움직이도록 하자.

주소 東京都渋谷区宇田川町21-6 위치 JR 시부야(澁谷) 역 하치코 출구 건너편 전화 03-6302-0405 시간 10:00~22:00(매장마다 다름) 홈페이지 www.tokyu-reit.co.jp

하치코 동상 ハチ公 [하치코]

충견 하치코를 기리는 기념 동상

JR 시부야 역에서 내려 시부야 관광이 시작되는 하치코 출구로 나오면 만나볼 수 있는 충견 하치코는 매일 주인인 우에노 에이타로上野英太郎가 퇴근할 때 마중을 갔는데 주인이 갑자기 죽자 그것도 모르고 주인이 올 때까지 이곳 시부야 역 앞에서 10년을 기다렸다는 가슴 먹먹한 사연의 주인공이다. 이 하치코의 이름을 따서 시부야 역의 출구 이름도 하치코 출구라 명명하였고 이 하치코 동상은 시부야의 상징으로 남았다. 실제 하치코는 박제되어 국립 중앙 박물관에 보존되어 있다.

주소 東京都渋谷区道玄坂2-1 위치 JR 시부야(澁谷) 역 하치코 출구 바로 앞

디즈니 스토어 ディズニーストア [디즈니 스토아]

디즈니 캐릭터 상품들을 만날 수 있는 곳

디즈니 스토어는 옛날의 미키마우스부터 최근의 실사판 인어공주까지 디즈니에서 출시된 모든 애니메이션과 실사판 영화의 캐릭터 제품들을 갖추고 있는 쇼핑 공간이다. 총 3개 층으로 구성되어 있으며 실내의 나선형 계단으로 걸어서 이동할 수 있고 계단 중간중간에 캡슐 뽑기 기계들도 놓여 있다. 다양한 디즈니 캐릭터 상품을 갖추고 있으니 디즈니랜드를 방문하지 않아도 이곳에서 모든 것을 구매할 수 있다.

주소 東京都渋谷区宇田川町20-15 위치 시부야 세이부 백화점 B관 뒤쪽 고엔도리(公園通り) 시작점에 위치 전화 03-3461-3932 시간 11:00~20:00 홈페이지 www.disney.co.jp/store/storeinfo/101

타워 레코드 タワーレコード [타와아레코오도]

초대형 음악 CD · DVD 매장

우리나라에서는 사라진 음악 백화점인 타워 레코드는 일본에서도 점점 숫자가 줄어들고 있다. 하지만 시부야의 타워 레코드는 여전히 많은 사람들에게 사랑을 받고 있다. 다양한 국가의 음악 CD부터 뮤직비디오 DVD까지 갖추고 있으며 영화 DVD와 여러 가수의 굿즈도 판매하고 있다. 직접 음악을 들을 수 있는 공간도 갖추고 있으며 K-POP 공간도 마련되어 있어 색다른 즐거움을 가질 수 있다.

주소 東京都渋谷区神南1-22-14 위치 JR 시부야(澁谷) 역 A12 출구에서 도보 5분 전화 03-3496-3661 시간 11:00~22:00 홈페이지 tower.jp/store/kanto/Shibuya

도겐자카 & 분카무라 거리

JR 시부야역 하치코 출구에서 길 건너편 좌측으로 시부야 109가 있고, 그 왼쪽 길이 도겐자카道玄坂, 오른쪽 좁은 길이 분카무라 거리文化村通り이다. 음식점이 많아 맛있는 식사를 하기에 딱 좋은 곳이다. 도겐자카에서 식사를 하고 우측에 위치한 시부야 센터 거리와 분카무라 거리 쪽으로 이동하는 동선을 추천한다.

시부야 109 SHIBUYA 109 [시부야 하쿠큐]

시부야의 대형 여성 패션 쇼핑몰

도겐자카의 시작점에 위치한 시부야 109 쇼핑몰은 여성복, 구두, 의류, 잡화 등 여성 고객을 겨냥한 여성 패션 전문 쇼핑몰이다. 도쿄의 10대와 20대 여성 패션을 모두 이곳에서 볼 수 있을 정도로 다양한 장르의 패션 전문 숍들이 갖추어져 있으며 여성을 위한 각종 이벤트로 일본 내국인뿐만 아니라 외국 여성들도 관심을 가지고 이곳을 방문한다. 미용, 다이어트, 패션 코디에 관련된 이벤트를 많이 개최하는데 바나나 다이어트 이벤트로 바나나를 공짜로 나눠 줄 때는 이 일대가 아수라장이 되기도 하였다. 여성 관광객이라면 시부야 109 방문을 추천한다.

주소 東京都渋谷区道玄坂2丁目29-1 위치 JR 시부야(澁谷) 역 하치코 출구에서 좌측 건너편, 도겐자카 시작점 전화 03-3477-5111 시간 상점 10:00~21:00, 레스토랑 11:00~22:00(매장마다 다름) 홈페이지 www.shibuya109.jp

도겐자카 거리

낮에 도겐자카 거리를 지나가면 너무 조용해서 이곳이 시부야가 맞는지 의심스럽다. 하지만 저녁 8시 이후 180도로 확 바뀌는데, 천하 스시 음식점을 지나면 좌측은 요리를 중심으로 한 술집이, 우측으로는 펍이나 클럽이 성황을 이룬다. 주의할 점은 많은 이자카야나 클럽의 호객꾼이 밖에 나와 있는데, 이들을 따라가면 특별 자릿세(호객꾼의 팁)를 내야 한다.

시부야 센터 거리

Q-프런트 왼쪽부터 시작하는 길인 시부야 센터 거리渋谷センター街는 시부야 메인 지역으로 양쪽으로 다양한 상점과 음식점이 즐비한 곳이다.

메가 돈키호테 MEGAドン・キホーテ [메가 돈키호오테]

관광객이 최고로 손꼽는 도쿄 최대의 할인 매장

메가 돈키호테는 도쿄에서 가장 넓은 매장과 다양한 아이템을 갖춘 시부야의 쇼핑 메카이다. 다른 돈키호테 매장은 코로나19 이후 영업 시간이 줄어들었지만 이곳 메가 돈키호테는 여전히 24시간 영업을 하고 있어 관광객들이 몰리고 있다. 돈키호테는 생활용품, 화장품, 가전제품, 식품, 성인용품, 인기 명품까지 없는 것이 없는 대형 만물상이다. 이곳은 다른 돈키호테 매장에 비해 쇼핑 공간이 넓고 이동 통로가 넓어 쾌적한 환경에서 쇼핑을 할 수 있다. 도쿄 일정에서 이곳을 빠뜨리지 말고 방문하자.

주소 東京都渋谷区宇田川町28-6 위치 시부야 분카무라 거리(文化村通り)와 센터 거리(センター街) 사이에 위치 전화 0570-076-311 시간 24시간 영업 홈페이지 www.donki.com

삼천리 약품 三千里薬品 [산젠리야쿠힌]

40년 전통의 화장품 및 의약품 할인점

최근에는 고쿠민コクミン이나 마쓰모토키요시マツモトキヨシ 같은 대형 드럭 스토어가 많이 생겼지만, 시부야에서 40년간 자리를 잡아 온 삼천리 약품은 이런 대형 체인점에 밀리지 않고 꾸준히 사람들에게 사랑받고 있다. 다른 드럭 스토어보다는 규모가 작기 때문에 상품의 가짓수가 적지만 화장품과 의약품 그리고 건강용품으로 집약되어 있다. 가격도 다른 드럭 스토어와 비슷하거나 더 저렴하고, 오랜 역사가 있는 만큼 이 점포에서만 유일하게 파는 상품도 많다.

주소 東京都渋谷区宇田川町22-1 위치 분카무라 거리와 센터 거리 초입에 위치 전화 03-3461-5213 시간 08:00~22:00 홈페이지 www.3000ri.co.jp/stores

이노카시라 거리

시부야 세이부 백화점 B관에서 시작하는 이노카시라 거리井ノ頭通り는 인기 있는 상점과 음식점이 많은 곳이다. 이노카시라 거리를 중심으로 연결된 골목골목에 카페가 많으니 잠깐 여유 있는 티타임을 가져 보자.

핸즈 시부야 ハンズ渋谷 [한즈 시부야]

일본의 대표적인 생활 잡화 전문 매장

'도큐 핸즈'에서 도큐의 이름을 빼고 '핸즈'로 다시 돌아온 생활 잡화 전문 매장이다. 한국 관광객들에게 아주 인기가 많고 시부야 매장이 도쿄에서는 규모가 가장 크다. 다양한 생활용품과 아이디어 상품, 기념품 등 다양한 아이템을 저렴한 가격에 구입할 수 있어 필수 쇼핑 코스 중 하나다. 시부야점의 경우 매장이 아주 넓고 사람도 많은 반면 엘리베이터 시설이 부족하니 가장 위층으로 올라가서 내려오면서 쇼핑을 즐길 것을 추천한다.

주소 東京都渋谷区宇田川町12-18 위치 시부야 세이부 백화점 B관에서 도보 4분 전화 03-5489-5111 시간 10:00~21:00 홈페이지 shibuya.hands.net

애니메이트 시부야점 アニメイト渋谷店 [아니메에토 시부야텐]

애니메이션 관련 제품 판매점

일본 인기 애니메이션의 굿즈와 도서 그리고 DVD까지 모든 관련 제품을 판매하는 백화점인 애니메이트 시부야점은 최근 인기 제품들을 한눈에 볼 수 있다는 장점이 있는 반면에 규모가 작아 종류가 다소 적다. 그래도 신상 굿즈는 모두 갖추고 있으니 관심이 있는 사람들은 가볍게 둘러보도록 하자.

주소 東京都渋谷区宇田川町31-2 위치 시부야 세이부 백화점 B관에서 도보 4분, 핸즈 시부야 건너편에 위치 전화 03-5458-2454 시간 11:00~20:00 홈페이지 www.animate.co.jp/shop/shibuya

시부야 세이부 백화점 渋谷 西武百貨店 [시부야 세이브햐쯔카뎅]

시부야에서 가장 큰 백화점

세이부 백화점은 총 5개의 건물로 나누어져 있어 시부야에서 가장 큰 백화점이고, 명품 매장들이 입점해 있어 시부야 쇼핑의 중심지로 꼽힌다. 시부야를 방문하는 관광객들은 흔히 백화점보다는 쇼핑몰이나 단독 매장을 찾기 때문에 세이부 백화점에서 쇼핑하는 경우가 드물지만, 루이비통Louis Vuitton 매장이 A관 1층에 큰 규모로 자리 잡고 있어 관심 있는 사람들이 많이 찾는다. 또한 모비다モヴィーダ관에는 우리나라 사람들에 아주 인기가 많은 무인양품MUJI 대형 매장이 있어 필수 쇼핑 코스 중 하나이다.

주소 東京都渋谷区宇田川町21-1 위치 JR 시부야(澁谷)역 건너편 Q-프런트 뒤쪽에 위치 전화 03-3462-0111 시간 상점 11:00~20:00, 레스토랑 11:00~22:00(매장에 따라 다름) 홈페이지 www.sogo-seibu.jp/shibuya

시부야 추천 맛집

쓰키시마 몬자 쿠야 月島もんじゃくうや [츠키시마 몬자 쿠우야]

오코노미야키와 몬자야키 최고 맛집

시부야에 여러 맛집이 있지만 오코노미야키와 몬자야키로는 가장 손꼽히는 곳으로 가격도 적당하고 맛도 일품이다. 다양한 토핑을 선택할 수 있으며 메인 메뉴뿐만 아니라 해산물과 야키소바도 인기가 좋다. 테이블에서 직접 조리하는 것을 볼 수 있으며 본인의 입맛에 맞게 소스를 곁들여 먹을 수 있다. 시각과 미각을 모두 충족할 수 있는 곳으로 항상 대기 줄이 길다. 그래도 내부가 넓어 회전율도 빠르고 기다린 보람을 충분히 느낄 수 있는 곳이다.

주소 東京都渋谷区渋谷1-25-6 위치 JR 시부야(澁谷) 역 하치코 출구에서 도보 1분 전화 03-6712-6788 시간 월·목·금 11:30~04:00, 화·수요일 11:30~23:00, 토·일·공휴일 11:00~04:00 메뉴 오코노미야키(お好み焼き)·몬자야키(もんじゃ焼き) 약 4,000엔(토핑에 따라 다름)

도리킨 とりきん [토리킨]

다양한 꼬치구이를 맛볼 수 있는 곳

저렴하고 다양한 야키도리와 여러 요리를 먹을 수 있는 꼬치구이 전문 이자카야로, 저녁에 맛있는 음식과 함께 가벼운 술 한잔을 하기 딱 좋은 음식점이다. 원래는 작고 허름하지만 단골 손님이 많은 로컬 맛집이었는데, 시부야 구역 정비로 1년간 문을 닫았다가 아주 깔끔하게 인테리어하고 확장하여 다시 문을 열었다. 가성비가 좋아 다양한 음식들을 맛볼 수 있으므로 저녁에 술 한잔 생각날 때 방문해 보자.

주소 東京都渋谷区渋谷1-27-1 위치 JR 시부야(澁谷) 역 하치코 출구에서 도보 1분 전화 03-6427-9930 시간 월~금 17:00~01:00, 토·일·공휴일 15:00~01:00 메뉴 장어(うなぎ) 300엔, 닭날개(手羽先) 400엔, 우설구이(牛タン焼) 1,000엔

와이어드 도쿄 1999 ワイアード東京 [와이아도 도쿄]

모던한 인테리어의 고급스러운 북카페

원래 Q-프런트 6층에 있던 와이어드 카페가 7층으로 자리를 옮기며 더 세련되고 넓게 확장되었다. 쓰타야 서점과 제휴하여 매장을 새롭게 인테리어하여 다양한 책들을 볼 수도 있고 구매도 할 수 있다. 간단한 식사와 음료 그리고 저녁에는 다양한 종류의 칵테일, 위스키 그리고 와인을 맛볼 수 있어 신개념 북카페로 젊은 사람들에게 인기를 얻고 있다.

주소 東京都渋谷区宇田川町21-6 위치 JR 시부야(澁谷) 역 건너편 Q-프런트 7층 전화 03-5459-1270 시간 10:00~22:00 메뉴 아보카도 카르파초(アボカドカルパッチョ) 500엔, 감자 명란 파스타(じゃこと高菜の明太子パスタ) 1,200엔 홈페이지 styledevelop.info/wired_tokyo_1999

더 맛차 도쿄 The Matcha Tokyo [자 맛차 도쿄]

진한 맛의 말차 디저트 카페

피로 회복과 다이어트에 좋다고 알려진 말차를 맛볼 수 있는 곳으로 다른 카페보다 말차 가루를 더 많이 넣은 진하고 깊은 맛의 음료와 아이스크림 그리고 디저트를 판매하고 있다. 말차 마니아라면 무조건 방문해야 한다는 이곳의 말차는 값비싼 농차濃茶 가루에 일반적인 박차薄茶 가루를 섞지 않아서 부드러우면서 깊은 맛을 내는 것이 특징이다. 더운 여름에는 시원한 말차 아이스크림을, 추운 겨울에는 따뜻한 말차 라테를 마시면서 말차의 깊은 맛을 느껴 보도록 하자.

주소 東京都渋谷区神宮前6-20-10 위치 JR시부야(澁谷) 역 하치코 출구에서 도보 3분, 미야시타 공원 남쪽 2층 전화 03-6805-0687 시간 11:00~21:00 메뉴 일본 프리미엄(ジャパンプレミアム) 605엔, 말차 아이스크림(抹茶アイスクリーム) 600엔 홈페이지 www.the-matcha.tokyo/pages/cafe

천하 스시 天下寿司 [텐카 즈시]

가성비가 좋은 스시 맛집

한국 관광객들이 일본에 가면 꼭 먹어야 한다고 손꼽는 음식 1위가 초밥이다. 이곳은 2006년에 〈인조이 도쿄〉 책에 실리면서 한국 관광객들에게 유명세를 탔다. 작은 식당이지만 숙련된 네 명의 요리사가 직접 만드는 초밥의 맛은 가격 대비 아주 훌륭하다. 한국어 메뉴판도 준비되어 있으니 시부야에서 회전 초밥을 먹을 계획이라면 꼭 방문하여 〈인조이 도쿄〉 포스터 앞에서도 인증샷을 찍도록 하자.

주소 東京都渋谷区道玄坂2-9-10 위치 JR 시부야(澁谷) 역 하치코 출구 길 건너 도겐자카 거리를 올라가다 롯데리아 다음 블록 지하 1층 전화 03-3464-3972 시간 11:00~21:30 메뉴 1접시당 130엔(평일 한정 120엔 11:00~13:30) 홈페이지 www.tenkazushi.co.jp

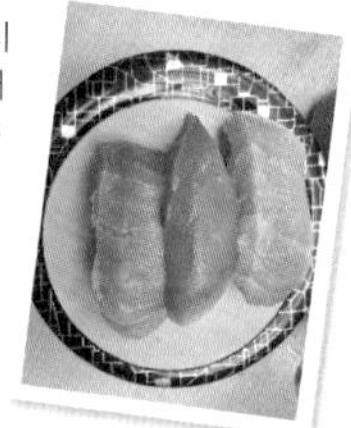

잔카 じゃんか [잔카]

고추냉이 갈비가 유명한 야키니쿠 맛집

시부야에 자리 잡은 지 24년이 된 소고기 야키니쿠 전문점으로, 품질로 정평이 난 미야자키 소고기를 중심으로 다양한 부위를 맛볼 수 있는 곳이다. 특히 고추냉이(와사비)로 맛을 낸 갈비구이가 일품인데, 느끼할 수 있는 소고기를 깔끔하게 맛보며 특제 소스와 함께 먹을 수 있는 것이 특징이다. 가격도 적당하고 다양한 주류를 갖추고 있어 특별한 저녁 식사에 어울리는 장소로 추천한다.

주소 東京都渋谷区道玄坂2-9-10 위치 JR 시부야(澁谷) 역 하치코 출구 길 건너 도겐자카 거리를 올라가다 롯데리아 다음 건물 2층 전화 03-3464-4187 시간 12:00~23:00 메뉴 생와사비 갈비(本生わさびカルビ) 1,580엔, 특와규 5점 모듬 세트(特選和牛 赤身5点盛り合わせ) 3,980엔 홈페이지 one-third.co.jp

도리겐지 鳥源氏 [토리겐지]

꼬치구이 전문 이자카야

다양한 꼬치구이와 요리를 맛볼 수 있는 도리겐지는 고급 바를 연상시키는 멋진 인테리어 때문에 꼬치구이를 판매할 것이라는 생각을 못하게 된다. 소규모 인원이라면 독립된 개인실에서 식사를 할 수 있고 카운터 좌석이나 테이블 좌석도 공간도 넓고 의자도 편해서 여유 있게 식사를 할 수 있다. 좌석 수가 많은 반면에 하나하나 정성 들여 요리를 준비하느라 다소 시간이 걸리기 때문에, 처음에 주문할 때 한꺼번에 주문하고 추가 주문은 미리 서둘러 해야 식사 흐름이 끊기지 않는다.

주소 東京都渋谷区道玄坂2-29-18 위치 메가 돈키호테의 분카무라 거리 출구 대각선 건너편에 위치 전화 03-3476-2016 시간 화~일 17:00~02:00 , 월 17:00~23:30 메뉴 8종 모듬 꼬치(8本盛り合わせ) 2,200엔, 간(닭)사시미(レバ刺し) 770엔

가스가이테이 春日亭 [카스가이테이]

기름으로 맛을 낸 아부라소바 음식점

우리나라 사람들에게는 생소한 아부라소바 전문점이다. 돼지기름과 간장을 섞은 양념에 소바를 넣어 비벼 먹는 음식으로 호불호가 극명하게 갈린다. 흔히 알고 있는 소바보다 좀 더 굵은 국수를 사용하고 돼지기름으로 맛을 낸 소스와 계란을 넣어 섞어 먹는데, 차슈(돼지고기 양념구이)와 함께 먹으면 색다른 맛을 볼 수 있다. 많이 느끼하여 입맛에 맞지 않는 사람들도 있지만 일본의 색다른 음식 맛을 느껴 보고 싶다면 한 번쯤 시도해 보자.

주소 東京都渋谷区道玄坂2-6-12 위치 JR 시부야(澁谷) 역 하치코 출구 길 건너 도겐자카 거리를 올라가다 롯데리아 뒤쪽 건물 전화 03-6809-0299 시간 월~토 11:00~22:45, 일 11:00~21:00 메뉴 간장 아부라소바(しょうゆ油そば) 580엔, 닭고기 아부라소바(鳥豚油そば) 650엔 홈페이지 www.kasugatei.com

교토 가쓰규 京都勝牛 [교토 카츠규]

겉은 바삭하고 안은 촉촉한 규카쓰

교토 가쓰규의 규카쓰는 소고기에 고운 튀김 가루를 입혀 고객들의 입맛에 맞게 튀기는 것이 특징이며 카레, 간장, 계란 등 여러 가지 소스를 선택하여 찍어 먹으면 된다. 한국어 메뉴판에는 친절하게 규카쓰를 먹는 방법도 설명되어 있다. 규카쓰에 와사비를 살짝 올리고 계란 소스에 규카쓰를 찍어 먹으면 색다른 맛을 느낄 수 있다. 참고로 한국 사람들은 미디엄을 가장 선호한다.

주소 東京都渋谷区道玄坂1-19-14 위치 JR 시부야(澁谷) 역 하치코 출구 길 건너 도겐자카 거리를 올라가다 파출소 건너편에 위치 전화 03-3461-2983 시간 11:00~21:30 메뉴 등심 가쓰(牛サーロインカツ膳) 2,189엔, 안심 가쓰(牛ヒレカツ京玉膳) 2,409엔 홈페이지 gyukatsu-kyotokatsugyu.com/store/shibuyadogenzaka

마스다테이 マスダ亭 [마스다테이]

오코노미야키를 자신의 입맛에 맞게 만들어 먹을 수 있는 곳

오코노미야키로 잘 알려진 마스다테이는 테이블마다 개인 철판이 있어 음식을 지속적으로 따뜻하게 먹을 수 있다. 오코노미야키나 야키소바를 주문하면 테이블에 설치된 철판으로 가져다주는데 가쓰오부시나 마요네즈 등을 더하여 자기 입맛에 맞게 조리하여 먹을 수 있다. 대체로 가격이 저렴하고 3가지 메뉴가 함께 나오는 세트 메뉴는 좀 더 저렴하게 먹을 수 있으니 주머니가 가벼운 여행객도 부담 없이 즐길 수 있다.

주소 東京都渋谷区宇田川町22-1 위치 JR 시부야(澁谷) 역 하치코 출구 길 건너 센터 거리 시작점에 위치 전화 03-3462-0016 시간 월~금 17:00~22:15, 토·일 12:00~22:15 메뉴 마스다테이 스페셜 믹스(マスダ亭スペシャルミックス) 1,000엔, 감자 명란 치즈(じゃが明太子チーズ) 920엔 홈페이지 masudatei.owst.jp

오니소바 후지야 鬼そば 藤谷 [오니소바 후지야]

재료에 진심인 맑은 육수의 라멘 전문점

2016년 '다이쓰케멘하쿠大つけ麺博' 라멘 부분에서 우승한 오니소바 후지야는 모든 재료를 직접 공수하고 독창적인 육수를 자체 개발하여 판매하는 라멘 전문점이다. 다른 라멘보다 육수가 좀 더 맑지만 깊은 맛은 살려 깔끔하고 시원한 맛을 자랑하며 고명으로 올라가는 차슈(돼지고기 양념구이)도 부드럽고 두툼하여 식감도 좋다. 새벽까지도 손님이 많아 붐비지만 회전율이 좋아 조금만 기다리면 맛있는 라멘을 맛볼 수 있다.

주소 東京都渋谷区宇田川町24-6 위치 JR 시부야(澁谷) 역 하치코 출구 길 건너 센터 거리 ABC마트 건너편 건물 5층 전화 03-5428-0821 시간 11:30~14:50, 17:00~09:30 / 목요일 휴무 메뉴 오니시오차슈라멘(鬼塩チャーシューラーメン) 1,400엔, 소유라멘(醤油ラーメン) 900엔

도리키조쿠 鳥貴族 [토리키조쿠]

꼬치구이 전문 이자카야

우리나라의 투다리와 비슷한 인테리어로 매장도 크고 넓어서, 쾌적하게 꼬치구이를 안주 삼아 한잔하기에 딱 좋은 곳이다. 꼬치구이의 종류가 다른 전문점보다 많고 크기도 크지만 가격은 조금 비싼 편이고 그 밖의 다른 안주 메뉴는 다소 저렴하다. 식사 메뉴도 있지만 추천하지 않고, 시원한 생맥주에 꼬치구이와 가라아게 정도 곁들이면 안성맞춤인 곳이다.

주소 東京都渋谷区宇田川町25-5 위치 JR 시부야(澁谷) 역 하치코 출구 길 건너 센터 거리 버거킹 건물 4층 전화 050-3623-5819 시간 목~화 14:00~05:00, 수 16:00~24:00 메뉴 도리키노 가라아게(トリキの唐揚) 360엔, 모모키조쿠야끼(もも貴族焼) 360엔 홈페이지 map.torikizoku.co.jp/store

이키나리 스테이크

いきなり!ステーキ [이키나리스테-키]

가성비 좋은 스테이크를 맛보자!

고기의 질과 맛에 비해 비교적 저렴하게 식사를 할 수 있는 곳으로 혼자 여행을 하는 사람에게는 안성맞춤인 곳이다. 주문할 때 밥의 양을 조절할 수 있고 소스도 선택하여 먹을 수 있으며 점심시간에는 조금 할인된 가격으로 세트 메뉴를 먹을 수 있다. 고기 굽기는 기본적으로 미디엄 정도로 나오니, 굽기를 조절하려면 주문할 때 미리 이야기하도록 하자.

주소 東京都渋谷区宇田川町33-13 위치 JR 시부야(澁谷) 역 하치코 출구 길 건너 센터 거리 끝에 위치 전화 03-6416-3329 시간 11:00~23:00 메뉴 와일드 스테이크(ワイルドステーキ)1,190엔 홈페이지 ikinaristeak.com/shopinfo/shibuya-centergai

간소즈시 元祖寿司 [간소즈시]

전국 체인망을 갖춘 인기 회전 스시

이곳만의 특별함은 없지만 전국 체인망을 갖춘 잘 알려진 회전 스시 전문점으로, 저렴한 비용으로 다양한 스시를 맛볼 수 있다는 장점이 있다. 본사에서 스시의 재료를 직접 손질하여 공급하므로 어느 매장에 가든 음식 퀄리티와 회의 크기가 비슷하다. 한 접시에 121엔으로 저렴하지만 별도로 주문하는 메뉴는 가격이 다르므로 확인해야 한다.

주소 東京都渋谷区宇田川町29-1 위치 JR 시부야(澁谷) 역 하치코 출구 길 건너 센터 거리 맥도널드 건너편 골목으로 조금 올라가 왼쪽 전화 03-3496-2888 시간 11:30~22:00 메뉴 1접시당 121엔 홈페이지 www.gansozushi.com/shop/cat5/20091010post-30.html

우다가와 카페 宇田川カフェ [우다가와 카훼]

새벽에도 커피 한잔 할까요?

2000년에 오픈한 우다가와 카페는 인파로 가득 찬 시부야를 방문한 사람들이 새벽에도 커피를 마시기 위해 방문할 수 있는 곳으로 깊은 맛의 핸드드립 커피를 판매한다. 세련된 인테리어와 분위기가 괜찮고 좌석도 편해서 새벽까지도 많은 사람들이 찾는다. 간단한 음식과 함께 술도 마실 수 있고 식사도 할 수 있지만 가격을 고려하면 크게 추천하지 않는다. 늦은 밤 혹은 새벽에 커피 한잔 생각날 때 잠시 쉬어 가는 정도로 생각하도록 하자.

주소 東京都渋谷区宇田川町18-4 위치 JR 시부야(澁谷) 역 하치코 출구 길 건너 이노카시라 거리 중간에 위치, 도보 5분 전화 03-6416-9087 시간 11:00~05:00 메뉴 카페라테(カフェラテ) 670엔, 우다가와 치즈케이크(宇田川チーズケーキ) 600엔 홈페이지 www.udagawacafe.com/new

카페 모노크롬 カフェ モノクローム [카훼 모노쿠로-무]

스타일리시한 분위기에 빠져드는 이색 카페

인기는 많고 좌석 수는 적어서 90분만 딱 앉아 있을 수 있는 이색 카페인 모노크롬은 예약을 하지 않으면 들어갈 수 없을 정도로 시부야에서 핫한 카페이다. 흰색과 검은색의 인테리어도 세련되고, 마치 아지트에 들어와 있는 듯 조용하고 아늑한 분위기다. 인기 메뉴인 논칼라라테나 메이플푸딩을 주문하면 색상도 흰색과 검은색으로 나뉘어 처음보는 색상의 음료 체험을 하게 된다. 분위기 맛 모두 만점이지만 예약없이는 경험할수 없기에 꼭 사전 예약 후 방문할 것을 추천한다.

주소 東京都渋谷区宇田川町4-10 위치 JR 시부야(澁谷) 역 하치코 출구 길 건너 이노카시라 거리 이면도로에 위치, 도보 10분 전화 03-6452-5735 시간 월~금 12:00~19:00 토,일 12:00~17:00 메뉴 논칼라 라테(ノン・カラード・ラテ) 900엔 , 메이플 푸딩(メープルプリン) 900엔 홈페이지 cafemonochrome.com

켄닉 카레 Kenick Curry [케닛쿠 카레]

다양한 토핑의 이색 카레 맛집

다양한 종류의 토핑을 골라 일본식 카레와 함께 맛볼 수 있는 곳으로 양도 적당하고 맛도 좋아 많은 사람이 방문하는 맛집이다. 토핑을 고르는 방법이나 먹는 방법도 아기자기하게 설명이 잘 되어 있고 혼자 방문해도 편하게 먹을 수 있다는 장점이 있다. 또한 카레를 베이스로 주방장이 창작한 메뉴를 수시로 출시하기 때문에 한정 판매 메뉴도 있으니 참고하자.

주소 東京都渋谷区宇田川町13-9 위치 JR 시부야(澁谷) 역 하치코 출구 길 건너 이노카시라 거리 파출소 건너편에 위치, 도보 7분 전화 03-6884-2188 시간 화~금 11:30~15:30, 18:00~22:00 / 토·일 11:30~20:30 / 월요일 휴무 메뉴 공룡알 스페셜(恐竜の卵スペシャル) 1,400엔, 주방장 특선 카레(ケニックカレー×週替わりカレー) 1,400엔 홈페이지 kenickcurry.com

사진 픽셀 깨집니다.

사이즈 큰 원본이 있으면 보내주세요.

HARAJUKU

하라주쿠

原宿

모든 세대를 아우르는 패션 리더들의 거리

과거 하라주쿠는 개성 넘치는 Z세대의 유행을 볼 수 있는 곳으로 10대와 20대가 많이 찾는 지역이었다. 지금은 젊은 사람들이 많이 찾는 다케시타 거리부터 명품 매장이 많은 오모테산도까지 상권이 넓게 확장되면서 모든 세대를 아우를 수 있는 매장과 쇼핑몰들이 들어섰다. 또한 개성 있는 상점이 많이 들어선 캣 스트리트가 새로운 쇼핑 지역으로 떠오르고 있으며, 규모는 작지만 맛과 분위기로 승부하는 맛집들이 오픈하면서 코로나19 이후 핫 플레이스로 떠오르고 있다. 하라주쿠를 일요일 오전에 방문한다면 절대 빼놓을 수 없는 것이 하나 있는데 메이지 신궁 앞 신궁교神宮橋의 코스튬 플레이를

보는 것이다. 연예인이나 만화·영화 속 캐릭터와 똑같이 꾸민 코스튬 플레이를 구경하고 기념사진을 찍는 것은 색다른 경험이 되므로 꼭 체크하도록 하자.

한 눈에 보는 지역 특색

주말 오전에 코스튬 플레이를 볼 수 있는 곳

개성 넘치는 인기 패션 거리

맛있는 디저트와 간식이 넘치는 곳

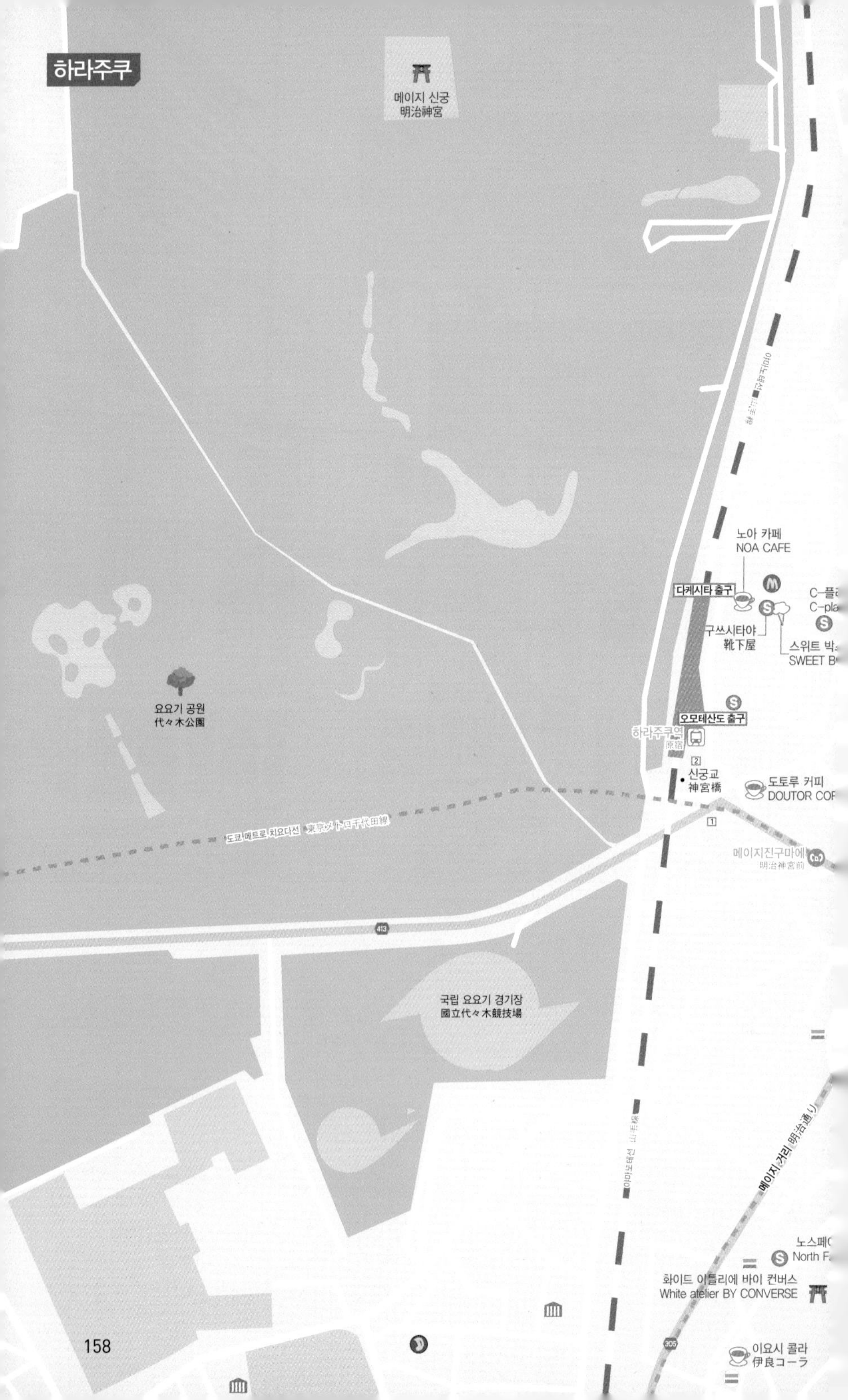
메이지 신궁
明治神宮
요요기 공원
代々木公園
도쿄 메트로 치요다선 東京メトロ千代田線
야마노테선 山手線
노아 카페
NOA CAFE
다케시타 출구
구쓰시타야
靴下屋
스위트 박
SWEET B
C-플
C-pla
오모테산도 출구
하라주쿠역
原宿
신궁교
神宮橋
도토루 커피
DOUTOR COF
메이지진구마에
明治神宮前
413
국립 요요기 경기장
國立代々木競技場
메이지 거리 明治通り
노스페
North Fa
화이드 아틀리에 바이 컨버스
White atelier BY CONVERSE
305
이요시 콜라
伊良コーラ

니폰 세이넨칸 호텔
日本青年館ホテル
메이지거리 明治通り
가이엔니시거리 外苑西通り
305
418
스위트 파라다이스 SWEETS PARADISE
워킹 홀리데이 커넥션
Working Holiday Connection
도큐 플라자 오모테산도 하라주쿠
東急プラザ表参道原宿
빌즈
BILLS
베이커리 카페 426
ベーカリーカフェ 426
돈가스 마이센
とんかつまい泉
오모테산도 힐스
OMOTESANDO HILLS
장 폴 에방
ジャン=ポール・エヴァン
헤이로쿠 스시
平禄寿司
와라타코
笑たこ
キャットストリート
긴자 오노데라
銀座おのでら
413
A1
A2
오모테산도
表参道
A3
B5
246
오모테산도
表参道
A5
B2
B3

How to go?

하라주쿠 가는 방법

신주쿠나 이케부쿠로에서 이동할 때에는 JR 야마노테선을 탑승하는 것이 가장 좋고 긴자에서 이동할 때는 지하철 히비야 역에서 치요다선을 이용하자.

✿ 신주쿠新宿 역에서 이동하기

JR 신주쿠 역 14번 플랫폼에서 JR 야마노테선山手線을 탑승하여 2 정거장 이동.

시간 약 4분 소요 요금 150엔

✿ 히비야日比谷 역에서 이동하기

지하철 히비야 역 3번 플랫폼에서 지요다선千代田線을 탑승하여 지하철 메이지진구마에明治神宮前 역으로 6 정거장 이동.

시간 약 12분 소요 요금 180엔

TIP. 하라주쿠 관광은 10대들의 패션 셀럽 숍부터 오모테산도의 명품 숍까지 구경할 곳이 많다. 하지만 구경할 곳이 많다고 하여 아침 일찍 서두른다면 오히려 상점들이 문을 열지 않아서 허탕을 칠 수 있다. 따라서 아침 일찍 준비하여 나온다면 메이지 신궁까지 걸어가면서 산책을 즐기다 다케시타 거리나 오모테산도 거리부터 여행 일정을 시작할 것을 추천한다. 또한 시부야까지 도보로 이동하는 사람들은 캣 스트리트를 관광하면서 쭉 걸어가면(남쪽 방향) 어렵지 않게 이동할 수 있다.

Best Tour 추천 코스

하라주쿠는 메인 쇼핑 거리인 다케시타 거리에서 시작하여 오모테산도 그리고 캣 스트리트까지 시부야 방향으로 이동하며 관광하는 것을 추천한다.

JR 하라주쿠 역 → 도보 2분 → 메이지 신궁 → 도보 3분 → 다케시타 거리 → 도보 7분 → 오모테산도 → 도보 5분 → 캣 스트리트

메이지 신궁

다케시타 거리

오모테산도

JR 하라주쿠 역 주변

하라주쿠 역에 도착하여 신궁교(진구바시)부터 관광할 예정이라면 오모테산도 출구로 나가고, 다케시타 거리 쇼핑부터 시작할 예정이라면 다케시타 출구를 이용하자.

메이지 신궁 明治神宮 [메이지 진구]

도심 속 가볍게 산책하기 좋은 곳

신궁교를 지나면 정문 역할을 하는 커다란 도리이とりい 뒤로 울창한 숲과 그 속으로 길게 뻗은 길을 볼 수 있다. 입구에서 메이지 신궁까지는 약 15분 정도 소요되며, 도중에 전국 각지에서 메이지 왕에게 진상된 술통들을 볼 수 있고 본전으로 가는 길목에는 보물 전시실이 있다. 또한 주말에는 일본의 전통 혼례식을 올리는 장면도 심심치 않게 볼 수 있어 폐가 되지 않는 선에서 기념 촬영을 할 수 있다. 메이지 신궁은 1910년 '한일 병합 조약'을 진행한 메이지 왕과 그의 부인인 쇼켄 왕비의 제사를 목적으로 설립되었으므로 우리에게는 그다지 기분 좋은 곳은 아니다. 따라서 도심 속 울창한 정원을 거닐면서 머릿속을 힐링하는 정도로만 가볍게 생각하자.

주소 東京都渋谷区代々木神園町1-1 위치 JR 하라주쿠(原宿) 역 오모테산도(表参道) 출구에서 도보 2분 전화 03-3379-5511 시간 05:00~18:30 홈페이지 www.meijijingu.or.jp

신궁교 神宮橋 [진구바시]

JR 하라주쿠 역에 도착하여 오모테산도 출구로 나오면 바로 오른쪽에 보이는 다리가 메이지 신궁과 이어진 신궁교다. 주말 아침에 이곳에 가면 만화나 영화의 등장인물 캐릭터를 그대로 따라 한 코스튬 플레이어를 쉽게 만날 수 있는데 이것이 신궁교의 큰 볼거리다. 도쿄에서 코스튬 플레이(코스프레)로 유명한 곳으로 아키하바라, 이케부쿠로, 오다이바, 하라주쿠를 손꼽는데 그중에서 원조가 바로 이곳이다. 최근에는 많은 코스튬 플레이어가 다른 곳으로 이동하여 그 수가 줄었지만 아직도 이곳을 고집하는 마니아가 많으니 양해를 구하고 함께 기념사진을 찍어 보자. 사진 요청을 하면 웬만하면 응해 주기 때문에 어렵지 않게 기념사진을 남길 수 있다.

위치 JR 하라주쿠(原宿) 역 오모테산도(表参道) 출구 바로 앞

다케시타 거리

하라주쿠의 메인 쇼핑가인 다케시타 거리竹下通り는 젊은이들이 선호하는 스트리트 패션의 메카이고 인기 간식인 크레이프 점포가 상당히 많다. 코로나19로 인해 공사 중이거나 공실인 점포가 많지만 조금씩 새로운 매장으로 옷을 갈아입고 있다.

구쓰시타야 靴下屋 [쿠츠시타야]

다양한 디자인의 양말 전문점

스타킹부터 캐릭터 양말, 기능성 양말까지 판매하는 양말 백화점으로, 코로나19에 주변 상점들이 문을 많이 닫았지만 이곳만큼은 여전히 많은 사람들이 찾는 인기 매장이다. 묶음 제품으로 할인을 하는 품목도 있고, 한 켤레에 1,000엔이 넘어가는 고가의 기능성 양말도 판매하고 있다. 한국으로 돌아가기 전 가벼운 선물로 관광객들도 많이 구매하고 있으니 참고하자.

주소 東京都渋谷区神宮前1-17-5 위치 JR 하라주쿠(原宿) 역 건너편 도보 1분, 다케시타 거리 초입에 위치 전화 03-5772-6175 시간 11:00~20:00

C-플라 플러스 C-pla+ [시-푸라푸라수]

새롭게 오픈한 대형 뽑기 가게

젊은 학생들이 많이 찾는 다케시타 거리에 2층 규모의 가차 숍(뽑기 가게)이 새롭게 오픈하였다. '가차がちゃ'는 의성어로, 기계에 동전을 넣고 상품을 뽑을 때 나는 '찰칵찰칵' 하는 소리가 일본어로는 '가차가차'라서 가차 숍이라고 불리운다. 뽑기 기계마다 다양한 상품이 들어 있고, 체크된 금액을 넣고 레버를 돌리면 상품이 나오는 방식이다. 상품이 복불복으로 나오기 때문에 많은 돈을 들여야 할 때도 있지만, 시중에서 팔지 않는 가차 숍 전문 제품도 많으니 잘 둘러보고 선택하여 즐겨 보도록 하자.

주소 東京都渋谷区神宮前1-16-3 위치 JR 하라주쿠(原宿) 역 건너편 도보 2분, 다케시타 거리 중간에 위치 전화 090-6924-8894 시간 10:00~21:00 홈페이지 toshin.jpn.com/cpla

레드아이 REDEYE [렛도아이]

다양한 액세서리 전문 매장

입구부터 내부의 벽면까지 정말로 다양한 귀걸이가 진열되어 있는 이곳은 귀걸이를 중심으로 목걸이 헤어핀, 헤어밴드, 소품 가방 등 여성 전용 액세서리를 판매하는 한국계 프랜차이즈 매장이다. 고가의 제품이 아니지만 비교적 비싸게 느껴지기도 하고 점원도 크게 판매에 신경을 쓰지 않는 모습이라, 다양한 디자인의 제품을 가볍게 둘러보는 정도로만 방문해 보자.

주소 東京都渋谷区神宮前1-6-10 위치 JR 하라주쿠(原宿) 역 건너편 도보 4분, 마리온 크레이프를 지나 다케시타 거리 중간에 위치 전화 03-6804-6007 시간 10:00~21:00

도고 신사 東郷神社 [토-고-진자]

특정일에 벼룩시장이 열리는 공간

러·일 전쟁을 승리로 이끈 일본의 해군 제독이었던 도고 헤이하치로東郷平八郎를 기리기 위해 1940년에 설립된 신사이다. 도고 신사에서는 도고 헤이하치로의 일대기를 기술한 현판들을 볼 수 있는데, 일본에서 호국의 신으로 받들어지는 도고 제독이 존경하는 인물이자 해상 전쟁의 신으로 생각한 사람이 이순신 장군이라는 내용이 있어서 우리나라 관광객들이 깜짝 놀란다. 매월 첫째, 넷째, 다섯째 일요일에는 도고 신사 앞에서 벼룩시장이 열리는데 가격이 그다지 저렴하지 않으므로 가볍게 아이쇼핑을 하도록 하자.

주소 東京都渋谷区神宮前1-5-3 위치 JR 하라주쿠(原宿) 역 건너편 도보 4분, 마리온 크레이프가 있는 골목 안쪽 전화번호 03-3403-3591 영업시간 06:30~17:00 홈페이지 www.togojinja.jp

오모테산도

메이지진구마에 역부터 오모테산도 역까지 이어지는 큰 대로인 오모테산도表参道에는 명품 매장이 즐비하고 도큐 플라자, 오모테산도 힐즈, 라포레 하라주쿠 등 대형 쇼핑몰도 자리 잡고 있다. 쇼핑몰 내의 레스토랑과 일반 음식점도 많아 하라주쿠에서 식사를 할 예정이라면 오모테산도를 추천한다.

도큐 플라자 오모테산도 하라주쿠 東急プラザ表参道原宿 [도큐 푸라자 오모테산도 하라주쿠]

입구가 매력적인 작은 규모의 쇼핑몰

도큐 플라자로 들어가는 에스컬레이터 입구는 거울처럼 반사판으로 만들어져 마치 타임슬립 공간으로 들어가는 듯한 느낌을 준다. 하지만 입점된 상점 수가 적고 코로나19로 타격을 받아 현재는 일부 매장이 공사 중이라 다소 실망하게 된다. 외부 전망이 좋은 6층의 스타벅스와 루프톱 가든, 7층의 빌즈 정도가 관광객들이 쉬어 가기에 좋은 공간이라고 할 수 있다.

주소 東京都渋谷区神宮前4-30-3 위치 메이지진구마에(明治神宮前) 역 역 바로 앞 전화 03-3497-0418 시간 상점 11:00~21:00, 레스토랑·카페 08:30~23:00, 루프톱 가든 08:30~21:00 홈페이지 omohara.tokyu-plaza.com

라포레 하라주쿠 Laforlet HARAJUKU [라훠-레 하라주쿠]

하라주쿠 패션의 모든 것을 담고 있는 종합쇼핑몰

하라주쿠의 메이지 거리明治通り와 오모테산도 교차점에 자리 잡고 있는 패션 종합 쇼핑몰인 라포레 하라주쿠는 1978년에 오픈하여 지금까지 일본 10대 패션 트렌드를 종합적으로 볼 수 있는 곳이다. 하라주쿠 패션의 메인답게 항상 많은 사람들로 북새통을 이루고 있으며 6층에는 일본 10대들의 독창적이고 창의적이며 다양한 상상력들을 한눈에 볼 수 있는 라포레 뮤지엄 하라주쿠가 있다. 120여 개의 점포가 입점해 있으며 계절이 바뀔 때마다 공격적으로 내부의 디스플레이를 전면 교체하여 항상 역동적이고 젊은 쇼핑몰이라 하겠다.

주소 東京都渋谷区神宮前1-11-6 위치 메이지진구마에(明治神宮前) 역 5번 출구 바로 앞 전화 03-3475-0411 시간 11:00~20:00 홈페이지 www.laforet.ne.jp

키디 랜드 KIDDY LAND [키디 란도]

아이들을 위한 캐릭터 제품 백화점

키티와 스누피를 좋아하는 마니아들이 꼭 방문한다는 키디 랜드는 5층 규모(지하 포함)의 대형 캐릭터 백화점이다. 과거에는 헬로키티 제품이 주류를 이루었지만 지금은 인형부터 문구류, 키링까지 다양한 캐릭터 제품들을 갖추고 있으며 특히 지하의 스누피 타운이 가장 인기 있다. 캐릭터를 좋아하는 여성 여행객과 아이를 동반한 여행객이라면 무조건 방문해야 할 코스 중 하나이다. 참고로 5,000엔 이상 구매를 하면 계산할 때 바로 면세 적용을 받을 수 있다.

주소 東京都渋谷区神宮前61-9 위치 메이지진구마에(明治神宮前) 역에서 도보 2분 전화 03-3409-3431 시간 11:00~20:00 홈페이지 www.kiddyland.co.jp/harajuku

오모테산도 힐스 OMOTESANDO HILLS [오모테산도 히루즈]

오모테산도의 중흥을 이끈 명품 쇼핑몰

2006년도에 오픈한 오모테산도 힐즈는 오모테산도를 명품 거리로 조성하는 데 일등공신이 된 대형 쇼핑몰이다. 본관과 서관, 동관으로 나뉘는데 지하 3층부터 지상 3층까지 국내외 명품 브랜드들이 입점해 있어 명품족을 사로잡는 곳이다. 다른 쇼핑몰과는 다르게 건물 높이는 높지 않지만 면적이 넓어 많은 상점들이 입점해 있다. 실내 인테리어 또한 고급스럽게 잘 꾸며 놓았으며 외부는 오모테산도의 가로수길과 어울러져 그 자태만으로도 명품 쇼핑몰이라 할 수 있다.

주소 東京都渋谷区神宮前4-12 위치 오모테산도(表参道) 역 A2 출구에서 도보 2분 전화 03-3497-0310 시간 상점·카페 월~토 11:00~21:00, 일 11:00~20:00 / 레스토랑 월~토 11:00~23:00, 일 11:00~22:00 홈페이지 www.omotesandohills.com/ko

Tip

오모테산도 거리를 걷다 보면 명품 매장들을 많이 볼 수 있는데 예전에는 드레스 코드 등 외적인 것만 확인하고 출입을 허용하였으나, 최근에는 예약제로 운영하거나 글로벌 ID 번호가 있어야만 출입이 가능한 경우도 있다. 특히 사람들이 많이 몰리는 연말에는 더욱 철저히 관리를 하기 때문에 불편함을 겪을 수 있다는 점을 참고하자.

캣 스트리트

캣 스트리트キャットストリート는 오모테산도 키디 랜드 뒤쪽부터 시부야까지 이어지는 길로 이색적인 상점과 카페들이 들어서 있다. 주택가에 위치해 있어 조용하고 우리나라에서는 보기 어려운 매장들도 소규모로 운영을 하고 있으며 특히 아이들을 위한 의류 매장이 눈에 많이 띈다. 하라주쿠에서 시부야로 이동할 때 캣 스트리트를 지나면 심심하지 않게 이동할 수 있다.

래그태그 RAGTAG [라구타구]

대형 중고 의류 판매점

캣 스트리트에 위치한 중고 의류 매장인 이곳은 총 3개 층의 대형 점포를 운영하고 있으며 3층에 중고 해외 명품을 판매하고 있어 우리나라 사람들이 많이 찾는 곳이다. 1층과 2층은 브랜드 제품의 의류가 대부분인데 중고 제품임에도 가격이 저렴하지 않고 사이즈를 찾기가 만만치 않지만 3층의 제품들은 관리도 잘 되어 있고 가격도 괜찮은 편이다. 만약 이곳에서 중고 명품을 구매한다면 입국할 때 세관 검사를 받을 수 있으므로 꼭 영수증을 챙기도록 한다.

주소 東京都渋谷区神宮前6-14-2 위치 캣 스트리트 북쪽(오모테산도 방향) 출구에서 우측 2번째 블록에 위치, 도보 2분 전화 03-6433-5218 시간 11:00~20:00, 수요일 휴무 홈페이지 www.ragtag.jp

노스페이스 키즈 North Face Kids [노오스훼에스 킷즈]

아이들을 위한 아웃도어 전문 매장

아웃도어 브랜드로 유명한 노스페이스 매장이 도쿄에도 많지만 아이들만을 위한 노스페이스 키즈 전문 매장은 찾기 쉽지 않다. 아이들을 위한 아웃도어 의류부터, 사이즈가 작은 등산 장비까지 소인국 노스페이스 매장을 둘러보는 느낌이 든다. 우리나라에는 키즈 매장이 없는데 이곳을 방문하면 디자인도 다양하고 특가 판매 제품도 많아 만족스러운 쇼핑을 할 수 있으므로 아이와 동반한 여행이라면 함께 방문하자.

주소 東京都渋谷区神宮前6-15-9 위치 캣 스트리트 북쪽(오모테산도 방향) 출구에서 우측 4번째 블록 끝에 위치, 도보 5분 전화 03-6433-5218 시간 11:00~20:00 홈페이지 www.goldwin.co.jp/tnf/shoplist/?id=0179

화이트 아틀리에 바이 컨버스 White atelier BY CONVERSE [호화이토 아토리에 바이 콘바아스]

특별한 디자인의 이색 컨버스 매장

우리에게도 잘 알려진 컨버스 신발을 별도의 디자인으로 재탄생시킨 제품들을 판매하고 있으며, 하나뿐인 나만의 디자인으로도 맞춤 제작이 가능한 매장이다. 우리나라에서는 보기 힘든 디자인과 색상의 신발이 많아 마니아들이 많이 찾고 있으며 맞춤형 제작을 하여 우편으로 받는 우리나라 관광객들도 많다. 가격도 크게 비싸지 않으니 나만의 특별한 신발을 갖고 싶다면 꼭 방문하도록 하자.

주소 東京都渋谷区神宮前6-16-5 위치 캣 스트리트 북쪽(오모테산도 방향) 출구에서 도보 5분, 캣 스트리트 삼거리에 위치 전화 03-5778-4170 시간 12:00~20:00 홈페이지 converse.co.jp/pages/whiteatelier

하라주쿠 추천 맛집

노아 카페 NOA CAFE ノアカフェ [노아 카훼]

다케시타 거리의 터줏대감 카페

긴자에서도 유명한 카페인 노아 카페를 JR 하라주쿠 역 건너편 다케시타 거리에 들어서면 바로 만날 수 있다. 진한 블렌드 커피와 과일 와플이 인기 메뉴이다. 주변의 크레이프 전문점이 대부분 노점이어서 앉아 쉴 수 없기 때문에, 카페에 음식물 반입하는 것을 허락하고 있지만 주문은 꼭 해야 한다. 시설은 평범하지만 깔끔하며 반입한 크레이프와 함께 커피도 마실 수 있다는 장점이 있지만 크레이프와 커피 가격을 합하면 가격이 다소 부담스러운 것이 흠이다.

주소 東京都渋谷区神宮前1-17-5 위치 JR 하라주쿠(原宿) 역 건너편 다케시타 거리 출구 우측에 위치 전화 03-3401-7655 시간 08:00~23:00 메뉴 믹스 과일 와플(ミックスフルーツワッフル) 1,300엔, 블렌드 커피((ブレンドコーヒー) 590엔 홈페이지 www.noacafe.jp/harajuku

스위트 박스 SWEET BOX [스위-토 봇쿠스]

햄+에그 샐러드 크레이프를 판매하는 곳

다케시타 거리에 진입하면 바로 만날 수 있는 크레이프 전문점으로 자리가 좋아 사람들이 한참을 서성이는 곳이다. 다른 점포와 마찬가지로 다양한 토핑의 크레이프를 판매하고 있지만, 특이하게도 배가 든든한 간식으로 햄+에그 샐러드 크레이프를 볼 수 있다. 호불호가 있는 메뉴이기 때문에 도전을 원하지 않는다면 추천하지 않는다.

주소 東京都渋谷区神宮前1-17-5 위치 JR 하라주쿠(原宿) 역 건너편 다케시타 거리 출구 우측에 위치 전화 03-3478-1435 시간 11:00~21:00 메뉴 딸기 커스터드 크림(いちごカスタードクリーム) 580엔, 초코 아몬드(チョコアーモンド) 420엔 홈페이지 www.crepes.jp

마리온 크레이프 MARION CREPES [마리온 쿠레-푸]

다케시타 거리에서 최고의 크레이프 맛집

우리나라 관광객들이 하라주쿠의 다케시타 거리에 가면 꼭 먹는다는 마리온 크레이프는 다양한 종류의 크레이프가 준비되어 있어 골라 먹는 재미가 있다. 또한 시즌별로 새로운 크레이프를 선보이거나 추천 크레이프를 별도로 표시하여 고객이 쉽게 선택할 수 있도록 하고 있다. 크레이프를 만드는 데 들어가는 시간은 그리 오래 걸리지 않지만 대기 줄이 길어 좀 기다려야 한다는 것이 흠이다. 하지만 소문으로 듣던 마리온 크레이프를 맛보기 위해 기다림을 감수하는 사람들이 많다.

주소 東京都渋谷区神宮前1-6-15 위치 JR 하라주쿠(原宿) 역 건너편 다케시타 거리 중간에 위치 전화 03-3401-7297 시간 10:30~20:00 메뉴 미스터 마리온(ミスターマリオン)810엔, 바나나 캐러멜 케이크 스페셜(バナナキャラメルケーキスペシャル) 740엔 홈페이지 www.marion.co.jp/store/tokyo

빌즈 BILLS [비루즈]

도심에서 여유를 즐길 수 있는 브런치 레스토랑

팬케이크가 맛있기로 소문난 빌즈는 산뜻하고 모던한 실내에서 식사를 할 수도 있고 잘 가꿔진 정원에서도 식사를 즐길 수 있어 여자들에게 인기가 많은 음식점이다. 도큐 플라자 7층에 위치해 있어 오전에는 브런치 메뉴를 즐기면서 여유 있는 시간을 보내기에 좋고 저녁에는 오모테산도의 야경을 바라보면서 분위기 있는 저녁 식사를 할 수 있다.

주소 東京都渋谷区神宮前4-30-3 위치 메이지진구마에(明治神宮前) 역 바로 앞 도큐 플라자 7층에 위치 전화 03-5772-1133 시간 08:30~22:00 메뉴 리코타 팬케이크(リコッタパンケーキ) 1,900엔, 참치 타르타르(マグロのタルタル) 1,500엔 홈페이지 billsjapan.com/jp

돈가스 마이센 とんかつまい泉 [돈카츠 마이센]

일본 흑돼지의 맛을 느낄 수 있는 돈가스 전문점

점심시간과 저녁 시간에는 줄을 길게 서야 할 정도로 소문난 돈가스 맛집인 마이센은 흑돼지 돈가스를 판매하고 있으며 돼지의 부위별로 다양한 메뉴를 선보이고 있다. 매일 신선한 재료를 공수하여 깨끗한 기름에 튀기며 젓가락으로도 찢을 수 있을 정도로 육질이 부드럽다. 다만 가격이 많이 비싸기 때문에 예산을 잘 책정하여 기회가 된다면 꼭 고급 돈가스를 맛보도록 하자.

주소 東京都渋谷区神宮前4-8-5 위치 오모테산도(表参道) 역 A2 출구에서 도보 5분 전화 050-3188-5802 시간 11:00~21:00 메뉴 흑돼지 등심가스(黒豚 ロースかつ膳) 3,500엔, 흑돼지 히레가스(黒豚 ヒレかつ膳) 3,500엔 홈페이지 mai-sen.com

베이커리 카페 426 ベーカリーカフェ 426 [베-카리카훼426]

치즈가 듬뿍 들어간 피자 빵과 치즈 프레첼

크로와상 샌드위치와 피자 빵 맛집

크로와상 샌드위치와 다양한 종류의 피자 빵으로 유명한 베이커리 카페 426은 아침 브런치부터 낮에는 간식을 찾는 손님까지 항상 1층과 2층이 번잡한 인기 있는 곳이다. 치즈를 듬뿍 넣은 다양한 종류의 피자 빵이 있는데 특히 치즈와 해산물이 어우러진 피자 빵이 여기만의 독특한 인기 메뉴이며 단순해 보이지만 두꺼운 치즈가 딱 하나 들어가 있는 치즈 프레첼도 인기가 좋다. 또한 여름에 여행을 하다 출출할 때 맛있는 빵과 시원한 셰이크를 마시면서 잠시 쉬어 가도록 하자.

주소 東京都渋谷区神宮前4-26-18 위치 메이지진구마에(明治神宮前) 역 바로 앞 도큐 플라자에서 도보 2분 전화 03-3403-5166 시간 10:00~19:00 메뉴 바나나 크로와상(バニラクロワッサン) 250엔, 바나나 밀크 스무디(バナナミルクスムージー) 550엔 홈페이지 www.piazza.co.jp

헤이로쿠 스시 平禄寿司 [헤이로쿠 스시]

가성비 좋은 회전 초밥 전문점

오모테산도 대로변에 위치한 헤이로쿠 스시는 적당한 가격에 다양한 음식을 즐길 수 있다. 한국어 메뉴판도 준비되어 있으며 메뉴판에 숫자가 표기가 되어 있어 자리에 있는 종이에 숫자와 개수를 표기하면 쉽게 주문하여 먹을 수 있다. 튀김 음식의 경우는 미리 만들어져 식는 경우가 있어서 따로 주문하거나 데워 달라고 하면 바로 따뜻하게 제공된다.

주소 東京都渋谷区神宮前5-8-5 위치 오모테산도(表参道) 역 A1 출구에서 도보 2분, 오모테산도 힐즈 서쪽 건물에서 바로 길 건너편. 전화 03-3498-3968 시간 11:00~21:30 메뉴 1접시당 176엔(특별 주문에 따라 추가 금액이 발생함) 홈페이지 www.heiroku.jp

긴자 오노데라 銀座おのでら[긴자 오노데라]

신선한 일품 스시를 편하게 먹을 수 있는 회전 초밥집

오모테산도에 위치한 고급 회전 초밥집인 이곳은 가게 이름처럼 인테리어가 고급스럽고 넓다. 또한 요리사가 스시를 만드는 것을 직접 보면서 식사할 수 있도록 확 트여 개방감이 있다. 좌석마다 주문용 모니터가 있어 레일에 없는 스시도 주문하여 먹을 수 있다. 참치를 해체하는 장면도 볼 수 있고 신선한 새우를 바로 잡아서 스시로 만드는 모습도 보여 준다. 가격이 다소 비싸지만 제대로 된 스시를 맛볼 수 있으니 여유가 된다면 꼭 방문해 보자.

주소 東京都渋谷区神宮前5-1-6 위치 오모테산도(表参道) 역 A1 출구에서 도보 2분 전화 050-3085-1700 시간 10:30~22:30 메뉴 참다랑어 살코기(本鮪赤身) 420엔, 붉은조개(赤貝) 690엔, 붕장어 조림(自家製煮穴子) 620엔 홈페이지 onodera-group.com/kaitensushi-ginza

장 폴 에방 ジャン=ポール・エヴァン [잔 포오루 에반]

장인이 만든 초콜릿 전문점

초콜릿 향이 진하게 풍기는 장 폴 에방은 수제 초콜릿과 초콜릿 케이크 그리고 마들렌이 인기가 많은 곳으로 항상 사람들로 붐빈다. 특히 점심시간이 지난 시간과 저녁 시간에는 길게 줄을 서는 모습들을 볼 수 있는데 매장 안에 적정 인원 수만 입장하여 구매를 할 수 있게 인원 제한을 두기 때문이다. 가격은 저렴하지 않지만 크리스마스나 발렌타인데이 그리고 생일 때에는 특별한 선물로도 좋다.

주소 東京都渋谷区神宮前4-12-10 위치 오모테산도 힐즈 본관 1층에 위치 전화 03-5410-2255 시간 월~토 11:00~21:00, 일 11:00~20:00 메뉴 봉봉쇼콜라(ボンボン ショコラ 9個) 3,489엔 홈페이지 www.jph-japon.co.jp

와라타코 笑たこ [와라이타코]

호불호가 갈리는 소금 타코야키 가게

오사카에서는 그렇게 많이 보이는 타코야키 가게가 도쿄에서는 참 만나기 힘든데 이곳 캣 스트리트에서는 어렵지 않게 찾을 수 있다. 갓 만든 뜨거운 타코야키에 소금 마요네즈 같은 소스나 파, 가쓰오부시 같은 토핑을 곁들여 입맛에 맞게 먹을 수 있는데 우리나라 사람들에게는 좀 짜게 느껴지며 덜 익은 듯 흐물흐물하여 호불호가 많이 갈린다. 시간 여유가 많으면 식혀 먹겠는데 대부분 가게 앞에 서서 먹다 보니 입천장도 다 데이고 맛에 대한 평도 좋지 않으나 현지 사람들은 꽤 많이 찾는다. 정말 타코야키 맛을 보고 싶다면 도전해 보자.

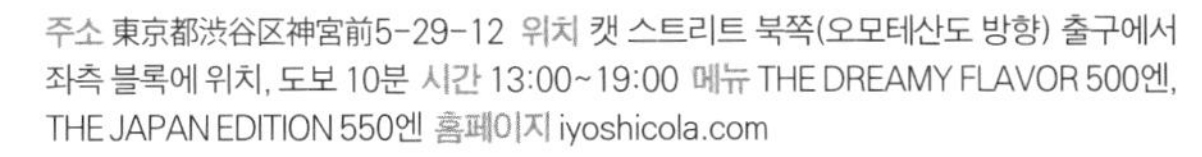

주소 東京都渋谷区神宮前5-11-3 위치 캣 스트리트 북쪽(오모테산도 방향) 출구에서 좌측 블록에 위치, 도보 2분 전화 03-3409-8787 시간 12:00~19:30 메뉴 소금+파+마요(塩ネギマヨ) 650엔 홈페이지 waratako.com/wp

이요시 콜라 伊良コーラ [이요시코라]

색다른 콜라 맛을 느낄 수 있는 이색 카페

정체불명의 상쾌한 맛을 느낄 수 있는 이색 카페인 이요시 콜라는 이름 그대로 이 가게만의 비법을 사용하여 전혀 색다른 맛의 콜라를 마실 수 있다. 콜라, 탄산수, 레몬, 특제 시럽, 얼음을 넣으면 더 청량감이 느껴지면서 단맛은 적고 뭔가 말로 표현하기 힘든 상쾌함을 느끼는 음료로 재탄생한다. 더운 여름날 캣 스트리트를 걷고 있다면 상쾌한 이색 음료 한 잔으로 더위를 날려 보자.

주소 東京都渋谷区神宮前5-29-12 위치 캣 스트리트 북쪽(오모테산도 방향) 출구에서 좌측 블록에 위치, 도보 10분 시간 13:00~19:00 메뉴 THE DREAMY FLAVOR 500엔, THE JAPAN EDITION 550엔 홈페이지 iyoshicola.com

에비스 맥주의 본고장

에비스 하면 가장 먼저 생각나는 것이 맥주일 것이다. 실제로 에비스 맥주의 본고장이자 삿포로 맥주의 본사가 위치한 에비스는 맥주의 이름으로 톡톡히 광고 효과를 누리는 지역이다. 에비스는 대부분이 주거 지역으로 엄청난 부촌은 아니더라도 도쿄의 중산층이 모여 사는 깔끔하고 세련된 동네다. 관광객들이 에비스를 방문할 때 가장 먼저 손꼽는 곳이 에비스 맥주 기념관을 방문하는 것인데 아쉽게도 코로나19로 인해 휴관에 들어갔으며, 에비스 생맥주 소비량 세계 1위를 자랑하던 비어 스테이션과 유명 백화점인 미쓰코시도 폐점하여 에비스를 찾는 관광객의 발길이 많이 줄어들었다.

이제는 몇몇 음식점을 제외하고는 큰 볼거리가 없으니 도쿄 여행 일정을 준비할 때 이 점을 참고하도록 하자.

한 눈에 보는 지역 특색

다양한 에비스 맥주를 마실 수 있는 곳

밤 야경이 아름다운 로맨틱한 장소

이국적인 건물을 볼 수 있는 여행지

How to go?

에비스 가는 방법

에비스에서 가장 유명한 에비스 가든 플레이스 주변을 갈 예정이라면 JR 야마노테선을 선택하는 것이 가장 좋다. 오전보다는 늦은 오후가 더 아름다운 곳이라서 주변의 다른 지역을 둘러보고 오자.

신주쿠新宿 역에서 이동하기

JR 신주쿠 역 14번 플랫폼에서 JR 야마노테선山手線을 탑승하여 4 정거장 이동.

시간 약 10분 소요 요금 170엔

시나가와品川 역에서 이동하기

JR 시니가와 역 2번 플랫폼에서 JR 야마노테선山手線을 탑승하여 4 정거장 이동.

시간 약 10분 소요 요금 170엔

롯폰기六本木 역에서 이동하기

지하철 롯폰기 역 1번 플랫폼에서 히비야선日比谷線을 탑승하여 지하철 에비스 역으로 이동.

시간 약 5분 소요 요금 180엔

TIP. 코로나19 이전의 에비스는 볼거리와 먹을거리가 풍부한 지역이었는데 불과 3년 만에 너무도 한적한 곳으로 변하였다. 에비스 맥주 박물관을 비롯하여 즐길 거리와 음식점들이 폐점하거나 휴업하여 관광객이 거의 찾지 않으니 정해 놓은 음식점이 없다면 당분간은 일정에서 제외해도 괜찮겠다.

에비스 가든 플레이스

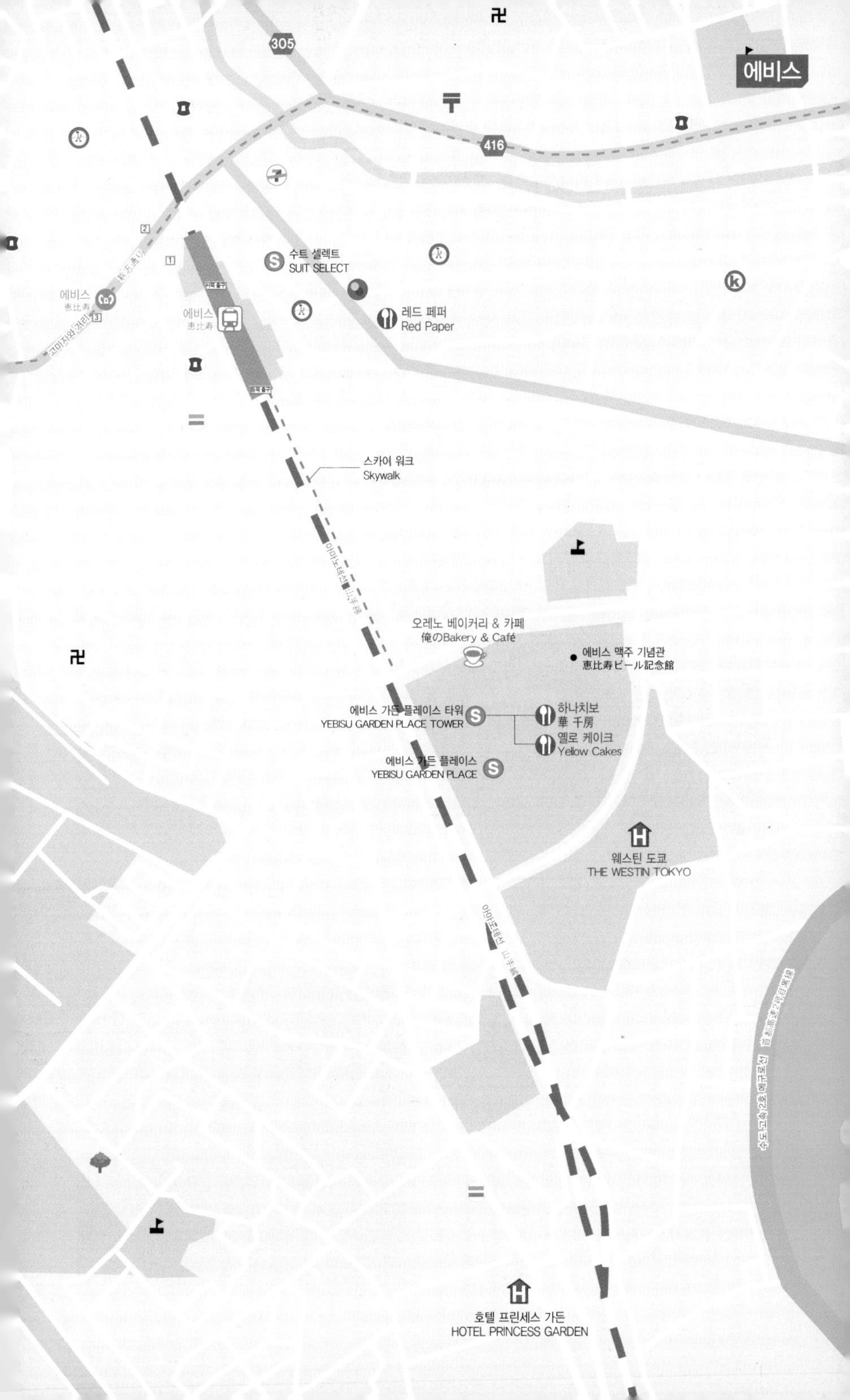
에비스
305
416
수트 셀렉트
SUIT SELECT
에비스
恵比寿
에비스
恵比寿
레드 페퍼
Red Paper
고마자와 거리
1
2
3
스카이 워크
Skywalk
야마노테선 山手線
오레노 베이커리 & 카페
俺のBakery & Café
에비스 맥주 기념관
恵比寿ビール記念館
에비스 가든 플레이스 타워
YEBISU GARDEN PLACE TOWER
하나치보
華 千房
옐로 케이크
Yellow Cakes
에비스 가든 플레이스
YEBISU GARDEN PLACE
웨스틴 도쿄
THE WESTIN TOKYO
야마노테선 山手線
수도 고속2호 메구로선 首都高速2号目黒線
호텔 프린세스 가든
HOTEL PRINCESS GARDEN

에비스 추천 맛집

오레노 베이커리 & 카페 俺のBakery & Café [오레노 베카리 앤도 카훼]

에비스에서 유명한 식빵 맛집

JR 에비스 역에서 가든 플레이스 쪽으로 이동하기 위해 횡단보도를 건너면 아침이나 낮이나 사람이 북적이는 작은 가게가 하나 있다. 쫄깃쫄깃한 식빵으로 에비스 일대에서는 가장 유명한 베이커리로, 시간마다 나오는 식빵이 다른데 준비된 식빵이 다 팔려도 다음 시간에 나오는 빵을 구매하기 위해 줄이 끊이지 않는 것을 볼 수 있다. 커피나 간단한 식사도 할 수 있는데 카페를 이용하는 줄은 따로 있으므로 표지판을 잘 보고 서자.

주소 東京都渋谷区恵比寿4-20-6 위치 JR 에비스(恵比寿) 역 동쪽 출구에서 도보 5분 전화 03-6277-0457 시간 월~토 10:00~22:00, 일 10:00~21:00 메뉴 긴자의 식빵(향기)(銀座の食パン(香)) 1,100엔, 앙버터 샌드(小倉あんバターサンド) 450엔, 로스트비프 샌드(ローストビーフサンド) 680엔 홈페이지 www.oreno.co.jp/restaurant/italian_beerterrace_ebisu

레드 페퍼 Red Paper [렛도 펫파아]

인기 있는 정통 이탈리안 레스토랑

오모테산도에 이어 2호점으로 오픈한 레드 페퍼 에비스점은 정통 이탈리안 요리의 맛을 느낄 수 있는 곳이다. 특히 저녁에는 이탈리안 와인과 함께 라자냐, 스테이크 등의 요리를 즐기려는 사람들로 북적인다. 점심시간에 판매하는 런치 세트가 가성비가 좋고, 일행이 여러 명이라면 단품 메뉴를 여러 개 주문하여 다양하게 맛보는 것도 좋겠다.

주소 東京都渋谷区恵比寿1-12-55 위치 JR 에비스(恵比寿) 역 동쪽 출구에서 도보 5분 전화 03-3280-4436 시간 11:30~15:00, 17:00~23:00 메뉴 라자냐(ラザニア) 1,700엔, 차돌박이 페퍼 스테이크(牛ヒレ肉のペッパーステーキ) 3,900엔, 런치 세트 라자냐(소)+바빗 스테이크(ラザニアミニサイズとバベットステーキ) 1,980엔

하나치보 華千房 [하나치보]

전망이 좋은 곳에서 즐기는 오코노미야키

오코노미야키 전문점인 치보 매장 중 가장 전망이 좋다고 해도 될 만큼 도쿄의 야경을 바라보면서 식사를 할 수 있는 뷰 맛집이다. 테이블마 다 전용 철판이 있어 요리되어 나온 오코노미야키의 온기를 유지하면서 먹을 수 있고, 재가열을 하면서 여러 가지 토핑을 더해 입맛에 맞게 먹을 수 있다. 에비스 가든 플레이스 타워 38층에 위치해 전망 좋은 곳에 자리를 잡으면 도쿄의 멋진 야경까지 덤으로 즐길 수 있다.

주소 東京都渋谷区恵比寿4-20-3 위치 JR 에비스(恵比寿) 역 동쪽 출구에서 도보 7분, 에비스 가든 플레이스 타워 38층 전화 03-5424-1011 시간 월~금 11:30~15:00, 17:00~22:00 / 토·일·공휴일 11:30~22:00 메뉴 치보야키(千房焼) 2,500엔, 해물 야끼(海鮮焼) 1,900엔, 해물 야키소다(海鮮焼そば) 1,900엔 홈페이지 shop.chibo.com

옐로 케이크 Yellow Cakes [이에로오 케에쿠스]

조각 작품처럼 예쁜 케이크 전문점

옐로 케이크는 밖에서 볼 때는 평범한 케이크 카페처럼 보이는데 막상 들어가서 케이크들을 보면 눈이 휘둥그레진다. 먹는 케이크인지, 예술 작품인지 모를 정도로 모든 케이크가 너무도 예쁘고 멋져서 먹기 아까울 정도이다. 또한 케이크를 자르면 안에 젤리나 치즈 혹은 초콜릿이 숨겨져 있다. 겉으로는 초콜릿인데 안에는 치즈와 젤리가 들어 있는 케이크도 있어 여러 가지 맛을 느끼면서 재미있게 먹을 수 있다. 케이크를 비롯한 베이커리에 관심이 있는 사람이라면 이곳을 꼭 들러 보도록 하자.

주소 東京都目黒区三田1-13-4 위치 JR 에비스(恵比寿) 역 동쪽 출구에서 도보 7분, 에비스 가든 플레이스 타워 BRICKEND에 위치 전화 03-6450-3477 시간 12:00~22:00 메뉴 쇼콜라(ショコラム) 690엔, 프랑보와시트론베일(フランボワ シトロンベール) 730엔 홈페이지 www.yellowcakes-ebisu.com

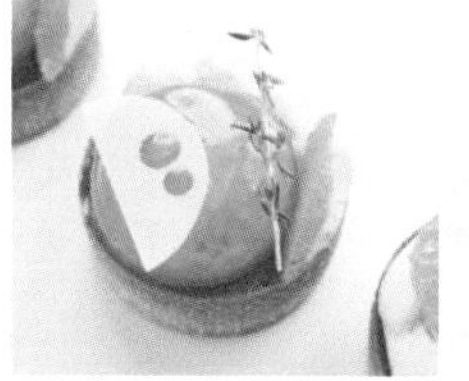

DAIKANYAMA

다이칸야마

代官山

개성 있고 럭셔리한 트렌드가 완성되는 곳

다이칸야마는 에비스와 마찬가지로 주로 중산층 이상이 모여 사는 부촌이다. 세련되고 고급스러운 카페와 레스토랑이 많고 상점과 쇼핑몰 또한 럭셔리한 분위기가 물씬 풍기는 지역이다. 하라주쿠, 오모테산도와 함께 도쿄의 패션을 리드하는 곳으로 잘 알려졌으며 명품보다는 일본 브랜드 제품들과 빈티지 숍을 많이 볼 수 있다. 또한 유아부터 초등학생까지의 아이들을 위한 상점들이 많아 자녀를 둔 가족들이 쇼핑하기 좋은 곳이다. 코로나19로 인해 문을 닫거나 휴업 중인 상점들과 음식점들이 많이 늘었고 특히 구제 옷 매장과 편집 숍, 액세서리 판매점이 많던 캐슬 스트리트가 큰 타격을 받았

다. 관광객이 현저하게 감소하였지만 아직 몇몇 상점이나 쇼핑 아케이드 그리고 카페와 레스토랑이 영업 중이니 패션에 관심이 있다면 방문해 보도록 하자.

한 눈에 보는 지역 특색

세련된 상점과 개성 있는
빈티지 상점 밀집 지역

개성있는 패션,
유행의 선두 주자

분위기 좋은 카페를
쉽게 만날 수 있는 곳

How to go?

다이칸야마 가는 방법

전철로는 시부야에서 한 정거장밖에 되지 않아 가까우며 도보로도 이동이 가능하다.

시부야渋谷 역에서 이동하기

도큐 도요코東急東横 시부야 역 3 · 4번 플랫폼에서 도큐 도요코선을 탑승하여 1 정거장 이동.

시간 약 3분 소요 요금 140엔

에비스惠比寿에서 도보로 이동하기

지하철 에비스 역 4번 출구에서 코마자와 거리駒沢通り를 따라 정면으로 약 10분 정도 걸어가다 첫 번째 만나는 삼거리에서 우측 쿠야마테 거리旧山手通り로 이동.

Best Tour 추천 코스

상점과 카페 및 베이커리 그리고 음식점들이 넓게 퍼져 있어 다이칸야마를 중심으로 반시계 방향으로 이동하는 일정을 추천한다.

다이칸야마 역 → 도보 3분 → 힐사이드 테라스 → 도보 3분 → 다이칸야마 어드레스 → 도보 2분 → 로그로드 다이칸야마

힐 사이드 테라스

다이칸야마 어드레스

로그로드 다이칸야마

TIP. 다이칸야마는 개성 있는 상점들과 레스토랑·카페들이 많아 우리나라 관광객들도 찾는 곳이었지만 코로나19를 거치면서 에비스와 마찬가지로 상점과 음식점이 많이 줄어들어 최근에는 여행객들은 거의 찾지 않고 있으니 여행 일정에 참고하자.

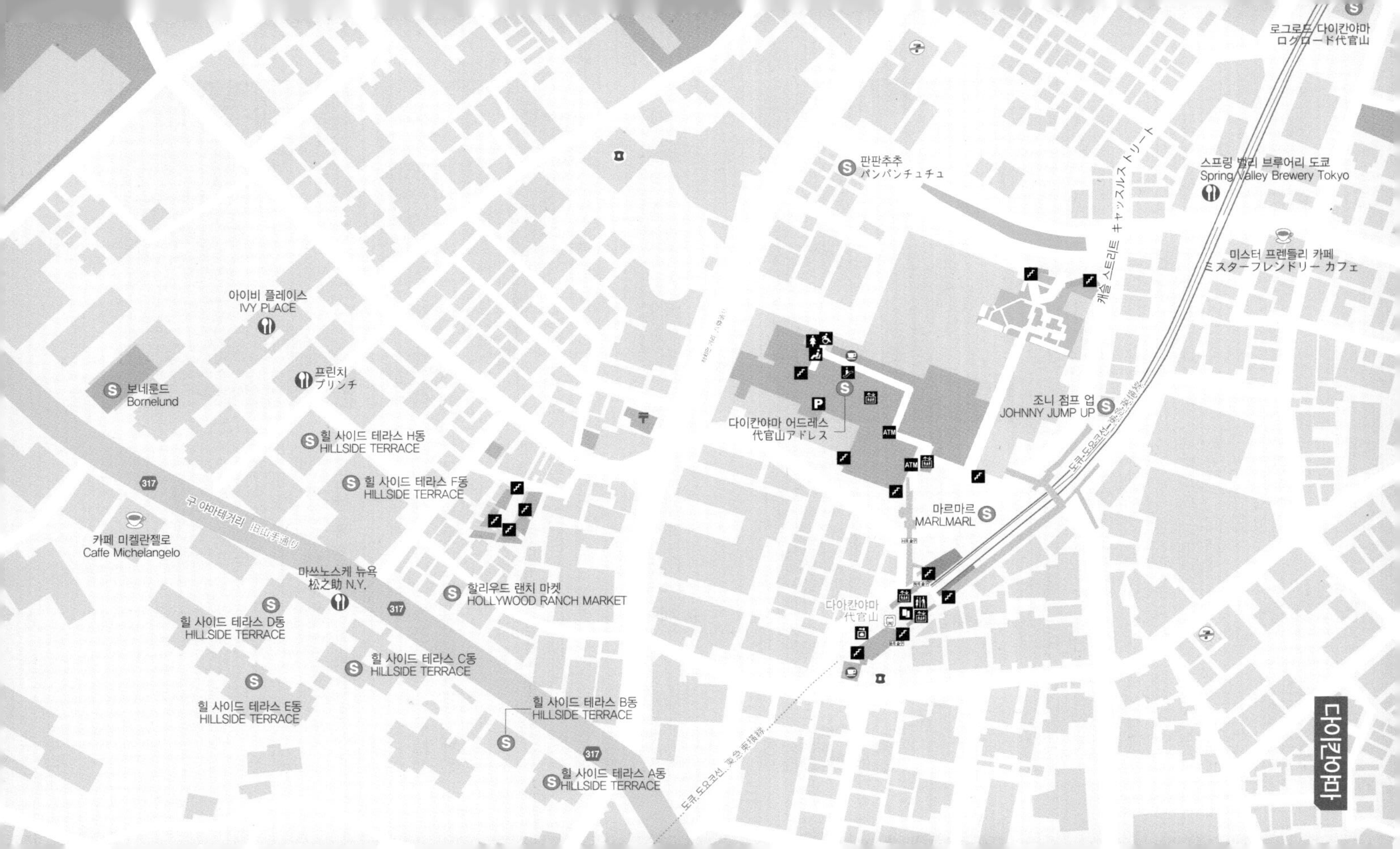
다이칸야마
로그로드 다이칸야마
ログロード代官山
스프링 밸리 브루어리 도쿄
Spring Valley Brewery Tokyo
미스터 프렌들리 카페
ミスターフレンドリー カフェ
캐슬 스트리트 キャッスルストリート
판판추추
パンパンチュチュ
조니 점프 업
JOHNNY JUMP UP
다이칸야마 어드레스
代官山アドレス
마르마르
MARLMARL
다이칸야마
代官山
아이비 플레이스
IVY PLACE
프린치
プリンチ
보네룬드
Bornelund
힐 사이드 테라스 H동
HILLSIDE TERRACE
힐 사이드 테라스 F동
HILLSIDE TERRACE
구 야마테거리 旧山手通り
카페 미켈란젤로
Caffe Michelangelo
마쓰노스케 뉴욕
松之助 N.Y.
할리우드 랜치 마켓
HOLLYWOOD RANCH MARKET
힐 사이드 테라스 D동
HILLSIDE TERRACE
힐 사이드 테라스 C동
HILLSIDE TERRACE
힐 사이드 테라스 E동
HILLSIDE TERRACE
힐 사이드 테라스 B동
HILLSIDE TERRACE
힐 사이드 테라스 A동
HILLSIDE TERRACE
도큐 도요코선 東急東横線
317

힐 사이드 테라스 HILLSIDE TERRACE [히루사이도 테라스]

여유로운 쇼핑을 즐길 수 있는 주상 복합 쇼핑몰

A~H동 그리고 WEST(A, B, C동)와 ANNEX(A, B동)까지 13개의 건물이 길게 늘어선 힐 사이드 테라스는 상업 시설과 주거 시설이 함께 어우러져 있는 주상 복합 쇼핑 아케이드이다. 1967년에 첫 공사를 시작하였으나 25년의 세월이 흘러 1992년에 와서 완공되었다. 넓은 대지 위에 세워진 모던하고 심플한 13개 동의 낮은 흰색 건물과 잘 가꾸어진 정원이 보는 것만으로도 마음을 편안하게 해 준다. 워낙 공간이 넓고 매장들이 많이 떨어져 있지만 개성 있는 다양한 상점과 레스토랑, 카페가 있으니 산책하듯 시간을 갖고 둘러보자.

주소 東京都渋谷区猿楽町18-8(F동 기준) 위치 다이칸야마(代官山) 역 서쪽 출구에서 도보 4분 전화 03-5489-3705 시간 매장마다 다름 홈페이지 hillsideterrace.com

다이칸야마 어드레스 代官山アドレス [다이칸야마 아도레스]

다이칸야마의 메인 주상 복합 쇼핑몰

2000년에 오픈한 주상 복합 쇼핑몰로 501채의 주택, 43개의 쇼핑 매장과 레스토랑이 있는 다이칸야마의 랜드마크다. 다이칸야마 어드레스는 3개의 메인 건물로 구분할 수 있다. 첫 번째는 '더 타워'로, 고급 맨션이 들어서 있는 36층의 고층 건물이다. 두 번째는 '17 딕셉트17 dixsept'로, 1층에서 3층까지 다양한 매장이 있는 아웃렛이다. 마지막으로, 산책을 즐기면서 쇼핑을 즐길 수 있는 어드레스 프롬나드가 있다. 다이칸야마역과 바로 연결되어 있어 접근성이 뛰어나며 쇼핑하기에 쾌적한 환경을 가지고 있어 다이칸야마에서 꼭 들러야 할 곳으로 꼽는다.

주소 東京都渋谷区代官山町17-6 위치 다이칸야마(代官山) 역 서쪽 출구에서 1분 전화 0570-085-586 시간 11:00~20:00(매장마다 다름) 홈페이지 www.17dixsept.jp

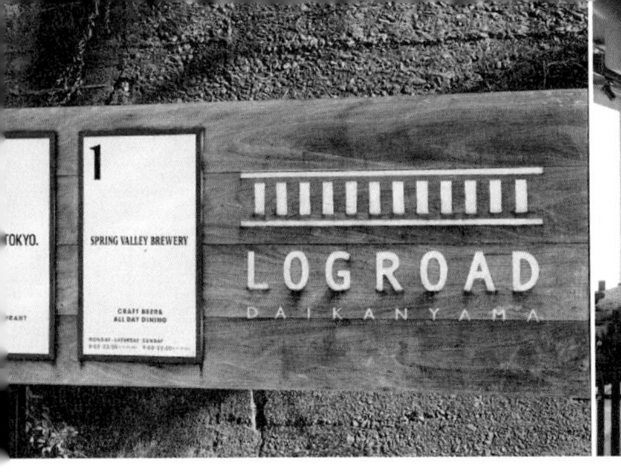

로그로드 다이칸야마 ログロード代官山 [로그로오도 다이칸야마]

도심속 상쾌한 그림 같은 쇼핑몰

2015년에 오픈한 로그로드 다이칸야마는 사람들의 발걸음이 뜸해지던 캐슬 스트리트キャッスルストリート 부근의 도큐 도요코선 선로가 있던 자리에 들어선 상업 시설이다. 총 5개의 건물이 나무로 만든 컨테이너 박스처럼 심플하게 들어서 있고 통로를 야외 산책로로 꾸며 놓아 상쾌하게 다닐 수 있도록 조성해 두었다. 상점이 많지는 않지만 야외 테라스를 갖춘 레스토랑, 카페와 편집 숍 그리고 양조장을 갖춘 스프링 밸리 브루어리 도쿄가 들어오면서 사람들의 주목을 받고 있다. 야외 휴식 공간이 잘 갖춰져 있고 산책로에 벤치도 많아 여행하다 쉬어 가기 딱 좋은 장소이기도 하다.

주소 東京都渋谷区代官山町13-1 위치 다이칸야마(代官山) 역 서쪽 출구에서 도보 3분

캐슬 스트리트 キャッスルストリート [캬츠스루 스토리-토]

빈티지 패션 상점 거리

캐슬 스트리트는 일본 패션에 관심 있는 관광객이 많이 찾는 곳이었으나 일본의 경기 침체로 인해 매장이 많이 줄었고 코로나19까지 거치면서 상점 수가 절반 이하로 뚝 떨어졌다. 그래도 다이칸야마를 대표하는 패션 거리로서 개성 있는 상점과 아기자기한 편집 숍들이 영업하고 있고 저렴한 가격으로 득템을 할 수도 있으니 다이칸야마 역으로 돌아가기 전 가볍게 둘러보도록 하자.

주소 東京都渋谷区代官山町14 위치 다이칸야마(代官山) 역 서쪽 출구에서 도보 3분

할리우드 랜치 마켓 HOLLYWOOD RANCH MARKET [하리우도 란치 마켓토]

다이칸야마의 대표적인 빈티지 패션 매장

다이칸야마의 패션을 이끌어 온 할리우드 랜치 마켓은 1979년 오픈하여 45년간 다이칸야마의 중심에 있는 역사적이고 대표적인 빈티지 패션 매장이다. 외부 전경은 미국 서부의 빈티지한 느낌의 상점으로 인테리어를 하였고 내부로 들어가면 다양한 패션 아이템으로 가득 차 있다. 가격도 적당하고 관리도 잘 되어 있으니 다이칸야마 빈티지 패션의 역사를 만나러 방문해 보자.

주소 東京都渋谷区猿楽町28-17 위치 다이칸야마(代官山) 역 서쪽 출구에서 도보 3분 전화 03-3463-5668 시간 11:00~19:00 홈페이지 www.hrm-eshop.com

조니 점프 업 JOHNNY JUMP UP [조니- 잠푸 아푸]

패션과 잡화 셀렉트숍

패션·인테리어·잡화 소품들을 판매하는 편집 숍으로 재미있는 제품이 많아 볼거리가 가득한 곳이다. 이곳에서 판매하는 제품은 100% 핸드메이드 제품이라고 하는데 왠지 우리에게 익숙한 제품도 많다. 작가의 정성이 듬뿍 들어간 개성 있는 아이템을 나만이 유일하게 가질 수 있다는 점이 매력적이다. 마음에 드는 것을 바로 구입하지 않으면 금방 팔릴 수 있다.

주소 東京都渋谷区代官山町18-3 위치 다이칸야마(代官山) 역 서쪽 출구에서 도보 1분 전화 03-5458-1302 시간 12:00~19:00 홈페이지 www.johnnyjumpup.net

판판추추 パンパンチュチュ [판판추추]

여자아이를 위한 블링블링한 패션 매장

다이칸야마에는 아이들을 위한 매장이 많은데 그중 판판추추는 여자아이를 위한 전문 매장으로 속옷부터 외투까지 모두 갖추고 있다. 정말 러블리하고 공주 같은 옷이 많고 가격도 적당하여 우리나라 엄마들에게도 사랑받는 곳이다. 옷뿐만 아니라 가방, 모자, 액세서리도 모두 아이들의 취향을 저격하는 제품이 많아 아이와 함께 방문한다면 지갑이 거덜 날 정도로 구매 욕구가 불타오르는 곳이다. 딸을 둔 가족이라면 꼭 한 번 방문해 보자.

주소 東京都渋谷区代官山町15-2 위치 다이칸야마(代官山) 역 서쪽 출구에서 도보 3분 전화 03-6452-5720 시간 10:30~18:30 홈페이지 www.panpantutu.com

보네룬드 Bornelund [보오네룬도]

아이들이 좋아하는 장난감 천국

보네룬드는 아이들이 좋아하는 장난감이 가득한 곳으로, 직접 놀아 보고 구매할 수 있어 아이들의 즐거움이 넘치는 곳이다. 로봇 같은 일반 장난감이 아니라 친환경 소재로 만든 교육 완구를 주로 판매하고 있어 교육열이 높은 우리나라 엄마들에게 딱 좋은 장소이다. 구매하지 않아도 아이와 함께 방문하면 웬만한 제품들을 체험할 수 있으며 1~4세 정도의 아이들에게는 천국과 같은 곳이다. 어린 자녀와 함께 가족 여행을 왔다면 꼭 체크리스트에 넣어 두도록 하자.

주소 東京都渋谷区猿楽町17-5 위치 다이칸야마(代官山) 역 서쪽 출구에서 도보 4분 전화 03-6416-3680 시간 10:00~19:00 홈페이지 www.bornelund.co.jp

마르마르 MARLMARL [마-루마-루]

유아 옷과 소품을 판매하는 전문 매장

마르마르는 유아와 미취학 아동의 옷과 소품을 판매하는 곳인데, 다이칸야마의 매장은 플래그십 매장으로 갓 태어난 아이부터 24개월 이하의 유아를 위한 제품이 대부분이다. 그래서 임산부와 예비 엄마들이 많이 찾고 있으며 친환경 옷감과 소재로 만들어서 엄마들의 호응이 좋다. 디자인은 차분하고 소재의 감촉도 부드럽고 무엇보다 아이의 피부와 호흡기를 생각하여 만들었기 때문에 아이를 위해 혹은 선물용으로도 추천한다.

주소 東京都渋谷区代官山町19-11 위치 다이칸야마(代官山) 역 서쪽 출구에서 도보 1분 전화 03-6809-0644 시간 11:00~19:00 홈페이지 www.marlmarl.com

다이칸야마 추천 맛집

미스터 프렌들리 카페 ミスターフレンドリーカフェ [미스타후렌도리카훼]

아이들과 방문하기 좋은 테마 카페

외관부터 유머러스한 미스터 프렌들리 카페는 아이와 함께하기에 좋은 곳으로, 내부에는 편한 좌석과 아기자기한 소품을 판매하고 있다. 미스터 프렌들리 팬케이크와 슈크림 빵을 판매하며 과일과 팬케이크가 담긴 키즈 세트도 아이들에게 인기가 좋다. 특별한 맛보다는 비주얼이 상당히 좋은 카페라 아이와 함께할 때 들러 보자.

주소 東京都渋谷区恵比寿西2-18-6 **위치** 다이칸야마(代官山) 역 서쪽·동쪽 출구에서 도보 5분 **전화** 03-3780-0986 **시간** 11:00~19:00 **메뉴** 핫케이크(ホットケーキ 7pcs) 352엔, 초코 바나나 팬케이크(チョコホイップのバナナパンケーキ) 968엔 **홈페이지** mrfriendly.jp

Notice 2023년 10월 현재 임시 휴업 중이니 방문 전에 운영 재개 여부를 확인하자.

마쓰노스케 뉴욕 松之助 N.Y. [마츠노스케 뉴우요오쿠]

다이칸야마의 인기 수제 파이 전문점

마쓰노스케는 사장인 히라노 아키코平野顕子가 미국의 전통 과자를 만드는 방법을 배워 창업했으며, 교토에 이어 2004년에 다이칸야마 매장을 오픈하였다. 일본에서도 유명한 요리사이며 재료가 좋아야 음식도 맛있다는 평소의 철학 때문인지 애플파이를 비롯한 과일 파이에 들어가는 잼은 모두 신선한 과일로 매장에서 직접 만든다. 치즈가 듬뿍 들어간 치즈 파이부터 아낌없이 재료를 사용한 피칸 파이까지 맛있는 메뉴가 너무도 많아 선택하는데 어려움이 있을 정도이다. 시간의 여유가 된다면 파이 한 조각과 커피 한 잔으로 하루 일정을 시작해 보는 것은 어떨까?

주소 東京都渋谷区猿楽町29-9 **위치** 다이칸야마(代官山) 역 서쪽 출구에서 도보 3분, 힐 사이드 테라스 F동 1층 **전화** 03-5728-3868 **시간** 09:00~18:00, 월요일휴무 **메뉴** 초콜릿 크림 파이(チョコレートクリームパイ) 621엔, 뉴욕 치즈 케이크(NYチーズケーキ) 550엔, 사워크림 애플파이(サワークリームアップルパイ) 616엔 **홈페이지** matsunosukepie.com

카페 미켈란젤로 Caffe Michelangelo [카훼 미케란제로]

동네 주민들에게 오랫동안 사랑받는 카페

느티나무 가로수길, 규야마테 거리의 아소와 함께 있는 카페로 관광객보다는 다이칸야마에 거주하는 주민에게 더욱 인기가 좋다. 26년 동안 한자리에서 영업하여 다이칸야마의 명소로도 잘 알려져 있다. 커피나 음료뿐만 아니라 파스타와 샌드위치도 맛이 좋아 간단하게 식사하기 좋다. 날씨 좋은 날 카페 미켈란젤로의 테라스에서 커피를 마시며 여유 있는 시간을 보내 보자.

주소 東京都渋谷区猿楽町29-3 위치 다이칸야마(代官山) 역 서쪽 출구에서 도보 4분 전화 03-3770-9517 홈페이지 matsunosukepie.com

프린치 プリンチ [푸린치]

맛과 분위기를 다 갖춘 이탈리안 베이커리

이탈리아 출신 유명 제빵사인 로코 프린치Rocco Princi의 장인 정신이 들어간 빵·케이크·과자를 만날 수 있는 프린치 베이커리에는 매일 신선한 재료와 유기농 밀을 사용하여 만든 맛있는 메뉴들이 있다. 매장 내의 오픈 키친에서 빵을 만드는 과정을 볼 수 있어 믿을 수 있고, 갓 만들어진 따끈따끈한 빵을 바로 구매할 수 있어 다이칸야마 주민들이 많이 찾는 인기 베이커리다. 시간에 따라 나오는 빵의 종류가 다르기 때문에 원하는 메뉴를 구매할 수 없을 때도 있지만 다양한 빵이 모두 인기가 좋아 줄을 서서 대기하는 경우도 많다. 외부에 테라스 자리가 있어 빵과 음료를 함께 먹으면서 여유 있는 시간을 보내기에 좋다.

주소 東京都渋谷区猿楽町16-15 위치 다이칸야마(代官山) 역 서쪽 출구에서 도보 4분, T-SITE 1층, 쓰타야 서점 1호관 뒷 건물 전화 03-6455-2470 시간 07:00~20:00 메뉴 포카차파자 콰트로 스타디오니(フォカッチャピッツァクアトロスタジオーニ) 840엔, 토르타 피스타치오 & 베리(トルタピスタチオ&ベリー) 600엔, 로프 케이크 리모네(ローフケーキ リモーネ) 460엔 홈페이지 www.princi.co.jp

아이비 플레이스 IVY PLACE [아이비 푸레에스]

다이칸야마 최고의 핫플레이스

팬케이크로 유명한 레스토랑으로 여성 고객들이 주로 찾는 곳이다. 카페, 바, 레스토랑까지 전부 갖춰져 있어 아침 식사부터 저녁 식사를 넘어 술자리까지 할 수 있다. 다양한 메뉴가 준비되어 있고 팬케이크뿐만 아니라 식사 메뉴도 훌륭하다. 또한 잘 갖춰진 외부 테라스에서 식사나 디저트를 즐길 수 있는데 분위기도 좋고 서비스도 친절하며 음식도 맛있어서 모든 것이 만족스럽다. 팬케이크는 가격대가 비교적 비싸지만 다른 메뉴의 가격은 적당하며 무엇을 주문해든 아깝다는 생각이 들지 않는 곳이라서 다이칸야마를 찾는다면 가장 먼저 추천하는 곳이다. 사전 예약을 할 수 있으며 예약을 할 때 테라스 좌석이나 실내 좌석을 지정할 수 있으니 참고하자.

주소 東京都渋谷区猿楽町16-15 위치 다이칸야마(代官山) 역 서쪽 출구에서 도보 4분, T-SITE 1층, 쓰타야서점 2호관 뒷건물 전화 03-6415-3232 시간 08:00~23:00 메뉴 클래식 버터 밀크 팬케이크(クラシックバターミルクパンケーキ) 1,680엔, 신선한 멜론 크림 팬케이크(フレッシュメロンクリームパンケーキ) 2,300엔, 얼그레이 토마토 소스 스파게티(アールグレイトマトソーススパゲティーニ) 2,300엔 홈페이지 www.tysons.jp/ivyplace

스프링 밸리 브루어리 도쿄 Spring Valley Brewery Tokyo [스푸린구 바레에 부루와리- 도쿄]

크래프트 맥주를 바로 경험할 수 있는 곳

로그로드 다이칸야마에 위치한 스프링 밸리는 양조장에서 만든 에일 맥주를 바로 시음할 수 있어 맥주를 좋아하는 일본 사람들이 많이 찾는 곳이다. 맥주에 사용되는 맥아의 색깔이나 발효 정도에 따라 맛과 향이 달라지는 것을 직접 체험할 수 있게 여러 종류의 맥주를 시음하는 프로그램이 가장 인기가 좋다. 실내 대형 양조 시설을 앞에 두고 맥주를 마시는 것도 신기하지만 확 트인 야외 테라스에서 마시는 시원한 맥주도 일품이다. 에비스 맥주 박물관이 휴관 중이라서 관광객들이 이곳을 찾고 있으며 시중에서 맛보기 힘든 다양한 에일 맥주를 마실 수 있어 만족도도 높다.

주소 東京都渋谷区代官山町13-1 위치 다이칸야마(代官山) 역 서쪽 출구에서 도보 3분, 로그로드 다이칸야마 입구에 위치 전화 03-6416-4960 시간 월~토 11:00~23:00, 일 11:00~22:00 메뉴 비어 플라이트(ビアフライト) 900엔(3가지 맥주 시음), 스프링 밸리 실크 에일 360ml(スプリングバレー シルクエール) 790엔 홈페이지 hwww.springvalleybrewery.jp

메구로강의 벚꽃이 아름다운 평온한 동네

나카메구로는 우에노 공원上野公園과 지도리가후치千鳥ヶ淵와 더불어 도쿄에서 벚꽃이 가장 아름다운 3대 지역에 해당하는 벚꽃 축제의 성지이다. 메구로강目黒川 벚꽃길에 벚꽃이 활짝 피는 봄이 오면 3월 말부터 4월 초까지 나카메구로 벚꽃 축제가 열려 정말 많은 관광객으로 동네가 꽉꽉 차서 정신이 없을 정도다. 하지만 그 외에는 한적하고 조용한 평범한 동네이다. 나카메구로는 다이칸야마, 에비스와 더불어 중산층이 많이 사는 동네로 도쿄에서 살기 좋은 곳으로 손꼽히며, 분위기 좋은 카페와 베이커리 그리고 맛있는 음식점이 많아 여성 관광객들이 선호하는 곳이다. 특별한 관광지나 큰 상업 지구는 아니

지만 북적북적한 도심에서 벗어나 가벼운 산책과 차 한 잔의 여유를 즐길 수 있는 곳이 라 하겠다.

한 눈에 보는 지역 특색

벚꽃이 아름다운
메구로강의 산책 코스

특색 있는 커피숍과
디저트 카페가 가득한 곳

관광객보다 현지인이
많이 찾는 인기 맛집

How to go?

나카메구로 가는 방법

에비스나 다이칸야마에서 도보로 이동이 가능하다. 대중교통을 이용하려면 도큐 도요코선東急東横線을 탑승하여 나카메구로中目黒 역으로 이동한다.

✿ 시부야渋谷 역에서 이동하기

도큐 도요코東急東横 시부야 역 3 · 4번 플랫폼에서 도큐 도요코선東急東横線을 탑승하여 나카메구로中目黒 역에 하차. 2 정거장 이동.

시간 약 3분 소요 요금 140엔

✿ 우에노上野 역에서 이동하기

지하철 우에노 역 1번 플랫폼에서 히비야선日比谷線을 탑승하여 나카메구로中目黒 역에 하차. 17정거장 이동.

시간 약 40분 소요 요금 260엔

TIP. 나카메구로는 도쿄의 주요 관광지와는 조금 떨어져 있고 벚꽃 축제를 제외하고는 인기 있는 카페와 레스토랑에서 시간을 보내기 위해 가는 곳이라서, 단기 여행으로 초행길인 관광객에게는 그다지 매력적인 곳은 아니다. 또한 코로나19로 인해 휴점 및 폐점을 한 가게가 많으니 방문을 할 예정이라면 사전에 꼭 확인하도록 하자.

Tip

나카메구로의 벚꽃 명소

3월 말에 나카메구로 역에서 내리면 동네를 가득 채운 벚꽃이 가장 먼저 눈에 들어온다. 떨어지는 벚꽃비를 맞으며 봄을 즐길 수 있는 베스트 스폿 5군데를 소개한다.

★ 히노데 다리日の出橋

메구로강을 따라 길게 이어지는 벚꽃길을 한눈에 볼 수 있는 최고의 장소.

★ 메키리자카目切坂

나카메구로에서 다이칸야마로 이어지는 아름답고 한적한 동네 벚꽃길.

★ 컨플루언스 플레이그라운드 Confluence Playground, 合流点遊び場

벚꽃 축제 때 가장 많은 사람들이 몰리는 나카메구로의 벚꽃 공원.

★ 메구로강 옆 상점 거리

메구로강을 따라 걸으며 벚꽃비를 맞을 수 있는 산책 코스.

★ 호라이 다리宝来橋

히노데 다리와 더불어 메구로강의 벚꽃길을 볼 수 있는 곳. 특히 야경이 아름다운 장소.

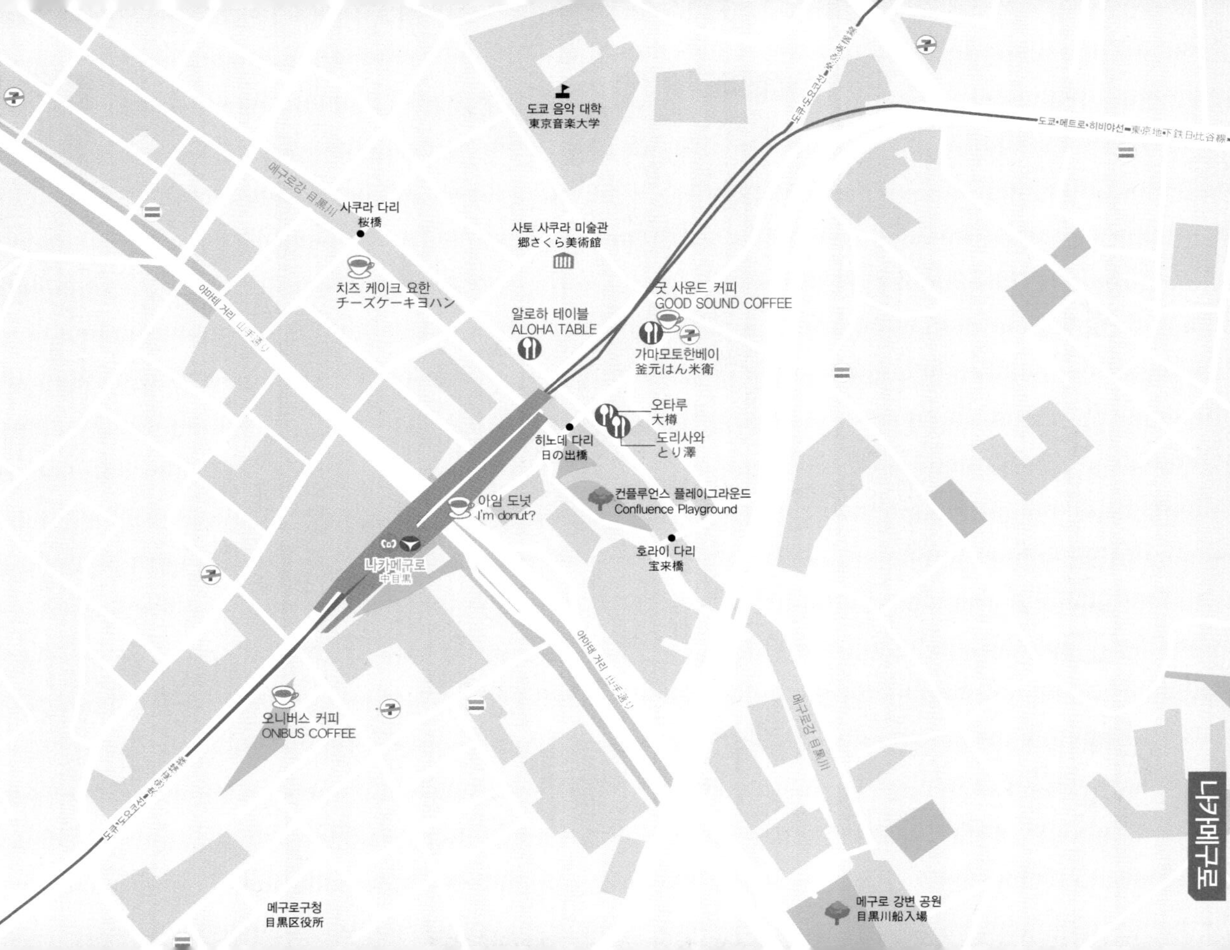
나카메구로
도쿄 음악 대학
東京音楽大学
도쿄•메트로•히비야선•東京地下鉄日比谷線
도큐•도요코선•東急東横線
메구로강 目黒川
사쿠라 다리
桜橋
사토 사쿠라 미술관
郷さくら美術館
치즈 케이크 요한
チーズケーキヨハン
알로하 테이블
ALOHA TABLE
굿 사운드 커피
GOOD SOUND COFFEE
가마모토한베이
釜元はん米衛
오타루
大樽
도리사와
とり澤
히노데 다리
日の出橋
아마테 거리 山手通り
컨플루언스 플레이그라운드
Confluence Playground
아임 도넛
I'm donut?
호라이 다리
宝来橋
나카메구로
中目黒
오니버스 커피
ONIBUS COFFEE
메구로구청
目黒区役所
메구로 강변 공원
目黒川船入場

나카메구로 추천 맛집

굿 사운드 커피 GOOD SOUND COFFEE [굿도 사운도 코-히-]

좋은 음악과 함께하는 유기농 커피 전문점

2021년 11월에 처음 문을 연 굿 사운드 커피는 가게 이름처럼 60 스피커 12채널의 서라운드 시스템이 설치되어 있어 360° 음악으로 둘러싸인 3D 음향 공간에서 편안하게 커피를 즐길 수 있는 곳이다. 커피는 유기농 원두를 직접 로스팅하여 향이 풍부하고 인기 메뉴인 초콜릿은 홋카이도에서 생산되는 우유와 카카오를 사용하여 부드럽다. 사람들이 많이 찾는 메구로강과는 조금 떨어져 있어 번잡하지 않아 조용히 시간을 보내기 좋은 곳이다.

주소 東京都目黒区上目黒1-6-5 위치 지하철 나카메구(中目黒) 역 동쪽1 출구에서 도보 4분 전화 03-6303-0869 시간 08:00~23:00 메뉴 유기농 블렌드 R사이즈(オーガニックブレンド) 450엔, 카페라테 R사이즈(カフェラテ) 500엔 홈페이지 www.goodsoundcoffee.com

가마모토한베이 釜元はん米衛 [카마모토한베이]

직접 구워 먹는 햄버그스테이크 전문점

이곳의 특징은 숙성한 와규를 잘게 다진 후 뭉친 햄버거를 개인의 입맛에 따라 굽기를 조절할 수 있고 햄버거 양도 선택할 수 있다는 점이다. 주문을 하면 돌솥밥 정식과 함께 겉면만 살짝 익힌 햄버거를 철판에 올려 제공하는데 개인 취향에 따라 반만 익히거나 바짝 익혀서 먹을 수 있어 먹는 재미가 있다. 입맛에 맞게 익힌 햄버거를 먹기 편한 크기로 자른 후 달걀에 담가 먹어도 되고 비린 맛이 느껴진다면 달걀을 철판에 부어 구워 먹어도 된다.

주소 東京都目黒区上目黒1-6-5 위치 지하철 나카메구(中目黒) 역 동쪽1 출구에서 도보 4분 전화 03-6451-2747 시간 11:30~22:00 메뉴 숙성 와규 레어 햄버거(熟成和牛レアハンバーグ) 180g 2,200엔 홈페이지 www.kamamotohanbei.com

오타루 大樽 [오-타루]

메구로강이 내려다보이는 뷰 맛집

메구로강을 가로지르는 히노데 다리日の出橋를 건너면 바로 보이는 오타루는 2층 자리에서 메구로강이 훤히 보이는 뷰 맛집이다. 꽃 피는 봄이 오면 연장 영업을 할 정도로 하루 종일 자리가 꽉 차고 2층 자리를 얻기는 하늘의 별따기다. 보통의 이자카야처럼 메뉴는 다양하게 준비되어 있으나 맛은 보통이라서, 벚꽃이 만개하는 봄에 자리를 잡을 수 있다면 좋지만 줄을 오래 서야 한다면 다른 곳을 고려하자.

주소 東京都目黒区上目黒1-5-15 위치 지하철 나카메구(中目黒) 역 동쪽1 출구에서 도보 3분 전화 03-3710-7439 시간 10:00~24:00 메뉴 장어꼬치(鰻串) 430엔 , 새우 슈마이(海老シュウマイ) 330엔, 사시미 3종 세트(刺身3点盛り) 900엔

도리사와 とり澤 [토리사와]

여러 부위의 야키도리를 맛볼 수 있는 진정한 맛집

외부 간판도 안 보이고 위치를 모르면 찾기 힘들지만, 내부로 들어가면 인테리어가 세련되고 테이블석만 운영하고 있는 야키도리 로컬 맛집이다. 야키도리의 맛이 일품이고 종류도 다양한데, 메뉴도 없고 가격도 모르고 그냥 주방장이 주는 대로 먹고 나서 먹은 만큼 돈을 지불하는 시스템이다. 배불러서 스톱을 외치지 않으면 2시간 동안 계속 먹을 수 있는데, 먹은 만큼 계산을 하기 때문에 계속 준다고 먹으면 지갑을 털어야 할 수도 있다. 성인 남자는 보통 20꼬치 정도 먹는데, 종류에 따라 가격이 좀 다르지만 대략 꼬치 20개에 생맥주를 5잔 마시면 9,000~10,000엔 정도 나온다. 야키도리의 정수를 맛보고 싶다면 한번 제대로 도전해 보자.

주소 東京都目黒区上目黒1-5-13 위치 지하철 나카메구(中目黒) 역 동쪽1 출구에서 도보 3분 전화 050-3133-4994 시간 17:00~23:00 메뉴 오마카세 코스(おまかせコース) 먹는 양에 따라 가격이 다름 홈페이지 www.tablecheck.com/shops/torisawa-nakameguro/reserve(예약 사이트)

알로하 테이블 ALOHA TABLE [아로하 테에부루]

하와이 로컬 푸드를 맛볼 수 있는 즐거운 레스토랑

나카메구로에 축제가 열릴 때면 음악과 함께 더 흥겨워지는 레스토랑인 알로하 테이블은 하와이 현지 음식들을 다양하게 맛볼 수 있는 곳이다. 날씨가 좋을 때는 야외 테이블에서 식사하는 것을 추천하며 로코모코나 새우튀김은 꼭 맛보아야 할 알로하 테이블의 시그니처 메뉴이다. 아이들도 함께 먹을 수 있는 메뉴도 많고 세트 메뉴도 준비되어 있어 가족이 함께 방문하면 적정한 가격으로 다양한 하와이 음식을 맛볼 수 있다.

주소 東京都目黒区上目黒1-7-8 위치 지하철 나카메구(中目黒) 역 동쪽1 출구에서 도보 3분 전화 03-6416-5432 시간 11:00~22:00 / 월요일 휴무 메뉴 프리미엄 로코모코(プレミアムロコモコ) 2,090엔, 갈릭 슈림프 5P(ガーリックシュリンプ) 1,375엔 홈페이지 alohatable-nakameguro.business.site

치즈 케이크 요한 チーズケーキヨハン [치이즈 케에키 요한]

신선한 재료를 사용한 정통 치즈 케이크 베이커리

치즈 함량이 높아 진한 맛의 무게감을 제대로 느낄 수 있는 치즈 케이크 요한은 오직 치즈 케이크만 판매하는 전문점이다. 1978년 개점하여 그 맛을 지금까지 그대로 유지하고 있어 일본에서도 잘 알려진 가게이며 향료나 착색제, 보존제를 사용하지 않아 건강하고 신선한 케이크다. 보존제가 없어 바로 먹는 것이 좋기 때문에 조각 케이크를 구매하는 것이 좋다. 부드럽고 달달한 치즈 본연의 맛을 즐기면서 여행 텐션을 올려 보자.

주소 東京都目黒区上目黒1-18-15 위치 지하철 나카메구(中目黒) 역 동쪽1 출구에서 도보 5분 전화 03-3793-3503 시간 10:00~18:00 메뉴 내추럴(ナチュラル) 470엔, 블루베리(ブルーベリー) 470엔, 사워소프트(サワーソフト) 480엔 홈페이지 johann-cheesecake.com/ja

아임 도넛 I'm donut? [아이무 도오나츠]

촉촉한 도넛에 맛있는 슈크림이 듬뿍

나카메구로 역을 나와 메구로강 쪽으로 길을 건너려 할 때 항상 긴 줄이 서 있는 아임 도넛 테이크아웃 매장을 볼 수 있다. 반죽을 매장 내에서 직접 만들고 슈크림을 듬뿍 넣거나 초콜릿으로 코팅한 도넛을 비롯해 총 8종의 도넛을 판매하고 있다. 오픈 키친 형태로 유리를 통해 실제 도넛을 만드는 모습도 볼 수 있어 더 믿을 수 있다. 그런데 막상 구매하여 먹으면 흔한 맛이라는 느낌이 든다는 사람도 꽤 있다.

주소 東京都目黒区上目黒1-22-10 위치 지하철 나카메구(中目黒) 역 동쪽1 출구에서 도보 1분 시간 09:00~19:00 메뉴 플레인 생도넛(プレーンの生ドーナツ) 240엔, 치즈 크림 도넛(チーズクリームのドーナツ) 470엔

오니버스 커피 ONIBUS COFFEE [오니바스 코-히-]

매일 로스팅한 원두를 사용하여 신선한 커피가 최고!

조용한 주택가에 위치한 오니버스 커피는 내부는 심플하고 깔끔하게 인테리어가 되어 있고 외부는 바로 옆에 공원도 있고 동네 벤치에서 편히 커피를 마시는 듯한 분위기를 연출하였다. 가게 옆 벤치에 자리가 없다면 바로 옆 공원에서 커피 한 잔의 여유를 즐기도록 하자. 커피 생원두를 그날그날 로스팅하여 판매하는 곳으로 신선하고 깔끔한 커피 맛이 일품이다. 메뉴는 커피 5종, 음료 4종으로 단출한데, 인기 커피인 핸드드립 커피를 가장 추천한다.

주소 東京都目黒区上目黒2-14-1 위치 지하철 나카메구(中目黒) 역 동쪽1 출구에서 도보 3분 전화 03-6412-8683 시간 09:00~18:00 메뉴 핸드드립(ハンドドリップ) 693엔, 오늘의 커피(本日のコーヒー) 495엔, 아이스 라테(ラテアイス) 682엔 홈페이지 onibuscoffee.com

JIYUGAOKA

지유가오카

自由が丘

이국적이고 고급스러운 도쿄의 대표 부촌

우리나라의 신사동 가로수길 같은 분위기를 느낄 수 있는 곳으로 다이칸야마, 에비스와 더불어 도쿄의 대표적인 부촌 중 하나이다. 도큐 도요코선 지유가오카역에 도착하면 다른 지역과 다를 바 없어 보이고 오히려 도쿄의 변두리 같은 느낌이 들지만 역 주변을 벗어나면 지유가오카의 패션을 대변하는 패션 상점과 세련된 인테리어의 소품 가게 그리고 분위기 있는 카페를 만날 수 있다. 고급 소재의 특별한 디자인, 핸드 메이드 제품을 판매하는 상점들이 대부분이기 때문에 가격은 비싼 편이다. 하지만 다른 곳에서는 보기 힘든 희소가치가 있는 제품을 많이 볼 수 있다. 벚꽃이 활짝 피는 봄에 지유가오카를 방문

한다면 꼭 쇼핑을 하지 않더라도 그린 스트리트 주변의 예쁜 주택과 카페, 상점을 구경하며 천천히 걷거나 벚꽃이 떨어지는 벤치에 앉아 따뜻한 커피를 마시기 좋다.

한 눈에 보는 지역 특색

이국적인 느낌이 물씬 나는
대표적인 부촌

다양한 소품 가게를
만날 수 있는 곳

디저트가 맛있는
분위기 있는 카페

How to go?

지유가오카 가는 방법

지유가오카 역은 도큐 도요코선만 운행하기 때문에 시부야와 다이칸야마, 나카메구로에서 이동하기 편하다. 따라서 여행 일정을 이런 곳들과 함께 짜는 것이 좋다.

✿ 시부야渋谷 역에서 이동하기

도큐 도요코東急東横 시부야 역 3 · 4번 플랫폼에서 도큐 도요코선 급행東急東横線 急行을 탑승하여 3 정거장 이동.

시간 약 9분 소요 요금 180엔

✿ 다이칸야마代官山 역에서 이동하기

도큐 도요코東急東横線 다이칸야마 역 1번 플랫폼에서 도큐 도요코선 완행東急東横線緩行을 탑승하여 5 정거장 이동.

시간 약 9분 소요 요금 180엔

Best Tour 추천 코스

지유가오카 역 정면 출구에서 남쪽 트레인치를 기준하여 시계 방향으로 그린 스트리트까지 관광하고 남쪽 출구로 돌아가는 일정을 추천한다.

지유가오카 역 → 도보 5분 → 트레인치 → 도보 7분 → 타임리스 컴포트 → 도보 5분 → 라 비타 지유가오카 → 도보 15분 → 그린 스트리트

트레인치

라 비타 지유가오카

그린 스트리트

TIP. 지유가오카는 도큐 도요코선으로 이동이 편리한 다이칸야마와 시부야, 지하철로 이동하기 좋은 신주쿠와 함께 둘러보는 코스로 계획을 세우자. 다만 코로나19로 인해 지유가오카를 상징하던 상점들이 많이 문을 닫았다는 것을 참고하자. 처음 도쿄를 방문하는 관광객이나 짧은 일정으로 여행 계획을 세웠다면 굳이 지유가오카까지 방문할 필요는 없다.

지유가오카
메구로거리 目黒通り
312
426
모리 병원
森医院
몽상클레르
Mont st. Clair
지유가오카 가쿠엔 고등학교
自由が丘学園高等学校
아오키 의원
青木医院
지유가오카 로루야
自由が丘ロール屋
야마우치 클리닉
山内クリニック
지유 거리 自由通り
가베라 거리 ガーベラ通り
라 비타 지유가오카
LA VITA 自由が丘
가토레아 거리 カトレア通り
구마노 신사
熊野神社
프띠 마르셰
PETIT MARCHE
쓰노다 치과의원
つのだ歯科医院
하쿠야마 신사
白山神社
콰트르 세종 도쿄
Quatre Saisons Tokio
루스 지유가오카
Luz自由が丘
타임리스 컴포트
Timeless Comfort
마쓰다 소아과
松田小児科
메이플 스트리트 Maple Street
호사카야
ほさかや
멘우라타
麺うらた
지유가오카
自由が丘
스위트 포레스트
Sweets Forest
멜사
Melsa
그린 스트리트 Green street
플리퍼즈
FLIPPER'S
트레인치
TRAINCHI
스리 티 카페
Three Tea Café
라테 그래픽
Latte Graphic
지유거리 自由通り
도큐도요코선
오쿠사와
奥沢
스즈키 치과 의원
鈴木歯科医院
메구로선 目黒線
간파치거리 環八通り

지유가오카 남쪽 지역

트레인치, 멜사 등 아담한 규모의 쇼핑몰과 다양한 맛집을 만나 볼 수 있는 곳이다.

트레인치 TRAINCHI [토레인치]

코로나19 직격탄을 맞은 작은 쇼핑몰

지유가오카 역의 철길 옆 철도 차량 기지를 개조한 트레인치는 규모는 작지만 인기 상점과 레스토랑이 모여 있는 곳이었다. 하지만 코로나19로 인해 관광객들의 발걸음이 뚝 끊어지면서 상점은 모두 철수하였고 현지인들이 주로 찾는 레스토랑과 카페만 남았으며 2층에 위치한 TEFU에서 부정기적으로 팝업 스토어를 운영하고 있는 정도이다. (홈페이지에 팝업 스토어 운영 공지 참조) 개방형 공간에 환경이 쾌적하여 식사를 하기에 좋은 음식점들이 있으니 참고하자.

주소 東京都世田谷区奥沢5-42-3 위치 지유가오카(自由が丘) 역 정면 출구에서 남쪽으로 도보 10분 전화 03-3477-0109 시간 매장에 따라 다름 홈페이지 www.trainchi.com

멜사 Melsa [메루사]

지유가오카에서 가장 큰 쇼핑몰

지유가오카의 상점들은 대부분 단독 점포로 운영되는데, 멜사는 드물게 쇼핑몰 형태로 운영을 하는 곳이다. 파트1과 파트2로 나뉘어 있지만 규모가 그리 크지 않고 입점된 매장도 유니클로를 제외하면 10개 점포가 조금 넘는다. 멜사의 특별함은 내부보다도 외부에 있는데, 바로 앞에 산책로九品仏緑道가 있어 벚꽃이 피는 3, 4월, 날씨가 화창하고 푸르름이 감도는 6월, 그리고 크리스마스가 있는 12월에 특히 아름다워 사람들로 붐빈다. 이런 시즌마다 멜사 건물 입구에서 이벤트가 열리는데, 외부에 노점을 설치하여 행사를 진행하며 주로 먹거리를 판다. 여기서 음식을 사서 산책로의 벤치에서 먹으면 된다.

주소 東京都目黒区自由が丘1-8-21 위치 지유가오카(自由が丘) 역 남쪽 출구에서 남쪽으로 도보 1분 전화 03-3724-6611 시간 11:00~20:00 홈페이지 www.melsa.co.jp/jiyugaoka.html

지유가오카 북쪽 지역

패션 매장과 이국적인 인테리어 상점들이 있고 베이커리, 카페, 서양식 레스토랑이 많다.

타임리스 컴포트 Timeless Comfort [타이무레스 콘포토]

다양한 생활용품과 주방용품 전문 매장

집안에서 필요한 가구, 생활 잡화, 주방용품, 인테리어 소품까지 판매를 하는 타임리스 컴포트는 여성 관광객에게 아주 인기가 높은 곳이다. T.C. LIFE 라고 할 만큼 이곳의 제품을 주거 공간 인테리어에 활용하는 일본 사람이 많다. 한국 관광객도 한번 이곳에 들르면 시간 가는 줄 모르고 쇼핑할 정도로 다양한 아이디어 상품, 세련된 디자인의 제품으로 고객을 사로잡고 있다. 총 3개 층을 운영하고 있으며 지하 1층에서는 주방용품, 1층에서는 생활용품, 2층에서는 가구와 인테리어 제품을 판매하고 있다.

주소 東京都目黒区自由が丘2-9-11 위치 지유가오카(自由が丘) 역 정면 출구에서 도보 3분 전화 03-5701-5271 시간 11:00~19:00, 수요일 휴무 홈페이지 timelesscomfort.com

루스 지유가오카 Luz自由が丘 [루즈 지유가오카]

여성 고객을 위한 쇼핑몰

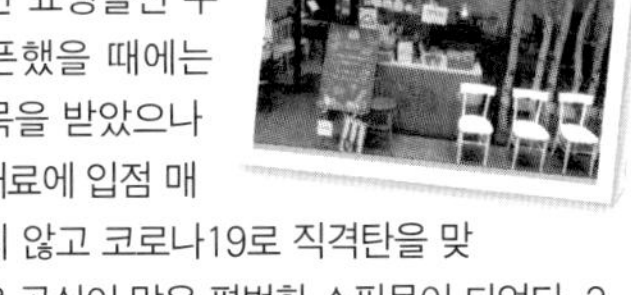

2009년 여성 고객을 타깃으로 한 쇼핑몰인 루스가 오픈했을 때에는 많은 주목을 받았으나 비싼 임대료에 입점 매장이 늘지 않고 코로나19로 직격탄을 맞아 지금은 공실이 많은 평범한 쇼핑몰이 되었다. 3층에 잘 알려진 레스토랑인 셔터즈Shutters가 정상 영업 중이고 1~2층에 약 5개의 상점과 음식점이 영업을 하고 있다.

주소 東京都目黒区自由が丘2-9-6 위치 지유가오카(自由が丘) 역 정면 출구에서 도보 3분 시간 매장에 따라 다름 홈페이지 luz-jiyugaoka.com

콰트르 세종 도쿄 Quatre Saisons Tokio [캬토루 세존 토키오]

작은 생활용품 및 소품 편집 숍

이곳은 작은 생활용품 가게로 아기자기한 소품을 판매하고 있다. 다른 지역의 카트르 세종 매장에서는 프랑스에서 수입한 그릇을 많이 판매하는데 이곳은 편집 숍 느낌이고 이곳에서만 판매하는 제품이 대부분이다. 그릇, 화병은 직접 만들고 디자인을 하여 똑같은 제품이 없다는 희소성이 있으나 크게 작품성이 있지는 않다. 컵 받침, 젓가락, 숟가락 등 주방에 필요한 제품이 조금씩 있으며 우산, 우비 등도 판매하는데 수량은 보이는 것이 전부이니 가볍게 둘러보도록 하자.

주소 東京都目黒区自由が丘2-9-3 위치 지유가오카(自由が丘) 역 정면 출구에서 도보 3분 전화 03-3725-8590 시간 11:00~19:30 홈페이지 www.quatresaisons.co.jp

라 비타 지유가오카 LA VITA 自由が丘 [라- 비타 지유가오카]

외관이 아름다운 지유가오카의 대표 스폿

가토레아 거리를 쭉 따라 올라가다 보면 상점가가 끝나고 주택가가 나오는데 이 조용한 주택가 사이로 유럽풍의 작은 쇼핑몰인 라 비타가 있다. 입구에 들어서면 마치 이탈리아의 베네치아에서 가져온 듯한 건물과 정원의 수로를 볼 수 있는데 쇼핑보다 기념 촬영을 하기 위해 많이 들르는 곳이다. 특히 저녁 이 되면 아름다운 조명 아래 더욱 이국적인 분위기를 느낄 수 있어 오픈 카페에서 차를 마시면서 여유를 즐겨 보는 것도 좋다. 코로나19로 인해 입점한 상점들이 대부분 문을 닫아 썰렁하지만 그래도 지유가오카의 대표 스폿이니 기념사진을 남겨 보자.

주소 東京都目黒区自由が丘2-8-3 위치 지유가오카(自由が丘) 역 정면 출구에서 도보 10분 전화 03-3723-1881 시간 08:30~20:00 홈페이지 jiyugaoka.net/lavita

지유가오카 추천 맛집

스리 티 카페 Three Tea Café [스리-티-카훼]

차의 매력을 맛볼 수 있는 곳

도쿄를 여행하다 보면 커피를 마실 수 있는 카페는 많지만 차를 마실 수 있는 곳은 그다지 많지 않은데 스리 티 카페는 녹차緑茶, 청차青茶, 홍차紅茶를 모두 맛볼 수 있는 이색적인 곳이다. 카페의 분위기도 차분하고 차를 한 잔 마시면 마음도 차분해지고 피로감도 확 줄어드는 느낌이 든다. 여름에는 갈증을 날려 버리는 시원한 차를 마실 수 있고 차가 함유된 깔끔한 젤라토도 먹을 수 있으니, 여행 중 이곳에서 릴렉스 타임을 가져 보자.

주소 東京都世田谷区奥沢5-42-3 위치 지유가오카(自由が丘) 역 정면 출구에서 남쪽으로 도보 10분, 트레인치 1층 전화 03-6459-7517 시간 11:00~19:00 메뉴 다즐링 얼그레이(ダージリンアールグレイ) 750엔, 기문 홍차(キームン) 800엔 홈페이지 threetea.com

라테 그래픽 Latte Graphic [라테 구라휘츠쿠]

커피가 맛있는 브런치 레스토랑

매일 커피콩을 직접 볶아 만든 커피가 맛있는 라테 그래픽의 이름은 라테아트 때문에 지어졌다고 한다. 사실 라테아트는 너무 많이 본 디자인이라 평범하지만 커피의 깊은 맛은 남다르다. 지역 주민들이 많이 찾는 브런치 카페로 오전부터 많은 사람이 찾고 있으며 메뉴의 가격대도 적당하다. 조식도 가성비가 좋아 이곳에서 하루 여행을 시작하는 것도 좋을 듯하다. 다만 식사의 경우 가격은 저렴한데 맛은 크게 특별하지 않아서, 커피와 조식 혹은 브런치까지만 추천한다.

주소 東京都目黒区自由が丘1-8-18 위치 지유가오카(自由が丘) 역 남쪽 출구에서 도보 1분 전화 03-6421-2242 시간 07:00~22:30 메뉴 라테 그래픽(ラテグラフィック) 638엔, 카페라테(カフェラテ) 495엔, 베이컨 에그 베네딕트(ベーコンエッグベネディクト) 858엔

플리퍼즈 FLIPPER'S [후릿파-즈]

팬케이크 먹으려다 수제 과일 음료에 푹 빠지는 맛집

실내는 평범해 보이지만 메뉴는 평범하지 않는 플리퍼즈는 부드럽고 제철 과일이 듬뿍 올라간 팬케이크를 많이 찾지만 그보다도 과일 음료를 꼭 마셔봐야 한다. 시그니처 음료인 5종류의 과일 차는 궁합이 맞는 제철 과일을 듬뿍 넣어 신선하고 설탕을 사용하지 않았는데도 맛있다. 그 밖에도 제철 과일 음료를 직접 만들어 팔고 있는데 하나같이 정성이 느껴지며 과일의 상큼함이 그대로 전달되는 듯하다. 제철 과일이 듬뿍 올라간 팬케이크와 맛있는 과일 음료가 정말 궁합이 끝내주는 세트이니 지유가오카를 찾을 때 꼭 방문해 보자.

주소 東京都目黒区自由が丘1-8-7 위치 지유가오카(自由が丘) 역 남쪽 출구에서 도보 1분, 멜사 파트1과 파트2 사이 건물 3층 전화 03-5731-1185 시간 월~금 11:00~20:00, 토·일·공휴일 10:30~20:00 메뉴 기적의 팬케이크 플레인(奇跡のパンケーキ プレーン) 1,320엔, 기적의 팬케이크 신선한 과일(奇跡のパンケーキ フレッシュフルーツ) 1,650엔, 5종 과일 차(5種のフルーツティー) 880엔 홈페이지 www.flavorworks.co.jp/brand/flippers.html

스위트 포레스트 Sweets Forest [스이-츠 훠레스토]

달콤한 디저트 타운

지유가오카를 방문하면 많이 찾는 스위트 포레스트는 9개의 매장이 한데 모여 있어 다양한 종류의 디저트를 맛볼 수 있는 달콤한 디저트 타운이다. 코로나19로 영업을 중단하였다가 2022년 7월 블링블링한 디자인으로 리뉴얼하여 재개장하였다. 또한 한국의 빙수와 호떡 매장도 입점했으며 예전보다 각 점포의 메뉴가 겹치지 않고 다양해져서 골라 먹는 재미를 느낄 수 있도록 산뜻하고 화려하게 변신하였다. 여행 중에 지쳐서 단것이 당길 때는 한·일 콜라보 메뉴를 만날 수 있는 스위트 포레스트를 방문해 보자.

주소 東京都目黒区緑が丘2-25-7 위치 지유가오카(自由が丘) 남쪽 출구에서 도보 5분 전화 03-5731-6600 시간 월~금 11:00~20:00. 토·일·공휴일 10:00~20:00 메뉴 사쿠라 빙수(さくらピンス) 950엔, 사랑 호떡(サランホットク) 550엔, 민트 치즈 케이크(ミントチーズケーキ) 680엔, 웨이브 토스트(ウェーブトースト) 650엔 홈페이지 sweets-forest.cake.jp

멘우라타 麺うらた [멘우라타]

이베리코 차슈와 깔끔한 국물의 라멘 가게

멘우라타는 면 요리를 판매하는 식당으로, 닭과 돼지 그리고 참돔을 우려낸 국물을 사용하여 느끼함이 덜하고 깔끔한 것이 특징이다. 면발이 일반적인 라멘에 비해 가늘어 소바와 라멘의 중간쯤 되는 면을 사용하는데, 국물이 깔끔하고 자극적이지 않으며 다른 라멘과 다르게 특이하다. 그 위에 붉은색의 이베리코 차슈가 올라가 비주얼도 다르다. 가게에 큰 간판도 없고 입구도 음식점 같지 않아서 자칫 지나치기 쉬우니 지도를 잘 참고하도록 하자.

주소 東京都目黒区自由が丘1-12-5 위치 지유가오카(自由が丘) 역 정면 출구에서 도보 3분 전화 03-5701-2548 시간 월~토 11:00~03:00, 일 11:00~23:00 메뉴 유자 소금 소바(ゆず塩SOBA) 900엔, 구조 파 만두(九条ネギ餃子) 250엔

호사카야 ほさかや [호사카야]

민물장어 요리 로컬 맛집

허름한 외관의 호사카야는 3대째 이어 오는 노포로, 지유가오카에서 알아주는 민물장어 요리 맛집이다. 가격도 적당하고 살도 두툼하며 숯불에 구워 향과 맛이 일품이다. 점심 때는 장어덮밥을 먹기 위해 줄을 설 정도이고 저녁에도 장어 요리에 맥주 한 잔을 하기 위해 자리가 없을 정도로 손님이 많다. 장어덮밥은 점심 때만 판매하는데 양에 따라 가격이 다르며, 저녁에는 장어 꼬치구이와 장어 한 마리 구이 등을 판매한다. 가게가 좁지만 낮에는 그래도 줄을 설 만한데, 저녁에는 8시 마감인 데다 일단 줄을 서면 언제 차례가 올지 장담할 수 없다는 점은 참고하자.

주소 東京都目黒区自由が丘1-11-5 위치 지유가오카역 정면 출구에서 도보 2분 전화 03-3717-6538 시간 월~토 11:00~14:00, 16:00~20:00 / 일요일 휴무 메뉴 장어덮밥(うな丼) 1,500엔(소), 2,900엔(대), 장어 소금구이)うなぎ塩焼) 400엔, 장어 꼬치구이(うなぎからくり焼) 400엔

프티 마르셰 PETIT MARCHE [푸테이 마루세]

유기농 식자재를 사용하는 정통 프랑스 요리점

1981년에 오픈하여 신선한 재료와 변하지 않는 맛으로 지유가오카에서 손꼽히는 레스토랑 중 하나다. 이곳은 일본의 각지에서 직접 공수해 온 생선이나 고기, 무농약 채소를 재료로 사용하여 맛과 신선도가 뛰어나 건강한 요리를 선호하는 미식가의 입맛을 사로잡았다. 맛뿐만 아니라 먹기 아까울 정도로 뛰어난 음식 데코레이션 또한 이 식당의 자랑이다. 정통 프랑스 요리에서 퓨전 요리까지 다양한 메뉴가 준비되어 있으며 가격은 다소 비싸니 특별한 날 방문하자.

주소 東京都目黒区自由が丘1-25-22 위치 지유가오카(自由が丘) 역 정면 출구에서 도보 5분 전화 03-3723-7907 시간 11:30~14:30, 17:30~21:30 / 화·수 휴무 메뉴 전복 코스 요리(アワビコース) 11,000엔, 프티 마르세 디너(プティマルシェ ディナー) 6,050엔, 오마르새우가 메인인 오마카세 코스(オマール海老メインのおまかせコース) 9,680엔 홈페이지 petitmarche-jiyugaoka.owst.jp

지유가오카 로루야 自由が丘ロール屋 [지유가오카 로루야]

달콤한 생크림과 폭신한 카스텔라의 조화

신선하고 달콤한 생크림과 스펀지 같은 카스테라가 절묘하게 어우러져 눈도 즐겁고 맛도 뛰어난 롤케이크 전문점이다. 지유가오카 역에서 좀 떨어져 있어서 관광객이 잘 가지 않는 위치인데도 우리나라 여행객들이 즐겨 찾는 베이커리이다. 물론 지역 사람들에게는 잘 알려져 있어 좀 늦은 시간에 방문하면 원하는 케이크를 구입하기 쉽지 않다. 생크림이 듬뿍 들어간 롤케이크를 좋아하는 사람이라면 이곳은 천국이다.

주소 東京都目黒区自由が丘1-23-2 위치 지유가오카(自由が丘) 역 정면 출구에서 도보 8분 전화 03-3725-3055 시간 11:00~18:00, 화·수 휴무 메뉴 계절 과일 롤케이크(季節のフルーツロール12cm) 2,000엔, 멜론 롤케이크(メロンのロール) 2,500엔 홈페이지 www.jiyugaoka-rollya.jp

몽상클레르 Mont st. Clair [몬산쿠레-루]

일본 전역에서 유명한 케이크 전문점

지유가오카뿐만 아니라 일본 전역에서 아주 유명한 케이크 전문점이다. 각종 방송을 통해서 많이 소개되었고 유명 인사나 연예인들이 즐겨 찾을 만큼 인기다. 약 200여 종의 델리 메뉴를 갖춘 이곳은 밸런타인데이나 화이트데이, 크리스마스 같은 특별한 날에는 신상품을 출시하여 전국에 있는 일본인이 모여든다. 지유가오카 북쪽 주택가에 위치하고 있어 거리가 좀 있고 비싸지만, 계절별로도 새로운 제품을 선보이고 있으니 지유가오카를 여행할 때 계절 특별 케이크를 맛보자.

주소 東京都目黒区自由が丘2-22-4 위치 지유가오카(自由が丘) 역 정면 출구에서 도보 20분 전화 03-3718-5200 시간 11:00~18:00, 수요일 휴무 메뉴 쇼콜라 캐러멜(ショコラキャラメル) 820엔, 멜론 주스(メロンジュ) 830엔, 브론테(ブロンテ) 6,540엔, 세라비(セラヴィ) 4,290엔 홈페이지 www.ms-clair.co.jp

변화를 준비하는 도쿄 남쪽 교통의 요지

도쿄 남쪽 교통의 요지인 시나가와는 하네다 국제공항에 도착한 여행객들이 도쿄 남쪽 또는 서쪽으로 이동할 때 가장 많이 이용하는 게이큐선을 야마노테선으로 환승할 수 있는 곳이다. 여기서 야마노테선을 이용하여 신주쿠, 시부야, 하라주쿠로 이동하기 편리하며 근교 여행지인 요코하마나 가마쿠라로 이동하기도 편리하여 숙소를 이곳 시나가와로 정하는 관광객들이 많아지고 있다. 코로나19 이후 시나가와 역 다카나와 출구高輪口 인근과 건너편 시나가와 프린스 호텔의 아케이드가 모두 신축 공사 중이고 시나가와의 명물인 철로 아래 라멘 골목도 모두 철거하고 대대적으로 변화를 준비하고

있다. 관광할 만한 볼거리는 별로 없지만 교통이 편리하고 조용하여 하네다 공항을 이용하는 관광객들에게는 숙박을 위해 적극 추천하고 싶은 지역이다.

한 눈에 보는 지역 특색

도교 시내와 근교로
이동이 편한 교통의 요지

숙소가 공항과 가깝고,
가격대가 만족스러운 곳

역 근처의 맛집과
즐길 거리가 많은 곳

How to go?

시나가와 가는 방법

시나가와는 도쿄의 남쪽에 위치해 있어 하네다 국제 공항에서 가깝고 시내 어디로든 이동이 편리하다는 장점이 있다.

✿ 하네다 국제공항에서 이동하기

게이큐 하네다 국제공항 역에서 게이큐선京急線 시나가와品川 방면 쾌속 특급快速特急을 탑승하여 2 정거장 이동.

시간 약 14분 소요 요금 300엔

✿ 신주쿠역新宿駅에서 이동하기

JR 신주쿠 역 14번 플랫폼에서 JR 야마노테선山手線을 탑승하여 8 정거장 이동.

시간 약 20분 소요 요금 210엔

✿ 우에노上野駅에서 이동하기

JR 우에노 역 3번 플랫폼에서 JR 야마노테선山手線을 탑승하여 9 정거장 이동.

시간 약 20분 소요 요금 210엔

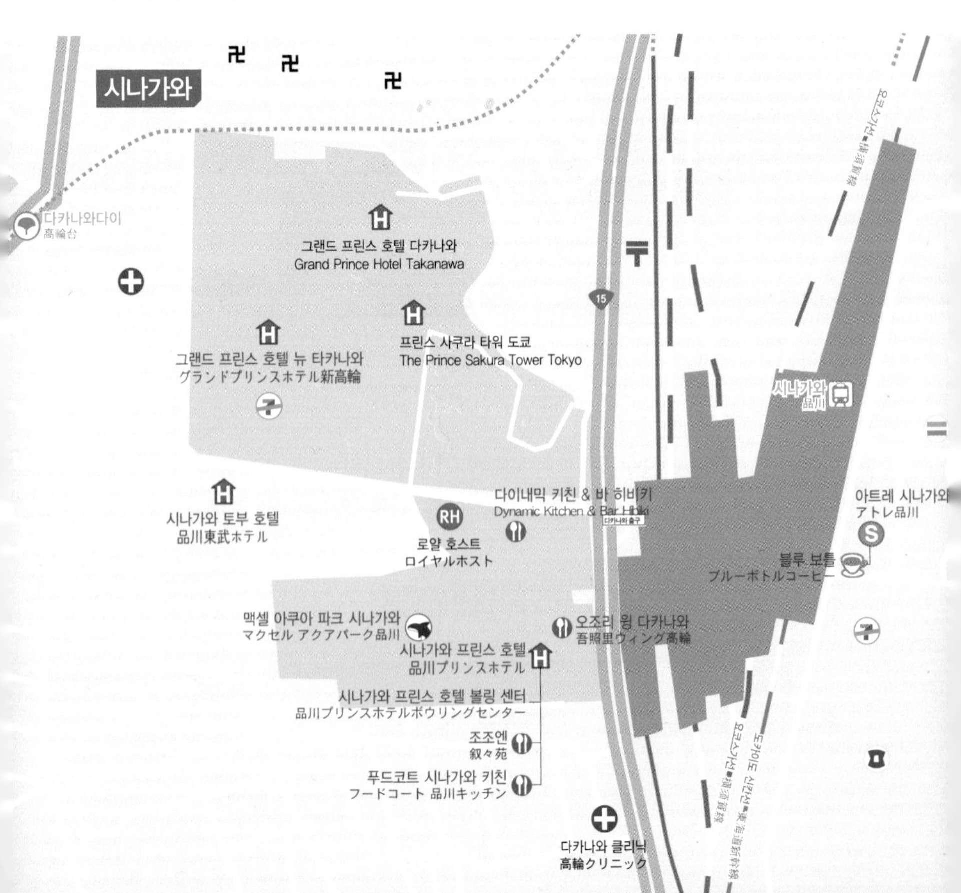

Best Tour 추천 코스

시나가와는 맛집과 숙소 중심의 지역이므로 관광은 시나가와 프린스 호텔 중심으로 둘러보는 간단한 일정이면 충분하다.

JR 시나가와 역 ➔ 도보 2분 ➔ 맥셀 아쿠아 파크 시나가와 ➔ 도보 1분 ➔ 시나가와 프린스 호텔 볼링 센터 ➔ 도보 4분 ➔ 아트레 시나가와

시나가와 프린스 호텔 볼링 센터

맥셀 아쿠아 파크 시나가와

아트레 시나가와

맥셀 아쿠아 파크 시나가와 マクセル アクアパーク [마쿠세루 아쿠아파-쿠]

빛을 테마로 한 신개념 아쿠아리움

2017년 12월 기존의 엡손 아쿠아 스타디움을 리모델링하여 새롭게 오픈한 맥셀 아쿠아 파크 시나가와는 350여 종의 바다 동물을 수용하고 있다. 또한 빛을 테마로 한 어트랙션을 운영하고 있는데 1층 매지컬 그라운드는 세계 최초로 터치 패널을 이용한 수조와 LED 벽면, 환상의 회전목마가 인기가 높다. 남극에 사는 펭귄의 생활도 볼 수 있고 20m 길이의 바닷속 터널도 있으며 아이들에게 인기가 좋은 돌고래 쇼는 이곳의 하이라이트다.

주소 東京都港区高輪4-10-30 위치 JR 시나가와(品川) 역 다카나와(高輪) 출구에서 도보 2분, 시나가와 호텔에 위치 전화 03-5421-1111 시간 10:00~20:00(계절 및 연휴에 따라 변동 있으므로 사전 체크 요망) 요금 고등학생 이상 2,500엔, 초등학생 이상 1,300엔, 만 4세 이상 800엔 ※ 프린세스 호텔 투숙자는 할인 혜택 있음 홈페이지 www.aqua-park.jp/aqua

시나가와 프린스 호텔 볼링 센터 品川プリンスホテルボウリングセンター [시나가와 푸린수 호테루 보오린구 센타-]

어린 자녀와 함께 즐거운 볼링 한 게임!

도쿄에 많은 볼링장이 있지만 환경도 쾌적하고 시설도 좋은 시나가와 프린스 호텔 내에 있는 볼링 센터를 추천한다. 호텔 부대시설이지만 가격이 크게 비싸지 않고 2개 층 80레인 규모로 상당히 크다. 이곳의 큰 장점은 어린 자녀(미취학 아동 포함)와 함께 볼링을 칠 수 있게 양쪽 레인 끝에 범퍼가 설치되어 있고 5파운드 이하의 볼링공도 갖추고 있어 아이들과 즐거운 시간을 가질 수 있다는 것이다. 어린이용 볼링화도 대여가 가능하니 아이와 함께 여행하고 있다면 방문해 보자.

주소 東京都港区高輪4-10-30 위치 JR 시나가와(品川) 역 다카나와(高輪) 출구에서 도보 2분, 시나가와 호텔 1~2층에 위치 전화 03-3440-1116 시간 월·수·목·금 11:00~21:00, 화 11:00~19:00, 토 10:00~20:00, 일·공휴일 10:00~19:00 요금 [평일 11:00~18:00] 일반 700엔, 고등학생·대학생 650엔, 중학생 이하 600엔 / [평일 18:00 이후, 토·일·공휴일] 일반 800엔, 고등학생·대학생 750엔, 중학생 이하 700엔 / 볼링화 대여비 450엔 ※ 1게임당 비용이며 프린세스 호텔 투숙자는 할인 혜택 있음 홈페이지 www.princehotels.co.jp/shinagawa/bowling

아트레 시나가와 アトレ品川 [아토레 시나가와]

JR 시나가와 역사에 위치한 쇼핑몰

JR 시나가와 역의 역사에 위치해 있어 이동할 때 쉽게 접하게 되는 쇼핑몰로, 규모는 크지 않지만 유동인구가 많아 많은 사람이 방문한다. 역사 내의 매장에서는 베이커리, 음료를 비롯한 식료품과 기념품 위주로 판매하고 있으며, 쇼핑몰 본관에 위치한 식료품 전문점인 딘 앤 델루카Dean & Deluca와 유명 커피 전문점인 블루 보틀Blue Bottle는 관광객들에게도 인기가 높은 점포이다. 시나가와에 숙소를 정한다면 도시락이나 필요한 식료품은 아트레에 방문하여 준비하도록 하자.

주소 東京都港区港南2-18-1 위치 JR 시나가와(品川) 역 2~4층에 위치 전화 03-6717-0900 시간 월~토 07:00~23:00, 일 07:00~22:00 홈페이지 www.atre.co.jp/shinagawa

시나가와 추천 맛집

오조리 윙 다카나와 吾照里ウィング高輪 [오조리 우잉구 타카나와]

친절함과 가성비 모두 최고인 야키니쿠 전문점

재일 교포 사장님이 운영하는 한식당으로 저녁에는 사전 예약 없이는 이용하기 힘들 정도로 손님이 많은 인기 야키니쿠 전문점이다. 삼겹살은 물론이고 해산물과 다양한 부위의 소고기를 판매하는데 프리미엄급 소고기를 주문하면 고기의 부위 이름을 표시하여 내오는 것이 특징이다. 또한 김치찌개, 냉면, 비빔밥 등 각종 한식도 먹을 수 있어 여행 중 맛있는 고기를 편하게 먹고 싶을 때나 한식을 먹고 싶을 때 꼭 들르기 좋다.

주소 東京都港区高輪4-10-18 위치 시나가와 프린스 호텔 앞 아케이드 1층 전화 03-5793-8663 시간 수~토 11:00~23:00 , 일~화 11:00~22:00 메뉴 특상 소고기 모듬(特上牛肉5点盛合せ) 6,490엔, 일본 갈비(黒毛和牛カルビ) 1,000엔 홈페이지 ojori-takanawa.owst.jp

조조엔 叙々苑 [조조엔]

품질 좋은 고기와 고급스러운 분위기가 만족스러운 야끼니쿠 전문점

프리미엄 갈비와 한식을 판매하는 고급 야끼니쿠 전문점으로, 외관은 전혀 한식당처럼 보이지 않지만 메뉴는 대부분 한식이다. 인테리어도 고급스럽고 분위기도 차분하고 조용하여 대화를 나누기 좋으며 고기의 품질은 정말 일품이다. 다만 가격이 상당히 비싸고 양념의 간이 세서 소금구이를 좀 더 추천한다. 항상 사람이 많아 대기를 해도 들어갈 수 없을 때가 있으니 특별한 날에는 꼭 예약을 하도록 하자.

주소 東京都港区高輪4-10-30 위치 시나가와 프린스 호텔 노스 타워 1층 전화 03-6409-0089 시간 11:30~22:00 메뉴 특선 갈비구이(特選カルビ焼) 5,500엔, 우설구이(タン塩焼) 3,600엔 홈페이지 www.jojoen.co.jp/shop/jojoen/shinagawa

다이내믹 키친 & 바 히비키 Dynamic Kitchen & Bar Hibiki [다이나밋쿠 킷친 & 바– 히비키]

일본 위스키와 와인 전문 음식점

최근 일본의 히비키響와 야마자키山崎 위스키가 우리나라 젊은 층을 중심으로 많은 인기를 얻고 있지만 국내 주류 매장이나 해외 면세점에서도 이 제품을 구매하기가 상당히 힘든데, 이곳은 합리적인 가격으로 히비키 위스키를 마실 수 있고 또 산토리에서 만든 일본 와인도 맛볼 수 있는 특별한 곳이다. 다양한 음식도 판매하고 있지만 식사보다는 일본산 위스키와 와인을 마시는 데 초점을 맞추고 방문하자.

주소 東京都港区高輪4-10-18 위치 시나가와 프린스 호텔 윙 다카나와 쇼핑몰 1층 전화 03-6409-0089 시간 월~금 11:30~14:30, 17:00~23:00 / 토·일 11:30~14:30, 17:00~22:00 메뉴 히비키(響 HIBIKI) 1잔 1,300엔, 야마자키(山崎) 1잔 1,200엔 홈페이지 hibiki.dynac-japan.com/shinagawa/ko

푸드코트 시나가와 키친 フードコート品川キッチン [후-도코-토 시나가와 킷친]

다양한 음식을 판매하는 깨끗한 푸드코트

시나가와 프린스 호텔 2층에 위치한 푸드코트는 다양한 음식들을 맛볼수 있는 곳으로 주변에 영화관과 아쿠아리움이 있어 항상 많은 사람이 방문하는 곳이다. 어린 자녀를 동반한 여행객은 음식점을 고르기 어려운 편인데, 이곳은 자리가 편하고 깨끗하며 유아용 의자도 갖추고 있어 가족 단위 방문객을 많이 볼 수 있다. 우리나라 푸드코트와 마찬가지로 음식을 구매하여 식사를 한 다음 각자의 자리를 깨끗이 치우고 나가도록 하자.

주소 東京都港区高輪4-10-30 위치 시나가와 프린스 호텔 2층 전화 03-3440-1111 시간 11:00~19:30 홈페이지 www.princehotels.co.jp/shinagawa/restaurant/shinakichi

블루 보틀 ブルーボトルコーヒー [부루- 보토루 코이히]

퀄리티 높은 커피 원두를 사용하는 스페셜 커피 전문점

우리나라에도 몇 년 전에 매장이 들어온 블루 보틀이 아트레 시나가와アトレ品川에 오픈하면서 아침부터 늦은 시간까지 앉을 자리가 없을 정도로 인기를 얻고 있다. 도쿄의 블루 보틀 매장 중에서 규모가 작은 편이지만, 그나마 줄이 적고 주변에 푸드코트 매장이 있어 테이크아웃하여 자리를 잡기가 편리하다. 커피 마니아라면 블루 보틀의 진하고 부드러운 카페라테를 꼭 마셔 봐야 한다고 할 만큼 선호도가 높고, 일본 한정 굿즈와 커피 관련 제품도 판매하고 있으니 참고하자.

주소 東京都港区港南2-18-1 위치 JR 시나가와(品川) 역 개찰구에서 동쪽 출구 방향, 아트레 시나가와 3층 시간 월~금 08:00~10:00, 토·일·공휴일 10:00~22:00 메뉴 카페라테(カフェラテ) 627엔 홈페이지 bluebottlecoffee.jp

GINZA

긴자

銀座

부티크 쇼핑의 메카이자 대형 백화점의 밀집 지역

대형 백화점과 고급 명품 부티크 매장이 즐비한 긴자는 도쿄 최고의 쇼핑 지역이자 원조 유흥의 거리다. 1923년 관동 대지진으로 폐허가 된 이 지역이 개발되면서 백화점이 속속 들어섰고 1960년대 경제 발전 시기에 명품 매장들이 생겨나면서 지금의 명품 거리를 형성하였다. 하지만 경제 불황이 지속되면서 잘나가던 긴자의 백화점 매출이 줄고 코로나19로 다시 한 번 타격을 받았다. 이 과정에서 일부 백화점과 쇼핑몰이 문을 닫고 그 대신 긴자 식스 같은 초대형 복합 쇼핑몰과 유니클로, H&M, ZARA 등 대중적인 브랜드의 대형 매장이 들어서는 등 변화의 바람이 불기도 했다. 긴자에는 인기 음식점도 많아 최근에는 맛집 투어를

하는 관광객들로 항상 북적이는데, 주말에는 차량을 통제하여 더욱 여유 있게 긴자 거리를 거닐며 먹거리와 쇼핑을 즐길 수 있다.

한 눈에 보는 지역 특색

도쿄 최대의
명품 쇼핑 지역

신주쿠, 시부야와 더불어
도쿄 최고의 번화가

지하철 노선이 많아
교통이 편리한 곳

How to go?

긴자 가는 방법

긴자는 여러 교통편이 지나가는 곳이어서 어디서든 쉽게 이동할 수 있으니, 이동 시간을 미리 체크하고 적절한 교통편을 선택하자.

신주쿠新宿 역에서 이동하기

- JR 신주쿠 역 14번 플랫폼에서 JR 야마노테선山手線을 탑승하여 유라쿠초有楽町 역으로 12 정거장 이동.

시간 약 30분 소요 요금 210엔

- 지하철 신주쿠 역 2번 플랫폼에서 마루노우치선丸ノ内線을 탑승하여 8 정거장 이동.

시간 약 16분 소요 요금 210엔

아사쿠사浅草 역에서 이동하기

지하철 아사쿠사 역(시발역)에서 긴자선銀座線을 탑승하여 10 정거장 이동.

시간 약 18분 소요 요금 210엔

Best Tour 추천 코스

긴자 관광은 주오 거리中央通り를 중심으로 남쪽으로 이동하도록 하자. 주오 거리 끝에는 신바시新橋 역이 있어 오다이바로 가거나 JR 야마노테선을 탑승하여 다른 지역으로 가기 편리하다.

JR 유라쿠초 역 → 도보 1분 → 유라쿠초 마루이 → 도보 2분 → 마로니에 게이트 긴자 → 도보 3분 → 무인양품 긴자 → 도보 5분 → 이토야 → 도보 3분 → 마쓰야 긴자 → 도보 2분 → 긴자 미쓰코시 → 도보 2분 → 와코 → 도보 5분 → 긴자 식스

무인양품 긴자

와코

긴자 식스

TIP. 긴자에서 쇼핑할 때 주의할 점이 두 가지가 있는데 첫 번째는 같은 제품이라도 긴자 백화점의 제품이 다른 매장보다 더 비싼 경우가 많다. 또한 명품 매장에 방문할 때 드레스 코드를 보는 경우가 많아 너무 편하게 입고 가면 입장을 거절당할 수 있다.

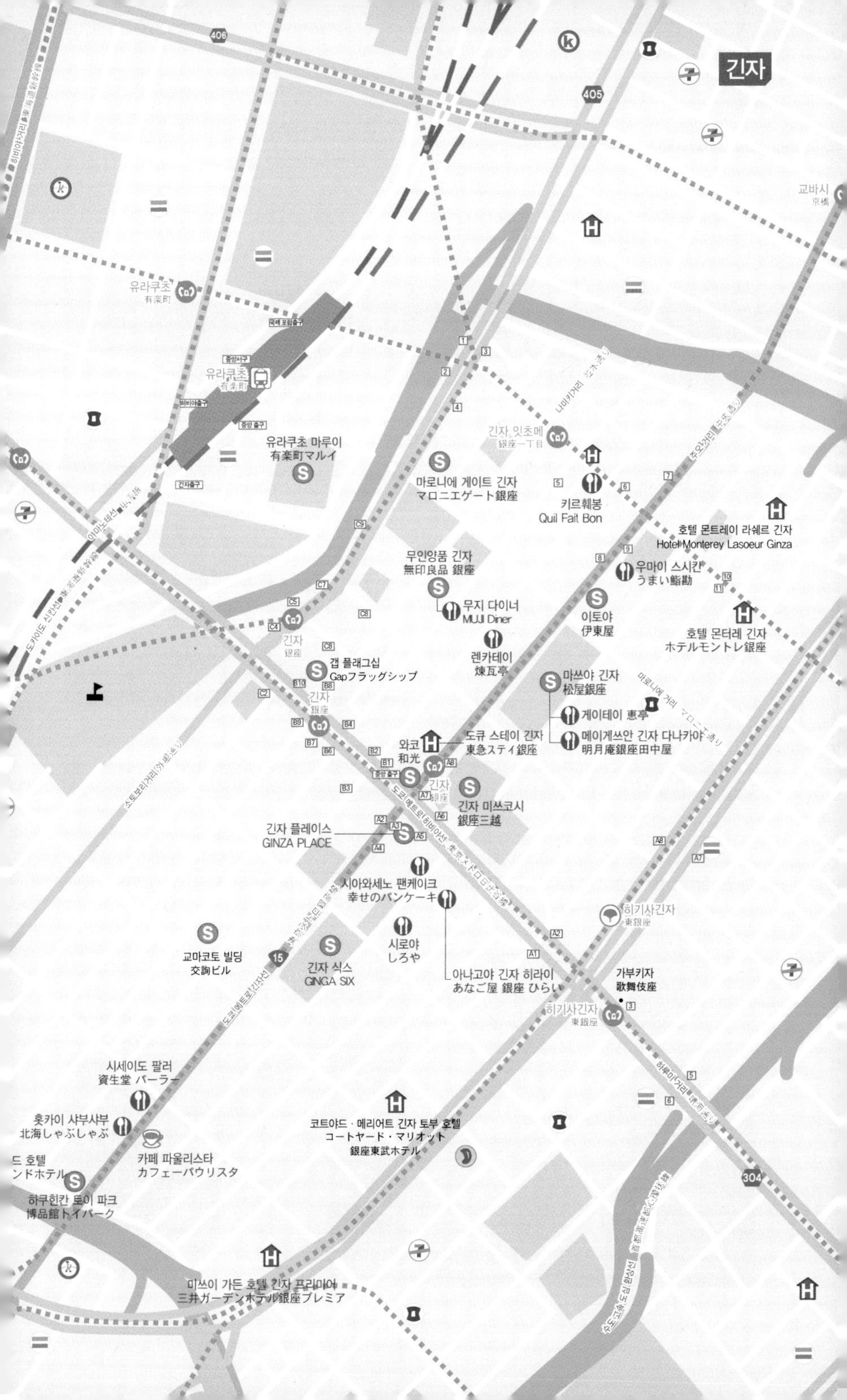

긴자
교바시
京橋
유라쿠초
有楽町
유라쿠초
有楽町
유라쿠초 마루이
有楽町マルイ
마로니에 게이트 긴자
マロニエゲート銀座
긴자 잇초메
銀座一丁目
키르훼봉
Quil Fait Bon
호텔 몬트레이 라쉐르 긴자
Hotel Monterey Lasoeur Ginza
무인양품 긴자
無印良品 銀座
무지 다이너
MUJI Diner
우마이 스시칸
うまい鮨勘
이토야
伊東屋
호텔 몬터레 긴자
ホテルモントレ銀座
렌카테이
煉瓦亭
긴자
銀座
갭 플래그십
Gapフラッグシップ
마쓰야 긴자
松屋銀座
게이테이 恵亭
메이게쓰안 긴자 다나카야
明月庵銀座田中屋
와코
和光
도큐 스테이 긴자
東急ステイ銀座
긴자
銀座
긴자 미쓰코시
銀座三越
긴자 플레이스
GINZA PLACE
시아와세노 팬케이크
幸せのパンケーキ
히가시긴자
東銀座
시로야
しろや
교마코토 빌딩
交詢ビル
긴자 식스
GINGA SIX
아나고야 긴자 히라이
あなご屋 銀座 ひらい
가부키자
歌舞伎座
히가시긴자
東銀座
시세이도 팔러
資生堂 パーラー
홋카이 샤부샤부
北海しゃぶしゃぶ
카페 파울리스타
カフェーパウリスタ
코트야드 · 메리어트 긴자 토부 호텔
コートヤード・マリオット
銀座東武ホテル
하쿠힌칸 토이 파크
博品館トイパーク
미쓰이 가든 호텔 긴자 프리미어
三井ガーデンホテル銀座プレミア
나미키거리
주오거리
마로니에 거리
소토보리거리
하루미거리
도쿄 메트로 히비야선
도쿄메트로긴자선
도카이도 신칸센
야마노테선
수도고속도로 도심환상선
406
405
304
15

긴자 북쪽 지역

긴자잇초메 역을 중심으로 백화점과 명품 단독 매장들이 모여 있는 곳이다. 또한 현지에서 인기 있고 오랫동안 자리 잡은 레스토랑도 많다.

유라쿠초 마루이 有楽町マルイ [유우라쿠초 마루이]

JR · 지하철 유라쿠초 역과 접근성이 용이한 백화점

유라쿠초 마루이는 긴자의 메인 거리에서 다소 떨어져 있지만 JR·지하철 유라쿠초 역과 인접해 있어 교통이 아주 편리하고 쇼핑 공간이 넓은 편이어서 여유 있는 쇼핑이 가능하다. 이 백화점은 계절과 트렌드에 맞춰 팝업 스토어를 많이 운영하고, 오래전 추억을 떠올리게 하는 애니메이션 굿즈 스토어를 일정 기간 운영하는 이벤트도 자주 열고 있다. 다만 긴자의 메인 거리와 거리가 있어 단기 여행을 하는 관광객에게는 굳이 이곳을 추천하지는 않는다.

주소 東京都千代田区有楽町2-7-1 위치 JR 유라쿠초(有楽町) 역 중앙 출구 또는 긴자 출구에서 도보 1분 전화 03-3212-0101 시간 11:00~20:00 홈페이지 www.0101.co.jp/086

마로니에 게이트 긴자 マロニエゲート銀座 [마로니에 게에토 긴자]

새롭게 단장한 쁘렝땅 백화점

우리에게도 명칭이 익숙한 프랑스의 유명 백화점인 쁘렝땅이 1984년 긴자점을 오픈했으나 경영 악화로 지금의 마로니에 게이트 긴자로 명칭을 변경하여 리뉴얼하였다. 1~3관을 오픈하여 규모를 더 크게 키웠고 기존의 고급스러운 브랜드 매장에서 가구, 생활용품, 주방용품 매장을 새롭게 오픈하여 백화점 문턱을 낮췄다. 최근 2관에 인기 SPA 브랜드 유니클로의 초대형 매장인 '유니클로 도쿄'가 입점하면서 젊은 층을 중심으로 한 고객이 많이 늘어났다.

주소 東京都中央区銀座2-2-14 위치 긴자잇초메(銀座一丁目) 역 4번 출구에서 도보 1분 전화 03-3567-0077 시간 11:00~21:00 홈페이지 www.marronniergate.com

무인양품 긴자 無印良品 銀座 [무지루시료오힌 긴자]

도쿄 최대 규모의 무인양품 백화점

2019년 오픈한 무인양품 긴자점은 생활용품, 식품, 인테리어 제품과, 의류, 가구까지 무인양품의 모든 제품을 만날 수 있는 백화점이다. 건물 1층에는 냉동·냉장 식품, 신선 식품, 가공 식품 등을 판매하는 대형 식품 매장이 있다. 지하에는 무인양품에서 직접 운영하는 레스토랑인 '무지 다이너MUJI Diner'를 오픈하였으며 6층에는 무인양품의 제품들로 인테리어된 '무지 호텔MUJI HOTEL'을 운영하고 있다. 다른 무인양품 매장보다 더 다양한 제품이 구비되어 있고 한국에서 볼 수 없는 아이템도 많으니 꼭 방문해 보자.

주소 東京都中央区銀座3-3-5 위치 ❶ 긴자(銀座) 역 C8번 출구에서 도보 2분 ❷ 긴자잇초메(銀座一丁目) 역 5번출구에서 도보 3분 전화 03-3538-1311 시간 11:00~21:00 홈페이지 www.muji.com/jp/ja/shop/detail/046604

이토야 伊東屋 [이토야]

도쿄에서 가장 유명한 팬시 · 문구점

1904년 긴자산초메에 오픈한 이토야는 1944년 전쟁으로 물자 조달이 힘들어 폐업했다가 1946년 재오픈하였고 1965년 지금의 모습으로 다시 태어났다. 일본의 전통적인 양식을 살린 문구부터 전 세계에서 수입한 대중적인 문구와 고급 문구까지 다양하게 갖추고 있다. 16만 개 이상의 제품을 갖추고 있으며 특히 만년필이 유명하여 별도의 매장을 운영 중이다. 문구류에 관심이 있는 사람들이 꼭 찾는 곳으로, 다양한 문구류의 판매점이자 전시장이라 할 정도로 구경할 것이 많다.

주소 東京都中央区銀座2-7-15 위치 ❶ 긴자(銀座) 역 A13번 출구에서 도보 3분 ❷ 긴자잇초메(銀座一丁目) 역 8번 출구에서 도보 1분 전화 03-3561-8311 시간 월~토 10:00~20:00, 일·공휴일 10:00~19:00 홈페이지 www.ito-ya.co.jp/ginza

마쓰야 긴자 松屋銀座 [마츠야 긴자]

인기 명품매장이 입점한 부띠끄 백화점

1925년 개점한 마쓰야 긴자는 마로니에 거리マロニエ通り부터 마쓰야 거리松屋通り까지 한 블록이 모두 백화점 건물로 지하 2층, 지상 9층 규모의 대형 백화점이다. 다양한 명품 브랜드가 입점해 있어 눈길을 끌고 있는데 2층은 루이비통 매장을 비롯한 명품 브랜드 매장으로만 운영하고 있다. 특히 1층 끝에 위치한 이세이 미야케イッセイミヤケ의 바오바오 BAOBAO 가방을 판매하는 매장은 우리나라 관광객을 비롯한 많은 사람이 줄을 서는데 주말에는 매장을 입장하는 데만 1시간 이상 소요될 정도로 인기를 끌고 있다.

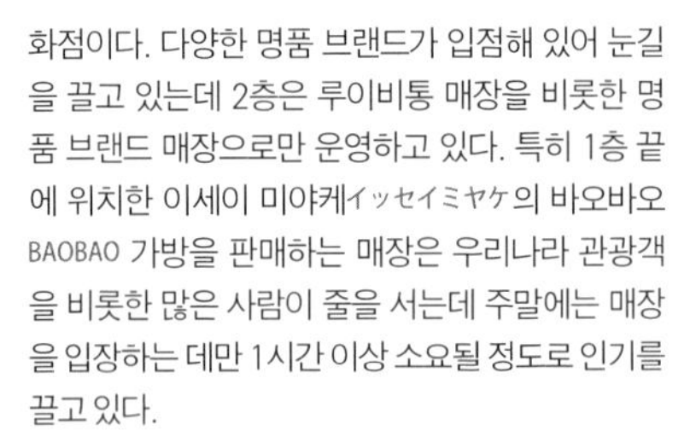

주소 東京都中央区銀座 3-6-1 위치 긴자(銀座) 역 A12번 출구와 연결 전화 03-3567-1211 시간 상점 월~토 10:00~20:00, 일·공휴일 10:00~19:30 / 레스토랑 월~토 11:00~22:00, 일·공휴일 11:00~21:30 홈페이지 www.matsuya.com/ginza

긴자 남쪽 지역

도쿄에서 가장 큰 쇼핑몰인 긴자 식스를 비롯해 대형 브랜드 매장들이 주오 거리를 따라 줄지어 있다. 주말에는 차량 통행을 막아 여유 있게 긴자 거리를 거닐며 쇼핑을 즐길 수 있다.

와코 和光 [와코오]

세이코 시계탑이 돋보이는 긴자 중심부의 백화점

1881년 일본 최고의 시계 전문 회사인 세이코를 시작으로 1947년 백화점 소매업으로 발전시켰 다. 와코의 상징인 대형 시계탑이 가장 먼저 눈에 들어오며 긴자의 중심에 있어 최고의 약속 장소로 꼽히기도 한다. 다른 백화점과는 달리 와코의 대부분은 고급 주얼리와 시계, 그리고 핸드백을 비롯한 액세서리 전문 매장으로 채워져 있다는 점에서 차별화된다. 특히 6층 전체를 세이코 시계 전시장이자 영업 매장으로 운영하고 있다.

주소 東京都中央区銀座4-5-11 위치 긴자(銀座) 역 B1번 출구와 연결 전화 03-3562-2111 시간 11:00~19:00 홈페이지 www.wako.co.jp

긴자 미쓰코시 銀座三越 [긴자 미츠코시]

긴자에서 가장 인기 있는 대형 백화점

일본에서 처음으로 백화점이라는 단어를 사용한 곳으로 어떻게 보면 일본 백화점의 시초라고 볼 수 있다. 1904년 미쓰코시 포목점을 시작으로 현재의 백화점 틀을 갖춘 것은 1928년이다. 긴자 최고의 백화점인 미쓰코시 긴자점은 1930년에 들어섰다. 긴자점은 전체 미쓰코시 백화섬 중 약 7%의 매출을 차지하고 있을 정도로 많은 사람이 찾는다. '미쓰코시' 하면 고급스러운 지하 식품 매장이 유명한데 특히 과일 가격을 보면 입이 딱 벌어질 정도로 어마어마하다. 10층에는 아이를 위한 전문 매장이 많으니 어린 자녀를 둔 관광객이라면 방문해 보자.

주소 東京都中央区銀座4-6-16 위치 긴자(銀座) 역 A7번 출구와 연결 전화 03-3562-1111 시간 상점 10:00~20:00 / 레스토랑은 매장마다 다름 홈페이지 www.mistore.jp/store/ginza.html

긴자 플레이스 GINZA PLACE [긴자 프레에즈]

볼거리가 가득한 하이브리드 빌딩

과거 소니 쇼룸이 있던 자리에 들어선 긴자 플레이스에는 유명 브랜드의 쇼룸과 판매점이 입점해 있어 다양한 볼거리가 있다. 1~2층에는 닛산 크로싱 NISSAN CROSSING이 입점하여 닛산 자동차의 빈티지 모델부터 미래형 자동차까지 체험해 볼 수 있고 현재 판매되고 있는 자동차도 시승하여 기념사진을 남길 수 있다. 4~7층까지는 소니 쇼룸과 판매점을 함께 운영하고 있는데 제품을 직접 체험해 볼 수 있고 최신 제품도 구매할 수 있다. 특히 4층의 소니 카메라와 5층의 플레이스테이션PlayStation에 관심이 있다면 꼭 방문해 보자.

주소 東京都中央区銀座5-8-1 위치 긴자(銀座) 역 A4번 출구와 연결 전화 닛산 크로싱 03-3573-0523, 소니 050-3754-9620 시간 닛산 크로싱 10:00~20:00 / 소니 4~5층 11:00~19:00, 6층 11:00~18:00(월~금 평일만 운영), 7층 소니 갤러리 11:00~18:00 홈페이지 ginzaplace.jp

하쿠힌칸 토이 파크 博品館トイパーク [하쿠힌칸 토이파아쿠]

125년 된 도쿄 최대 규모의 장난감 백화점

1899년 창업하여 1978년 창업 80주년을 맞이하여 지금의 자리로 옮긴 하쿠힌칸 토이 파크는 아이뿐만 아니라 어른도 좋아하는 장난감, 게임, 문구 등 다양한 제품을 즐기고 구매할 수 있는 대형 장난감 백화점이다. 지하 1층에는 바비와 리카 인형을 비롯하여 여자아이들이 좋아하는 인형 제품들을 볼 수 있고, 1층에는 액세서리, 문구류, 파티용품 등, 2층에는 건담을 비롯하여 남자아이들이 좋아할 만한 여러 장난감, 3층에는 블록, 기차놀이, 자동차놀이 등이 있으며 4층에는 게임과 피규어 제품, 퍼즐 등이 있다. 5층과 6층에는 아이와 함께 식사를 할 수 있는 레스토랑이 있고 8층에는 아이들을 위한 전용 극장이 있다. 아이와 즐거운 시간을 보내며 선물도 사 주고 식사도 함께할 수 있는 공간이니 자녀의 손을 잡고 방문해 보자.

주소 東京都中央区銀座8-8-11 위치 ❶ 긴자(銀座) 역 A2번 출구에서 도보 5분 ❷ JR 신바시(新橋) 역 긴자 출구에서 도보 3분 전화 03-3571-8008 시간 11:00~20:00 홈페이지 www.hakuhinkan.co.jp

긴자 식스 GINGA SIX [긴자 싯쿠스]

도쿄 최대 규모의 명품 쇼핑몰

2017년 문을 연 긴자 식스는 마쓰자카야 백화점을 중심으로 두 개의 상업 시설을 통합하여 만든 초대형 쇼핑몰이다. 국내외 여러 아티스트들이 참여한 인테리어부터 주변 백화점과 차별화된 서비스의 명품 매장까지 고급스러움의 극한을 체험할 수 있는 곳이다. 개점 초기에는 20~30대의 쇼핑 매출이 10% 정도였지만, 젊은 트렌드에 맞는 매장을 계속 입점시켜 지금은 50%를 넘을 정도로 젊은 층의 쇼핑 메카로 자리 잡았다. 옥상에는 긴자 최대 규모의 긴자 식스 가든GINZA SIX Garden이 조성되어 쇼핑객을 위한 휴식 공간 역할을 하고 있으며, 저녁이 되면 긴자의 야경을 바라볼 수 있는 무료 전망대도 인기가 있다.

주소 東京都中央区銀座6-10-1 위치 긴자(銀座) 역 A3번 출구에서 도보 2분 전화 03-6891-3390 시간 상점 10:30~20:30, 레스토랑 11:00~23:00 홈페이지 ginza6.tokyo

긴자 추천 맛집

우마이 스시칸 うまい鮨勘 [우마이스시칸]

신선한 횟감으로 만든 가성비 뛰어난 초밥집

우마이 스시칸은 매일 시장을 통해 신선한 횟감을 공수하고 미야기산의 상급 쌀을 사용하여 재료가 좋다. 카운터석에 앉으면 한 점 한 점 정성껏 만들어 스시를 내주며, 테이블석은 주문한 세트가 준비되면 나온다. 회덮밥은 회의 양이 많아 가성비가 좋고, 스시는 점심 한정 메뉴로 좀 더 저렴하게 먹을 수 있어 점심 때 방문하는 것을 추천한다.

주소 東京都中央区銀座 2-7-18 위치 긴자잇초메(銀座一丁目) 역 9번 출구에서 도보 1분 전화 03-5524-5333 시간 화~토 11:30~15:00, 17:00~20:30 / 일 11:00~15:00, 17:00~22:00 / 월요일 휴무 메뉴 회덮밥(ばらちらし) 1,650엔, 점심 한정 타쿠미(匠) 3,850엔 홈페이지 www.sushikan.co.jp/shop/ginza

키르훼봉 Quil Fait Bon [키루훼본]

제철 과일로 만든 타르트와 커피 한 잔

키르훼봉은 긴자에서 아주 유명한 타르트 전문점으로 제철 과일로 만든 타르트와 달콤한 케이크가 인기 있으며 시즌별로 한정 판매하는 메뉴가 나오면 긴 줄이 생긴다. 타르트 위에 듬뿍 올라간 과일과 견과류가 보기만 해도 먹음직스럽고, 달콤한 맛이 여행에 지친 피로를 확 풀어 주는 것 같다. 가격이 크게 올라 케이크 1개의 가격이 10만 원 넘는 것도 있으니 무리하지 말고 조각 케이크와 함께 커피 한 잔의 여유를 즐겨 보자.

주소 東京都中央区銀座2-5-4 위치 긴자잇초메(銀座一丁目) 역 5번·6번 출구에서 도보 1분 전화 03-5159-0605 시간 11:00~20:00 메뉴 딸기와 치즈 타르트(イチゴとベイクドチーズのタルト) 880엔, 망고 타르트(マンゴーのタルト) 1,133엔 홈페이지 www.quil-fait-bon.com/shop/?tsp=1

무지 다이너 MUJI Diner [무지 다이나아]

무인양품에서 운영하는 레스토랑

무인양품에서 쇼핑을 즐기다가 호기심에 무지 다이너에 방문해 보면 인테리어의 고급스러움과 편안함에 놀라게 된다. 메뉴의 종류가 다양하지만 이곳에서는 메인 요리와 함께 제공되는 세트 메뉴가 가장 인기 있다. (우리나라의 가정식 백반과 비슷함) 빵이나 케이크 같은 디저트와 음료도 주문이 가능하며 추가 요금을 지불하고 샐러드 바를 이용할 수도 있다. 유명 레스토랑 같은 특별함은 없지만 깔끔하게 한 끼 식사를 해결하기에는 좋은 곳이다.

주소 東京都中央区銀座3-3-5 위치 ❶ 긴자(銀座) 역 C8번 출구에서 도보 2분 ❷ 긴자잇초메(銀座一丁目) 역 5번 출구에서 도보 3분 전화 03-3538-1312 시간 11:00~21:00 메뉴 생선구이 정식(焼き魚定食) 1,500엔(점심 한정, 음료 포함), 오키나와 두부 런치(沖縄豆腐ランチ) 1,500엔(음료 포함) 홈페이지 www.muji.com/jp/ja/shop/detail/046203

렌카테이 煉瓦亭 [렌카테에]

돈가스와 오므라이스의 원조 음식점

1895년 창업하여 약 130년 역사가 있는 렌카테이는 돈가스와 오므라이스의 원조 음식점으로 잘 알려져 있으며 2023년 한·일 정상회담 때 윤석열 대통령이 방문을 하여 더욱 유명세를 타고 있다. 하지만 많은 사람들이 방문을 하여 항상 1시간 정도의 긴 줄을 서야 하고 음식의 가격도 비싸며 맛도 우리 입맛에는 맞지가 않다는 사람이 많을 정도로 호불호가 있는 음식점이다. 그래도 돈가스와 오므라이스 원조 음식의 맛을 보고 싶다면 토요일은 피하고 평일은 식사 시간을 피해서 방문하도록 하자.

주소 東京都中央区銀座3-5-16 위치 긴자잇초메(銀座一丁目) 역 8번 출구에서 도보 3분 전화 03-3561-3882 시간 월~토 11:15~14:30, 16:40~20:30 / 일요일 휴무 메뉴 오므라이스(明治誕生オムライス) 2,600엔, 마카로니 그라탕(マカロニグラタン) 2,500엔, 커틀릿(カツレツ) 2,600엔

게이테이 惠亭 [게이테이]

합리적인 가격의 런치 메뉴

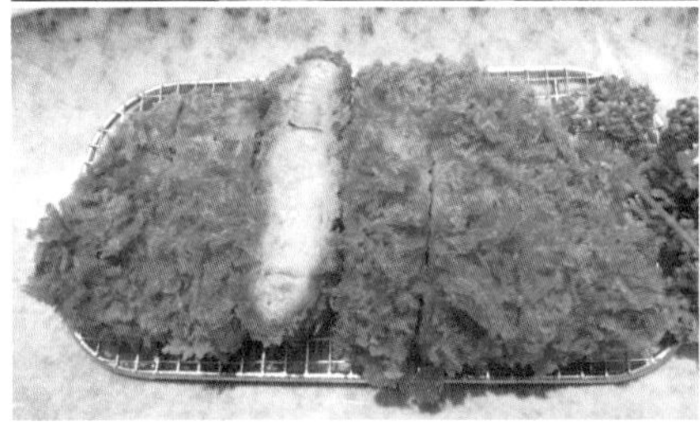

유독 긴자에서는 돈가스를 판매하는 음식점이 많은데 마쓰야 긴자에 입점해 있는 게이테이도 그중 하나이다. 점심 때 방문하면 가격도 적당하고 맛도 좋아 한 끼 식사로는 부족함이 없다. 최상의 돼지고기에 빵가루 옷을 입혀 깨끗한 기름에 튀겨 고기의 식감이 부드러우며 두께와 구이도 딱 적당하다. 푸짐한 양의 신선한 양배추와 자체 개발한 드레싱 덕분에 느끼하지 않게 돈가스를 즐길 수 있다.인테리어도 깔끔하고 자리도 편하니 쇼핑을 하다 지칠 때 점심 한정 메뉴를 맛보며 쉬어 가자.

주소 東京都中央区銀座3-6-1 위치 긴자(銀座) 역 A12번 출구와 연결된 마쓰야 긴자 8층 전화 03-5159-8686 시간 월~토 11:00~22:00, 일 11:00~21:30 메뉴 히레가스(ひれかつ膳) 1,580엔(점심 한정), 모듬가스(盛り合せ膳) 1,880엔(점심 한정) 홈페이지 wako-group.co.jp/shop/detai/shop_1128

메이게쓰안 긴자 다나카야 明月庵銀座田中屋 [메이게츠안 긴자 타나카야]

정성이 느껴지는 수타 소바 맛집

메이게쓰안은 직접 공수한 메밀을 맷돌로 갈아 수타로 만든 면이 일품이며 모든 것이 수작업으로 이루어져 정성을 느낄 수 있는 소바 맛집이다. 주문과 동시에 삶아지는 소바는 쫄깃쫄깃한 면발을 느낄 수 있고 양질의 가다랑어를 듬뿍 넣고 우려낸 육수는 깔끔하고 깊은 맛이 난다. 충분한 양과 적당한 가격 그리고 바삭한 튀김과 디저트까지 즐길 수 있어 든든한 식사를 할 수 있는 곳이다

주소 東京都中央区銀座3-6-1 위치 긴자(銀座) 역 A12번 출구와 연결된 마쓰야 긴자 8층 전화 03-3535-3113 시간 월~토 11:00~22:00, 일 11:00~21:30 메뉴 매실소바(梅おろしそば) 1,741엔(점심 한정) / 새우튀김덮밥+메밀 정식(大海老天丼・蕎麦定食) 2,511엔 홈페이지 www.soba-tanakaya.com

시아와세노 팬케이크 幸せのパンケーキ [시아와세노 판케에키]

신선한 계절 과일이 듬뿍 올라간 팬케이크 전문점

시아와세노는 긴자에서 인기 좋은 팬케이크 전문점으로, 이름 그대로 행복하게 맛있는 팬케이크를 먹을 수 있는 곳이다. 주문과 동시에 굽기 시작하기 때문에 다소 시간이 걸리지만, 푹신푹신한 케이크에 부드러운 휘핑 크림과 신선한 제철 과일이 듬뿍 올라가 있어 맛이 일품이다. 휘핑 크림이나 버터가 많아 느끼할 수 있으니 양을 조절하거나 별도로 달라고 미리 요청하는 것이 좋다. 평일 저녁이나 주말에는 줄을 길게 서야 할 정도로 인기가 좋기 때문에 미리 예약하는 것을 추천한다.

주소 東京都中央区銀座5-8-5 위치 긴자(銀座) 역 A5번 출구에서 도보 1분 전화 03-6255-1111 시간 월~금 10:30~19:30, 토·일·공휴일 10:00~20:30 메뉴 제철 과일 팬케이크(季節のフレッシュフルーツパンケーキ)1,680엔, 바나나 초코 팬케이크(バナナホイップパンケーキチョコソース添え)1,420엔 홈페이지 magia.tokyo

아나고야 긴자 히라이 あなご屋 銀座 ひらい [아나고야 긴자 히라이]

통통한 바닷장어 덮밥 전문점

도쿄에는 장어 요리 전문점이 많은데 이곳 히라이는 바닷장어인 붕장어あなご 요리를 판매하는 곳으로 점심 메뉴는 가성비가 좋아 많은 사람이 찾는다. 쓰키지 어시장에서 매일 공수되는 장어는 두툼하고 크기도 커서 아주 만족스러우며 입안에서 녹을 정도로 부드럽다. 징이덮밥을 주문할 때 장어 개수를 선택할 수 있는데 4장이 장어 한 마리라고 생각하고 알맞게 선택하자. 저녁 때는 장어덮밥뿐만 아니라 구이, 튀김 등 다양한 메뉴가 있으나, 점심 한정 장어덮밥이 가성비가 좋으니 점심 때 방문하는 것을 추천한다.

주소 東京都中央区銀座5-9-5 위치 긴자(銀座) 역 S2번 출구에서 도보 2분 전화 03-6280-6933 시간 11:30~14:30, 17:30~21:00 메뉴 평일 점심 한정 20개 런치 박스(ランチ箱めし会席) 3,300엔 / 점심 한정 작은 도시락(めそっこ箱めし) 장어 2장 2,090엔, 3장 2,970엔, 4장 3,740엔

시로야 しろや [시로야]

먹는재미와 보는 재미가 가득한 철판구이 전문점

고기와 해산물을 선택하면 주방장이 카운터 테이블 앞에서 철판에 직접 구워 주는 철판 요리 전문점으로 주방장의 요리 퍼포먼스를 구경하고 맛있게 식사를 할 수 있는 곳이다. 스테이크 세트 메뉴를 선택하면 요리사가 고객이 보는 앞에서 요청에 맞는 굽기로 고기를 구워 주며 양파를 비롯한 야채와 볶음밥(추가 요금 있음)도 철판에 볶아 준다. 다른 해산물 메뉴도 있지만 이곳은 고기 맛이 일품이며 점심 한정 메뉴를 주문하면 샐러드, 밥, 디저트까지 포함되고 가격도 저렴하니 점심 때 방문하는 것을 추천한다.

주소 東京都中央区銀座5-9-16 위치 긴자(銀座) 역 S2번 출구에서 도보 3분 전화 03-6263-8246 시간 월~토 11:30~15:00, 17:30~23:00 / 일 11:30~15:00, 17:30~22:00 메뉴 점심 한정 흑우 안창살 스테이크 세트(特選黒毛和牛ハラミステーキ) 2,800엔, 점심 한정 소혀 철판구이 세트(牛タン鉄板焼き) 2,800엔 홈페이지 ginza-shiroya.jp

시세이도 팔러 資生堂パーラー [시세에도오 파-라-]

긴자의 대표 경양식 레스토랑

1902년에 문을 연 시세이도 팔러는 긴자에서 손꼽히는 레스토랑으로 인테리어가 세련되고 우아하여 눈과 입이 모두 즐거운 곳이다. 음식과 함께 와인이나 아이스크림 같은 디저트를 즐길 수 있어 여유 있게 식사하기에 좋은 곳이다. 특히 부드러운 계란이 일품인 오므라이스는 이곳의 시그니처 메뉴이고 이것을 먹기 위해 방문하는 사람이 많다. 다만 맛은 있지만 양이 충분하지 않고 가격도 상당히 비싸서 큰마음을 먹어야한다. 식사 시간에는 긴 대기를 해야 하는데 1층에 시세이도 팔러의 디저트를 판매하는 상점이 있으니 대기 시간에는 이곳에서 시간을 보내도록 하자.

주소 東京都中央区銀座8-8-3 위치 긴자(銀座) 역 A2번 출구에서 도보 5분 전화 03-5537-6241 시간 화~일 11:30~21:30 / 월요일 휴무 메뉴 오므라이스(オムライス) 2,800엔, 미트 크로켓(ミートクロケット) 2,900엔 홈페이지 parlour.shiseido.co.jp

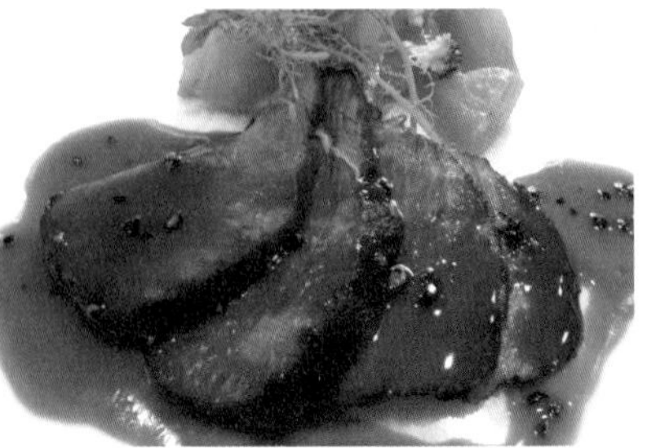

홋카이 샤부샤부 北海しゃぶしゃぶ [홋카이 샤부샤부]

양고기 샤부샤부와 홋카이도 이면수 맛집

홋카이 샤부샤부는 양고기, 소고기, 돼지고기 샤부샤부를 비롯하여 홋카이도산 해산물을 재료로 한 샤부샤부가 인기 있는 맛집이다. 고기의 질도 괜찮고 가게만의 비법 육수 덕분에 양고기도 비리지 않으며 함께 나오는 야채도 부족함이 없다. 큼직한 홋카이도산 임연수어구이도 판매하는데 메인 요리인 샤부샤부보다 인기가 좋으니 꼭 함께 주문하여 먹어 보자. 가격대가 적당하고 가게도 청결하고 조용하며 직원들도 친절하여 불편함이 없이 식사를 즐길 수 있다.

주소 東京都中央区銀座8-8-5 위치 긴자(銀座) 역 A2번 출구에서 도보 5분 전화 03-6228-5200 시간 월~토 11:30~23:00, 일·공휴일 11:30~22:00 메뉴 원조 양고기 샤부샤부(元祖ラムしゃぶ) 3,400엔, 특대 임연수어구이(特大ホッケ開き焼き) 1,680엔 홈페이지 hokkai-s.jp

카페 파울리스타 カフェーパウリスタ [카훼에 파우리스타]

1911년에 문을 연 일본 최초의 카페

1911년에 오픈한 일본 최초의 카페인 파울리스타는 일본은 물론 세계적인 유명 인사들이 방문해 유명해졌으며 아직까지도 그 느낌과 맛이 곧 역사인 곳이다. 리모델링을 하여 전체적으로 살짝 업그레이드되었지만 내부는 우리나라 80년대 다방 분위기의 옛스러움을 그대로 가지고 있다. 커피는 창업초기부터 브라질산 원두 커피만 판매하고 있으며 다양한 디저트도 함께 판매하고 있는데 디저트 세트를 주문하면 커피도 한 번 리필해 주므로 가성비가 나쁘지 않다. 일본 카페의 역사를 느낄 수 있는 고즈넉한 공간에서 커피 한 잔의 여유를 즐겨 보자.

주소 東京都中央区銀座8-9-16 위치 긴자(銀座) 역 A3번 출구에서 도보 5분 전화 03-3572-6160 시간 월~토 09:00~20:00, 일·공휴일 11:30~19:00 메뉴 숲의 커피(森のコーヒー) 770엔 / 딸기 치즈 케이크+커피 세트(いちごのレアチーズケーキコーヒーセット) 1,480엔 홈페이지 www.paulista.co.jp

여유로운 공원 산책과 명품 쇼핑을 동시에 즐기다

히비야 거리日比谷通り를 중심으로 서쪽으로는 왕궁과 히가시 정원이 있어 여유 있는 산책을 즐길 수 있고, 동쪽으로는 도쿄의 경제 1번지답게 높은 빌딩군을 형성하고 있으며 고급 쇼핑 지역으로 급부상한 곳이다. 대형 은행의 본점이나 대기업 본사가 많아 금융과 경제의 중심지이며 특히 미쓰비시 그룹의 본사와 계열사가 모여 있어 미쓰비시 마을로 불리기도 한다. 나카 거리仲通り를 따라 신마루 빌딩과 마루 빌딩, 그리고 마루노우치 마이 플라자 같은 대형 빌딩에 입점한 고급 쇼핑몰이 마루노우치의 쇼핑 문화를 이끌고 있으며 명품 매장이 다수 입점하면서 규모는 크지 않지만 도쿄에서 가장 깨

끗하게 잘 정리되어 있는 쇼핑 중심지로 자리 잡았다. 또한 도시가 산뜻하고 정돈이 잘 되어 있어 여성 관광객들이 필수로 찾는 관광 코스가 되었다

한 눈에 보는 지역 특색

일본 왕궁이 있는
역사 명소

여유롭게 산책과
쇼핑을 할 수 있는 지역

세계적인 초콜릿
전문점이 있는 곳

How to go?

마루노우치 가는 방법

마루노우치로 가장 가깝게 가는 방법은 지하철을 이용하는 것이고 JR선을 이용한다면 JR 도쿄 역에 내려서 도보로 3분 정도 이동해야 한다.

신주쿠新宿 역에서 이동하기

지하철 신주쿠 역 2번 플랫폼에서 마루노우치선丸ノ内線을 탑승하여 오테마치大手町 역으로 10 정거장 이동.

시간 약 20분 소요 요금 210엔

우에노上野 역에서 이동하기

JR 우에노 역 3번 플랫폼에서 야마노테선山手線을 탑승하여 도쿄東京 역으로 4 정거장 이동.

시간 약 8분 소요 요금 170엔

시나가와 역에서 이동하기

JR 시나가와 역 1번 플랫폼에서 야마노테선山手線을 탑승하여 도쿄東京 역으로 5 정거장 이동.

시간 약 11분 소요 요금 180엔

Best Tour 추천 코스

마루노우치 관광은 신마루 빌딩을 시작으로 남쪽으로 내려가는 코스로 준비하자. 긴자와 마루노우치는 가까워서 두 곳을 연결하여 일정을 짜면 더욱 효율적이다.

오테마치 역 → 도보 3분 → 신마루 빌딩 → 도보 2분 → 마루 빌딩 → 도보 3분 → 마루노우치 브릭스퀘어 → 도보 10분 → 도쿄 캐릭터 스트리트

마루 빌딩

마루노우치 브릭스퀘어

도쿄 캐릭터 스트리트

마루노우치
수도 고속 도심 환상선 首都高速都心環状線
다케바시
竹橋
도쿄 메트로 한조몬선 東京メトロ半蔵門線
히가시 정원
皇居東御苑
왕궁
皇居
오테마치
大手町
커뮤니케이션즈 뮤지엄
Communications Muse
와다쿠라 분수 공원
和田倉噴水公園
마루노우치 오아조
丸の内オアゾ
도쿄 캐릭터 스트리트
東京キャラクターストリート
이시즈키
石月
신마루 빌딩
新丸ビル
도쿄 이마이야 본점
東京今井屋本店
모리타야
モリタ屋
도쿄
東京
마루 빌딩
丸ビル
니주바시 마에
二重橋前
스카이버스 도쿄
スカイバス 東京
마루노우치 마이 프라자
丸の内MY PLAZA
마루노우치 브릭스퀘어
丸の内ブリックスクエア
만텐 스시
まんてん鮨
카카오 삼파카
カカオ サンパカ
에시레
Echire
도쿄 국제 포럼
東京国際フォーラム
히비야
日比谷
도쿄 메트로 히비야선 東京メトロ日比谷線
유라쿠초
有楽町
국제 포럼 출구
히비야 공원
日比谷公園
긴자 잇초메
銀座一丁目
도쿄 메트로 마루노우치선 東京メトロ丸ノ内線
임페리얼 호텔
IMPERIAL HOTEL
긴자
銀座
가세키

스카이버스 도쿄 スカイバス東京 [스카이바스 도쿄]

마루노우치를 한 번에 둘러보는 투어 버스

왕궁-마루노우치-도쿄 역-긴자(북쪽)까지 한 번에 둘러볼 수 있는 투어 버스로, 봄과 가을에는 이만큼 좋은 도심 투어가 없다. 스카이버스의 코스는 여러 가지가 있는데 평일(주말 운행 없음) 50분 동안 마루노우치 일대를 둘러보는 코스는 T1으로 미쓰비시 빌딩에서 출발한다. 스카이버스의 묘미는 화창한 날에 뻥 뚫린 버스 2층에 앉아서 시내 곳곳을 편하게 볼 수 있다는 것이어서 비가 오는 날은 운행하지 않는다. 또한 더운 여름에는 뜨거운 햇빛을 피할 수 없고 겨울에는 너무도 추워서 2층에 오래 있기 힘들어 추천하지 않는다. 한국어 오디오 가이드를 제공받을 수 있으며, 홈페이지를 통해 출발 시간을 잘 확인하고 표를 예매하도록 하자.

주소 東京都千代田区丸の内2-5-2 위치 ❶ JR 도쿄(東京) 역 남쪽 출구에서 도보 2분 ❷ 지하철 도쿄 역 10번 출구 바로 앞 전화 03-3215-0008 시간 계절과 요일에 따라 다름 요금 12세 이상 1,800엔, 6~11세 900엔 홈페이지 www.skybus.jp

신마루 빌딩 新丸ビル [신마루 비루]

고급스럽고 여유로운 복합 쇼핑몰

2007년에 오픈한 신마루 빌딩은 37층의 건물에 사무실과 상업 시설이 함께 있는 복합 빌딩이다. 관광객이 들어갈 수 있는 곳은 지하 1층에서 지상 7층까지의 상업 시설로 총 8개 층에 150여 개의 쇼핑 매장과 음식점이 입점해 있다. 고급스럽고 깔끔한 인테리어가 쇼핑의 기분을 한껏 살려 주며 특히 5~7층 식당가는 마루노우치에서 관광객들에게 인기가 높은 먹거리가 많은 곳이다. 지하의 푸드 부티크는 보기만 해도 먹음직스러운 음식들로 가득하지만, 가격대가 만만치 않으며 슈퍼마켓도 고가의 제품이 많으니 꼭 가격을 확인하고 구입하자.

주소 東京都千代田区丸の内1-5-1 위치 ❶ JR 도쿄(東京) 역 중앙 출구에서 도보 1분 ❷ 지하철 도쿄 역과는 바로 연결 전화 03-5218-5100 시간 상점 월~토 11:00~21:00, 일·공휴일 11:00~20:00 / 레스토랑 월~토 11:00~23:00, 일·공휴일 11:00~22:00(일부 점포는 영업 시간이 다름) 홈페이지 www.marunouchi.com/building/shinmaru

마루 빌딩 丸ビル [마루 비루]

마루노우치의 랜드마크 럭셔리 복합 쇼핑몰

1923년 사쿠라이 소타로桜井小太郎의 설계로 지어진 마루 빌딩은 전쟁 전 일본에서 가장 큰 빌딩이었다. 옛 건물은 1999년 철거를 하고 2002년에 지하 4층, 지상 37층으로 새로 지어져 지금의 모습이 되었다. 매주 수·금~일요일에는 35층 로비에서 콘서트가 열려 많은 사람에게 인기를 얻고 있으며(코로나19로 잠시 중단), 지하 1층에서 4층까지는 많은 상점이 입점해 있고, 5~6층과 35~36층의 식당가에는 고급 레스토랑들이 있어 쇼핑과 식사를 함께 즐기기 좋다. 쇼핑 공간은 세련되고 럭셔리하며 대중적인 브랜드도 많이 있어 한국 관광객에게도 인기가 좋다. 다만 레스토랑은 가격대가 좀 높아 제대로 식사를 하려면 만만치 않은 비용을 지불해야 한다.

주소 東京都千代田区丸の内2-4-1 위치 ❶ JR 도쿄(東京) 역 중앙 출구에서 도보 1분 ❷ 지하철 도쿄 역과는 바로 연결 전화 03-5218-5100 시간 상점 월~토 11:00~21:00, 일·공휴일 11:00~20:00 / 레스토랑 월~토 11:00~23:00, 일·공휴일 11:00~22:00 홈페이지 www.marunouchi.com/building/marubiru

마루노우치 브릭스퀘어 丸の内 Brick Square [마루노우치 부릿쿠 스쿠에아]

예쁜 정원에서 휴식과 함께 쇼핑을 즐길 수 있는 곳

주변에 큰 규모의 복합 쇼핑몰이 많아 상대적으로 작아 보이는 브릭스퀘어에는 예쁘고 큰 정원이 조성되어 있어 관광객들에게는 쉬어 가는 곳으로 알려져 있다. 규모는 지하1층부터 지상 3층까지로 쇼핑 매장은 1층에 위치해 있는데 매장 수가 적고 브랜드의 이름이 낯설게 느껴진다. 나머지 층에는 모두 레스토랑과 카페가 입점해 있어, 쇼핑보다는 식사를 하고 잠시 여유 있게 휴식할 수 있는 곳으로 생각하면 된다.

주소 東京都千代田区丸の内2-6-1 위치 ❶ JR 도쿄(東京) 역 중앙 출구에서 도보 5분 ❷ 지하철 도쿄역과는 바로 연결 시간 상점 월~토 11:00~21:00, 일·공휴일 11:00~20:00 / 레스토랑 월~토 11:00~23:00, 일·공휴일 11:00~22:00 홈페이지 www.marunouchi.com/building/bricksquare

왕궁 皇居 [고오쿄]

일왕이 거주하는 왕궁

일왕이 거주하고 있는 왕궁은 옛 수도인 교토에서 1869년 지금의 자리로 옮겨졌다. 일왕과 그 가족이 살고 있고 일본 왕실을 알리기 위해 일부 시설을 공개하고 있다. 내부 관람은 1일 2회 견학 투어 와 1년에 두 번 있는 임시 개방일에만 가능하며(코로나19로 잠정 중단) 인터넷으로 미리 신청해야 한다. 외부 전경이 웅장하고 운치가 있으며 주변 정원이 잘 가꾸어져 있어 산책하기에 좋은 곳이니 마루노우치에서 쇼핑을 하다 지쳤다면 왕궁 앞 공원에서 잠시 쉬었다 가자.

주소 東京都千代田区千代田1-1 위치 ❶ 오테마치(大手町) 역 C13b 출구에서 도보 15분 ❷ JR 도쿄(東京) 역 마루노우치 중앙 출구에서 도보 20분 전화 03-3213-1111 시간 왕궁 앞 공원은 24시간 개방 / 견학 투어 화~토 09:00~11:15, 13:30~14:45(1일 2회 온라인으로 신청, 연휴와 행사 일정에 따라 달라질 수 있음) 홈페이지 sankan.kunaicho.go.jp

히가시 정원 皇居東御苑 [고오쿄 히가시교엔]

도쿄의 가장 대표적인 정원

일왕이 거주하고 있는 왕궁의 동쪽에 위치한, 잘 가꾸어진 정원이다. 도심의 빌딩 숲에서 산책하기에 좋은 곳으로 초여름에는 창포꽃이 정원 가득 피어 가족 단위의 나들이객으로 붐빈다. 입장 인원에 제한이 있어 입장할 때 입장표를 받아 관람하고 나올 때는 다시 반납해야 한다. 왕궁 앞 공원과는 다르게 운영 시간과 휴무일이 있으니 방문 계획이 있다면 사전에 잘 체크하자.

주소 東京都千代田区千代田1-1 위치 오테마치(大手町)역 C10 출구에서 도보 2분. 전화 03-3213-2050 시간 09:00~16:30 / 월·금 휴무(연휴와 행사 일정에 따라 달라질 수 있음) 홈페이지 www.kunaicho.go.jp/event/higashigyoen/higashigyoen.html

도쿄 캐릭터 스트리트 東京キャラクターストリート [도쿄 캬라쿠타 스토리-토]

일본의 인기 캐릭터 제품이 모여 있는 지하 쇼핑몰

2008년에 도쿄 역 지하에 오픈한 도쿄 캐릭터 스트리트는 일본의 인기 애니메이션 캐릭터를 이용한 제품을 판매하는 곳으로 현지인과 관광객에게 모두 인기가 좋다. 다양한 볼거리가 있고 저렴한 가격에 제품을 구매할 수 있어, 마니아들과 관심 있는 관광객들이 꾸준히 찾고 있는 곳이다. 우리에게도 잘 알려진 키티, 토토로, 포켓몬 등 인기 캐릭터나 레고, 토미카 등 완구 제품는 물론이고 중소기업의 편집숍까지 다양하게 갖추고 있다. 아이들이 좋아하는 캐릭터가 즐비하여 아이들에게는 천국과 같은 곳이다. 긴자나 마루노우치를 관광하는 일정이라면 잠시 이곳 캐릭터 스트리트에 들러 색다른 시간을 가져 보자.

주소 東京都千代田区丸の内1-9-1 東京駅一番街 B1 위치 JR 도쿄(東京) 역 지하 1층, 도쿄1번가에 위치 전화 03-3210-0077 시간 10:00~20:30 홈페이지 e-shop.tokyoeki-1bangai.co.jp

마루노우치 추천 맛집

만텐 스시 まんてん鮨 [만텐 스시]

신선하고 두툼한 횟감이 일품인 초밥집

가격은 다소 부담스럽지만 신선하고 품질 좋고 제대로 된 초밥을 먹고 싶다면 마루노우치의 만텐 스시를 방문해 보자. 4~5명의 요리사가 주문과 동시에 직접 만들어서 내주는 신선하고 두툼한 초밥이 일품인 이곳은 대부분의 자리가 카운터석이다. 기본 초밥 메뉴부터 그날그날 어시장에서 공수된 신선한 특별 초밥까지 모두 맛이 일품이며 푸짐한 회덮밥ちらし丼도 이곳의 인기 메뉴이다. 모든 좌석은 예약제로 운영되며 단품으로 저렴하게 먹으려면 점심시간을 이용하고 제대로 된 주방장 추천 초밥을 먹으려면 저녁 시간을 이용하자.

주소 東京都千代田区丸の内2-6-1 B1 위치 마루노우치 브릭스퀘어 지하 1층 전화 03-6269-9100 시간 월~금 11:00~14:00, 17:00~21:30 / 토 11:00~13:30, 17:00~21:30 / 일 11:00~13:30, 17:00~20:30 메뉴 주방장 추천 코스(おかませコース) 점심 3,850엔, 저녁 6,930엔 홈페이지 www.manten-sushi.com

카카오 삼파카 カカオ サンパカ [카카오 산파카]

스페인 정통 초콜릿 전문점

스페인 바로셀로나 최고의 초콜릿 전문점인 카카오 삼파카는 아이스크림, 케이크, 과자 등 초콜릿이 들어간 다양한 제품을 먹을 수 있는 인기 매장이다. 여름에는 시원한 초코 아이스크림을, 겨울에는 진한 맛의 초콜릿이나 초콜릿 케이크를 맛보자. 초코 크림의 롤케이크와 초콜릿은 선물용으로도 인기가 좋은데 크리스마스나 발렌타인데이같이 특별한 날에는 인기가 좋아 제품을 구매하기가 힘들다. 최근에 가격이 많이 올라 다소 비싼 느낌이지만 기회가 된다면 텐션을 올려 주는 진한 초콜릿을 맛보러 가 보자.

주소 東京都千代田区丸の内2-6-1 1F 위치 마루노우치 브릭스퀘어 1층 전화 03-3283-2238 시간 월~금 11:00~21:00, 토·일 11:00~20:00 메뉴 카카오 소프트 아이스크림(カカオソフトクリーム) 650엔, 초콜릿 & 마론(チョコレート＆マロン) 864엔 홈페이지 www.cacaosampaka.jp/shop

에시레 Échiré [에시레]

마루노우치에서 가장 핫한 버터 케이크 전문점

세계 최초의 에시레 매장이 바로 마루노우치점이다. 2009년부터 지금까지 빵이 맛있기로 소문나 개점 전부터 항상 줄을 서는 인기 베이커리다. 에시레 버터는 프랑스 에시레Échiré 마을에서 생산하는 부드러운 맛과 풍부한 향을 지닌 발효 버터이다. 이 에시레 버터가 듬뿍 들어가 버터 향이 진한 시그니처 메뉴인 버터 케이크는 인기가 많아서 늦게 방문하면 구경도 할 수 없다. 그 외에 다양한 종류의 빵과 버터도 판매하고 있으며 아이들이 정말 좋아하는 버터 쿠키도 있어 모두가 만족스러워하는 곳이다. 마루노우치를 방문한다면 손꼽히는 베이커리인 이곳 에시레를 빠뜨리지 말자.

주소 東京都千代田区丸の内2-6-1 1F 위치 마루노우치 브릭스퀘어 1층 시간 10:00~19:00 메뉴 가토 에시레 네이처(ガトー・エシレ ナチュール) 6,480엔, 크로와상(クロワッサン) 454엔, 피낭시에(フィナンシェ) 368엔, 마들렌(マドレーヌ) 368엔 홈페이지 www.kataoka.com/echire

모리타야 モリタ屋 [모리타야]

전망이 좋은 고급 스키야키·샤부샤부 전문점

모리타야 마루노우치점은 교토 본점을 제외하면 처음으로 생긴 지점이다. 모리타야는 목장과 직접 계약하여 품질 좋은 고기를 기본으로 한 스키야키와 샤부샤부를 판매하고 있다. 마루 빌딩 35층에 위치해 있어 전망이 너무 좋아서 저녁이 되면 어느 전망대 못지않게 화려한 마루노우치와 황궁의 야경을 볼 수 있다. 저녁에는 가격이 다소 비싸지만 런치 메뉴는 가격이 상대적으로 저렴하므로 낮에 방문하는 것을 추천한다.

주소 東京都千代田区丸の内2-4-1 위치 마루 빌딩 35층 전화 03-5220-0029 시간 월~토 11:00~15:00, 17:00~23:00 / 일 11:00~15:00, 17:00~21:00 메뉴 최상 스키야키 코스(極みすき焼きコース) 12,100엔, 소나무 스키야키 코스(松すき焼きコース) 7,700엔 홈페이지 moritaya-kyoto.co.jp/restaurant/marunouchi

이시즈키 石月 [이시즈키]

식감 좋은 수타 소바와 깔끔한 튀김 맛집

이시즈키는 기계를 돌리지 않고 가게에서 직접 뽑은 수타 소바 전문점으로, 쫄깃쫄깃한 식감의 소바와 주문과 동시에 준비하는 바삭한 튀김이 맛있는 곳이다. 오리고기를 끓인 물로 만든 온소바는 현지인들은 많이 주문을 하지만 우리에게는 좀 느끼하게 느껴져서 호불호가 있는 음식이다. 소바의 가격도 적당하고 양도 많아서 일행이 여러 명이라면 다양하게 주문하여 나누어 먹어도 좋다.

주소 東京都千代田区丸の内1-5-1 위치 신마루 빌딩 5층 전화 03-5879-4680 시간 월~토 11:00~23:00, 일 11:00~22:00 메뉴 모리 소바(もりそば) 880엔, 도로로 소바(とろろそば) 1,320엔, 오리 세이로(鴨せいろ) 2,090엔 홈페이지 www.marunouchi.com/tenants/4515

도쿄 이마이야 본점 東京今井屋本店 [도쿄 이마이야 혼텐]

다양한 꼬치구이와 함께 한잔하기 좋은 곳

30종의 꼬치구이와 간단한 안주 요리를 판매하는 이마이야는 마루노우치의 화려한 야경을 배경으로 한잔하기에 좋은 장소이다. 아키타현에서 방목한 닭을 재료로 써서 식감도 뛰어나고 꼬치 외에 다른 요리도 비린 맛 없이 괜찮다. 자리도 편하고 확 트인 공간도 좋지만 메뉴의 대부분이 다소 비싼 것이 흠이다.

주소 東京都千代田区丸の内2-4-1 위치 마루 빌딩 6층 전화 03-5208-1717 시간 11:00~14:00, 16:30~23:00 메뉴 네기마(ねぎま) 590엔, 하쓰(はつ) 560엔, 본지리(ぼんじり) 560엔 홈페이지 www.dd-holdings.jp

AKIHABARA

아키하바라

秋葉原

게임, 프라모델, 애니메이션 굿즈의 성지

한때 전자 제품의 메카였던 아키하바라는 쇠퇴와 변화를 거듭하면서 지금은 프라모델, 애니메이션 굿즈의 성지로 탈바꿈하였다. 1980년대 일본이 세계의 전자 제품 시장을 주름잡을 때만 하더라도 아키하바라가 도쿄 전자 제품 시장의 중심에 있었지만 2000년대 들어 일본의 전자 제품이 한국에 밀리고 빅 카메라와 라비LABI 같은 대형 전자 제품 쇼핑몰이 여러 지역에 들어서면서 아키하바라의 명성도 흔들리게 되었다. 하지만 게임과 애니메이션 굿즈 그리고 프라모델을 중심으로 대형 점포들이 입점을 하면서 마니아 층을 다시 끌어모았고 메이드 카페 거리를 형성하였다. 기존의 화려한 전

자 제품 매장들은 사라졌지만 중고 제품과 앤틱 제품 그리고 다양한 부품을 판매하는 전문 매장으로 탈바꿈하면서 여전히 전자 제품 1번지의 명성을 이어 가고 있다.

한 눈에 보는 지역 특색

도쿄 NO.1
전자 제품의 중심지

게임, 애니메이션 등
하비 숍의 메카

중고 카메라를
구입하기 좋은 곳

How to go?

아키하바라 가는 방법

아키하바라로 가장 손쉽게 이동하는 것은 JR 아키하바라秋葉原 역을 이용하는 것이고, 지하철 히비야선日比谷線을 이용해도 손쉽게 이동할 수 있다.

✿ 신주쿠新宿 역에서 이동하기

JR 신주쿠 역 13번 플랫폼에서 JR 주오 · 소부 완행선을 탑승하여 아키하바라 역으로 9 정거장 이동.

시간 약 19분 소요 요금 180엔

✿ 긴자銀座 역에서 이동하기

지하철 긴자 역 6번 플랫폼에서 히비야선日比谷線을 탑승하여 아키하바라 역으로 7 정거장 이동.

시간 약 14분 소요 요금 180엔

Best Tour 추천 코스

JR 아키하바라 역 덴키가이 출구電気街口에서부터 주오 거리中央通り를 따라 북쪽으로 이동하면서 애니메이션과 프라모델, 피규어를 중심으로 관광하자.

JR아키하바라 역 → 도보 1분 → 라디오 회관 → 도보 1분 → 게이머즈 → 도보 5분 → 보크스 아키하바라 하비천국 → 도보 2분 → 스루가야(애니 · 하비관)

라디오 회관

게이머즈

보크스 아키하바라 하비천국

TIP. 아키하바라에서 파는 전자 제품은 우리나라와 전압이 맞지 않아 큰 매력이 없으므로, 미리 체크한 전자 제품 전문 매장이 아니라고 하면 애니메이션 굿즈나 프라모델을 중심으로 한 하비관을 둘러보는 것을 더 추천한다. 이와 관련된 관광 계획이 없는 여행자라면 아키하바라의 일정을 굳이 잡을 필요는 없다.

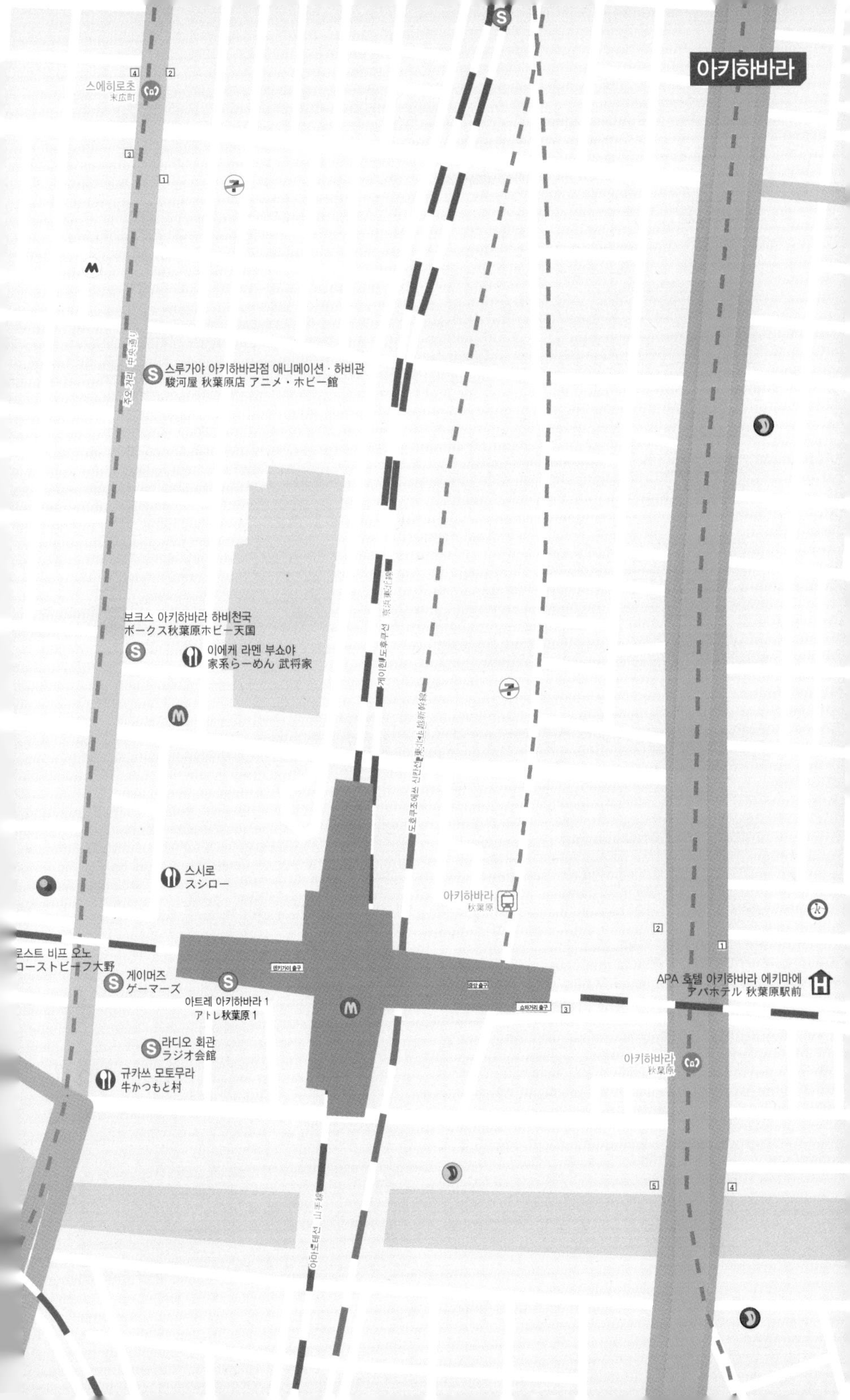
아키하바라
스에히로초
末広町
주오 거리 中央通り
스루가야 아키하바라점 애니메이션 · 하비관
駿河屋 秋葉原店 アニメ・ホビー館
보크스 아키하바라 하비천국
ボークス秋葉原ホビー天国
이에케 라멘 부쇼야
家系らーめん 武将家
게이힌도호쿠선 京浜東北線
도호쿠조에쓰 신칸선 東北上越新幹線
스시로
スシロー
아키하바라
秋葉原
로스트 비프 오노
ーストビーフ大野
게이머즈
ゲーマーズ
아트레 아키하바라 1
アトレ秋葉原 1
APA 호텔 아키하바라 에키마에
アパホテル 秋葉原駅前
라디오 회관
ラジオ会館
규카쓰 모토무라
牛かつもと村
아키하바라
秋葉原
야마노테선 山手線

라디오 회관 ラジオ会館 [라지오 카이칸]

애니 · 피규어 오타쿠의 대표적인 성지

JR 아키하바라 역의 메인 출구인 덴키가이電気街 출구로 나오면 가장 먼저 볼 수 있는 라디오 회관은 아키하바라의 얼굴이자 역사다. 1950년에 개업한 라디오 회관이 지금의 자리로 이전한 것이 1972년이며, 2011년 본관부터 순차적으로 내진 설계를 보강하여 별관 3호관까지 새롭게 단장하였다. 초기에는 전기·전자 제품 위주의 매장들이 집중되어 있었지만, 지금은 시대의 흐름에 따라 전기·전자 제품 매장은 사라지고 게임, 장난감, 서적, DVD 전문 대형 매장들로 채워졌다. 특히 애니메이션 관련 피규어 제품들이 인기를 끌고 있어 이를 구매하려는 사람들이 많이 방문하고 있다.

주소 東京都千代田区外神田1-15-16 위치 JR 아키하바라(秋葉原) 역 덴키가이 출구(電気街口) 건너편 전화 03-3251-3711 시간 10:00~20:00 홈페이지 akihabara-radiokaikan.co.jp

게이머즈 ゲーマーズ [게-마-즈]

아키하바라 게임과 애니메이션의 메카

JR 아키하바라 역 덴키가이 출구 옆에 위치한 게이머즈 본점은 게임을 좋아하는 사람들에게는 성지처럼 여겨지는 곳이다. 각종 게임을 비롯해 서적, 애니메이션, DVD, 피규어 제품까지 마니아를 위한 수많은 제품을 볼 수 있다. 7층에는 팝업스토어를 운영하며 상시 이벤트를 개최하고 있고 2층에는 2019년 일본 인기 애니메이션 〈앙상블 스타즈あんさんぶるスターズ〉 전문 매장이 오픈하면서 인기몰이를 하고 있다.

주소 東京都千代田区外神田1-14-7 위치 JR 아키하바라(秋葉原) 역 덴키가이 출구(電気街口) 우측에 위치, 도보 1분 전화 03-5298-8720 시간 월~금 10:00~22:00, 토·일·공휴일 10:00~21:00 홈페이지 www.gamers.co.jp

보크스 아키하바라 하비천국 ボークス秋葉原ホビー天国 [보-쿠스 아키하바라 호비이텐고쿠]

건담 중심의 프라모델 전문 매장

보크스는 2021년 코로나19 시기에 오픈하는 바람에 운영에 어려움을 겪었지만, 지금은 건담을 중심으로 한 프라모델 마니아들이 많이 찾는다. 라디오 회관이나 게이머즈과 마찬가지로 애니메이션을 주제로 한 상품들도 판매하지만, 이곳만의 특별함은 건담을 중심으로 한 프라모델 제품이 다양할 뿐만 아니라 희귀 아이템도 많이 갖추고 있다는 점이다. 또한 프라모델을 조립하는 데 필요한 페인트부터 각종 도구까지 판매를 하고 있으며 교육도 하고 있다. 건담 백화점이라 할 수 있을 정도로 한국에서 보기 힘든 제품이 많이 있으니 관심 있는 마니아라면 꼭 방문해 보자.

주소 東京都千代田区外神田4-2-10 위치 JR 아키하바라(秋葉原) 역 덴키가이 출구(電気街口)에서 도보 7분 전화 03-3254-1059 시간 월~금 11:00~20:00, 토·일·공휴일 10:00~20:00 홈페이지 hobby.volks.co.jp

스루가야 아키하바라점 애니메이션·하비관 駿河屋 秋葉原店アニメ・ホビー館 [스루가야 아키하바라텐 아니메·호비이칸]

애니메이션 · 프라모델 제품을 저렴하게 구매할 수 있는 매장

애니메이션, 피규어, 프라모델 제품 등을 판매하는 전문점으로 주변의 대형 매장들에 가려져 우리나라 관광객들에게는 잘 알려져 있지 않지만 나름대로 강점이 있는 곳이다. 이월 제품이나 시즌이 지난 제품은 저렴하게 구매할 수 있고 미개봉 중고품 프라모델의 경우 반값 정도로 판매를 하고 있어 잘 살펴보면 득템을 할 수 있다.

주소 東京都千代田区外神田4-5-1 위치 ❶ JR 아키하바라(秋葉原) 역 덴키가이 출구(電気街口)에서 도보 10분 ❷ 지하철 스에히로초(末広町) 역 1번 출구에서 도보 2분 전화 03-3255-2115 시간 월~금 11:00~21:00. 토·일·공휴일 10:00~21:00 홈페이지 www.a-too.co.jp/ja

아키하바라 추천 맛집

규카쓰 모토무라 牛かつもと村 [규카츠 모토무라]

먹는 재미가 있는 규카쓰 인기 맛집

고기의 질과 맛도 좋지만 개인 화로가 있어서 굽기를 조절하며 직접 굽는 재미가 플러스된 맛집이다. 메뉴는 한 종류이고 오차즈케(녹차에 만 밥) 포함 여부와 고기의 양에 따라 금액이 달라질 뿐이니 선택은 간단하다. 처음에 규카쓰를 받으면 거의 튀김옷만 입힌 생고기 수준으로 살짝 익혀 나오는데 개인 화로의 돌판에 놓고 원하는 만큼 더 구워서 따뜻하게 먹을 수 있다. 밥이 부족하다면 한 번 리필이 가능하니 참고하자.

주소 東京都千代田区外神田1-15-18 위치 JR 아키하바라(秋葉原) 역 덴키가이 출구(電気街口)에서 도보 2분, 건물 지하 1층에 위치 전화 03-6285-2941 시간 11:00~23:00 메뉴 규카쓰 정식 카쓰1장(牛かつ定食 かつ1枚) 1,630엔, 오차즈케 규카쓰 정식(茶漬け牛かつ定食) 1,930엔 홈페이지 www.gyukatsu-motomura.com

이에케 라멘 부쇼야 家系らーめん 武将家 [이에케라멘 부쇼야]

밥 말아 먹기 딱 좋은 진한 국물의 라멘집

가게 내부가 좁아서 식사 시간이면 줄을 서야 하는 라멘 맛집으로, 진한 국물과 밥이 무한 리필되어 인기가 좋다. 대기 줄이 있으면 보통 자연스럽게 줄 뒤로 서는데, 우선 기계에서 티켓을 구매하고 줄을 서자. 진한 국물에 마늘 다대기와 고추장을 넣어 더 얼큰하게 먹을 수 있고 밥도 무료이기에 충분히 말아서 든든하게 먹을 수 있다.

주소 東京都千代田区外神田4-2-7 위치 JR 아키하바라(秋葉原) 역 덴키가이 출구(電気街口)에서 도보 5분, 빅 카메라 아키하바라점 뒤쪽에 위치 전화 03-3255-4200 시간 11:00~23:00 메뉴 라멘(중)(らーめん 中) 850엔, 부쇼 라멘(중)(武将らーめん 中) 1,100엔

로스트 비프 오노 ローストビーフ大野 [로오스토비이후 오오노]

NO.1 타워 와규 덮밥을 맛볼 수 있는 이색 맛집

밥 위에 탑처럼 쌓여 있는 와규가 인상적인 이곳은 아키하바라에서 손에 꼽는 맛집으로 비주얼만큼이나 맛도 최고다. 얇게 썰어 탑처럼 쌓아 올린 와규는 부드럽고 맛도 좋으며 밥과 날계란 그리고 소스를 함께 비벼 먹으면 색다른 맛을 느낄 수 있다. 고기는 양에 따라 가격이 다르지만 밥은 무료로 양을 조절하여 주문할 수 있으며 함께 나오는 소꼬리탕은 살짝 구운 와규와 궁합이 딱 맞다. 와규 소스도 추가 제공이 되며 생와사비와 함께 먹으면 느끼함 없이 깔끔하다. 먹는 방법을 몰라도 직원들이 친절하게 일어, 영어, 한국어를 섞어 가며 잘 설명해 주므로 서비스 면에서도 만족을 느끼게 해 주는 식당이다.

주소 東京都千代田区外神田1-2-3 B1 위치 JR 아키하바라(秋葉原) 역 덴키가이 출구(電気街口)에서 도보 3분 전화 03-3254-7355 시간 월~토 11:00~23:00, 일 11:00~22:00 메뉴 흑우 와규 로스트 비프(黒毛和牛のローストビーフ丼定食) 1,870엔, 오노 스테이크 플레이트 300g(大野のステーキプレート) 2,200엔 홈페이지 roastbeef-ohno.com

스시로 スシロー [스시로오]

다양한 스시를 즐길 수 있는 회전 스시 체인점

우리나라에도 들어온 회전 스시 체인점이지만, 이곳은 우리나라보다 더 저렴하고 다양한 종류를 맛볼 수 있으며 각 자리마다 개인 모니터가 있어 편하게 먹고 싶은 것을 주문할 수 있다. 식사 시간에 방문하여 대기를 하더라도 좌석 수가 많아 회전율이 좋다. 레일에는 생각보다 스시 종류가 많지 않으니 개인 주문 모니터를 이용하여 먹고 싶은 것을 골라 먹도록 하자. 횟감의 질이 뛰어나지는 않지만 종류가 많고 주문이 편해 가성비가 괜찮은 곳이라 할 수 있다.

주소 東京都千代田区外神田1-18-19 B1 위치 JR 아키하바라(秋葉原) 역 덴키가이 출구(電気街口)에서 도보 3분 전화 03-5296-9521 시간 월~금 11:00~23:00, 토·일 10:30~23:00 메뉴 접시에 따라 가격이 다름 홈페이지 www.akindo-sushiro.co.jp

UENO

우에노

上野

서민적인 냄새가 물씬 풍기는 곳

각종 열차가 경유하는 교통의 요지이며 나리타 공항으로 가는 게이세이선이 출발하는 곳으로, 과거부터 아메요코 골목을 중심으로 유통과 상업이 발전했던 곳이다. 또한 가격이 적당한 숙소가 많고 교통도 편리하여 관광객들도 많이 찾는 곳이다. 구도심이라 발전이 더디고 시장을 중심으로 상권이 형성되어 서민적인 동네로 평가받았으나 최근에는 우에노 오카치마치 중앙 거리上野御徒町中央通り를 중심으로 많은 음식점과 상점이 들어서 코로나19 전보다 더 많은 사람들이 찾고 있다. 우에노 공원을 중심으로 유명 박물관과 미술관이 밀집해 있어 관광하기 좋으며, 벚꽃으로 유명한 우에노 공원은 3월 말에

서 4월 중순까지 하나미를 즐기려는 인파가 밤늦게까지 몰린다. 아메요코 골목 주변으로는 서민적인 선술집이 많아 직장인들이 퇴근 후 가볍게 술 한잔을 하러 많이 찾는다.

한 눈에 보는 지역 특색

도쿄에서
손꼽히는 벚꽃 축제지

박물관과
미술관 밀집 지역

가볍게 술 한잔하기
좋은 여행지

How to go?

우에노 가는 방법

신주쿠나 시나가와에서 이동할 때는 야마노테선을 이용하고 공항에서는 게이세이선을 이용하면 갈아타지 않고 한 번에 갈 수 있다. 긴자나 아사쿠사에서는 지하철로 이동하는 것을 추천한다.

✿ 신주쿠新宿 역에서 이동하기

JR 신주쿠 역 15번 플랫폼에서 JR 야마노테선山手線을 탑승하여 12정거장 이동.

시간 약 25분 소요 요금 210엔

✿ 아사쿠사浅草 역에서 이동하기

지하철 아사쿠사역 플랫폼(긴자선 첫 번째 역이어서 먼저 들어오는 열차 플랫폼)에서 긴자선銀座線을 탑승하여 3 정거장 이동.

시간 약 5분 소요 요금 180엔

✿ 나리타 공항成田空港역에서 이동하기

게이세이京成 나리타 공항 역 플랫폼(게이세이선 첫 번째 역이서 본선 특급과 스카이라이너의 확인 필수)에서 게이세이 스카이라이너京成スカイライナー를 탑승하여 2 정거장 이동.

시간 약 44분 소요 요금 1,270엔(지정석은 1,300엔)

Best Tour 추천 코스

우에노 공원은 벚꽃 시즌을 제외하면 그다지 볼거리가 없어 박물관과 동물원을 찾아온 사람이 대부분이다. 볼거리와 먹거리가 많은 재래시장인 아메요코 골목을 중심으로 다니도록 하자.

JR우에노 역 → 도보 5분 → 우에노 공원 → 도보 5분 → 우에노 동물원 → 도보 5분 → 도쿄 국립 박물관 → 도보 10분 → 아메요코

우에노 공원

도쿄 국립 박물관

아메요코

TIP. 우에노 공원은 벚꽃 시즌에 가거나 동물원이나 박물관을 방문하는 사람들이 주로 가는 곳이다. 하지만 노숙자가 많아서 주의가 필요하다. 낮에는 왕래하는 사람들이 많아 괜찮지만 저녁에는 이곳의 출입을 삼가자. 벚꽃 시즌에는 저녁 늦게까지 사람들이 많아 괜찮지만 시즌이 아닐 때는 낮에 공원, 박물관, 동물원 등을 간단히 둘러보거나 아메요코와 오카치마치 중앙 거리에서 시간을 보내자.

우에노
도호쿠조에쓰 신칸선 東北上越新幹線
야마노테선 山手線
고토토이거리 言問通り
우구이스다니 鶯谷
남쪽 출구
도쿄 예술 대학
東京藝術大学
고게쓰
古月
게이세이 본선 京成本線
도쿄 국립 박물관
東京國立博物館
도쿄도 미술관
東京都美術館
미쓰미네 신사
三峰神社
우에노 동물원
上野動物園
국립 과학 박물관
国立科学博物館
우에노 바이크 거리 上野バイク通り
우에노 도쇼궁
上野東照宮
국립 서양 미술관
国立西洋美術館
이리야 출구
이와쿠라 고등학교
岩倉高等学校
우에노 공원
上野公園
서튼 플레이스 호텔 우에노
サットンプレイスホテル上野
우에노
上野
중앙 출구
공원 출구
우에노의 숲 미술관
上野の森美術館
야마시타 출구
이치란
一蘭
아사쿠사 출구
시노바즈 연못
不忍池
미쓰이 가든 호텔 우에노
三井ガーデンホテル上野
시노바즈 출구
히로코지 출구
APA 호텔 게이세이 우에노 에키마에
アパホテル 京成上野駅前
야마시로야
ヤマシロヤ
이나리초
稲荷町
게이세이 우에노
京成上野
몬자야
もんじゃや
호텔 뉴 토호쿠
ホテルニュー東北
아메요코 アメ横
미우라미사키코
三浦三崎港
시타마치 풍속자료관
下町風俗資料館
야키도리 우에노분라쿠
やきとり 上野文楽
호텔 산타가스
HOTEL SUNTARGAS
모쓰야키 대통령
もつ焼 大統領
우에노 오카치마치
上野御徒町
우에노 히로코지
上野広小路
오카치마치
御徒町
유시마
湯島
신오카치마치
新御徒町
나카오카치마치
仲御徒町
452
319
437
453

우에노 공원 上野公園 [우에노 코엔]

벚꽃이 멋진 도쿄의 대표적인 공원

봄이면 벚꽃이 만발하고 가을이면 아름다운 단풍으로 가득한 우에노 공원은 도쿄의 가장 대표적이고 서민적인 공원이다. 행사가 있을 때면 공원에 많은 노점상이 영업을 하여 저녁까지 많은 사람으로 북적인다. 공원에서 가장 인기 있는 곳은 시노바즈 연못不忍池인데 봄에는 벚꽃이 만발할 때 연못에서 보트를 타면서 색다른 벚꽃놀이를 즐길 수 있다. 가을에는 붉고 노란 단풍잎으로 장관을 이루고 겨울에는 수많은 철새가 찾는 철새 서식지로 유명하다. 이렇듯 시즌별 볼거리가 있을 때는 우에노 공원이 참 아름답지만 그 외에는 단순히 동물원과 박물관을 가기 위해 지나가는 공원 정도로 생각해도 되겠다.

주소 東京都台東区上野公園 위치 JR 우에노(上野) 역 공원 출구에서 도보 4분 전화 03-3828-5644 시간 05:00~23:00
홈페이지 www.kensetsu.metro.tokyo.lg.jp

우에노 동물원 上野動物園 [우에노 도우부츠엔]

일본 최초의 대형 동물원

1882년에 오픈한 일본 최초의 동물원으로 500여 종의 동물을 사육하고 있으며 일본 최고의 입장객 수를 자랑하고 있다. 동물들을 자연 상태 그대로의 환경에서 사육하려고 밀림 테마와 북극 테마 등으로 꾸며 두었으며 자이언트 판다, 코빗 하마, 오카피 등 희귀 동물도 만나볼 수 있다. 어린 자녀와 함께 방문한다면 단순히 동물만을 보는 것이 아닌 동물이 원래 살던 자연환경까지 관찰할 수 있어 교육 장소로 좋은 곳이다

주소 東京都台東区上野公園9-83 위치 우에노 공원 안쪽에 위치 전화 03-3828-5171 운영시간 09:30~17:00 요금 65세 이상 300엔, 16~64세 600엔, 13~15세 200엔 홈페이지 www.tokyo-zoo.net/zoo/ueno

도쿄 국립 박물관 東京国立博物館 [도쿄 코쿠리츠 하쿠부츠칸]

일본 최초이자 최대 규모의 박물관

1872년에 개관한 도쿄 국립 박물관은 교토 국립 박물관, 나라 국립 박물관과 함께 일본의 3대 박물관 중 하나다. 11만 점의 문화재가 전시되어 있고 국보 87점과 중요 문화재 629건을 소장하고 있다. 일본의 미술과 불교 관련 유물이 전시되어 있는 본관과 한국, 중국, 동남아시아의 유물이 전시되어 있는 동양관, 특별 전시관인 표경관, 호류지의 헌납 보물을 전시한 호류지 보물관이 있고 기획 전시실과 특별 전시관이 있는 헤이세이관으로 구분된다. 한국의 유물도 있어 책에서만 볼 수 있었던 교육 자료를 접할 수 있는 기회이니 역사에 관심이 있는 사람이라면 방문하는 것을 추천한다.

주소 東京都台東区上野公園13-9 위치 ❶ JR 우에노上野) 역 공원 출구에서 도보 10분 ❷ JR 우구이스다니(鶯谷) 역 남쪽 출구에서 도보 10분 전화 050-5541-8600 시간 09:30~17:00, 월요일 휴무 요금 일반 1,000엔, 대학생 500엔 홈페이지 www.tnm.jp

©Internet Museum Office

©Internet Museum Office

야마시로야 ヤマシロヤ [야마시로야]

저렴한 장난감 전문점

우에노에 위치한 야마시로야는 장난감 전문점으로 규모가 상당히 크며 가격도 저렴하다. 장난감뿐만 아니라 캐릭터 피규어, 굿즈, 인형, 학용품 등 다양한 제품을 저렴하게 구매할 수 있으며 이월 상품이나 이벤트 상품의 경우 더욱 저렴하게 구매할 수 있다. 다만 엘리베이터가 없이 좁은 계단을 올라가야 한다는 단점이 있고 내부가 좁고 복잡하여 쾌적한 환경에서의 쇼핑을 기대하기는 힘들다.

주소 東京都台東区上野6丁目14-6 위치 JR 우에노(上野) 역 히로코지 출구 건너편에 위치, 도보 1분 전화 03-3831-2320 시간 11:00~20:30 홈페이지 e-yamashiroya.com

아메요코 アメヤ横 [아메요코]

서민적인 분위기의 도쿄 대표 재래시장

JR 우에노 역과 게이세이우에노 역 건너편 철길 바로 아래와 옆에 형성된 곳으로 도쿄를 대표하는 재래시장이다. JR 우에노 역에서 JR 오카치마치 역까지 400m에 이르는 시장으로 길이도 길지만 골목골목 많은 상점이 밀집해 있어 먹거리와 볼거리가 많다. 과거에는 기념품과 간식 그리고 식료품을 싸게 판매하는 상점이 많았지만 지금은 음식점이 많아져서 먹거리를 즐기려는 사람들로 북적인다. 점심에 시장을 둘러보고 로컬 분위기를 느끼며 음식과 함께 가볍게 맥주를 한잔하는 것도 색다른 여행이 될 듯하다.

주소 東京都台東区上野6-10 위치 ❶ JR 우에노(上野) 역 공원 출구에서 도보 3분 ❷ 게이세이우에노(京成上野) 역 메인 출구 건너편 도보 1분 전화 03-3832-5053 홈페이지 www.ameyoko.net

오토시를 아시나요?

아메요코에서 많은 음식점을 볼 수 있는데 몇몇 음식점은 자리에 앉자마자 오토시에 관한 설명을 한다. 오토시お通し란 기본 안주 비용으로, 모든 손님이 무조건 1인당 비용을 지불해야 한다. 음식과 술을 주문하는 것과 상관없이 자릿세 개념으로 내는 것으로, 우리나라에는 없는 문화라서 놓치기 쉽다. 오토시 비용을 받지 않는 가게도 많으므로, 이를 지불하고 싶지 않다면 과감히 일어나서 다른 곳으로 옮기자.

우에노 추천 맛집

몬자야 もんじゃや [몬자야]

적당한 가격의 몬자야키 전문점

야채와 라면 그리고 해물을 몬자야만의 특제 소스와 다져서 오코노미야키처럼 철판에 부쳐 먹는 음식인 몬자야키 전문점이다. 자리마다 조리할 수 있는 철판이 준비되어 있고 재료와 소스를 선택할 수 있어 입맛에 따라 요리해서 먹을 수 있으며 오코노미야키보다는 식감이 더 부드럽다. 가격도 크게 부담이 없어 퇴근 후 직장인들이 많이 찾는 저녁 시간이면 줄을 서야 하기 때문에, 낮에 방문해야 여유 있게 식사할 수 있다.

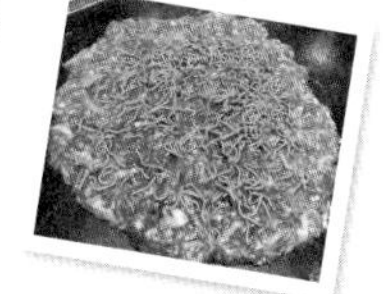

주소 東京都台東区上野6-13-8 위치 JR 우에노(上野) 역 히로코지 출구 건너편 야마시로야 옆 골목 6층, 도보 2분 전화 03-5688-0611 시간 11:30~22:00 메뉴 마늘 감자 몬자야키(ニンニクもんじゃ もんじゃ焼) 750엔, 새우 감자 몬자야키(えびもんじゃ もんじゃ焼) 740엔

이치란 一蘭 [이치란]

우리 입맛에 딱 맞는 라멘 가게

돼지 등뼈로 국물을 우려 맛이 진국인 이치란 라멘은 두꺼운 돼지고기 토핑도 맛있고 고추장 다진 양념을 넣으면 더 얼큰하게 국물 맛을 낼 수 있어서 우리나라 관광객들이 아주 편하게 먹을 수 있는 라멘이다. 또한 혼자 방문을 하더라도 1인석으로 테이블이 구성되어 있어 불편함이 없고 독서실처럼 칸막이가 되어 있는 것이 특징인데 맛에 집중하라는 이유로 인테리어를 이렇게 하였다고 한다. 맛도 있고 메뉴 선택도 간단하여 출출할 때 간단히 한 끼 때우기에는 안성맞춤인데 우리 입맛에 너무 잘 맞아서 특별함이 없는 것 같아 다소 아쉽게 느껴진다.

주소 東京都台東区上野7-1-1 위치 JR 우에노(上野) 역 아트레 쇼핑몰 1층 전화 03-5826-5861 시간 10:00~06:00 메뉴 라멘(ラーメン) 980엔 홈페이지 ichiran.com/shop/tokyo/ueno

야키도리 우에노분라쿠 やきとり上野文楽 [야끼도리 우에노분라쿠]

우에노 최고의 인기 맛집

우리나라 방송에도 소개가 된 야키도리 맛집인 우에노분라쿠는 70년 동안 꾸준하게 많은 사랑을 받고 있어 항상 대기 줄이 길다. 관광객도 많지만 현지인들에게도 인기가 좋은 곳으로 불맛이 배어 있는 야키도리가 아주 튼실하고 가격도 저렴하며 '호르몬 니코미ホルモンにこみ(곱창조림)'는 특이하면서도 맛있다. 야키도리의 경우 주방장 특선인 '오마카세おまかせ'를 주문하면 다양하게 먹을 수 있어 관광객들이 가장 많이 주문하는 메뉴이다. 가게는 다소 허름하지만 맛은 최고인 우에노분라쿠에서 서민적인 분위기를 느끼며 야키도리에 시원한 생맥주 한잔을 즐겨 보자.

주소 東京都台東区上野6-12-1 위치 ❶ JR 우에노(上野) 역 시노바즈 출구에서 도보 6분 ❷ 게이세이우에노(京成上野) 역 정면 출구에서 도보 3분 전화 03-3832-0319 시간 월~금 14:00~23:00, 토·일·공휴일 12:00~22:00 메뉴 오마카세 5개꼬치(おまかせ5本) 950엔, 마늘 양념 야키도리(にんにくだれ 焼き鳥) 350엔

미우라미사키코 三浦三崎港 [미우라미사키코우]

가성비 좋은 회전 초밥집

아메요코 시장에 위치한 미우라미사키코는 가성비가 좋아 많은 사람들이 찾는 회전 스시 전문점으로 가게의 규모가 다소 작아서 식사 시간이면 항상 줄을 길게 선다. 스시의 종류도 다양하고 횟감의 질과 크기도 적당하며 당일 공수된 신선한 횟감으로 만든 특별 메뉴도 별도로 판매하고 있다. 또한 보통 스시와 함께 생맥주를 많이 마시는데 이곳은 가성비 좋은 하이볼ハイボール을 찾는 손님들이 많다.

주소 東京都台東区上野6-12-14 위치 ❶ JR 우에노(上野) 역 시노바즈 출구에서 도보 5분 ❷ 게이세이우에노(京成上野) 역 정면 출구에서 도보 2분 전화 03-5807-6023 시간 10:30~21:30 메뉴 110엔~(접시에 따라 다름) 홈페이지 neo-emotion.jp

모쓰야키 대통령 もつ焼 大統領 [모츠야키 다이토오료우]

모쓰야키와 니코미가 인기 있는 이자카야

건너편의 우에노분라쿠 못지않게 인기가 많은 모쓰야키 맛집으로 항상 긴 줄로 그 인기를 알 수 있다. 신선하고 손질이 잘 된 소, 돼지, 닭의 내장 꼬치에 가게만의 특제 소스를 입혀 숯불에 구운 모쓰야키는 맛과 식감이 최고다. 또한 각종 채소와 두부 그리고 곱창을 비롯한 내장을 넣어 푹 끓인 니코미にこみ가 인기 안주인데, 우리 입맛에는 호불호가 갈린다. 시원한 생맥주 또는 사케에 맛있는 모쓰야키를 곁들여 보자.

주소 東京都台東区上野6-10-14 위치 ❶ JR 우에노(上野) 역 시노바즈 출구에서 도보 6분 ❷ 게이세이우에노(京成上野) 역 정면 출구에서 도보 3분 전화 03-3832-5622 시간 10:00~24:00 메뉴 모쓰야키 5개(もつ焼き5本) 450엔, 니코미(煮込み) 420엔

도쿄의 옛 전통이 살아 있는 곳

도쿄에서 가장 역사와 전통이 살아 있는 지역이자 서민의 소박함을 느낄 수 있는 곳이 아사쿠사다. 가장 대표적인 관광 명소인 센소사를 중심으로 전통적인 상점가인 나카미세 거리와 도쿄 최대의 주방용품 거리인 갓파바시 도구 거리도 있어 다른 지역 못지않게 볼거리가 풍부한 곳이다. 아사쿠사는 1923년 관동 대지진과 제2차 세계 대전의 피해로 폐허가 되었지만, 1970년대 들어 전통 부흥을 위해 개발이 되어 지금의 모습을 찾게 되었다. 우에노, 닛포리와 더불어 가장 서민적인 모습을 볼 수 있고 도쿄의 전통문화를 경험하기에 좋은 지역이어서 관광객들이 꾸준하게 찾고 있다. 아사쿠사 동쪽에는 2012년 도쿄

에서 가장 높은 전망대인 도쿄 스카이 트리와 대형 복합 쇼핑몰인 소리마치가 개장하고 주변 인프라가 늘어나면서 많은 관광객이 찾는 신흥 관광 지역으로 발전하였다.

한 눈에 보는 지역 특색

옛 전통 거리와 절을
만나볼 수 있는 곳

도쿄 스카이 트리가 있는
최고의 랜드마크

기념품과 주방용품을
쇼핑하기 좋은 여행지

How to go?

아사쿠사 가는 방법

아사쿠사 지역을 찾아가는 방법으로는 지하철 긴자선銀座線이나 아사쿠사선浅草線을 이용하여 가는 것이 편리하다.

✿ 신주쿠新宿 역에서 이동하기

JR 신주쿠 역 8번 플랫폼에서 JR 주오선 쾌속中央線快速을 탑승하여 간다 역神田駅으로 3 정거장 이동. 2번 플랫폼에서 지하철 긴자선銀座線으로 환승하여 아사쿠사 역으로 6 정거장 이동.

시간 약 27분 소요 요금 380엔

✿ 긴자銀座 역에서 이동하기

지하철 긴자 역 2번 플랫폼에서 긴자선銀座線을 탑승하여 아사쿠사 역으로 10 정거장 이동.

시간 약 17분 소요 요금 210엔

✿ 우에노上野 역에서 이동하기

지하철 우에노 역 2번 플랫폼에서 긴자선銀座線을 탑승하여 아사쿠사 역으로 3 정거장 이동.

시간 약 5분 소요 요금 180엔

Best Tour 추천 코스

센소사를 중심으로 한 도쿄의 전통 거리만 둘러본다면 아사쿠사 역에서 하차하여 관광을 시작하고, 도쿄 스카이 트리를 함께 묶어 일정을 준비한다면 다와라마치 역에서 하차하여 시계 방향으로 관광을 시작하자.

다와라마치 역 ➔ 도보 5분 ➔ 갓파바시 도구거리 ➔ 도보 12분 ➔ 센소사 ➔ 도보 1분 ➔ 나카미세거리 ➔ 도보 2분 ➔ 아사쿠사 역 ➔ 지하철 4분 ➔ 도쿄스카이트리

센소사

나카미세 거리

도쿄 스카이 트리

TIP. 아사쿠사는 분명히 다른 지역과 차별화된 볼거리가 있지만 이동 시간에 비해서 큰 만족감을 얻기에는 조금 아쉬운 관광지이다. 따라서 많은 볼거리와 다양한 쇼핑 매장이 입점한 도쿄 스카이 트리 타운東京スカイツリータウン과 묶어서 일정을 준비하는 것을 추천한다.

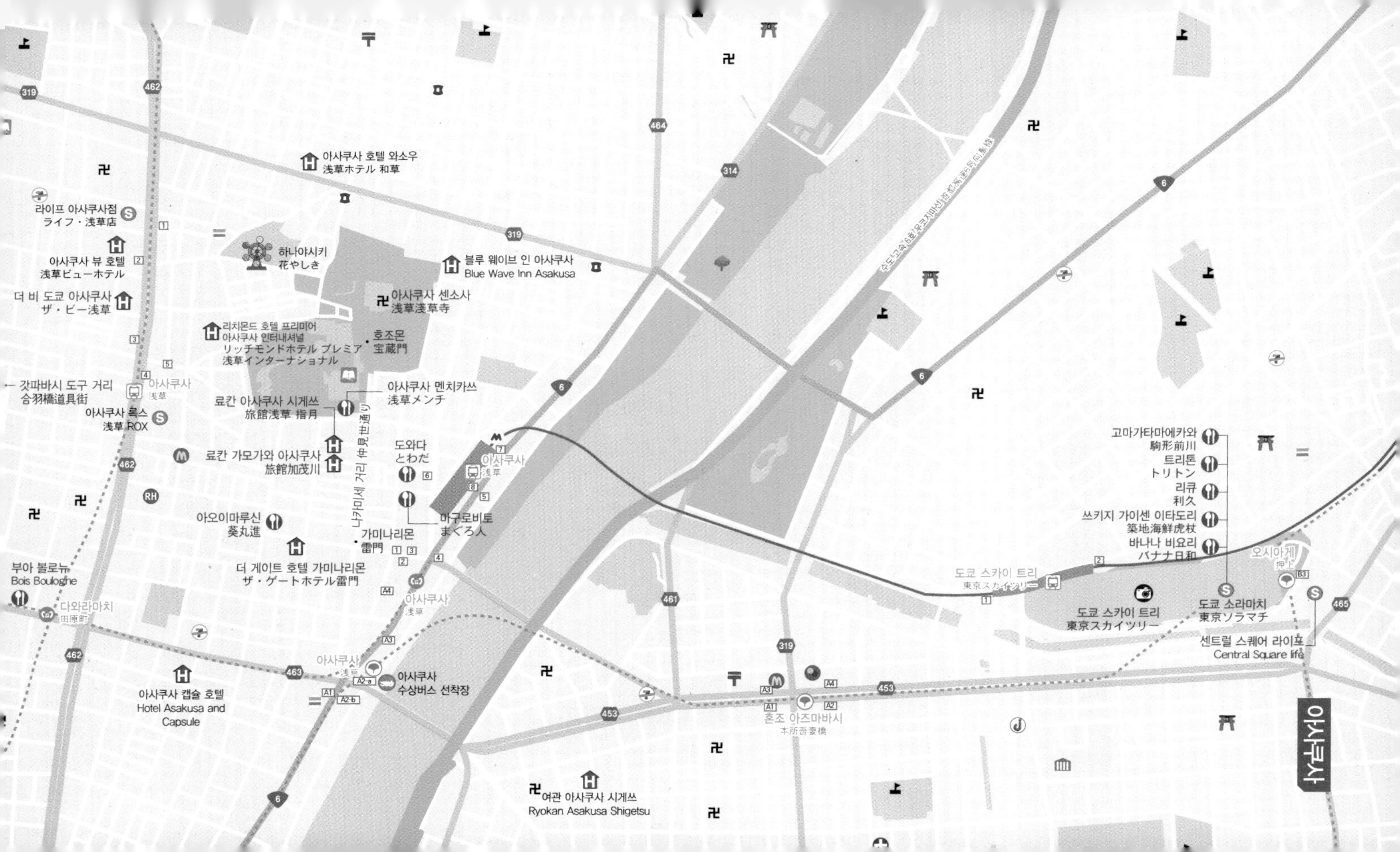
아사쿠사
아사쿠사 호텔 와소우
浅草ホテル 和草
라이프 아사쿠사점
ライフ・浅草店
아사쿠사 뷰 호텔
浅草ビューホテル
더 비 도쿄 아사쿠사
ザ・ビー浅草
하나야시키
花やしき
블루 웨이브 인 아사쿠사
Blue Wave Inn Asakusa
아사쿠사 센소사
浅草浅草寺
리치몬드 호텔 프리미어
아사쿠사 인터내셔널
リッチモンドホテル プレミア
浅草インターナショナル
호조몬
宝蔵門
← 갓파바시 도구 거리
合羽橋道具街
아사쿠사
浅草
아사쿠사 록스
浅草ROX
료칸 아사쿠사 시게쓰
旅館浅草 指月
아사쿠사 멘치카쓰
浅草メンチ
나카미세 거리 仲見世通り
료칸 가모가와 아사쿠사
旅館加茂川
도와다
とわだ
마구로비토
まぐろ人
아오이마루신
葵丸進
가미나리몬
雷門
더 게이트 호텔 가미나리몬
ザ・ゲートホテル雷門
부아 불로뉴
Bois Boulogne
다와라마치
田原町
아사쿠사 캡슐 호텔
Hotel Asakusa and Capsule
아사쿠사
수상버스 선착장
혼조 아즈마바시
本所吾妻橋
여관 아사쿠사 시게쓰
Ryokan Asakusa Shigetsu
고마가타마에카와
駒形前川
트리톤
トリトン
리큐
利久
쓰키지 가이센 이타도리
築地海鮮虎杖
바나나 비요리
バナナ日和
오시아게
押上
도쿄 스카이 트리
東京スカイツリー
도쿄 소라마치
東京ソラマチ
센트럴 스퀘어 라이프
Central Square life
수도고속6호무코지마선 首都高速6号向島線

아사쿠사 일대

아사쿠사의 관광은 아사쿠사 역을 나와 가미나리몬부터 시작한다. 가장 큰 볼거리는 센소사와 나카미세 거리이며 시간의 여유가 된다면 도쿄에서 가장 큰 주방용품 거리인 갓파바시까지 도보로 이동하자.

아사쿠사 센소사 浅草浅草寺 [아사쿠사 센소지]

도쿄에서 가장 큰 사찰이자 관광 명소

센소사는 628년 스미다강隅田川에서 성관음상聖観音像을 우연히 건져 올려 그것을 안치하면서 창건되었다. 도쿄에서 가장 크고 오래된 사찰로, 본당은 에도 막부의 3대 쇼군인 도쿠가와 이에미쓰徳川家光에 의해 지어졌다. 다만 관동 대지진과 제2차 세계 대전으로 대부분 파괴되었고 현재의 사찰은 1950년대 이후 재건된 것이다. 엄청난 규모의 본당 외에도 여러 볼거리가 있고 항상 많은 참배객으로 붐빈다. 본당 옆으로는 잘 가꾸어진 덴보인 정원伝法院庭園이 있으니 가볍게 산책하는 기분으로 둘러보도록 하자.

주소 東京都台東区浅草2-3-1 위치 지하철 아사쿠사(浅草) 역 1번 출구에서 도보 12분 전화 03-3842-0181 시간 4~9월 06:00~17:00, 10~3월 06:30~17:00 홈페이지 www.senso-ji.jp

가미나리몬 雷門 [가미나리몬]

아사쿠사 역 1번 출구에서 나와 센소사로 이동할 때 가장 먼저 만나는 문이다. 오른쪽에는 바람의 신상, 왼쪽에는 천둥의 신상이 안치되어 있으며 1865년에 소실되었다가 1960년에 철근 콘크리트로 재건되었다. 관광객들의 기념 촬영 장소로도 잘 알려진 이곳은 오전 11시가 넘으면 사람들로 붐벼 사진을 찍기 힘들 정도이니 기념사진을 남기려면 아침 일찍 서둘러 가야 한다.

위치 지하철 아사쿠사(浅草) 역 1번 출구에서 도보 1분

호조몬 宝蔵門 [호조몬]

가미나리몬이 센소사의 입구라면 호조몬은 센소사의 정문이라 할 수 있는데 보물창고 문이라고도 불린다. 1층의 문은 양쪽으로 금강역사상이 지키고 있으며 2층은 문화재 보관실로 이용되고 있다. 2007년에 참배객의 안전을 확보하기 위해 지붕 보수 공사를 실시하여 지금의 모습이 되었다.

위치 지하철 아사쿠사(浅草) 역 1번 출구에서 도보 10분

갓파바시 도구 거리 合羽橋道具街 [갓파바시 도구가이]

도쿄 최대의 주방용품, 조리 도구, 식기류 전문 거리

도쿄에서 가장 큰 주방용품 전문 거리로, 주방용품과 조리 도구, 식기류를 도매로 판매하는 상점이 밀집해 있다. 요식 사업을 준비하는 한국 사람들도 많이 찾으며 일반 가정에서 사용하는 도구도 많아 주부들도 찾는 곳이다. 다른 지역에도 주방용품을 파는 상점이 많지만 이곳은 일단 가격이 저렴하고 아이디어 상품도 많아 요리에 관심이 있다면 많은 도움이 될 것이다. 또한 음식 모형과 주방을 꾸밀 장식품 등 재미있는 상품이 많으니 관심이 있다면 방문해 보자.

주소 東京都台東区松が谷3-18-2 위치 지하철 다와라마치(田原町) 역 1번 출구에서 도보 5분 전화번호 03-3844-1225 홈페이지 www.kappabashi.or.jp

나카미세 거리 仲見世通り [나카미세도리]

센소사 앞까지 이어지는 쇼핑 거리

가미나리몬에서 호조몬까지 이어지는 상점가로 100여 개의 상점에서 각종 기념품과 화과자, 간단한 먹거리를 팔아 항상 사람들로 붐비며 물건을 사지 않더라도 볼거리가 많다. 아사쿠사에서 가장 번화한 대표적인 상점가로 다른 상점가와는 다르게 일본의 전통 상품을 많이 볼 수 있으며 먹거리도 일본 전통 음식을 주로 판매한다. 참고로 같은 기념품이라도 가게마다 가격이 다른 경우가 많으니, 처음에는 아이쇼핑을 하고 아이템을 선정한 후 여유 있게 구매하도록 하자.

주소 東京都台東区浅草1-36-3 위치 지하철 아사쿠사(浅草) 역 1번 출구에서 도보 2분 전화 03-3844-3350 홈페이지 www.asakusa-nakamise.jp

도쿄 스카이 트리 타운

도심과 거리가 있어 사람들의 발길이 많이 닿지 않는 지역이지만 세계에서 가장 높은 전파탑 전망대가 있고 규모가 큰 아케이드와 쇼핑몰이 있어 아사쿠사 관광 일정을 준비할 때 함께 방문하는 것을 추천한다.

도쿄 스카이 트리 TOKYO SKY TREE [도쿄 스카이츠리이]

세계에서 가장 높은 전파 탑

2012년 5월, 세계에서 가장 높은 634m의 전파 탑인 도쿄 스카이 트리에서 전망대를 오픈해 스미다구墨田区의 새로운 관광 명소가 되었다. 방송국과 상업 시설이 입점했으며 이곳을 중심으로 스카이 트리 타운이 조성되어 도쿄 동쪽 지역의 새로운 관광 지역이 되었다. 스카이 트리의 전망대는 350m 높이의 제1전망대 '덴보 데크TEMBO DECK'와 450m 높이의 제2전망대 '덴보 갤러리아TEMBO GALLERIA'로 두 곳이다. 이 전망대에서 맑은 날에는 도쿄 시내와 후지산까지 전체를 조망할 수 있고 저녁에는 도쿄 야경을 한눈에 감상할 수 있어 관광객에게 높은 인기를 얻고 있다. 매표소 입구는 4층에 있으며 오시아게 역이나 스카이 트리 기차역부터 매표소까지 도보로 12~15분 정도 이동을 해야 한다는 점을 참고하자.

주소 東京都墨田区押上1丁目1-2 위치 지하철 오시아게(押上) 역 및 도쿄스카이트리(とうきょうスカイツリー) 기차역과 연결 전화 0570-550-634 시간 10:00~21:00 홈페이지 www.tokyo-skytree.jp

★스카이 트리 요금표

종 류		18세 이상	12~17세	6~11세
인터넷 예매	덴보 데크 (TEMBO DECK)	1,800엔 (2,000엔)	1,400엔 (1,500엔)	850엔 (900엔)
	덴보 갤러리아 (TEMBO GALLERIA)	2,700엔 (3,000엔)	2,150엔 (2,350엔)	1,300엔 (1,400엔)
현장 발권	덴보 데크 (TEMBO DECK)	2,100엔 (2,300엔)	1,550엔 (1,650엔)	950엔 (1,000엔)
	덴보 갤러리아 (TEMBO GALLERIA)	3,100엔 (3,400엔)	2,350엔 (2,550엔)	1,450엔 (1,550엔)

※ ( ) 안은 주말, 공휴일 요금

※ 5세 이하는 무료 입장

도쿄 소라마치 東京ソラマチ [도쿄 소라마치]

도쿄 스카이 트리 타운의 대형 복합 쇼핑몰

스카이 트리 타워의 쇼핑 아케이드인 소라마치는 300여 개의 상점과 레스토랑, 극장, 박물관, 아쿠아리움까지 갖추고 있는 복합 쇼핑몰이다. 1~5층에는 상점과 카페 그리고 레스토랑이 입점해 있으며 6~7층은 레스토랑이 운영되고 있다. 8~10층은 복합 문화 공간으로 많은 전시회가 열리고 있으니 홈페이지를 참고하자. 특히 소마라치에는 마블, 디즈니, 키티, 토토로 등 캐릭터 숍과 애니매이션 굿즈 매장들이 있어 마니아들에게 상당히 인기가 많은 곳이다. 스카이 트리 전망대를 올라가지 않아도 쇼핑몰만으로도 즐길 거리가 많으니 꼭 일정에 넣기 바란다.

주소 東京都墨田区押上1丁目1-2 위치 지하철 오시아게(押上) 역 및 도쿄스카이트리(とうきょうスカイツリー) 기차역과 연결 전화 0570-550-102 시간 10:00~21:00 홈페이지www.tokyo-solamachi.jp

센트럴 스퀘어 라이프 Central Square life [센토라루 스쿠에아 라이후]

도쿄 스카이 트리 타운의 대형 슈퍼마켓

도쿄 스카이 트리의 건너편에 위치한 대형 슈퍼마켓인 센트럴 스퀘어 라이프는 식료품 외에도 도시락, 베이커리, 선물 등 사고 싶은 상품들과 볼거리가 가득하다. 돈키호테보다 식료품 품목이 더욱 다양하기 때문에 여러 제품을 비교하여 구매할 수 있는 좋은 장소이다. 2층에는 생활용품·가구 전문점인 니토리의 대형 매장도 있어서 슈퍼마켓과 함께 둘러보면 좋다.

주소 東京都墨田区押上1-10-3 위치 지하철 오시아게(押上) 역 B3 출구에서 도보 1분 전화 03-3622-2320 시간 09:30~24:00 홈페이지 www.lifecorp.jp

아사쿠사 추천 맛집

아사쿠사 멘치카쓰 浅草メンチ [아사쿠사멘치]

아사쿠사 센소사의 명물 고로케

소고기를 다져 튀김 옷을 입히고 바로 튀긴 고로케로 육즙을 그대로 느낄 수 있어서 아사쿠사를 방문하면 꼭 먹어야 하는 명물 간식이다. 겉은 바삭하고 속은 다진 소고기로 부드러워 어른뿐 아니라 아이들도 잘 먹을 수 있다. 다만 육즙이 풍부하고 기름이 다 빠지지 않아 자칫 입천장을 델 수 있으니 조심해서 식혀 먹고, 육즙이 흘러 자칫 옷에 묻을 수 있으니 휴지를 들고 천천히 먹도록 하자.

주소 東京都台東区浅草2-3-3 위치 나카미세 거리 중간(양쪽 상점이 끝나는 지점) 가장 큰 사거리에서 서쪽으로 30m 전화 03-6231-6629 시간 10:00~19:00 메뉴 아사쿠사 멘치카쓰(浅草メンチ) 350엔 홈페이지 www.asamen.com

아오이마루신 葵丸進 [아오이마루신]

78년의 역사가 있는 튀김덮밥 맛집

바삭바삭한 튀김이 유명한 맛집으로 그중 텐동은 양과 맛에서 도쿄에서 으뜸이라고 손꼽을 수 있을 정도이다. 직접 선별한 튀김 재료, 튀김의 느끼함을 잡아 주는 특제 소스 그리고 푸짐한 양까지 70년 넘게 많은 사랑을 받고 있는 이유가 있는 음식점이다. 가격은 다른 텐동 전문점에 비해 많이 비싸서 주머니 사정을 고려해야 하며, 점심시간에는 줄을 서야 하지만 회전율이 좋아서 생각보다 대기가 길지 않다.

주소 東京都台東区浅草1-4-4 위치 가미나리몬에서 대로변을 따라 서쪽으로 두 블럭 전화 03-3841-0110 시간 11:30~21:30 메뉴 봄의 미각 튀김덮밥(春の味覚天丼) 2,400엔, 후쿠주 텐동(福聚天丼) 2,750엔 홈페이지 www.aoi-marushin.co.jp

마구로비토 まぐろ人 [마구로비토]

참치를 중심으로 한 스시 가게

가게 이름을 보면 참치 요리만 팔 것 같지만 참치 외에도 다양한 스시를 맛볼 수 있는 곳이다. 먹고 싶은 스시를 주문하여 먹을 수 있고 참치 부위별로도 다양하게 주문이 가능하다. 다만 가게에는 일본 제일의 신선한 참치를 먹을 수 있다고 홍보를 하고 있는데 생각보다는 그리 신선하지 않고 스시의 크기나 식감도 평범하다. 적당한 가격에 회전 스시처럼 다양한 스시를 주문하여 먹는다는 데 의의를 두고 방문하자.

주소 東京都台東区浅草1-11 위치 지하철 아사쿠사(浅草) 역 6번 출구에서 도보 1분 전화 03-5828-5838 시간 11:30~22:00 메뉴 참치 3점 모듬(まぐろ三点盛り) 900엔, 히카리 3점 모듬(ひかり三点盛り) 550엔, 흰살 3점 모듬(白身三点盛り) 700엔 홈페이지 asakusa-magurobito.net

도와다 とわだ [토와다]

전통 있는 수타 소바 가게

1924년에 오픈한 도와다는 아사쿠사에서만 100년째 수타 소바를 판매하는 장인 정신이 가득한 소바 맛집이다. 쫄깃쫄깃한 식감에다 가격 대비 양도 적당하며, 특히 여름에 먹는 자루소바는 강추 메뉴이다. 소바 외에도 튀김, 스시, 가쓰동 등 다양한 메뉴가 있지만 추천할 만한 맛은 아니다. 소바 맛집에서는 소바만 먹는 것이 좋겠다.

주소 東京都台東区浅草1-33-5 위치 지하철 아사쿠사(浅草) 역 6번 출구에서 도보 2분 전화 03-3843-5409 시간 11:00~20:00 메뉴 텐세이로(天せいろ) 1,000엔 홈페이지 g061100.gorp.jp

부아 볼로뉴 Bois Boulogne [부우란제보와부로오뉴]

와인의 풍미가 느껴지는 No.1 건포도빵 베이커리

외관은 아주 평범한 동네 빵집 같은 이곳은 와인에 숙성시킨 건포도가 말도 안 되게 가득 들어가 있는 건포도빵이 유명한 베이커리이다. 또한 부드러운 슈크림이 꽉 찬 크림빵부터 수제로 만든 스테이크 샌드위치와 참치 샌드위치 등 겉보기엔 평범하지만 맛있고 매력적인 먹거리가 다양하다. 건포도빵은 인기가 많아 늦게 가면 살 수 없지만 폐점 시간이 가까워지면 남아 있는 빵을 할인하여 판매하니 참고하자.

주소 東京都台東区西浅草1-2-2 위치 지하철 다와라마치(田原町) 역 1번 출구 건너편, APA 호텔 바로 옆 건물 전화 03-3844-1045 시간 09:00~21:00, 일요일 휴무 메뉴 건포도빵(レーズンパン大) 800엔, 크림빵(クリームパン) 160엔

고마가타마에카와 駒形前川 [코마가타마에카와]

고급 장어덮밥 전문점

220년 동안 장어 요리만을 고집한 고마가타마에카와의 소라마치점은 두툼한 일본산 장어를 숯불에 구워 밥에 얹어 먹는 장어덮밥 전문점이다. 장어의 크기와 굵기는 최상이며 식감도 부드럽고 맛도 특별히 짜지 않고 입맛에 딱 맞다. 다만 양식 장어인데도 가격이 상당히 비싸고 덮밥 말고는 먹을 것이 없어 차라리 장어 꼬치구이를 주문하여 장어만 제대로 먹는 것이 더 나을 것 같다.

주소 東京都墨田区押上1-1-2 위치 도쿄 스카이 트리 타운 소라마치 7층 전화 03-5610-3099 시간 11:00~23:00 메뉴 장어덮밥(상)(うな重 上) 6,400엔, 장어 꼬치구이(蒲焼) 4,800엔 홈페이지 www.unagi-maekawa.com

트리톤 トリトン [토리톤]

훗카이도의 질 좋은 스시를 맛볼 수 있는 회전 스시 맛집

도쿄를 여행하다 보면 회전 스시 가게를 많이 볼 수 있지만 저렴한 가격에 질은 고만고만한 가게가 많다. 트리톤은 가격은 저렴하지는 않지만 질 좋은 스시를 적당한 가격에 먹을 수 있기에 가성비가 정말 좋은 스시 맛집이라고 할 수 있다. 훗카이도에서 신선한 횟감을 당일 공수하여 판매하기 때문에 신선도와 맛이 일품이다. 테이블 앞에 모니터가 있어 먹고 싶은 스시를 주문하여 먹을 수 있으니 굳이 레일에 있는 것을 고르지 말고 바로 만든 스시를 주문해서 먹도록 하자. 소라마치점은 항상 사람이 많아 대기를 많이 할 수도 있으니 식사 시간을 피해서 방문하도록 하자.

주소 東京都墨田区押上1-1-2 위치 도쿄 스카이 트리 타운 소라마치 6층 전화 03-5637-7716 시간 11:00~23:00 메뉴 접시마다 가격이 다름 홈페이지 toriton-kita1.jp/shop/soramachi

리큐 利久 [리큐우]

최상의 우설 스테이크를 맛볼 수 있는 전문 식당

센다이에 기반을 둔 우설 스테이크 전문점인 리큐는 우리나라에서는 맛보기 힘든 소의 혀를 구운 스테이크를 판매한다. 오로지 숙성시킨 우설 한 가지 재료만 취급하며, 쫄깃쫄깃한 식감과 부드러움이 어우러진 우설 스테이크는 다른 부위와는 차별화된 맛을 느낄 수 있다. 또한 인기 맛집이라 줄도 많이 서지만 좌석 수가 많아 회전율도 좋고 야외 테이블에서 개방감 있게 식사를 할 수 있다는 장점도 있다. 소의 혀라는 낯선 재료에 거부감이 들 수도 있지만, 우리나라에서는 먹기 힘든 음식이고 맛도 훌륭하니 기회가 된다면 꼭 맛보도록 하자.

주소 東京都墨田区押上1-1-2 위치 도쿄 스카이 트리 타운 소라마치 6층 전화 03-5610-2855 시간 11:00~23:00 메뉴 우설 정식(牛たん定食) 2,409엔, 우설 고급 정식(牛たん『極』焼定食) 3,333엔 홈페이지 rikyu-tokyosolamachi.gorp.jp

쓰키지 가이센 이타도리 築地海鮮虎杖 [츠키지카이센이타도리]

가성비 좋은 해산물 덮밥 판매점

소라마치 3층 푸드코트에 있는 이타도리는 밥 위에 다양한 해산물을 올려 먹는 해산물 덮밥을 판매하고 있다. 우리나라처럼 초장은 없지만 와사비를 풀어 간장을 넣고 비벼 먹으면 해산물의 맛과 식감을 최대한 느끼면서 깔끔한 덮밥을 먹을 수 있다. 가격도 저렴하고 해산물도 많이 올라가 가볍게 먹기에 좋고 푸드코트에 위치해 있어 다른 음식을 주문하여 함께 먹기에도 좋다.

주소 東京都墨田区押上1-1-2 위치 도쿄 스카이 트리 타운 소라마치 3층 푸드코트 전화 03-6658-5457 시간 10:00~21:00 메뉴 쓰키지 가이센 히쓰마메시(築地海鮮ひつま飯) 1,590엔, 쓰키지 마카나이 가이센동(築地まかない海鮮丼) 990엔 홈페이지 itadori.co.jp

바나나 비요리 バナナ日和 [바나나 히요리]

바나나 주스와 아이스크림 전문점

비요리는 신선한 바나나로 만든 아이스크림과 주스 그리고 과자를 판매하는 테이크아웃 카페로, 소라마치 3층 푸드코트에 위치해 있다. 주문과 동시에 신선한 바나나를 갈아 만든 주스와 소프트 아이스크림이 인기가 좋고 초콜릿 퐁듀에 초콜릿 옷을 입히고 토핑을 뿌려 먹는 초코 바나나는 아이들이 많이 찾는 간식이다. 식사 후에 커피 대신 가볍게 건강한 디저트를 먹고 싶다면 들러 보자.

주소 東京都墨田区押上1-1-2 위치 도쿄 스카이 트리 타운 소라마치 3층 푸드코트 전화 03-6658-8707 시간 10:00~21:00 메뉴 바나나 주스(バナナジュース) 500엔, 초코 바나나(チョコバナナ) 450엔, 바나나 소프트 아이스크림(バナナソフトクリーム) 420엔 홈페이지 www.mou-mou.com

ROPPONGI

롯폰기

六本木

롯폰기 힐스를 중심으로 한 쇼핑 지역

과거 군사 시설이 많은 지역이었던 롯폰기는 1967년 도시 구역 정리로 군사 시설이 이전하고 상업 지역으로 새롭게 태어났다. 태평양 전쟁 패전 후 미군 시설이 많이 들어오면서 자연스럽게 외국인을 대상으로 한 술집과 클럽, 음식점과 상점이 생겨나 지금까지 이어지고 있다. 주로 클럽이나 술집을 찾는 이들만 많았던 이곳에 롯폰기 힐스가 생기고 게야키자카 거리에 외국 유명 명품 숍이 오픈하면서 명품 쇼핑객도 많이 늘어났다. 그러나 코로나19의 여파로 폐점하거나 임시 휴업 중인 매장이 늘어 관광이 재개된 지금도 예전만큼의 인기를 되찾지 못한 모습이다. 또한 젊은 층의 나이트 라이

프가 시부야 쪽으로 많이 이동하면서 클럽을 찾는 사람들도 줄었고 명품을 찾는 쇼핑족도 긴자나 오모테산도 그리고 신주쿠를 많이 찾으면서 상권이 많이 쇠퇴하였다.

한 눈에 보는 지역 특색

이국적인 상점과 음식점 그리고 술집

쇼핑 숍이 밀집되어 있는 롯본기 힐스

클럽, 바 등 나이트 라이프가 발달된 지역

How to go?

롯폰기 가는 방법

롯폰기로 가기 위해서는 히비야선日比谷線, 오에도선大江戸線을 이용해 롯본기 역에서 하차하면 되고, 난보쿠선南北線을 이용한다면 롯폰기잇초메六本木一丁目 역에서 하차하여 도보로 이동하자.

✿ 신주쿠新宿 역에서 이동하기

지하철 신주쿠 역 6번 플랫폼에서 도에이 오에도선都営大江戸線을 탑승 후, 4 정거장을 이동하여 롯폰기 역에 하차.

시간 약 9분 소요 요금 220엔

✿ 긴자銀座 역에서 이동하기

지하철 긴자 역 5번 플랫폼에서 히비야선日比谷線을 탑승 후, 4 정거장을 이동하여 롯폰기 역에 하차.

시간 약 10분 소요 요금 180엔

✿ 메구로目黒 역에서 이동하기

지하철 메구로 역 2번 플랫폼에서 난보쿠선南北線을 탑승 후, 4 정거장을 이동하여 롯폰기잇초메 역에 하차.

시간 약 10분 소요 요금 180엔

Best Tour 추천 코스

롯폰기 힐스의 모리 타워 내에 있는 모리 미술관, 모리 전망대 그리고 외부에 있는 모리 정원을 둘러보고 쇼핑 거리인 게야키자카 거리를 걷는 일정으로 준비하자.

롯폰기 역 → 도보 3분 → 롯폰기 힐스(모리 타워 쇼핑몰, 모리 미술관, 도쿄 시티 뷰, 모리 정원) → 도보 3분 → 게야키자카 거리

게야키자카 거리

TIP. 롯폰기를 찾는 관광객 대부분은 롯폰기 힐스와 게야키자카 거리를 방문하지만, 저녁에 술이나 음식을 먹기 위해 롯폰기 역 골목의 음식점과 술집을 찾는 경우도 많다. 하지만 예전만큼 롯폰기의 밤거리가 북적이지 않아 길거리에서 호객 행위가 성행하는데 자칫 잘못 따라갔다가 바가지를 쓸 수 있으니 주의하도록 하자.

롯폰기
정책 연구 대학원 대학 도서관
政策研究大学院大学図書館
롯폰기
六本木
렘 롯폰기
レム六本木
호텔 롯폰기
Hotel Roppongi
롯폰기
六本木
메이디야 롯폰기 스토어
Meidi-ya Roppongi Store
쓰루동탄
つるとんたん
돈키호테 롯폰기점
ドン・キホーテ 六本木店
APA 호텔 롯폰기 에키마에
アパホテル六本木駅前
초요사
長耀寺
노스 타워
NORTH TOWER
도쿄 시티 뷰
TOKYO CITY VIEW
모리 미술관
森美術館
롯폰기 힐스
六本木ヒルズ
힐 사이드
HILL SIDE
모리 정원
毛利庭園
319
사립 동양 영일 여학원 소학교부
私立東洋英和女学院小学部
가이엔 히가시거리 外苑東通り
← 곤파치 니시아자부
権八 西麻布
웨스트 워크
ウェストウォーク
구시노보
串の坊
하브스
ハーブス
에그 셀런트
エッグセレント
크렘 데 라 크렘
Cre'me de la cre'me
도쿄 타워 →
東京タワー
게야키자카 거리 けやき坂通り
사쿠라야 신사
櫻田神社
야마토
蕎麦前 山都
사립 동양 영일 여학원 중학교부
私立東洋英和女学院中学部
묘우쿄우사
妙経寺
도쿄 도립 롯폰기고등학교
東京都立六本木高等学校

롯폰기 힐스 六本木ヒルズ [롯폰기 히루즈]

롯폰기의 랜드마크이자 복합 쇼핑 타운

2003년에 오픈한 롯폰기 힐스는 대형 주상복합 쇼핑 타운이다. 상점은 물론 고급 아파트와 오피스텔, 사무실, 극장, 전망대, 미술관, 피트니스 센터 등 웬만한 상업 시설이 다 있다. 롯폰기 힐스의 고급 주택에는 유명 연예인, 사업가들이 많이 살고 있어 부의 상징으로 알려져 있으며 많은 상업 시설로 인해 21세기 최고의 건물로 불리었지만 지금은 코로나19와 경기 침체로 인해 그 명성이 쇠퇴하였다. 롯폰기 힐스의 메인 빌딩인 모리 타워에는 레스토랑과 상점이 있는 웨스트 워크, 도쿄를 한눈에 조망할 수 있는 전망대인 도쿄 시티 뷰, 다양한 전시회를 열고 있는 모리 미술관이 있다. 음식점, 헬스클럽, 스포츠·캐주얼 의류 매장이 있는 할리우드 뷰티 플라자, 엔터테인먼트 공간인 힐 사이드, 여유 있게 산책을 즐길 수 있는 모리 정원까지 모두 롯폰기 힐스라는 타운 안에 갖춰져 있다.

주소 東京都港区六本木6-10-1 위치 지하철 롯폰기(六本木) 역과 연결 홈페이지 www.roppongihills.com

도쿄 시티 뷰 TOKYO CITY VIEW [도쿄 시티 뷰]

도쿄 시티 뷰는 모리 타워 52층에 있는 전망대로, 3층에서 엘리베이터를 탑승하여 올라간다. 엘리베이터 문이 열리고 전망대에 들어서면 도쿄 시내 전체가 눈앞에 펼쳐진다. 전망대의 시설도 도쿄 최고이며 천장이 높아 쾌적하고 도쿄 시내의 모든 지역을 조망할 수 있어 도쿄 최고의 전망대라고 할 수 있다. 또한 54층 야외 전망대인 스카이 데크로도 올라갈 수 있는데 초고층 모리 타워의 옥상 야외에서 360° 펼쳐지는 도쿄의 야경은 그야말로 도쿄 여행 중 최고의 선물이 될 것이다.

위치 롯폰기 힐스 모리 타워 52층 전화 03-6406-6652 시간 10:00~22:00 요금 평일 성인 2,000엔, 고등학생·대학생 1,300엔, 어린이(4세~중학생) 700엔, 65세 이상 1,700엔 / 토·일·공휴일 성인 2,200엔, 고등학생·대학생 1,400엔, 어린이(4세~중학생) 800엔, 65세 이상 1,900엔 / 스카이 데크 추가 요금: 일반·고등학생·대학생·시니어 500엔, 어린이 300엔 홈페이지 tcv.roppongihills.com/jp

모리 미술관 森美術館 [모리 비주츠칸]

모리 타워 53층에 위치한 모리 미술관은 일본에서 가장 높은 층에 있는 미술관으로, 롯폰기 힐스를 건설한 모리 사장이 도심의 문화 중심으로 만들고 싶다는 뜻에 따라 개관하였다. 현대 미술을 중심으로 회화, 조각, 건축, 패션, 설치 예술 등을 기획 전시하고 있으며 세계의 다양한 작품에 대해서도 특별 전시를 하고 있다. 기획전이 없을 때에는 휴관을 하는 경우도 있으며 전시 준비 기간 중 부분 개관만 하는 경우도 있으니 방문 전 홈페이지의 공지를 반드시 확인하자.

주소 東京都港区六本木6-10-1 위치 롯폰기 힐스 모리 타워 53층 전화 050-5541-8600 시간 수~월 10:00~22:00, 화 10:00~17:00 ※ 전시에 따라 개관 일정과 시간이 다를 수 있음 요금 평일 성인 2,000엔, 고등학생·대학생 1,400엔, 어린이(4세~중학생) 800엔, 65세 이상 1,700엔 / 토·일·공휴일 성인 2,200엔, 고등학생·대학생 1,500엔, 어린이(4세~중학생) 900엔, 65세 이상 1,900엔 홈페이지 www.mori.art.museum/jp

웨스트 워크 ウェストウォーク [웨스토 워쿠]

롯폰기 힐스의 메인 쇼핑몰인 웨스트 워크는 모리 빌딩의 1층부터 6층까지 자리 잡고 있다. 여유로운 쇼핑 공간과 쾌적한 분위기에서 쇼핑을 즐길 수 있어 일본인과 관광객들 모두에게 인기가 높은 고품격 쇼핑몰이다. 2층에는 도쿄의 유행을 선도하는 인기 브랜드가 있으며 3층에는 인테리어 매장과 주얼리 매장이, 4층에는 뷰티, 패션 매장들이 입점해 있다. 5층은 레스토랑이고 6층은 키즈 센터와 은행 등이 있다.

주소 東京都港区六本木6-10-1 위치 롯폰기 힐스 모리 타워 1~6층 전화 03-6406-6000 시간 11:00~23:00 홈페이지 www.roppongihills.com/gourmet_shops

노스 타워 NORTH TOWER [노오스 타와아]

지하철 롯폰기 역에서 롯폰기 힐스로 연결된 출구로 나오면 가장 먼저 보이는 건물이 노스 타워인데 이곳에는 다양한 음식점과 슈퍼마켓, 테이크아웃 전문점이 있다. 음식점 수는 많지 않지만 가격이 적당하고 가볍게 식사할 수 있는 메뉴가 많아 여행객들이 많이 들르는 곳이다.

주소 東京都港区六本木6-2-31 위치 지하철 롯폰기(六本木) 역 1번 출구와 연결

모리 정원 毛利庭園 [모오리테에엔]

롯폰기 힐스 모리 타워를 둘러싸고 있는 도심 속 녹지 공간인 모리 정원은 봄에는 벚꽃, 가을에는 단풍을 즐기려는 사람들로 북적이는 곳이다. 모리 미술관의 특별전이 있을 때에는 야외에서 전시회를 여는 경우도 종종 있으며 크리스마스에는 작은 일루미네이션 축제도 열린다. 저녁이면 롯폰기 힐스의 야경과 어우러져 운치를 더하니 롯폰기 힐스를 둘러보고 게야키자카 거리로 이동하기 전에 잠시 둘러보자.

주소: 東京都港区六本木6-10-1 위치 롯폰기 힐스 모리 타워 앞 홈페이지 www.roppongihills.com/green

게야키자카 거리 けやき坂通り [게야키자카도리]

도쿄에서 손꼽히는 명품 거리

롯폰기 힐스를 명품 지역으로 알리는 데 크게 일조한 게야키자카 거리에는 해외 명품 숍들이 들어서 있다. 모리 빌딩과 레지던스 사이에 위치한 약 400m의 길로, 세계적인 명성의 레스토랑도 있어 도쿄에서 손꼽히는 고급스러운 거리다. 이곳의 루이비통 매장이 해외 관광객들이 가장 많이 찾는 점포로, 규모도 상당하고 제품도 우리나라의 매장과는 비교할 수 없을 정도로 다양하여 한국 명품족에게도 인기가 많다.

주소 東京都港区六本木6-12-3 위치 롯폰기 힐스 모리 타워 뒤쪽

롯폰기 Plus Area

도쿄 타워 東京タワー[도쿄 타와아]

도쿄를 상징하는 랜드마크

우리나라 서울의 남산에 서울타워가 우뚝 서 있듯이 도쿄에는 도쿄의 상징인 도쿄 타워가 아름다운 불빛을 입고 유명 관광 명소로 자리 잡고 있다. 에펠탑과 비슷한 형태인 도쿄 타워는 높이 333m의 두 개의 전망대를 갖춘 종합 전파탑으로 1958년 12월 23일 정식 개장하여 일본인의 많은 사랑을 받고 있다. 2007년에 개봉한 인기 영화 〈도쿄 타워〉가 개봉하면서 우리나라 관광객들에게 더욱 친숙해졌으며 최근 우리나라 예능 방송에도 많이 등장하였다. 연간 350만 명의 관광객들이 찾고 있으며 130m 높이의 메인 전망대에 발밑이 통유리로 만들어져 있어 이곳에 올라서면 아찔하기는 하지만 도쿄의 도심을 발아래로 보는 색다른 경험을 할 수 있다.

주소 東京都港区芝公園4-2-8 위치 ❶ 지하철 가미야초(神谷町) 역 1번 출구에서 도보 5분 ❷ JR 하마마쓰초(浜松町) 역 북쪽 출구에서 도보 15분 전화 03-3433-5111 시간 메인 전망대 09:00~22:30, 탑 전망대 09:00~22:15 홈페이지 www.tokyotower.co.jp

요금

	메인 전망대	탑 전망대+ 메인 전망대
대학생 · 일반	1,200엔	3,000엔
고등학생	1,000엔	2,800엔
초등학생 · 중학생	700엔	2,000엔
4세 이상	500엔	1,400엔

롯폰기 추천 맛집

에그 셀런트 エッグセレント [엣그세렌토]

유기농 계란으로 만든 베네딕트 맛집

매일 아침 고산 지대인 야마나시山梨에서 공수한 유기농 계란으로 만든 에그 베네딕트가 유명한 곳으로 영양 브런치 카페로도 잘 알려진 곳이다. 'Egg(계란)+Excellent(훌륭한)'로 조합한 이름에서 볼 수 있듯이 계란이 들어간 메뉴가 인기가 있다. 반숙이 입에 맞지 않다면 완숙을 요청하도록 하자.

주소 東京都 港区 六本木 6-10-1 위치 롯폰기 힐스 모리 타워 힐사이드 지하 1층 전화 03-3423-0089 시간 월~목·일 08:00~20:00, 금·토 08:00~21:00 메뉴 오리지널 베네딕트(オリジナル ベネディクト)1400엔, 에그 셀런트 플레이트(エッグセレントプレート)1,450엔 홈페이지 www.eggcellent.co.jp

하브스 HARBS [하부스]

다양한 생크림 케이크를 맛볼 수 있는 곳

3단 생크림 과일 케이크로 유명한 하브스는 항상 사람들로 붐비는 인기 카페다. 이곳은 음료보다는 다양한 케이크로 잘 알려져 있고 그중 신선한 과일이 듬뿍 들어간 점보 과일 조각 케이크가 가장 잘 나간다. 제철 과일이 나올 때마다 특별 메뉴를 판매하며 편하게 음료와 케이크를 먹으면서 쉬어 갈 수 있으니 롯본기 힐스를 둘러보다 달콤한 케이크 한 조각이 당길 때 가 보자.

주소 東京都港区六本木6-10-2 위치 롯폰기 힐스 힐 사이드 1층 전화 03-5772-6191 시간 월~목·일 11:00~20:00, 금·토 11:00~21:00 메뉴 밀 크레이프(ミルクレープ) 880엔, 마론 케이크(マロンケーキ) 730엔 홈페이지 www.harbs.co.jp

크렘 드 라 크렘 Crème de la crème [크레무 데 라 크레무]

교토의 유명 디저트 가게의 분점

140년간 교토에서 부드러운 슈크림으로 인기를 얻은 크렘 드 라 크렘이 2013년 롯폰기 힐스에 문을 열었다. 교토 단바 지역의 미즈호瑞穂 계란을 사용하여 커스터드 크림이 더욱 진하고 부드러워 크림 슈를 좋아하는 사람들에게는 최고의 맛집으로 알려져 있다. 슈크림뿐만 아니라 초콜릿, 초콜릿 마들렌, 도넛도 인기가 좋으며 선물용 제품도 별도로 판매한다.

주소 東京都港区六本木 6-10-1 위치 롯폰기 힐스 모리 타워 힐 사이드 2층 전화 03-3408-4546 시간 11:00~21:00 메뉴 바톤 슈 아이스(バトンシューアイス) 378엔, 크렘 드 라 크렘(クレームデラクレーム) 410엔 홈페이지 www.cremedelacreme.co.jp

구시노보 串の坊 [구시노보]

먹음직스러운 꼬치 튀김 전문점

저렴하게 뷔페처럼 먹을 수 있는 꼬치 튀김이 아니라 좋은 재료와 신선한 기름을 사용하여 제대로 된 튀김 요리를 즐길 수 있는 곳이다. 튀김의 크기가 우선 만족할 만하고 튀김옷은 곱고 고소한 빵가루를 얇게 입혀 식감이 부드럽다. 저녁에 세트 메뉴나 단품 몇 가지를 주문하여 시원한 맥주와 함께 즐기는 것도 좋고 좀더 저렴하게 먹으려면 점심 때 런치 메뉴를 이용하도록 하자.

주소 東京都港区六本木6-10-1 위치 롯폰기 힐스 모리 타워 웨스트 워크 5층 전화 03-5771-0094 시간 월~금 11:00~14:30, 17:00~22:00 / 토·일·공휴일 11:00~22:00 메뉴 점심 한정 시오사이(しおさい) 8종 2,200엔, 점심 한정 호오코오(ほうこう) 10종 2,860엔 홈페이지 www.kushinobo.co.jp

야마토 蕎麦前 山都 [소바마에 야마토]

소바를 비롯한 다양한 요리를 맛볼 수 있는 곳

제철 회와 싱싱한 야채 튀김 요리도 먹을 수 있지만 무엇보다도 이곳의 인기 메뉴는 특제 블랙카레를 소스로 한 수타 소바이다. 자루소바, 쓰케소바, 온소바 등 다양한 종류가 있고 매일 아침 쓰키지 어시장에서 공수하는 신선한 제철 회도 괜찮다. 튀김 요리와 회는 가격이 저렴하지 않고 양도 적으니, 점심 때 방문하여 다양하고 특별한 소바를 먹는 것을 추천한다.

주소 東京都港区六本木6-12-2 위치 롯폰기 힐스 게야키사카 거리 앞 레지던스 B동 1층 전화 03-6447-1268 시간 월~토 11:30~14:30, 17:30~23:00 / 일 11:30~14:30, 17:00~22:00 메뉴 블랙카레 쓰케멘(黒カレーつけめん) 1,400엔, 튀김덮밥+소바 세트(天丼そばセット) 2,150엔

쓰루동탄 つるとんたん [츠루동탄]

큰 우동 그릇이 압권인 우동 맛집

쓰루동탄은 일본 전역에서 인기 있는 프리미엄 우동 체인점이다. 롯폰기의 쓰루동탄을 처음 방문하는 여행객이라면 이곳이 카페인지, 주점인지, 우동 가게가 맞는지 헷갈릴 정도로 인테리어가 세련되고 고급스럽다. 쓰루동탄은 무엇보다 큰 그릇만큼 많은 양과 다양한 메뉴의 우동이 고객을 사로잡는데 가장 인기 있는 메뉴는 명란 우동이다. 저녁에는 줄을 길게 서는 경우도 있지만, 다른 지점에 비해 자리가 넉넉하여 회전율이 높으니 맛있는 우동을 위해 줄을 서 보자.

주소 東京都港区六本木3-14-12 위치 지하철 롯폰기(六本木) 역 5번 출구에서 도보 2분 전화 03-5786-2626 시간 월~금 11:00~20:00, 토 10:30~20:00, 일 10:30~23:00 메뉴 차가운 명란 우동(冷たい明太子のおうどん) 1,380엔, 맛있는 소고기 우동(よだれ牛のおうどん) 1,980엔 홈페이지 www.tsurutontan.co.jp

곤파치 니시아자부 権八 西麻布 [곤파치 니시아자부]

실내 인테리어가 압권인 롯폰기의 인기 맛집

오다이바의 곤파치가 아름다운 야경을 볼 수 있는 지점이라면 롯폰기의 곤파치는 일본 중세 느낌의 인테리어와 넓은 공간이 압권이다. 공간이 큰 만큼 사람이 많아 상당히 시끄럽고 정신없지만 뭔가 흥겨운 분위기이고, 관광객이 많아 일본어보다는 한국어, 중국어, 영어가 많이 들릴 정도이다. 인기 메뉴인 숯불에 구운 꼬치구이와 수타 소바를 비롯해 다양한 메뉴가 있고 음식의 맛도 좋지만 손님이 많아 주문이 밀리는 경우가 많으니 메뉴를 확인하고 미리미리 주문하자.

주소 東京都港区西麻布1-13-11 위치 지하철 롯폰기(六本木) 역 2번 출구에서 도보 10분 전화 050-5443-1691 시간 목~금 11:30~00:30, 토~수 11:30~03:30 메뉴 오마카세 모듬 튀김(おまかせ天ぷら盛り合わせ) 1,375엔, 파+우설 꼬치(葱塩牛タン) 627엔, 흑우 등심 스테이크(黒毛和牛サーロインステーキ) 3,850엔, 세로소바(せいろそば) 880엔 홈페이지 gonpachi.jp/nishi-azabu

도심의 종합 엔터테인먼트 지역

일본의 최고 인기 프로야구단 요미우리 자이언츠의 홈구장이자 일본 야구의 상징인 도쿄 돔 경기장과 복합 테마파크 라쿠아가 있는 이곳은 가족 단위의 나들이객과 야구를 사랑하는 일본인들로 항상 붐비는 곳이다. 1988년 지금의 도쿄 돔 경기장이 오픈하고 2003년 상업 시설과 도심 속 스파가 있는 라쿠아와 도쿄 돔 시티 어트랙션즈가 들어서면서 연간 3,500만 명의 내 · 외국인이 방문하고 있다. 야구 전당 박물관을 비롯하여 볼링, 빙상, 골프, 탁구, 클라이밍 등 다양한 체육 시설, 아이들과 함께할 수 있는 놀이 시설과 상점들이 많아 평일에도 가족 단위의 나들이객으로 항상 붐빈다. 특히 겨울

에는 일루미네이션 행사가 있어 저녁에 방문한다면 아름다운 빛의 향연을 볼 수 있다. 코로나19로 대부분의 시설이 휴장하기도 했으나 현재는 모두 정상 영업 중이다.

한 눈에 보는 지역 특색

일본 야구의 상징인
도쿄 돔구장에서 경기 관람

도심 속 작은 놀이동산이
있어 아이와 찾기 좋은 곳

일루미네이션 행사로
야경이 근사한 여행지

How to go?

도쿄 돔 시티 가는 방법

도쿄 돔 시티로 가기 위해서는 JR 선과 지하철 미타선三田線을 이용하여 스이도바시水道橋 역으로 이동하거나 지하철 마루노우치선丸ノ内線을 이용하여 고라쿠엔後楽園 역으로 이동하자.

✿ 신주쿠新宿 역에서 이동하기

JR 신주쿠 역 13번 플랫폼에서 JR 주오 소부선 완행中央総武緩行線을 탑승하여 스이도바시水道橋 역에 하차. 7 정거장 이동.

시간 약 14분 소요 요금 180엔

✿ 이케부쿠로池袋 역에서 이동하기

지하철 이케부쿠로 역 플랫폼(출발지라서 먼저 출발하는 플랫폼에서 탑승)에서 마루노우치선丸ノ内線을 탑승하여 고라쿠엔後楽園 역에 하차. 3 정거장 이동.

시간 약 7분 소요 요금 180엔

✿ 히비야日比谷 역에서 이동하기

지하철 히비야 역 2번 플랫폼에서 도에이 미타선都営三田線을 탑승하여 지하철 스이도바시水道橋 역에 하차. 3 정거장 이동.

시간 약 6분 소요 요금 180엔

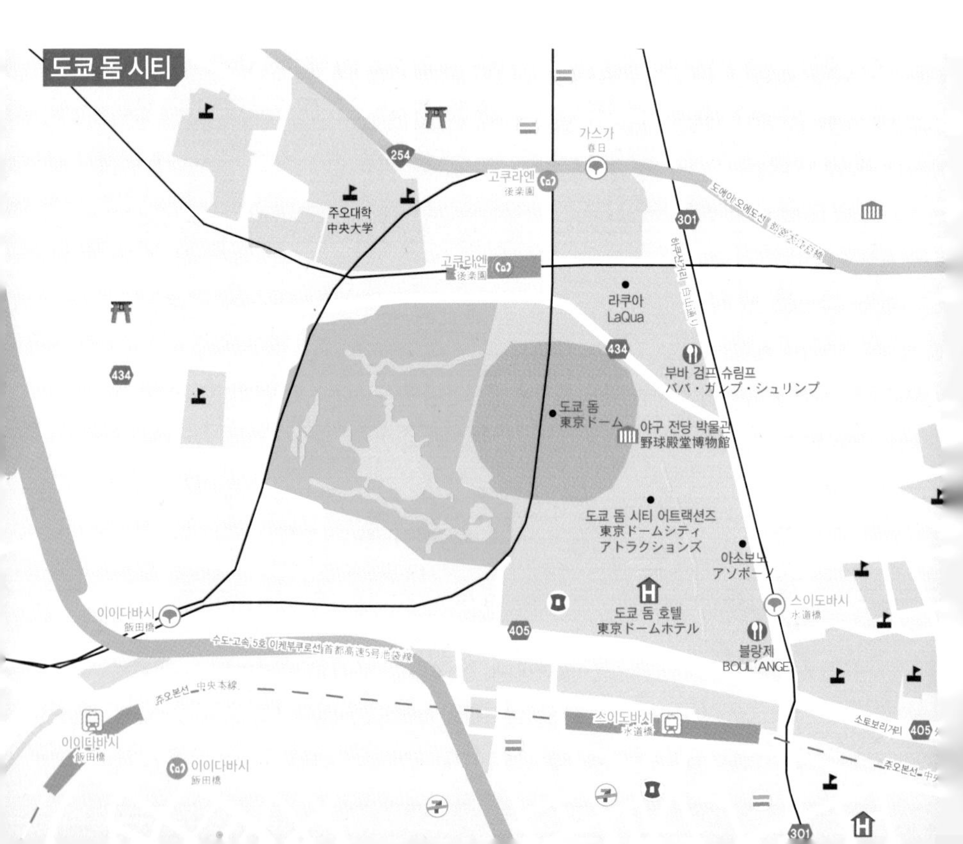

Best Tour 추천 코스

지하철 고라쿠엔 역을 출발하여 스파 라쿠아를 시작으로 도쿄 돔과 도쿄 돔 시티 어트랙션즈으로 내려가면서 관광하도록 하자.

고라쿠엔역 ➔ 도보 2분 ➔ 스파라쿠아 ➔ 도보 2분 ➔ 도쿄돔(경기가 없다면 야구 전당 박물관) ➔ 도보 3분 ➔ 도쿄돔시티어트랙션즈

도쿄 돔 東京ドーム[도쿄 도무]

일본 최초의 돔 경기장이자 일본 야구의 상징

1988년 개장한 일본 최초의 돔 경기장으로 지하 2층, 지상 6층의 5만 5천명을 수용할 수 있는 대규모 경기장이다. 요미우리 자이언츠가 홈구장으로 사용하고 있어 과거 이승엽 선수가 소속되어 있을 때 한국 야구 팬들이 많이 찾았다. 경기가 없는 날은 도쿄 돔을 견학할 수 있는데, 22번 게이트 앞에서 당일 접수를 하여 다양한 체험을 할 수 있다. 야구 시즌이 아닐 때는 세계적인 아티스트들이 공연을 하거나 대형 이벤트를 진행하는 도쿄의 랜드마크이다.

주소 東京都文京区後楽1-3-61 위치 ❶ JR·지하철 스이도바시(水道橋) 역 A5 출구에서 도보 2분 ❷ 지하철 고라쿠엔(後楽園) 역 2번 출구에서 도보 3분 전화 03-5800-9999 시간 경기 일정에 따라 다름 / 견학 체험 시간은 홈페이지 참고 홈페이지 www.tokyo-dome.co.jp/dome

Tip

도쿄 돔에서 야구 경기 관람하기

과거에는 한국 야구 선수들이 일본에 진출하여 특정 선수의 경기를 보기 위해 도쿄 돔을 많이 방문했지만, 최근에는 일본 야구에 관심이 많은 마니아가 특정 일본 선수 경기를 보기 위해 많이 찾기도 한다. 먼저 원하는 구단의 도쿄 돔 경기 일정을 홈페이지를 통해 확인하고 인터넷으로 예매하도록 하자. 간혹 현장에서 한국인을 대상으로 암표 장사를 하는 경우가 있는데, 가짜 표를 판매하여 사기를 당할 수 있으니 조심하도록 하자.

야구 전당 박물관 野球殿堂博物館 [야큐 덴도우 하쿠부쓰칸]

일본 야구의 역사를 볼 수 있는 곳

도쿄 돔 21번 게이트 쪽에 위치한 야구 전당 박물관은 1959년 6월에 개관하였으며 과거에는 야구 체육 박물관으로 불렸지만 2013년에 지금의 명칭으로 변경하였다. 박물관에는 일본의 양대 리그인 센트럴 리그와 퍼시픽 리그의 팀 전시장이 있으며 명예의 전당에는 일본 야구 역사에 이름을 남긴 인기 선수들의 자료와 그들이 사용한 야구용품을 볼 수 있다. 또한 2023년 월드 베이스볼 클래식WBC 우승 트로피도 전시하고 있으며, 도서관에서는 야구를 중심으로 한 약 5만 점의 스포츠 자료를 열람할 수 있고 야구 일정이 없을 때에는 야구 학교도 열린다.

주소 東京都文京区後楽1-3-61 위치 도쿄 돔 21번 게이트 앞 전화 03-3811-3600 시간 화~일 10:00~17:00 / 월요일 휴무 요금 성인 600엔, 대학생·고등학생 400엔, 초등학생·중학생 200엔 홈페이지 baseball-museum.or.jp

라쿠아 LaQua [라쿠아]

도심 속 온천 테마파크를 갖춘 복합 쇼핑몰

2003년 오픈한 라쿠아는 1~4층에 쇼핑 매장과 게임 시설 그리고 레스토랑들을 갖추고 있으며 라쿠아 광장에서는 주말마다 이벤트 행사가 열려 많은 볼거리를 제공한다. 5~9층에는 도심 속 온천 테마파크인 스파 라쿠아スパ ラクーア를 운영하고 있으며 대욕탕과 사우나 그리고 온천 시설인 이시카와 온천小石川温泉등 다양한 시설들을 갖추고 있다. 게임 시설과 레스토랑을 갖추고 있으며 특히 7층의 랑데부 데크라는 곳에서 도쿄 돔 시티를 전망할 수도 있다. 8~9층은 힐링 바데라는 이름의 힐링 치료 공간이 있는데 9층은 18세 이상만 출입이 가능하다.

주소 東京都文京区春日1-1-1 위치 ❶ 지하철 고라쿠엔(後楽園) 역 2번 출구에서 도보 2분 ❷ JR·지하철 스이도바시(水道橋) 역 A5 출구에서 도보 5분 전화 **스파 라쿠아** 03-3817-4173 시간 상점 11:00~21:00, 레스토랑 11:00~23:00, 스파 라쿠아 11:00~09:00 / 휴무일은 홈페이지 참고 요금 **스파 라쿠아** 18세 이상 3,230엔, 6~17세 2,420엔(보호자 동반하여 18:00까지 이용 가능) / 심야 할증 요금 2,420엔 (01:00~06:00) / 휴일 할증 요금 660엔 (토·일·공휴일) 홈페이지 www.laqua.jp

도쿄 돔 시티 어트랙션즈 東京ドームシティアトラクションズ [도쿄도무시티아토라쿠숀즈]

작지만 알찬 도심 속 놀이동산

1955년 고라쿠엔 유원지後楽園遊園地로 개장하였고, 2003년 스파 라쿠아의 개장에 맞춰 도쿄 돔 시티 어트랙션즈라는 명칭으로 새롭게 문을 열었다. 라쿠아 존ラクーアゾーン을 중심으로 한 6개 존에 27개 어트랙션을 갖추고 있으며 빌딩 숲과 라쿠아 건물을 130km 속도로 굽이굽이 도는 롤러코스터 '썬더 돌핀サンダードルフィン'이 가장 인기가 좋다. 어트랙션마다 별도의 요금을 계산해도 되지만 1일 자유 이용권과 야간 자유이용권의 가격이 크게 비싸지 않으므로 미리 홈페이지의 가격을 비교하고 구매하자.

주소 東京都文京区後楽1-3-61 위치 ❶ 지하철 고라쿠엔(後楽園) 역 2번 출구에서 도보 7분 ❷ JR·지하철 스이도바시(水道橋) 역 A4 출구에서 도보 1분 전화 03-3817-6001 시간 10:00~21:00 홈페이지 at-raku.com

1일 자유 이용권			
18세 이상	60세이상, 12~17세	6~11세	3~5세
4,200엔	3,700엔	2,800엔	1,800엔
야간 자유 이용권(17시 이후)			
18세 이상	60세이상, 12~17세	6~11세	3~5세
3,200엔	2,700엔	2,300엔	1,500엔
라이드5(5개의 어트랙션을 탑승)			
2,800엔			

아소보노 アソボーノ [아소보-노]

아이들이 뛰어놀 수 있는 대형 실내 놀이터

도쿄 돔 시티에 위치한 아소보노는 아이들과 함께 즐길 수 있는 안전한 대형 실내 놀이터로, 총 5개의 구역으로 나뉘어 있다. 도쿄도 최대의 볼풀 공간이 있어 아이들이 신나게 뛰어놀 수 있는 '어드벤처 오션Adventure Ocean', 프라레일(기차 놀이)과 토미카 그리고 여러 블록 놀이를 할 수 있는 '플레저 스테이션Pleasure Station', 소꿉놀이, 시장 놀이, 요리 놀이를 가족과 함께 즐길 수 있는 '컬러풀 타운Colorful Town', 0~24개월 유아를 위한 놀이 공간인 '크롤 가든Crawl Garden', 보드게임, 완구, 조립 놀이, 실바니안 인형 놀이를 할 수 있는 '토이 포레스트Toy Forest'로 구성되어 있다. 아소보노의 큰 장점은 안전을 지키는 직원들이 많아서 아이들이 안전하고 재미있게 놀 수 있다는 점이다. 아이와 도쿄 여행을 할 때 가족 모두가 함께 시간을 보낼 수 있는 최고의 장소라 할 수 있다.

주소 東京都文京区後楽1-3-61 위치 JR·지하철 스이도바시(水道橋) 역 A4 출구에서 도보 1분 전화 03-5800-9999 시간 평일 10:00~18:00, 토·일·공휴일 09:30~19:00 홈페이지 www.tokyo-dome.co.jp/asobono

구분	이용 시간	요금
6개월~초등학생	평일 60분(재입장 불가)	950엔
	토 · 일 · 공휴일(재입장 불가)	1,050엔
	연장 30분마다	평일 450엔, 주말 500엔
	1일 자유이용권(평일 화~목만 판매)	1,800엔(재입장 가능)
성인(중학생 이상)	평일	950엔
	토 · 일 · 공휴일	1,050엔

도쿄 돔 시티 추천 맛집

블랑제 BOUL'ANGE [부우루안주]

바게트와 크로와상이 맛있는 베이커리

도쿄 돔 시티 끝쪽에 위치한 블랑제 베이커리는 겉은 바삭하고 속은 촉촉한 바게트와 버터향이 물씬 풍기는 크로와상을 비롯하여 부드러운 식빵과 무화과 치즈 캄파뉴도 인기 있다. 크림이 들어가거나 초콜릿이 듬뿍 들어가거나 코팅된 빵도 있고 음료 메뉴도 준비되어 있다. 주말이나 야구 경기가 있는 날이면 손님이 많아 인기 빵은 금세 동이 나고 계산하는 줄도 길게 서야 한다. 야외 테이블이 있어 날씨 좋은 날은 한적하게 빵과 커피를 맛보며 시간을 보내기에 딱 좋다.

주소 東京都文京区後楽1-3-61 위치 JR·지하철 스이도바시(水道橋) 역 A2 출구에서 도보 1분 전화 03-3818-5011 시간 월~토 07:30~20:00, 일 08:00~20:00 메뉴 오리지널 바게트(オリジナルバゲット) 378엔, 크로와상(クロワッサン) 195엔 홈페이지 www.flavorworks.co.jp/brand/boulange.html

부바 검프 슈림프 ババ・ガンプ・シュリンプ [바바 간푸 슈린푸]

세계적으로 인기 좋은 아메리칸 시푸드 레스토랑

영화 〈포레스트 검프〉에 나오면서 더욱 유명해진 부바 검프 슈림프는 새우 요리를 비롯한 해산물 요리와 스테이크를 판매하는 시푸드 레스토랑이다. 도쿄 돔 시티에 위치하여 가족 단위의 방문객이 많고 아이가 좋아하는 메뉴도 많아 온 가족이 메뉴 고민 없이 편하게 먹을 수 있다. 음식 대부분이 양도 충분하고 맛있으며 서비스도 친절하지만 미국 레스토랑이라 10%의 서비스 비용을 추가로 지불해야 한다는 점은 참고하자.

주소: 東京都文京区春日1-1-1 위치: JR·지하철 스이도바시(水道橋) 역 A2 출구에서 도보 3분, 라쿠아 1층 전화 03-3868-7041 시간 11:00~21:00 메뉴 Shrimper's Heaven 2,940엔, Shrimper's Net Catch(보통사이즈) 2,190엔, Lt. Dan's Surf & Turf 3,840엔 홈페이지 bubbagump.jp

KAGURAZAKA

가구라자카

神楽坂

옛 분위기가 물씬 풍기는 낭만의 거리

가구라자카 역神楽坂駅에서부터 이다비사 역飯田橋駅까지 형성된 주거 · 상업 지구로, 지역은 그렇게 크지 않지만 아기자기한 상점들과 카페, 레스토랑이 밀집되어 있는 곳이다. 다이쇼 시대大正時代부터 고급 요정과 술집이 번성하여 야마테긴자山の手銀座라고 불렸으며, 아직도 뒷골목에는 옛 정취가 남아 있어 기념사진을 찍기 위해 관광객들이 많이 찾는다. 골목골목 옛 가옥을 그대로 유지하면서 레스토랑으로 운영하는 가게도 많아 옛스러움과 현대적인 세련미가 공존한다. 가까운 곳에 도쿄이과대학이 있어서 학생들이 많고 프랑스 국제학교가 있어 자연스럽게 프랑스 마을이 형성되었다. 도심보

다는 덜 번잡하지만 유서 깊은 신사도 있어 행사 때는 동네가 시끌벅적해진다. 뒷골목들을 걸으며 옛 분위기도 느껴 보고 카페나 레스토랑에서 여유로운 시간도 가져 보자.

한 눈에 보는 지역 특색

도쿄의 옛 정취를
느낄 수 있는 곳

현지인들이 즐겨 찾는
맛집이 많은 곳

관광객이 적어 조용하고
번잡하지 않고 상점가

How to go?

가구라자카 가는 방법

가쿠라자카로 가기 위해서는 지하철 도자이선東西線을 이용하여 가구라자카神楽坂 역이나 이다바시飯田橋 역으로 이동하는 것을 가장 추천한다.

✿ 신주쿠新宿 역에서 이동하기

지하철 신주쿠 역 5번 플랫폼에서 도에이 신주쿠선都営新宿線을 탑승하여 구단시타九段下 역으로 4 정거장 이동 후, 2번 플랫폼에서 도자이선東西線으로 환승하여 가구라자카 역으로 2 정거장 이동.

시간 약 18분 소요 요금 290엔

✿ 우에노上野 역에서 이동하기

JR 우에노 역 3번 플랫폼에서 야마노테선山手線을 탑승하여 아키하바라秋葉原駅 역으로 2정거장 이동 후, 5번 플랫폼에서 주오소부선 완행中総武緩行線으로 환승하여 이다바시飯田橋 역으로 3정거장 이동.

시간 약 15분 소요 요금 170엔

Best Tour 추천 코스

지하철 가구라자카 역에서 나와 주변 신사와 절을 둘러보고 상점과 음식점이 많은 메인 거리인 나카도리로 가는 일정으로 계획하자.

가구라자카역 ➔ 도보 3분 ➔ 아카기 신사 ➔ 도보 12분 ➔ 젠코쿠사 ➔ 도보 3분 ➔ 가구라자카 나카도리

아카기 신사

젠코쿠사

가구라자카 나카도리

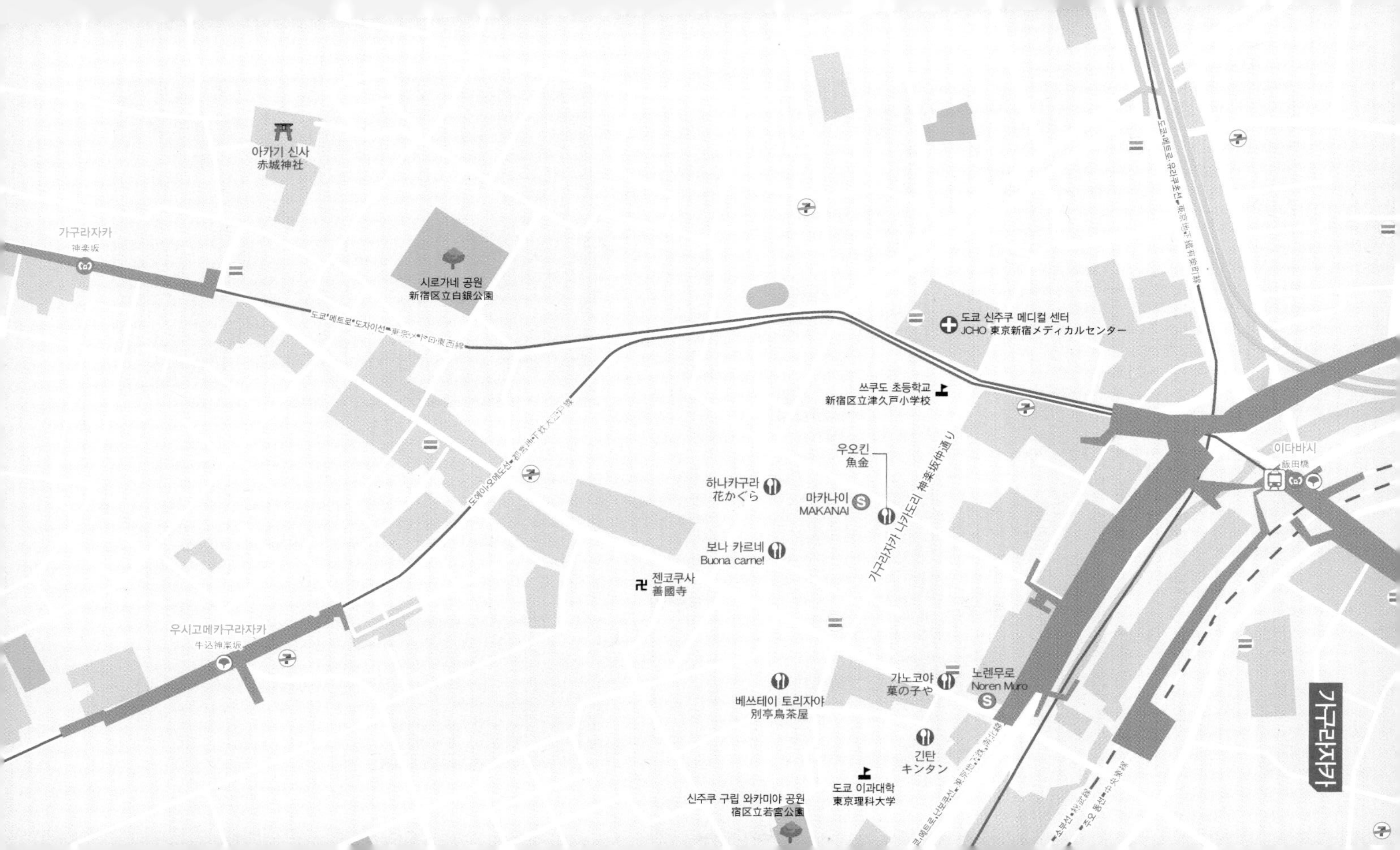
가구라자카
아카기 신사
赤城神社
시로가네 공원
新宿区立白銀公園
가구라자카
神楽坂
도쿄 신주쿠 메디컬 센터
JCHO 東京新宿メディカルセンター
쓰쿠도 초등학교
新宿区立津久戸小学校
이다바시
飯田橋
우오킨
魚金
하나카구라
花かぐら
마카나이
MAKANAI
가구라자카 나카도리 神楽坂仲通り
보나 카르네
Buona carne!
젠코쿠사
善國寺
우시고메카구라자카
牛込神楽坂
가노코야
菓の子や
노렌무로
Noren Muro
베쓰테이 토리자야
別亭鳥茶屋
긴탄
キンタン
도쿄 이과대학
東京理科大学
신주쿠 구립 와카미야 공원
宿区立若宮公園

아카기 신사 赤城神社 [아카기 진자]

건강과 재물을 기원하는 신사

아카기 신사는 1300년에 지금보다 북동쪽에 위치한 우시고메와세다牛込早稲田에 설립되었다가 1555년 지금의 자리로 이전을 하였으며, 화재로 인해 2차례 소실되었다가 1959년부터 지금의 모습으로 재건되었다. 아카기 신사에 참배를 하면 가족의 건강과 재물운을 가져다준다고 하여 많은 사람들이 방문하고 있다. 매달 첫 주말(부정기로 열리기 때문에 일정은 홈페이지 참고)에는 야외 시장이 열려 먹거리와 액세서리 등을 판매하는 노점들이 모여 재미있는 볼거리를 제공한다.

주소 東京都新宿区赤城元町1-10 위치 지하철 가구라자카(神楽坂) 역 1A 출구에서 도보 3분 전화 03-3260-5071 시간 09:00~17:00 홈페이지 www.akagi-jinja.jp

젠코쿠사 善國寺 [젠코쿠지]

세쓰분 행사가 크게 열리는 사찰

젠코쿠사는 1595년 도쿠가와 이에야쓰徳川家康에 의해 도쿄의 동쪽에 위치한 니혼바시바쿠로초本橋馬喰町에 설립되었다가 화재가 빈번하게 발생하여 대부분 소실되었고 1793년 지금의 위치로 이전하였다. 본당 입구 양쪽에 세워진 호랑이 석상인 이시토라石虎는 민속문화재로 지정되었으며 젠코쿠사를 수호하는 상징으로 여겨진다. 매년 2월 3일 열리는 세쓰분節分(콩을 던져 악귀를 쫓는 날)에는 많은 사람들이 몰려 행운을 바라는 행사가 열린다.

주소: 東京都新宿区神楽坂5-36 위치 ❶ 지하철 이다바시(飯田橋) 역 B3 출구에서 도보 5분 ❷ 지하철 가구라자카(神楽坂) 역 A1 출구에서 도보 6분 전화 03-3269-0641 시간 09:00~18:00 홈페이지 www.kagurazaka-bishamonten.com

가구라자카 나카도리 神楽坂仲通り [가구라자카 나카도오리]

상점과 음식점이 모여 있는 가구라자카의 메인 거리

레스토랑과 카페가 몰려 있는 거리로, 가쿠라자카를 가장 대표하는 곳이다. 음식점들 사이사이에 있는 몇몇 특별한 상점은 한번 들러 볼 만하다. 가구라자카 나카도리를 중심으로 양쪽으로 뻗은 골목으로 들어가면 옛 정취가 물씬 풍기는 골목길과 가옥들을 볼 수 있는데, 기념사진을 찍는 것은 좋지만 영업 장소인 경우가 많으니 안쪽으로는 들어가지 말자.

주소 東京都新宿区神楽坂 위치 이다바시(飯田橋) 역 B3 출구에서 도보 2분

노렌무로 Noren Muro, のレンムロ [노렌무로]

쌀과 누룩으로 만든 감주 판매점

쌀과 누룩을 발효시켜 만든 감주를 판매하는 곳으로, 이곳에서 파는 전통 음료와 전통 술은 무방부제, 무알콜, 무설탕 제품이어서 아이들을 비롯해 온 가족이 함께 먹을 수 있다. 우리에게는 생소하지만 일본에서는 영양이 풍부하여 고급 음료에 속하며 천연 재료를 발효시켜 만들기 때문에 엄청난 정성이 들어가는 고급 제품이다. 특히 노렌무로의 제품은 고품질의 쌀과 맥아를 선택하여 만드는데도 다른 제품보다 저렴하여 현지인들이 많이 찾는 매장이다. 처음 접해 보는 제품이라 쉽게 손이 가지 않지만 시음이 가능한 제품도 있으니 맛도 보고 향도 맡아 보고 구매하도록 하자.

주소 東京都新宿区神楽坂1-12-6 위치 지하철 이다바시(飯田橋) 역 B3 출구에서 도보 1분 전화 03-5579-2910 시간 11:00~19:00, 화요일 휴무 가격 가구라자카 감주 900ml 2병(神楽坂甘酒900ml 2本) 3,240엔 홈페이지 koujiamasake.jp

마카나이 MAKANAI, まかない [마카나이]

천연 성분을 사용한 무첨가물 수제 화장품

마카나이 공방은 원래 금박을 늘리는 데 필요한 종이를 생산하던 곳으로, 이곳에서 개발한 화장품은 천연 재료로 만든 내용물은 물론이고 재활용이 가능한 케이스까지 친환경을 위해 진심을 다하는 수제 화장품이다. 일본은 물론이고 유럽까지 인정을 받는 제품으로 피부에 불필요한 13가지 성분을 무첨가한 100% 천연 소재 화장품이다. 크림, 샴푸, 향수까지 그 영역을 확장해 나가는 마카나이의 다양한 제품을 이곳에서 만나볼 수 있으며 아이를 둔 엄마를 비롯한 여성 고객들이 주 고객이다. 가격은 다소 비싸지만 체험도 할 수 있으니 평소 화장품에 관심이 많다면 방문해 보자.

주소 東京都新宿区神楽坂3-1 위치 지하철 이다바시(飯田橋) 역 B3 출구에서 도보 5분 전화 03-3235-7663 시간 월~토 10:30~20:00, 일 10:30~19:00 가격 페이스 크림(叶えるフェイスクリーム) 4,950엔, 클렌징 폼(しっとり洗顔フォーム) 2,860엔 홈페이지 makanaibeauty.jp

가구라자카 추천 맛집

가노코야 菓の子や [카노코야]

일본 화과자 전문점

가노코야는 달콤한 앙금이 듬뿍 들어간 일본식 화과자부터 초콜릿과 과일 조합의 퓨전 과자까지 다양하게 판매하는 작은 과자 가게이다. 계절에 따라 특별 메뉴가 준비되는데 가장 인기 있는 메뉴는 밤이 통째로 들어간 만주나 밤을 갈아 반죽을 한 마론이다. 또한 모양은 머핀인데 안에는 고구마나 팥 앙금이 들어간 빵도 인기 있다. 아기자기하게 맛있는 과자가 다양하니 여행 중 간식으로 먹기에도 딱 좋다.

주소 東京都新宿区神楽坂2-10-4 위치 지하철 이다바시(飯田橋) 역 B3 출구에서 도보 1분 전화 03-6457-5335 시간 월 10:30~19:00, 화~토 10:30~21:30, 일 10:30~18:30 메뉴 밤 도라야키(栗どら焼き) 237엔, 밤 말차(栗抹茶) 259엔, 화이트초콜릿과 딸기(ホワイトチョコの染み込んだいちご) 480엔 홈페이지 www.kagurazaka-kanokoya.com

보나 카르네 Buona carne! [보나 카루네]

고기 요리가 맛있는 이탈리안 레스토랑

이탈리아어로 '맛있는 고기'라는 뜻의 보나 카르네는 육즙이 가득하고 감칠맛 나는 흑우를 부위별로 다양하게 요리하는 이탈리안 레스토랑이다. 가격 대비 양도 푸짐하고 고기 요리뿐만 아니라 생굴과 새우를 비롯한 해산물 요리도 인기가 좋고 이탈리안 피자나 파스타도 판매하고 있다. 2시간 동안 7종의 메뉴와 함께 음료를 무제한으로 마실 수 있는 코스 요리가 있는데 가격이 크게 비싸지 않아 적극 추천하며 점심 한정 메뉴도 있으니 참고하자.

주소 東京都新宿区神楽坂3-2-1 위치 지하철 이다바시(飯田橋) 역 B3 출구에서 도보 5분 전화 03-6265-3510 시간 11:30~14:00, 17:00~23:30 / 화요일 휴무 메뉴 만족 코스(2시간 음료 무제한, 7종 코스)(堪能コース) 5,000엔, 점심 특선 플레인 햄버거(プレーンハンバーグ) 1,300엔 홈페이지 sunrise-road.com

하나카구라 花かぐら [하나카구라]

다양한 일본 음식을 맛볼 수 있는 음식점

가이세키會席料理 요리 전문점으로 육·해·공 재료를 사용한 다양한 요리를 맛볼 수 있는 곳이다. 옛 일본 가옥을 그대로 사용한 듯하여 예스러움이 묻어나고 실내 인테리어도 앤틱한 느낌이며 다다미방이 있어 아이들과 함께 와도 편하게 먹을 수 있다. 점심 메뉴로 하나카구라 도시락花かぐら弁当이 있는데 다양한 일본 음식을 조금씩 골고루 먹을 수 있어 관광객들에게 호평을 받는 대표 메뉴이다. 단품 메뉴와 코스 요리도 준비되어 있지만 이곳은 점심 때 방문하여 하나카구라 도시락을 먹는 것을 추천한다. 식사 후 가게 앞에서 옛 가옥을 배경으로 기념사진을 찍어 보자.

주소 東京都新宿区神楽坂3-1 위치 지하철 이다바시(飯田橋) 역 B3 출구에서 도보 7분 전화 050-5492-5177 시간 화~금 11:30~14:30, 17:00~23:00 / 토·일 11:30~15:30, 17:00~22:00 / 월요일 휴무 메뉴 하나카구라 도시락(花かぐら弁当) 2,050엔 홈페이지 r.gnavi.co.jp/g823800/menu8(예약 사이트)

우오킨 魚金 [우오킨]

신선한 횟감을 재료로 한 이자카야

도요스 어시장에 매일 들어오는 신선한 횟감으로 요리를 하는 이자카야인 우오킨은 다양한 요리와 적당한 가격으로 만족스러운 음식점이다. 회를 기본으로 하는 가게답게 초밥도 바로 만들어 제공하며 생선 요리 외에 소고기나 닭고기 요리도 종류가 다양하다. 또한 점심 메뉴인 생선구이 정식을 비롯하여 몇 가지가 저렴하니 기회가 된다면 맛보도록 하자.

주소 東京都新宿区神楽坂3-1 위치 지하철 이다바시(飯田橋) 역 B4 출구에서 도보 2분 전화 03-6280-8470 시간 월~금 11:30~14:00, 17:00~23:00 / 토 11:30~23:00 / 일요일 휴무 메뉴 점심한정 고등어구이 정식(鯖の塩焼き定食) 850엔, 우오킨 명물 모듬회(魚金名物 刺身の盛り合わせ) 2,980엔 홈페이지 www.uokingroup.jp

베쓰테이 토리자야 別亭鳥茶屋 [베츠테이토리자야]

푸짐한 우동스키와 오야코동 맛집

옛 요정을 리모델링을 하여 운영 중인 베쓰테이 토리자야는 맛과 푸짐한 양이 압권으로, 가구라자카에서 가장 인기 있는 맛집이라고 할 수 있다. 우동스키는 일본 각 지역을 대표하는 재료를 사용한 특제 육수를 사용하여 국물 맛이 깔끔하고, 고품질 일본산 밀을 사용하여 반죽과 숙성을 거쳐 직접 뽑아낸 면발은 쫄깃쫄깃한 식감이 일품이다. 또한 이곳의 시그니처 메뉴인 오야코동은 잘게 썬 닭고기와 계란을 듬뿍 사용하여 맛도 양도 최고이다. 워낙 인기 있는 맛집이고 방송에도 자주 등장하여 항상 줄이 길기 때문에 영업 시간 시작에 맞춰 방문하는 것이 좋다. 좌석도 많고 테이블석과 좌식이 다 완비되어 있어 아이들과 함께 편하게 식사할 수 있다.

주소 東京都新宿区神楽坂3-6 위치 지하철 이다바시(飯田橋) 역 B3 출구에서 도보 3분 전화 03-3260-6661 시간 월~금 11:30~14:30, 17:00~22:15 / 토·일 11:30~15:00, 16:30~22:00 메뉴 유명한 우동스키(名代うどんすき) 1,750엔, 오야코동(親子丼) 1,130엔, 우동스키 가이세키 코스(うどんすき会席コース) 5,082엔 홈페이지 www.torijaya.com

긴탄 キンタン [킨탄]

고기 마니아들에게 딱 좋은 야키니쿠 전문점

고기를 좋아하는 사람들에게 입소문이 난 긴탄은 대표 메뉴인 우설을 비롯하여 다양한 부위의 질 좋은 소고기를 판매하는 야키니쿠 전문점이다. 특히 평일 낮에 방문을 하면 2시간 동안 무제한으로 양질의 고기를 마음껏 먹을 수 있어 고기를 많이 먹을 수 있는 사람에게는 이보다 좋은 곳이 없다. 저녁에는 확 트인 야외 테라스에서 분위기 있게 식사할 수 있고 코스 요리나 세트 메뉴도 판매하고 있어 생각보다 저렴하게 먹을 수 있는 곳이다.

주소 東京都新宿区神楽坂1-10-2 위치 지하철 이다바시(飯田橋) 역 B3 출구에서 도보 2분 전화 03-3260-4129 시간 11:30~14:30, 18:00~22:00 메뉴 평일 테라스 런치 코스(2시간 무제한)(テラスランチコース) 4,980엔, 30일간 숙성한 우설(30日間熟成 熟成牛タン) 2,680엔, 긴탄 소금 상급 갈비(KINTAN塩上カルビ) 1,680엔 홈페이지 kintan.restaurant

TOKYO DISNEY RESORT

도쿄 디즈니 리조트

東京ディズニーリゾート

도쿄 최고의 인기 테마파크

세계 최고의 테마파크인 디즈니 월드가 도쿄에 1983년 디즈니랜드와 2001년 디즈니 시를 동양 최초로 개장을 한 이래 아직까지 일본 최고의 테마파크로 자리 잡고 있다. 디즈니 리조트는 월트 디즈니의 만화 속 주인공과 스토리를 테마로 한 디즈니랜드와 물과 불을 모티프로 한 체험 어트랙션 위주의 디즈니 시, 여러 유명 호텔과 쇼핑센터로 구성되어 있다. 초등학생 이하의 어린이를 동반한다면 난이도가 낮은 어트랙션이 있고 꿈과 희망의 동화 세계를 모티프로 한 디즈니랜드를, 중학생 이상이라면 스릴 있는 어트랙션과 체험형 어트랙션이 많은 디즈니 시를 추천한다. 우리나라에도 많은 테마

파크와 놀이동산이 있지만 아기자기한 스토리와 환상적인 퍼레이드, 각종 편의 시설과 캐릭터 상품을 보면 왜 디즈니랜드인가를 알 수 있다.

한 눈에 보는 지역 특색

스릴있는 어트랙션,
환상적인 퍼레이드

우리나라에서 가장 손쉽게
갈 수 있는 디즈니 리조트

남녀노소 함께
즐길 수 있는 여행지

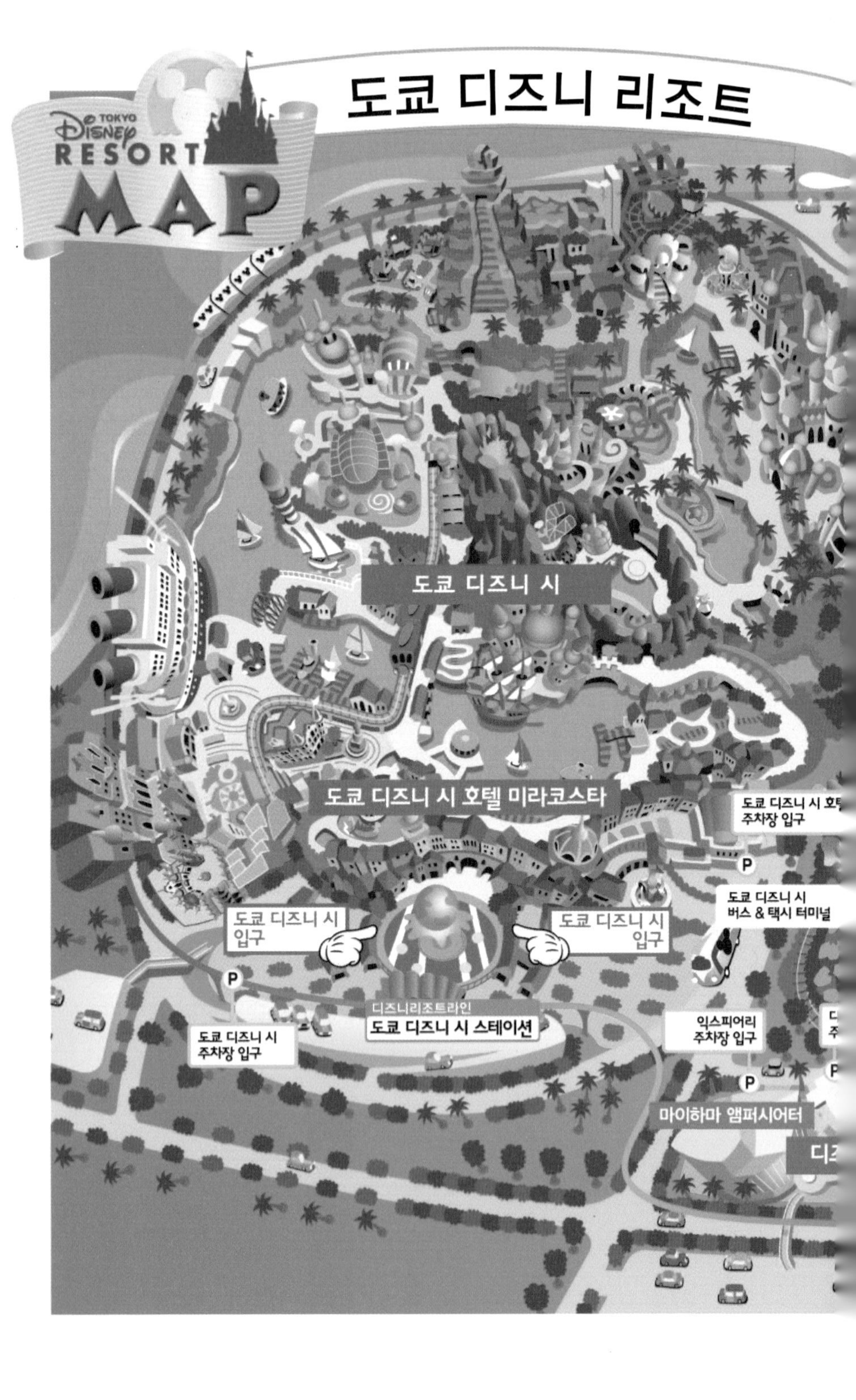
도쿄 디즈니 리조트
TOKYO Disney RESORT MAP
도쿄 디즈니 시
도쿄 디즈니 시 호텔 미라코스타
도쿄 디즈니 시 입구
도쿄 디즈니 시 입구
디즈니리조트라인
도쿄 디즈니 시 스테이션
도쿄 디즈니 시 주차장 입구
익스피어리 주차장 입구
도쿄 디즈니 시 버스 & 택시 터미널
마이하마 앰퍼시어터
P

도쿄 디즈니 리조트 오피셜 호텔
호텔 오쿠라 도쿄 베이
도쿄 디즈니 리조트 오피셜 호텔
힐튼 도쿄 베이
오피셜 호텔
도쿄 베이
TOON TOWN
디즈니 리조트 라인
베이사이드 스테이션
도쿄 디즈니 리조트 오피셜 호텔
도쿄 베이 마이하마 호텔
클럽 리조트
도쿄 디즈니 리조트 오피셜 호텔
도쿄 베이 마이하마 호텔
도쿄 디즈니 리조트 오피셜 호텔
선 루트 플라자 도쿄
도쿄 디즈니 랜드
리조트 주차장 입구
도쿄 디즈니 랜드
정문 입구
도쿄디즈니랜드
주차장 입구
디즈니 라인
도쿄 디즈니 랜드 스테이션
도쿄 디즈니 리조트 티켓 센터
도쿄 디즈니 랜드 호텔
익스피어리 주차장 입구
(발레 서비스 전용)
본 보야쥬
도쿄 디즈니 랜드
버스 & 택시 터미널
익스피어리
호텔
JR 마이하마역
디즈니 리조트 라인
리조트 게이트웨이 스테이션
도쿄 방면 수도 고속 입구
익스피어리
주차장 입구

How to go?

도쿄 디즈니 리조트 가는 방법

도쿄 디즈니 리조트로 가려면 무조건 도쿄東京 역에서 게이요선京葉線으로 환승하여 마이하마舞浜 역으로 이동해야 한다. 또한 마이하마 역에서 하차한 후, 디즈니랜드는 도보로 이동해도 멀지 않으나 디즈니 시는 도보로 가기에는 다소 멀어서 모노레일로 이동하면 더욱 편리하다.

✿ 신주쿠新宿 역에서 이동하기

JR 신주쿠 역 8번 플랫폼에서 JR 주오선 쾌속中央線快速을 탑승, 4 정거장 이동하여 도쿄 역에 하차한 후 JR 게이요선京葉線 탑승장으로 지하 연결 통로로 이동, 4번 플랫폼에서 JR 게이요선 쾌속京葉線快速으로 환승한 후 3 정거장 이동.

시간 약 43분 소요 요금 410엔

✿ 시나가와品川 역에서 이동하기

JR 시나가와 역 3번 플랫폼에서 JR 게이힌 토호쿠-네기시선 쾌속京浜東北線-根岸線快速을 탑승하여 3 정거장 이동 후 도쿄 역에서 하차. JR 게이요선京葉線 탑승장으로 지하 연결 통로로 이동하여 4번 플랫폼에서 JR 게이요선 쾌속京葉線快速으로 환승한 후, 3 정거장 이동.

시간 약 36분 소요 요금 310엔

✿ 마이하마 역에서 디즈니 시로 이동하기

마이하마 역에 하차한 후 2층 탑승장에서 모노레일을 타고 디즈니 시로 3 정거장 이동.

시간 약 10분 소요 요금 260엔

도쿄 디즈니 리조트 입장권 예매하기

도쿄 디즈니 리조트에 있는 디즈니랜드와 디즈니 시의 입장권 가격은 동일하며 입장 날짜에 따라 그리고 주말이나 공휴일에 따라 입장권 금액이 다르다. 따라서 도쿄 디즈니 리조트를 방문할 예정이라면 홈페이지를 통해 날짜를 지정하여 온라인으로 티켓을 예매하도록 하자.

- 디즈니 리조트 방문 계획 세우기(디즈니랜드와 디즈니 시 중에서 선택) → 홈페이지 접속 후 운영 캘린더 확인(운영 시간) → 온라인으로 테마파크 티켓 구매 → 온라인으로 레스토랑 예약하기 → 모바일 앱 다운받기 → 디즈니 리조트 방문!
- 홈페이지: www.tokyodisneyresort.jp
- 운영 시간: 09:00~21:00

  ※ 계절이나 휴일에 따라 운영 시간이 달라질 수 있으니 홈페이지에서 사전에 체크하자.
  ※ 지진이나 태풍등 자연재해로 인해 급작스럽게 운영을 중단할 수 있다.

★ **요금표**(입장일에 따라 요금이 다르게 적용됨)

구분	성인 (만 18세 이상)	중 · 고등학생 (만 12세~17세)	유아 · 초등학생 (만 4세~11세)
1일권 (1-Day Passport)	7,900엔~9,400엔	6,600엔~7,800엔	4,700엔~5,600엔
휴일 오후권 (Early Evening Passport)	6,500엔~7,400엔	5,300엔~6,200엔	3,800엔~4,400엔
평일 야간권 (Weeknight Passport)	4,500엔~5,400엔	4,500엔~5,400엔	4,500엔~5,400엔
여름 2일권 (Summer 2-Day Passport)	17,300엔	14,400엔	10,300엔

※ 각 입장권으로는 디즈니랜드와 디즈니 시 중에서 한 곳만 방문할 수 있으므로, 방문할 테마파크와 방문 날짜를 사전에 지정하여 홈페이지에서 예매한다.

※ 1일권은 파크 개장 시간부터 사용 가능.
휴일 오후권은 휴일 오후 3시부터 파크에 입장 가능.
평일 야간권은 평일(공휴일 제외) 오후 5시부터 입장 가능.
여름 2일권 티켓은 특정 기간 동안만 이용할 수 있으며 2일간 사용 가능.

디즈니랜드 ディズニーランド [디즈니-란도]

아이들을 위한 환상의 테마파크

7개 구역, 39개의 어트랙션을 보유한 디즈니랜드는 월트 디즈니의 애니메이션 속 내용을 테마로 구성한 세계 최고의 놀이동산이다. 아이들에게 꿈과 희망, 그리고 환상의 세계를 선물해 주는 디즈니랜드로 신나는 여행을 떠나자!

월드 바자 World Bazaar [와루도바자아루]

디즈니랜드 정문을 들어가면 바로 만날 수 있는 월드 바자 지역은 디즈니랜드를 전체적으로 둘러볼 수 있는 2층 버스인 옴니버스オムニバス 탑승장과 옛날 게임들을 즐길 수 있는 페니 아케이드ペニーアーケード가 있다. 월드 바자에서 백설공주 성을 배경으로 가장 멋진 기념사진을 찍을 수 있으니 디즈니랜드 여행을 하기 전 꼭 기념사진을 찍도록 하자.

어드벤처 랜드 Adventure Land [아도벤차 란도]

어드벤처 랜드 구역에는 보트를 타고 해적이 있는 지역으로 모험을 떠나는 캐리비안의 해적カリブの海賊과 보트를 탑승하여 열대 우림 지역으로 떠나는 정글 크루즈ジャングルクルーズ가 인기 있다. 어린아이들은 부모와 함께 탑승할 수 있으며 탐험을 떠나는 동안 볼거리가 많다.

판타지 랜드 Fantasy Land [후안타지 란도]

디즈니랜드에서 가장 많은 어트랙션이 몰려 있는 곳이다. 신데렐라シンデレラ, 피노키오ピノキオ, 백설공주白雪姫, 피터팬ピーターパン, 이상한 나라의 앨리스ふしぎの国のアリス 등 월트 디즈니 인기 애니메이션의 대표적인 캐릭터를 주제로 하며 어린아이들에게 어울리는 어트랙션이 많은 곳이다.

투모로우 랜드 Tomorrow Land [토우모로 란도]

2013년 5월에 오픈하여 디즈니랜드 최고의 인기를 끌고 있는 스타워즈スター・ウォーズ를 비롯하여 로켓을 타고 우주 여행을 떠나는 스페이스 마운틴スペース・マウンテン 등 미래를 주제로 한 다양한 어트랙션을 경험해 볼 수 있다.

웨스턴 랜드 Western Land [우에스탄 란도]

통나무 뗏목을 타고 떠나는 톰 소여 섬 뗏목トムソーヤ島 いかだ은 랜턴의 불빛만을 의지하여 동굴과 미지의 섬을 탐험하는 어트랙션이다. 또 금광을 찾아 떠나는 광산 열차를 타고 떠나는 인기 어트랙션이자 디즈니랜드에서 스릴을 느낄 수 있는 빅 선더 마운틴ビッグサンダー―マウンテン도 경험해 볼 수 있다.

툰 타운 Toon Town [토운 타운]

월트 디즈니의 대표적인 캐릭터인 미키의 집ミッキーの家과 미니의 집ミニーの家을 직접 방문해 볼 수 있는 곳으로 유아들의 놀 거리가 많은 곳이다. 인기 캐릭터와 안전하게 즐길 수 있는 툰 파크가 있어서 어린 자녀가 있는 부모도 조금의 여유를 가질 수 있다.

크리터 컨트리 Critter Country [쿠릿타칸토리]

디즈니랜드에서 가장 스릴 넘치고 인기 있는 급류타기 어트랙션인 스플래시 마운틴スプラッシュ・マウンテン과 아이들과 함께 온 가족이 재미있는 카누 체험을 할 수 있는 비버 브라더스의 카누 탐험ビーバーブラザーズのカヌー探険이 있는 지역이다.

퍼레이드 & 공연 Parades and Show

기간에 따라 다르지만 대체로 8가지 퍼레이드와 공연이 준비되어 있으며 홈페이지를 통해 일정을 사전 공지한다. 미키마우스를 비롯한 디즈니 캐릭터가 모두 총출동하는 디즈니 하모니 인 컬러ディズニー・ハーモニー・イン・カラー와 도쿄 디즈니랜드의 밤을 빛과 음악으로 아름답게 장식하는 일렉트리컬 퍼레이드-드림라이츠エレクトリカルパレード・ドリームライツ가 가장 인기 있는 퍼레이드다. 또한 미키마우스와 디즈니 친구들이 음악에 맞춰 춤을 추는 미키의 매지컬 뮤직월드ミッキーのマジカルミュージックワールドk는 아이들이 아주 좋아하는 공연이다(온라인에서 사전 입장 신청). 퍼레이드와 공연 시간은 날짜에 따라 변경될 수 있으니 방문 전 미리 체크하도록 하자.

Tip

디즈니랜드의 음식점들은 가격이 많이 비싸고 특별이 맛집이라고 추천하는 곳은 없지만 배가 든든해야 재미있게 놀 수 있으니 홈페이지를 통해 미리 음식점 정보를 확인하도록 하자. 호쿠사이 레스토랑れすとらん北齋을 비롯한 7곳의 음식점은 사전 예약이 가능하여 긴 줄을 서지 않고 식사를 할 수 있으니 사전에 예약하는 것을 추천한다.

디즈니 시 ディズニーシー [디즈니-시이]

바다를 소재로 한 테마파크

항해, 탐험, 모험을 주제로 한 새로운 세계를 체험할 수 있는 월트 디즈니의 새로운 테마파크로 7개의 구역에 30개의 어트랙션이 마련되어 있다

메디터레이니언 하버

Mediterranean Harbor [메디테레니안 하바]

도쿄 디즈니 시를 일주하는 증기선을 타고 파크 입구에서 로스트 리버 델타까지 이동하며 둘러볼 수 있는 디즈니 시 트랜짓 스티머라인 ディズニーシー・トランジットスチーマーライン이 가장 인기가 있는 어트랙션이다.

아메리칸 워터 프런트

American Waterfront [아메리칸 우오타 후론토]

트램을 타고 계란을 던지거나 풍선을 터트리는 3D 게임을 즐길 수 있는 토이 스토리 마니아トイ・ストーリー・マニア와 공포의 호텔에서 오싹한 체험을 통해 더위를 날려 버릴 수 있는 타워 오브 테러タワー・オブ・テラー가 가장 인기 있는 어트랙션이다.

로스트 리버 델타

Lost River Delta [로스토 리바 데루타]

디즈니 시에서 가장 인기 있는 어트랙션이 많은 곳이다. 영화의 여러 장면을 테마로 한 어트랙션과 고대의 신을 받드는 유적의 발굴 현장을 탐험하는 레이징 스피리츠レイジングスピリッツ는 추천하는 어트랙션이다.

머메이드 라군

Mermaid Lagoon [마메이도 라군]

어린아이들이 즐길 수 있는 어트랙션이 많은 곳으로 플라운더의 플라잉 피시 코스터フランダーのフライングフィッシュコースター와 스커들의 스쿠터スカットルのスクーター, 블로우 피시의 벌룬 레이스ブローフィッシュ・バルーンレース 등이 인기 어트랙션이다.

Tip

디즈니 시의 음식점들은 디즈니랜드보다 대체로 가격이 비싸지만 메뉴가 더 다양하여 선택의 폭이 넓고 주류 판매점도 많다. 하지만 방문객 중 아이들이 적어서인지 디즈니랜드보다 레스토랑이 덜 붐비는데도 식사 때 빈자리를 찾기 힘든 것은 마찬가지이다. 마젤란즈マゼランズ를 비롯한 7개의 음식점은 사전 예약이 가능하여 긴 줄을 서지 않고 식사를 할 수 있으니 사전에 예약하는 것을 추천한다.

포트 디스커버리

Port Discovery [포오토 디스카바리]

물 위에서 이리저리 빙글빙글 도는 워터크래프트 어트랙션인 아쿠아토피아アクアトピア와 전동 트롤리를 타고 디즈니 시를 한 바퀴 일주하는 디즈니 시 일렉트릭 레일웨이ディズニーシー・エレクトリックレールウェイ가 있다. 또한 온 가족이 함께 바닷속 여행을 즐길 수 있는 니모 & 프렌즈 시라이더ニモ&フレンズ・シーライダー도 인기 어트랙션 중 하나이다.

미스터리어스 아일랜드

Mysterious Island [미스테리아스 아이란도]

미스터리 아일랜드에는 두 가지 어트랙션이 있는데, 모두 사람들에게 인기가 많다. 한 번도 가 본 적이 없는 땅속을 체험할 수 있는 센터 오브 디어스センター・オブ・ジ・アース와 고도의 문명을 자랑했으나 해저에 가라앉은 전설의 대륙을 탐험하는 해저 2만 마일海底2万マイル은 빼놓지 말고 즐기자.

아라비안 코스트

Arabian Coast [아라비안 코스토]

아라비안 코스트에는 아이와 함께할 수 있는 어트랙션이 많은데 회전목마와 코끼리 그리고 알라딘의 램프 요정 지니를 탈 수 있는 캐러밴캐러셀キャラバンカルーセル, 양탄자를 타고 공중을 빙글빙글 도는 재스민의 플라잉 카펫ジャスミンのフライングカーペット, 신밧드의 모험을 주제로 한 인형 마을 신밧드 스토리북 보야지シンドバッド・ストーリーブック・ヴォヤッジ 그리고 알라딘의 램프 요정 지니의 마술을 3D로 체험할 수 있는 극장 매직 램프 시어터マジックランプシアター가 있다.

퍼레이드 & 공연 Parades and Show

기간에 따라 다르지만 7가지 퍼레이드와 공연이 준비되어 있으며 홈페이지를 통해 일정을 사전 공지한다. 그중 디즈니의 음악에 맞춰 밤하늘을 화려하게 수놓는 불꽃놀이 스카이 풀 오브 컬러스 スカイ・フル・オブ・カラーズ와 저녁 퍼레이드인 빌리브! 시 오브 드림스 ビリーヴ！シー・オブ・ドリームス를 가장 추천한다. 퍼레이드와 공연 시간은 날짜에 따라 변경될 수 있으니 방문 전에 미리 체크하도록 하자.

GHIBLI MUSEUM

지브리 미술관

ジブリ美術館

미야자키 하야오의 애니메이션을 모두 만나볼 수 있는 곳

1985년에 설립된 지브리 미술관은 〈이웃집 토토로〉, 〈미래소년 코난〉, 〈센과 치히로의 행방불명〉, 〈하울의 움직이는 성〉 등 우리에게도 잘 알려진 미야자키 하야오의 애니메이션 작품 쇼룸과 제작 스튜디오, 관련 캐릭터 상품을 판매하는 상점까지 갖추고 있다. 메인 감독인 미야자키 하야오의 작품을 중심으로 여러 감독의 작품에 관련된 볼거리로 가득하고 캐릭터 상품도 구매할 수 있어 한국 관광객들에게도 인기가 높았던 곳이지만, 특별전을 제외하고는 주제들이 오래되었고 2022년 나고야에 지브리 테마파크가 오픈하면서 인기가 예전만은 못하다. 또한 코로나19 팬데믹 이후에도 100% 예

약제 입장만 가능하여 관광객의 입장은 더욱 힘들게 되었고 실내 사진 촬영도 금지되어 있어 우리나라 관광객들의 발길이 전보다 뜸해졌다.

한 눈에 보는 지역 특색

미야자키 하야오의 작품 세계를 만날 수 있는 곳

일본 애니메이션 마니아의 성지

애니메이션 제작 스토리를 볼 수 있는 곳

How to go?

지브리 미술관 가는 방법

지브리 미술관이 있는 미타카三鷹 역으로 가기 위해서는 무조건 JR 신주쿠 역을 거쳐 가게 된다. JR신주쿠 역에서 JR 주오선 쾌속을 타고 이동하자.

신주쿠新宿 역에서 이동하기

JR 신주쿠 역 12번 플랫폼에서 JR 주오선 쾌속中央線快速을 탑승하여 미타카三鷹 역까지 7 정거장 이동.

시간 약 12분 소요 요금 230엔

도쿄東京 역에서 이동하기

JR 도쿄 역 1번 플랫폼에서 JR 주오선 쾌속中央線快速을 탑승하여 미타카三鷹 역까지 11 정거장 이동.

시간 약 29분 소요 요금 410엔

미타카 역에서 지브리 미술관으로 이동하기

미타카 역 남쪽 출구에서 도보로 15분 이동하거나 지브리 미술관의 커뮤니티 버스에 탑승하여 이동.

요금 13세 이상 편도 210엔 왕복 320엔 / 12세 이하 편도 110엔, 왕복 160엔 시간 07:20 첫차를 시작으로 09:00까지는 20분마다, 09:00부터 10분마다 미타카 역 출발

스튜디오 지브리 입장권 예매하기

- 100% 예약제로 운영되며 현장 구매는 할 수 없다.
- 스마트폰 앱, 홈페이지(www.ghibli-museum.jp), 일본 내의 로손 편의점에서 예매할 수 있다.
- 매월 10일 오전 10시부터 다음 달 입장권을 판매한다.(예를 들어, 7월 10일 10시부터 8월 1일~8월 31일 입장권 판매)

지브리 미술관 ジブリ美術館

일본 최고의 애니메이션 미술관

미야자키 하야오가 설계한 지브리 미술관은 우리도 쉽게 접했던 일본의 대표 애니메이션의 제작, 구성, 방송 등의 관련 내용을 볼 수 있는 곳이다. 단. 지브리 미술관은 하루에 일정 인원만 관람이 가능하며 미리 티켓을 예매해야 한다. 실내 사진 및 동영상 촬영, 휴대폰 사용, 박물관 내 음식 섭취가 불가하다는 점도 유의하자!

주소 東京都三鷹市下連雀1-1-83 전화 0570-055-777 시간 10:00~18:00(화요일 휴관) / 입장 시간 10:00, 11:00, 12:00, 13:00, 14:00, 15:00, 16:00(예약 지정된 시간에만 입장 가능하며 예약 시간보다 1시간 늦게 도착하는 경우 입장 불가) 요금 성인 및 대학생 1,000엔, 중·고등학생 700엔, 초등학생 400엔, 유아(4세이상) 100엔, 4세 미만 무료 홈페이지 www.ghibli-museum.jp

중앙 홀 中央ホール [주-오-호루]

지하 1층부터 지상 2층까지 뻥 뚫린 확 트인 공간으로 각 전시실을 들어가기 전 만나게 되는 공간이다. 천정의 유리 돔에는 바다를 헤엄치는 노란 고래와 포뇨를 볼 수 있으며 지하 1층에서 바라보면 나선형 계단이나 복도가 미로처럼 느껴지는 것이 미야자키 하야오의 작품에 나오는 이상한 구조의 건물의 모습을 엿볼 수 있다.

폭신폭신한 고양이 버스

ふわふわ ボヨーン ネコバス [후와후와 보욘 네코버스]

2층에는 대형 고양이 인형이 있어 아이들이 만지고 뛰어놀 수 있으며 초등학생 이하만 입장 가능하다.

트라이 혹스 TRI HAWKS [토라이 호-쿠스]

지브리 미술관에서 추천하는 그림책과 아동도서가 있는 도서열람실로, 아이들에게 다양한 상상과 꿈을 심어 주는 것에 주안점을 둔 장소다.

토성좌 土星座 [도세이자]

지하 1층에 마련된 약 80명의 인원을 수용할 수 있는 작은 영상전시실인 토성좌에는 밖에서 볼 수 있는 애니메이션이 아닌 지브리만의 단편 애니메이션을 감상할 수 있다.

TOKYO
추천 숙소
CENTURION HOTEL GRAND

도쿄 숙소, 이것만 알고 예약하자!

일본 여행을 준비할 때 항공만큼이나 중요한 것이 여행 동안 묵을 숙소이다. 숙소를 선택할 때는 가장 먼저 고려해야 할 사항은 위치이고, 그 다음이 가격, 마지막이 시설이다. 가격만 보고 위치가 나쁜 숙소를 선택했다가는 관광지로 이동하는 데 많은 시간과 비용을 낭비할 수도 있다. 또한 호텔 시설이 아무리 좋아도 하루 종일 관광을 하는 일정이어서 호텔 시설을 즐길 시간이 없다면 굳이 비싼 곳에 묵을 필요가 없다. 따라서 여행 일정과 경비를 먼저 결정한 후, 조금 시간이 들더라도 꼼꼼히 비교하며 가장 가성비 좋은 호텔을 예약하도록 하자.

동선에 맞는 숙소 선택

도쿄에서 호텔 예약 시 여행객이 가장 많이 선호하는 곳이 신주쿠 지역이다. 하지만 역에 가까운 호텔은 가격이 다소 비싸다. 또한 신주쿠 지역이 워낙 넓어서 신주쿠 지역의 호텔이라고 예약을 했는데 JR 신주쿠 역에서 도보로 10~20분 걸리거나 지하철로 갈아타야 하는 경우가 허다하다. 따라서 너무 신주쿠 지역만 고집하지 말고 가고 싶은 여행지를 중심으로 일정을 짠 다음 공항 왕복하기 편한 지역까지 고려하여 동선이 편한 곳으로 잡아야 한다. JR 역을 중심으로 역에서 도보 5분 이내의 호텔을 추천한다.

여행 경비에 기준을 잡고 숙소 선택

우선 여행 계획에 맞게 숙소 경비를 책정해야 한다. 간단히 친구와 함께, 혹은 혼자 떠나는 여행이라면 이동이 편한 곳에 다소 저렴한 비즈니스급 호텔을 예약하는 것이 좋고, 가족 여행이나 호텔의 서비스(조식 포함)를 원하는 여행이라면 1급 이상의 호텔을 추천한다. 이때에도 지역이나 역과의 거리는 체크를 해야 한다. 그 다음은 책에서 소개하는 지역의 특성에 맞게 참고하여 호텔을 검색하자.

예약 사이트 이용 시 체크 포인트

- 같은 호텔이라도 예약 사이트마다 룸 조건과 가격이 다르므로 2~3개의 사이트를 확인하자.
- 호텔 2인실 예약 시 '세미 더블'이라는 룸 조건이 나오는데, 세미 더블은 싱글 침대와 더블 침대의 중간 사이즈이다. 따라서 남자 2명이 숙박을 하려고 한다면 세미 더블은 피하자.
- 예약 사이트에서 예약 수수료를 받는 경우가 있으므로 결제 단계까지 가야만 예약 수수료를 합한 정확한 총 결제 금액을 확인할 수 있다.
- 예약 시 금연 · 흡연 룸을 선택할 수 있는데, 기호에 따라 선택하자. 선택할 수 없는 경우에는 예약 시 전달 사항으로 금연 · 흡연 룸을 요청하는 것이 좋다. 단, 호텔 상황에 따라 무작위로 방을 배정해 원하는 옵션에 머물지 못할 수도 있다는 점도 참고하자.
- 예약 조건에 따라서는 결제 후 예약 취소 시 비용을 전혀 환급받지 못할 수 있으니 예약할 때 취소 조건을 꼼꼼히 체크해야 한다. 특히 한국에 사무소가 없고 글로벌로 운영되는 호텔 사이트를 이용하는 경우 취소 환급이 상당히 늦어질 수 있다는 점도 생각하자.
- 호텔 투숙 시 지불 금액 및 예약 조건에 따라 호텔 숙박세가 부과될 수도 있다. 1인 1박당 10,000엔 미만은 비과세, 10,000엔 이상 ~15,000엔 미만은 100엔, 15,000엔 이상은 200엔이다.

도쿄 지역별 숙소 특징

한눈에 보고 한 번에 예약하자. 여행자의 동선, 주변 환경, 상권, 주의 사항, 지역별 가격대 등과 같은 지역별 장단점을 보기 쉽게 정리하였다. 도쿄 지역별 숙소의 특징을 확인하고 내게 맞는 숙소 지역을 선택하여 머무르도록 하자.

오다이바·신바시·하마마쓰초

신바시는 긴자나 마루노우치 쪽으로 이동이 편리하고 하마마쓰초는 하네다 공항에서의 이동이 편리하며 두 곳 모두 호텔 가격이 다소 저렴하다. 오다이바는 도쿄에서 손꼽는 관광지로, 놀 거리가 풍부하고 주변 환경이 쾌적하다. 하지만 신바시와 하마마쓰초 지역은 저녁을 즐길 만한 것이 상당히 부족하고 오다이바는 다른 관광지로의 이동이 불편하다는 단점이 있다.

이케부쿠로

JR 야마노테선을 이용해 도심의 동쪽과 서쪽으로 이동이 편리하고 지하철을 탑승하면 도심의 중앙으로 이동하기도 좋다. 술집과 맛집이 많아 늦게까지 시간을 보내기도 좋고 숙소도 다소 저렴하다. 단, 하네다 공항이나 나리타 공항에서 거리가 있으며 호텔이 JR 역에서 조금 떨어져 있다.

신주쿠

늦은 밤까지 놀 수 있어 여행객들이 가장 선호하는 지역이다. 하네다 공항에서는 크게 멀지 않지만 나리타 공항에서 이동하려면 적어도 1시간 30분 정도는 생각해야 한다. 하라주쿠, 시부야, 이케부쿠로 등 서쪽 관광지는 JR선을 이용한 이동이 편리하고, 긴자, 롯폰기 등은 지하철을 이용하여 쉽게 이동할 수 있는 장점이 있다. 단, 호텔 요금이 다소 비싸고 좀 저렴한 비즈니스급 호텔은 도보로 10분 이상 이동해야 한다는 단점이 있다.

시부야·하라주쿠

도쿄를 여행할 때 필수 여행 코스로 꼽는 지역인 이곳에 숙소를 잡으면 쇼핑, 클럽, 술집, 음식점이 가득하여 밤늦게까지 즐길 거리가 많다. 하지만 숙소의 숫자가 적고 시설 대비 가격이 다소 비싸서 가성비가 좋지 않고, 가격과 시설이 괜찮다 싶으면 JR 역과 거리가 있다는 것이 단점이다.

메구로 · 고탄다 · 시나가와

메구로와 고탄다는 역 주변에 적당한 가격의 비즈니스급 호텔이 많고 다른 지역으로의 이동이 편리하다. 특히 시나가와 지역은 하네다 공항을 이용하는 관광객에게는 최상의 지역이다. 도쿄 좌·우측 지역으로의 이동이 용이하고 공항에서 한 번에 이동할 수 있는 게이큐선이 있어 여행객이 많이 선호한다. 또한 요코하마나 가마쿠라 지역으로 중·장거리 여행을 떠나기도 편리하다. 다만 늦게까지 유흥을 즐기기에는 역 주변의 상권이 작아 아쉬운 점이 많고 쇼핑을 하기에도 부족한 것이 흠이다.

긴자

긴자와 마루노우치에서 쇼핑을 하거나 여유롭게 도쿄 여행을 즐기기에 긴자만큼 좋은 곳이 없다. 도쿄 디즈니 리조트와 오다이바로 이동하기에도 편리하지만, 숙박비가 시설에 비해 비싸고 공항에서도 이동하는 데 번거로움이 많은 것이 단점이다.

우에노

나리타 공항과의 이동이 편리하고 저렴한 호텔들이 많아서 조용한 숙소를 찾는 여행객들이 선호하는 곳이다. 또한 아사쿠사, 긴자, 마루노우치 등 시내의 서쪽 지역을 여행하기에 적합하다. 하지만 우에노 공원을 중심으로 노숙자들이 많아 저녁에는 특히 조심하는 것이 좋으며 신주쿠, 시부야 등 시내 동쪽 지역으로의 이동은 다소 멀게 느껴지는 것이 단점이다.

니혼바시 · 아사쿠사

나리타 공항에서 가깝고 저렴한 숙소가 많아 여행사들이 패키지 상품으로 많이 이용하는 곳이다. 하지만 도심으로의 이동이 멀고 번거로워 여행 일정에 따른 교통비와 시간까지 꼼꼼히 따져 보고 이곳에 숙소를 정할지 결정하도록 한다.

롯폰기 · 아카사카

저녁 늦게까지 음식점과 술집이 영업하고 있어 저녁 유흥을 즐기기에 좋다. 특히 해외 공관이 많아 다양한 국적의 사람들과 이들을 위한 음식점이나 술집이 많다. 다만 공항에서 이동하거나 다른 관광지로 가기에는 교통이 많이 불편하다.

오다이바·신바시·하마마쓰초

그랜드 닛코 도쿄 다이바 グランドニッコー東京 台場

다이바 역과 바로 연결되어 있는 호텔

유리카모메 다이바 역과 바로 연결되어 있어 오다이바의 다른 지역으로 이동하기 편하고 쇼핑몰 덱스 도쿄 비치, 아쿠아 시티와 가까워 쇼핑과 음식점 그리고 여러 오락 시설을 쉽게 이용할 수 있다. 후지TV까지는 도보 2분, 건담 모형이 멋진 다이버 시티 오다이바까지도 도보 5분이면 이동할 수 있다.

주소 東京都港区台場2-6-1 위치 유리카모메 다이바(台場) 역 남쪽 출구와 바로 연결 전화 03-5500-6711 시간 체크인 15:00, 체크아웃 12:00 요금 트윈 19,000~ 홈페이지 www.tokyo.grandnikko.com

힐튼 도쿄 오다이바 ヒルトン東京お台場

도쿄만을 바라보며 수영도 즐길 수 있는 호텔

오다이바에서 위치도 가장 좋고 도쿄만을 바라보며 실내·실외 수영도 즐길 수 있다. 또한 쇼핑몰 덱스 도쿄 비치와 아쿠아 시티를 편하게 걸어갈 수 있어 가족과 함께 휴가를 보내기 좋은 호텔이다. 저녁이 되면 도쿄에서 아름답기로 손꼽히는 레인보우 브리지 야경을 볼 수 있는 호텔로도 유명하고 여름에는 도쿄만 불꽃 축제를 호텔에서 직접 볼 수 있다.

주소 東京都港区台場1-9-1 위치 유리카모메 다이바(台場) 역과 바로 연결 전화 03-5500-5500 시간 체크인 15:00, 체크아웃 12:00 요금 트윈 45,000엔~ 홈페이지 www.hilton.com/en

치산 호텔 하마마쓰초 チサン ホテル 浜松町

JR 하마마쓰초 역과 가깝고, 가격이 저렴한 호텔

하네다 국제공항에서 도쿄 모노레일을 이용하여 간편하게 이동할 수 있고 JR 하마마쓰초 역과 가까워 다른 지역으로의 이동이 좋다. 위치 대비 가격이 저렴하여 여행사에서 많이 이용하는 호텔로 한국 관광객이 많이 투숙한다. 호텔 주변에 상권이 작아 저녁까지 놀 곳이 없으므로 단순하게 교통이 좋은 저렴한 숙소로서 추천한다.

주소 東京都港区芝浦1-3-10 위치 JR 하마마쓰초(浜松町) 역 남쪽 출구에서 도보 8분 전화 03-3452-6511 시간 체크인 15:00, 체크아웃 11:00 요금 트윈 10,000엔~ 홈페이지 www.solarehotels.com

도쿄 베이 아리아케 워싱턴 호텔 東京ベイ有明ワシントンホテル

오다이바를 관광하기 좋은 저렴한 호텔

오다이바에서도 한적한 곳으로 꼽히는 아리아케 역 가까이에 있는 호텔로 가격 대비 객실이 넓고 상태도 좋다. 가까이에 도쿄 빅 사이트가 있어 전시장을 찾는 사람들이 많이 선호한다. 오다이바 관광을 목적으로 하고 가격이 저렴한 호텔을 찾는다면 이곳이 가장 적합하다.

주소 東京都江東区有明3-7-11 위치 유리카모메 아리아케(有明) 역 1A 출구에서 도보 2분 전화 03-5564-0111 시간 체크인 14:00, 체크아웃 10:00 요금 트윈 12,000엔~ 홈페이지 washington-hotels.jp/ariake

호텔 빌라 폰테인 하마마쓰초 ヴィラフォンテーヌ東京浜松町

역과의 접근성과 저렴한 가격이 최고의 장점인 곳

JR 하마마쓰초 역에서 가까워 하네다 국제공항을 이용하는 관광객이 많이 찾으며 특별한 부대시설은 없지만 가격이 저렴하여 인기가 좋다. JR 역 주변에서 가장 저렴한 호텔로 손꼽히기 때문에 서둘러 예약해야 한다. 객실 상태나 청소는 보통 수준이지만 여행 경비를 줄이려고 한다면 가장 먼저 생각해야 할 숙소다.

주소 東京都港区芝1-6-5 위치 JR 하마마쓰초(浜松町) 역 남쪽 출구에서 도보 7분 전화 03-5730-6660 시간 체크인 15:00, 체크아웃 11:00 요금 트윈 10,000엔~ 홈페이지 www.hvf.jp/hamamatsucho

APA 호텔 신바시 오나리몬 アパホテル新橋御成門

깔끔한 객실은 물론 온천도 갖추고 있는 호텔

숙박비도 저렴하고 유료로 운영이 되지만 온천도 갖추고 있어 여행객들에게는 더할 나위 없이 좋은 호텔이다. 객실도 관리가 잘되어 깨끗하고, 도보로 조금만 이동하면 다른 지역을 편하게 오갈 수 있는 JR선과 지하철역이 있다.

주소 東京都港区新橋6-10-3 위치 ❶ 지하철 오나리몬(御成門) 역 A4 출구에서 도보 4분 ❷ JR 신바시(新橋) 역 가라스모리(烏森) 출구에서 도보 9분 전화 03-5425-3111 시간 체크인 15:00, 체크아웃 10:00 요금 트윈 11,000엔~ 홈페이지 www.apahotel.com

도큐 스테이 신바시 東急ステイ新橋

역과 가깝고 인기 있는 로컬 음식점이 많은 호텔

JR 신바시 역과 지하철 시오도메 역과 가까워 다른 지역으로의 이동이 아주 편리한 호텔이다. 이 지역이 편리한 교통에 숙박비까지 저렴한 것처럼 이곳 도큐 스테이 역시 좋은 위치와 시설에 비해 다소 저렴한 것이 장점이다. JR 신바시 역 에서 호텔로 이동하는 길에는 허름하지만 인기 있는 로컬 음식점들이 많으므로 꼭 이용하자.

주소 東京都港区新橋 4丁目 2 3 - 1 위치 JR 신바시(新橋) 역 카라스모리(烏森) 출구에서 도보 3분 전화 03-3434-8109 시간 체크인 15:00, 체크아웃 11:00 요금 싱글 5,500엔~, 트윈 8,000엔~ 홈페이지 www.tokyustay.co.jp/hotel/SHI

이케부쿠로

선샤인 시티 프린스 호텔 サンシャインシティプリンスホテル

가격 대비 훌륭한 시설의 4성급 호텔

이케부쿠로 번화가와 거리가 좀 있고 호텔도 오래되었지만, 내부 객실 상태가 좋고 4성급 호텔치고는 가격이 아주 저렴한 편이다. JR 이케부쿠로 역까지는 도보로 15분 정도 이동해야 하지만, 지하철역이 가까워 다른 관광지로의 이동에는 무리가 없다. 호텔 근처에 선샤인 60 거리가 있어 쇼핑, 음식점, 술집을 이용하기 좋고 가까이에 대형 슈퍼마켓 세이유西友가 있으니 식료품을 구매하는 데도 수월하다.

주소 東京都豊島区東池袋3-1-5 위치 ❶ JR 이케부쿠로(東池袋) 역 동쪽 출구에서 도보 15분 ❷ 지하철 히가시이케부쿠로(東池袋) 역 4번 출구에서 도보 2분 전화 03-3988-1111 시간 체크인 15:00, 체크아웃 11:00 요금 트윈 13,000엔~ 홈페이지 www.princehotels.co.jp/sunshine

사쿠라 호텔 이케부쿠로 サクラホテル 池袋

저렴하게 이용 가능한 다인실이 인기 있는 곳

다인실을 갖추었고 싱글룸과 트윈룸까지 아주 저렴하게 이용할 수 있다는 장점이 있어 주머니 사정이 가벼운 여행객이나 단체 여행객이 찾는 호텔이다. 가격이 저렴한 만큼 방 상태나 청소 상태가 조금 떨어지는 편이고 JR 이케부쿠로 역에서는 찾기 어려울 수 있으니 꼭 사전에 지도를 확인하자.

주소 東京都豊島区池袋2-40-7 위치 JR 이케부쿠로(池袋) 역 C6 출구에서 도보 6분 전화 03-3971-2237 시간 체크인 15:00, 체크아웃 10:00 요금 트윈 9,500엔~ 홈페이지 www.sakura-hotel.co.jp/ikebukuro

도큐 스테이 이케부쿠로 東急ステイ池袋

이케부쿠로 역과 가깝고 호텔 내 코인 세탁기가 있는 곳

JR 이케부쿠로 역 서쪽 출구와 멀지 않아서 다른 지역으로의 이동이 용이하다. 객실 상태가 준수하고 가격도 딱 적당하다. 특히 호텔 내 코인 세탁기가 있어 장기 여행을 하는 여행객들에게 좋다.

주소 東京都豊島区池袋2-12-2 위치 JR 이케부쿠로(池袋) 역 서쪽 출구에서 도보 4분 전화 03-3984-1091 시간 체크인 15:00, 체크아웃 11:00 요금 트윈 12,000엔~ 홈페이지 www.tokyustay.co.jp/hotel/IKE

APA 호텔 이케부쿠로에키 기타구치 アパホテル池袋駅北口

커다란 침대의 객실이 특징인 호텔

JR 이케부쿠로 역과 가까워 다른 관광지로의 이동이 편리하고 객실 상태도 좋다. 싱글 침대 사이즈가 세미 더블 정도로 커서 편안하게 잘 수 있지만 침대가 커서인지 여유 공간이 좀 좁은 것이 흠이다.

주소 東京都豊島区池袋2-48-7 위치 JR 이케부쿠로(池袋) 역 서쪽 출구에서 도보 4분 전화 03-5911-8111 시간 체크인 15:00, 체크아웃 10:00 요금 트윈 10,000엔~ 홈페이지 www.apahotel.com

호텔 윙 인터내셔널 이케부쿠로 ホテルウィングインターナショナル池

조용한 곳이 좋은 사람들을 위한 호텔

JR 이케부쿠로 역에서 거리가 많이 떨어져 있지만 주거 지역에 있어 조용하고 주변에 대형 슈퍼마켓 세이유 西友가 있어 식료품을 구매하기 아주 좋다. 이 호텔의 특이한 점은 2층 침대가 놓인 트윈룸이 있다는 것인데, 방이 작기 때문에 공간을 확보하기 위한 것으로 보인다. 침대가 나란히 놓는 트윈룸도 있으니 호텔 예약 시 방 조건을 꼭 확인하자.

주소 東京都豊島区東池袋3-10-7 위치 JR 이케부쿠로(池袋) 역 동쪽 출구에서 도보 15분 전화 03-5396-5555 시간 체크인 16:00, 체크아웃 10:00 요금 트윈 10,000엔~ 홈페이지 www.tokyustay.co.jp/hotel/IKE

호텔 레솔 이케부쿠로 ホテルリソル池袋

이동이 용이하고 번화가와 인접한 곳에 위치한 호텔

JR 이케부쿠로 역으로는 도보로 충분히 이동이 가능하고 지하철 히가시이케부쿠로 역도 바로 인접해 있어 다른 지역으로의 이동이 편하다. 대로 건너편에는 선샤인 60 거리가 있어 늦은 밤까지도 즐길 거리가 다양하다. 룸 컨디션도 괜찮고 가격도 적당하지만, 방 크기가 작아 트윈룸의 경우에는 딱 다닐 정도의 공간만 있는 것이 아쉽다.

주소 東京都豊島区南池袋2-30-14 위치 ❶ JR 이케부쿠로(池袋) 역 동쪽 출구에서 도보 7분 ❷ 지하철 히가시이케부쿠로(東池袋) 역 1번 출구에서 도보 2분 전화 03-3985-9269 시간 체크인 15:00, 체크아웃 10:00 요금 트윈 10,500엔~ 홈페이지 www.resol-ikebukuro.com

신주쿠

시타딘 센트럴 신주쿠 도쿄 シタディーンセントラル新宿東京

관광지와의 접근성이 좋은 곳

가부키초 거리에 있으며 주변에 쇼핑 센터 및 백화점이 가깝고 음식점과 술집이 즐비하여 저녁 늦게까지 시간을 보내기 좋다. 큰 객실에 침구도 깨끗이 정리되어 있어 가성비가 좋다. 반면 신주쿠 역에서 도보로 꽤 이동을 해야 해서 호텔 입·퇴실 때 힘이 들며 주변이 늦게까지 시끄럽다는 단점도 있다.

주소 東京都新宿区歌舞伎町1-2-9 위치 ❶ JR 신주쿠(新宿) 역 동쪽 출구에서 도보 8분 ❷ 지하철 신주쿠산초메(新宿三丁目) 역 B5 출구에서 도보 9분 전화 03-3200-0220 시간 체크인 14:00, 체크아웃 11:00 요금 트윈 22,500엔~ 홈페이지 www.discoverasr.com

도큐 스테이 신주쿠 東急ステイ新宿

쇼핑을 좋아하는 여행객에게 추천하는 호텔

신주쿠 쇼핑 거리 끝 쪽에 있지만 주변에 대형 백화점과 쇼핑몰이 있어 쇼핑을 즐기려는 여행객에게 좋고 번화가에서 조금 벗어나 조용한 것이 장점이다. 또한 지하철 신주쿠산초메新宿三丁目 역과는 도보 1분이고 JR 신주쿠 역과는 도보 8분 정도 소요되니 다른 지역으로의 이동도 편리하다.

주소 東京都新宿区新宿3-7-1 위치 ❶ JR 신주쿠(新宿) 역 동쪽 출구에서 도보 8분 ❷ 지하철 신주쿠산초메(新宿三丁目) 역 C3 출구에서 도보 1분 전화 03-3353-0109 시간 체크인 15:00, 체크아웃 11:00 요금 트윈 21,000엔~ 홈페이지 www.tokyustay.co.jp/hotel/SJ

신주쿠 프린스 호텔 新宿プリンスホテル

넓은 객실과 편리한 교통이 장점인 호텔

JR 오다큐 신주쿠 역과도 가깝고 세이부신주쿠 역과는 연결되어 있어 교통이 편리한 것이 장점이다. 객실을 리모델링하여 공간이 넓고 깨끗하며 침구류도 새롭게 교체하여 깔끔하다. 가부키초 번화가에서 한 블럭 건너편에 있어 다소 조용하고 쇼핑을 하기에도 용이하며 교통이 편리하여 관광객의 선호도가 높은 호텔이다.

주소 東京都新宿区 歌舞伎町1-30-1 위치 ❶ 세이부신주쿠(西武新宿) 역과 연결 ❷ JR 신주쿠(新宿) 역 서쪽 출구에서 도보 5분 전화 03-3205-1111 시간 체크인 13:00, 체크아웃 11:00 요금 트윈 25,000엔~ 홈페이지 www.princehotels.co.jp/shinjuku

게이오 플라자 호텔 京王プラザホテル

단연 신주쿠 최고의 호텔

신주쿠에 고급 호텔이 많이 생겼지만 일본 사람들은 신주쿠 최고의 호텔로 게이오 플라자 호텔을 꼽을 만큼 다양한 부대 시설, 최고급 호텔 서비스, 최상의 객실 서비스를 갖추고 있다. 예약을 서두른다면 주변의 다른 특급 호텔보다 더욱 저렴하게 이용할 수 있고 다양한 레스토랑에서 조식을 즐길 수 있다. 더불어 어린아이를 위한 헬로 키티 룸을 운영하고 있어 가족 단위의 여행객들에게 추천한다. (예약 시 룸 조건 확인 필수)

주소 東京都新宿区西新宿2-2-1 위치 ❶ JR신주쿠(新宿) 역 서쪽 출구에서 도보 5분 ❷ 지하철 도초마에(都庁前) 역 B1 출구 바로 앞 전화 03-3344-0111 시간 체크인 15:00, 체크아웃 11:00 요금 트윈 37,000엔~ 홈페이지 www.keioplaza.co.jp

하얏트 리젠시 도쿄 ハイアットリージェンシー東京

최고의 부대 시설, 아름다운 전망이 특징인 특급 호텔

신주쿠 중앙 공원이 옆에 있어 시야가 확 트인 하얏트 리젠시 도쿄는 특급 호텔답게 최고의 부대 시설을 갖추고 있다. 700여 개의 객실은 최근에 리모델링을 하여 방 크기도 넓고 모던하게 새단장하였다. 전망이 좋기 때문에 예약할 때 방 조건에 따로 선택 사항이 없다면 예약 메모를 남기고 체크인할 때 고층으로 요청하자.

주소 東京都新宿区西新宿2-7-2 위치 ❶ JR신주쿠(新宿) 역 서쪽 출구에서 도보 6분 ❷ 지하철 도초마에(都庁前) 역 A7 출구와 연결 전화 03-3348-1234 시간 체크인 14:00, 체크아웃 11:00 요금 트윈 56,000엔~ 홈페이지 www.hyatt.com

힐튼 도쿄 ヒルトン東京

멋진 야경과 훌륭한 부대 시설

이곳에서는 야경을 보기 위해 다른 전망대를 가지 않아도 될 만큼 신주쿠의 멋진 야경을 볼 수 있다. 옥상에 테니스 코트와 실내 수영장을 갖추고 있는 것도 이색적이다. 24간 운영되는 휘트니스 센터와 사우나가 있고 7개의 레스토랑이 있어 다양한 음식도 맛볼 수 있는데, 아침에 운영되는 조식 뷔페가 가격 대비 훌륭한 수준이어서 인기가 좋다.

주소 東京都新宿区西新宿6-6-2 위치 ❶ JR신주쿠(新宿) 역 서쪽 출구에서 도보 8분 ❷ 지하철 도초마에(都庁前) 역 C8 출구와 연결 전화 03-3344-5111 시간 체크인 15:00, 체크아웃 12:00 요금 트윈 60,000엔~ 홈페이지 www.hilton.com/en

신주쿠 워싱턴 호텔 新宿ワシントンホテル

주변 상권이 잘 형성된 대형 호텔

총 3,500여 개의 객실을 보유한 대형 호텔로 신주쿠에서 한국 관광객들이 가장 많이 이용하는 호텔이다. 호텔 내에 편의점이 있어 물품을 구매하는 데 편하고 10분 이내에 요도바시 카메라, 돈키호테를 비롯하여 다양한 음식점들이 있다. 본관은 객실이 좀 좁고 오래되었지만 신관은 공간이 더 크고 깨끗하니 호텔 예약 시 방 조건을 잘 체크하자.

주소 東京都新宿区西新宿3-2-9 위치 ❶ JR 신주쿠(新宿) 역 남쪽 출구에서 도보 8분 ❷ 지하철 도초마에(都庁前) 역 E1 출구에서 도보 5분 전화 03-3343-3111 시간 체크인 14:00, 체크아웃 11:00 요금 트윈 14,500엔~ 홈페이지 washington-hotels.jp/shinjuku

오다큐 호텔 센추리 서던 타워 小田急ホテルセンチュリーサザンタワー

번화가에 위치해 쇼핑을 즐기기 좋은 호텔

신주쿠 테라스 시티와 연결되어 있어 상점, 음식점, 카페를 이용하는 데 불편함이 없고 오다큐 백화점, 다카시마야 백화점도 가까이 있어 쇼핑을 즐기기에도 좋다. 호텔 주변에 높은 건물이 많지 않아 주변 전망이 확 트여 있고 1~4층에 상점과 레스토랑이 입점해 있어 편의 시설과의 접근성이 좋으며 객실도 깨끗하고 넓다.

주소 東京都渋谷区代々木2-2-1 위치 JR 신주쿠(新宿) 역 남쪽 출구에서 도보 3분 전화 03-5354-0111 시간 체크인 14:00, 체크아웃 11:00 요금 트윈 26,000엔~ 홈페이지 www.southerntower.co.jp

파크 하얏트 도쿄 パークハイアット東京

호캉스를 즐기고 싶다면 파크 하얏트 도쿄로!

신주쿠에서 가장 고급스럽고 비싼 호텔로 가격만큼이나 럭셔리한 부대 시설과 객실을 갖추고 있다. 번화가와는 거리가 다소 멀지만 주변 지역이 조용하며 조망이 뛰어나다. 수영장과 피트니스 센터, 사우나 등 부대시설이 뛰어나며, 8개의 레스토랑 중 뉴욕 그릴NEWYORK GRILL과 뉴욕 바NEWYORK BAR는 외부에도 잘 알려진 고급 인기 레스토랑이다.

주소 東京都新宿区西新宿3-7-1-2 위치 ❶ JR신주쿠(新宿) 역 남쪽 출구에서 도보 15분 ❷ 지하철 도초마에(都庁前) 역 A5 출구에서 도보 8분 전화 03-5322-1234 시간 체크인 15:00, 체크아웃 12:00 요금 트윈 70,000엔~ 홈페이지 www.hyatt.com

호텔 로즈 가든 신주쿠 ホテルローズガーデン新宿

다른 지역으로의 이동이 용이한 호텔

신주쿠 번화가와 그리 멀지 않는 곳에 있으며 마루노우치선 니시신주쿠西新宿 역과 가까워 다른 지역으로의 이동이 편리하다. 호텔 규모나 객실 상태는 평범하고 아침 식사와 저녁 식사를 호텔에서 할 수 있으며 술을 마시기 위한 작은 바도 갖추고 있어 가성비가 좋은 호텔이라 하겠다.

주소 東京都新宿区西新宿8-1-3 위치 ❶ JR신주쿠(新宿) 역 서쪽 출구에서 도보 10분 ❷ 지하철 니시신주쿠(西新宿) 역 1번 출구에서 도보 1분 전화 03-3360-1533 시간 체크인 13:00, 체크아웃 11:00 요금 트윈 12,000엔~ 홈페이지 hotel-rosegarden.jp

호텔 선루트 플라자 신주쿠 ホテルサンルートプラザ新宿

조용히 쉬고 싶다면 추천하는 호텔

2,000여 개의 객실을 보유하고 있는 대형 호텔로 JR 신주쿠 역 남쪽에 있어 조용하고 신주쿠 번화가와도 멀지 않다. 내부 시설로 코인 세탁실과 비교적 가격이 저렴한 스파도 운영하고 있는데 시설 대비 가격이 다소 비싼 것이 흠이다.

주소 東京都渋谷区代々木2-3-1 위치 ❶ JR 신주쿠(新宿) 역 남쪽 출구에서 도보 3분 ❷ 지하철 신주쿠(新宿) 역 A1 출구에서 도보 1분 전화 03-3375-3211 시간 체크인 15:00, 체크아웃 11:00 요금 트윈 21,000엔~ 홈페이지 sunrouteplazashinjuku.jp

호텔 선라이트 신주쿠 ホテルサンライト新宿

위치와 가격 모두 만족스러운 호텔

가부키초 번화가 바로 옆에 있어 번화가로의 이동이 편하지만 신주쿠의 다른 관광지와는 거리가 제법 멀다. 호텔은 좀 오래되었지만 가격이 비교적 저렴하고, 방이 다소 작지만 객실 청소가 잘되어 있으며 조식도 가성비가 괜찮다.

주소 東京都新宿区新宿5-15-8 위치 지하철 신주쿠산초메(新宿三丁目) 역 E1 출구에서 도보 2분 전화 03-3356-0391 시간 체크인 15:00, 체크아웃 11:00 요금 트윈 12,000엔~ 홈페이지 www.pearlhotels.jp/shinjuku

신주쿠 그란벨 호텔 新宿グランベルホテル

만족스러운 시설이지만 조금 아쉬운 위치에 있는 호텔

호텔 시설도 깨끗하고 방 상태도 좋으며 욕실 및 객실의 정비 또한 잘 되어 있다. 그런데 호텔의 위치가 가부키초 안쪽 유흥업소가 많은 자리에 있어 저녁 늦게 이동하기에 부담스럽다. JR 신주쿠 역으로 걸어서 이동하는 관광객도 많은데 늦은 저녁에는 지하철 히가시신주쿠東新宿 역에서 이동할 것을 추천한다.

주소 東京都新宿区歌舞伎町2-14-5 위치 지하철 히가시신주쿠(東新宿) 역 A1 출구에서 도보 4분 전화 03-5155-2666
시간 체크인 15:00, 체크아웃 12:00 요금 트윈 14,500엔~ 홈페이지 www.granbellhotel.jp/shinjuku

호텔 마이스테이스 니시신주쿠 ホテルマイステイズ西新宿

주변이 한적하여 편히 쉴 수 있는 호텔

지하철 신주쿠니시구치 역에서도 가깝고 JR 신주쿠 서쪽 출구에서도 도보로 8분 정도면 이동할 수 있어 위치는 괜찮은 편이다. 주변이 주택가인 만큼 조용히 쉬기 좋은데 아침이 되면 바로 옆 공원의 묘지 비석들을 보고 깜짝 놀라는 경우도 있다. 직원들도 친절하고 객실 정비 상태도 좋은데 싱글룸에 비해 트윈룸은 방이 많이 작게 느껴진다.

주소 東京都新宿区西新宿7-14-14 위치 ❶ JR 신주쿠(新宿) 역 서쪽 출구에서 도보 8분 ❷ 지하철 신주쿠니시구치(新宿西口) 역 D5 출구에서 도보 2분 전화 03-6853-7717 시간 체크인 15:00, 체크아웃 11:00 요금 트윈 15,000엔~ 홈페이지 www.mystays.com

호텔 그레이서리 신주쿠 ホテルグレイスリー新宿

최근에 오픈하여 시설이 깔끔한 호텔

2015년도에 오픈하여 호텔 외관이나 내부가 아주 깨끗하며 방 상태가 모던하고 침구 또한 좋지만 가격 대비 방 크기가 작아 다소 아쉽다. 호텔 바로 앞이 가부키초 번화가여서 밤늦게까지 놀 거리와 먹거리가 풍부하지만 번화가 중심인 만큼 시끄럽다는 것이 단점이다.

주소 東京都新宿区歌舞伎町1-19-1 위치 ❶ JR 신주쿠(新宿) 역 동쪽 출구에서 도보 2분 ❷ 지하철 세이부신주쿠(西武新宿) 역 남쪽 출구에서 도보 3분 전화 03-6833-1111 시간 체크인 12:00, 체크아웃 11:00 요금 트윈 20,000엔~ 홈페이지 gracery.com/shinjuku

APA 호텔 히가시신주쿠 가부키초 アパホテル東新宿歌舞伎町

가격 대비 괜찮은 시설, 한인 타운이 가까운 곳

호텔이 전체적으로 깨끗하고 가격 대비 객실 상태가 아주 좋다. 주변에 한인 타운이 가까워 한국 음식점 및 식료품점이 있다는 것이 장점이지만 가부키초 끝에 있어 늦은 저녁에 호텔로 이동할 때에는 부담스럽다. 이때는 가부키초를 통해 가지 말고 히가시신주쿠 역에서 대로변을 따라 이동하도록 하자.

주소 東京都新宿区歌舞伎町2-19-14 위치 지하철 히가시신주쿠(東新宿) 역 A1 출구에서 도보 2분 전화 03-5155-3252 시간 체크인 15:00, 체크아웃 10:00 요금 트윈 10,500엔~ 홈페이지 www.apahotel.com

신주쿠에는 체인 호텔이 많아 위치를 헷갈릴 수 있으니, 호텔 명칭과 주소를 꼭 확인하고 찾아가자.

시부야·하라주쿠

시부야 도큐 레이 호텔 渋谷東急REIホテル

시설은 부족하지만 역과 가까운 것이 장점인 곳

JR 시부야 역에 바로 인접해 있어 다른 관광지로의 이동이 편리하며 시부야를 비롯한 하라주쿠 지역까지 도보로 이동이 가능하다. 객실 상태는 평범하고 가격 대비 객실 수준은 좀 낮은 편이다. 하지만 역에서 가깝다는 것이 가장 큰 장점이라 시부야나 하라주쿠를 중심으로 여행 계획을 세우는 사람들에게는 가장 적당하다.

주소 東京都渋谷区渋谷1-24-10 위치 JR 시부야(渋谷) 역 미야마쓰자카 출구(宮益坂口)에서 도보 2분 전화 03-3498-0109 시간 체크인 15:00, 체크아웃 10:00 요금 트윈 16,000엔~ 홈페이지 www.tokyuhotels.co.jp/shibuya-r

니폰 세이넨칸 호텔 日本青年館ホテル

가족 단위 여행객에게 추천하는 곳

2017년에 오픈한 호텔로 국제 올림픽 경기장 바로 옆에 있으며 객실이 깨끗하고 널찍하다. 또한 호텔의 10층에는 대욕탕을 갖추고 있는 등 여행객들에게 가성비 최고의 호텔이다. 주요 관광지와는 조금 거리가 있는데 하라주쿠의 메인 관광지인 다케시마 거리와 오모테산도는 도보 15분 정도 소요된다. 어린 자녀를 동반한 여행을 한다든가 조용한 지역에서의 숙박을 원한다면 이곳을 추천한다.

주소 東京都新宿区霞ヶ丘町4-1 위치 지하철 가이엔마에(外苑前) 역 3번 출구에서 도보 4분 전화 03-3401-0101 시간 체크인 14:00, 체크아웃 11:00 요금 트윈 14,500엔~ 홈페이지 nippon-seinenkan.or.jp

시부야 엑셀 호텔 도큐 渋谷エクセルホテル東急

시부야 역과 바로 연결되어 있는 특급 호텔

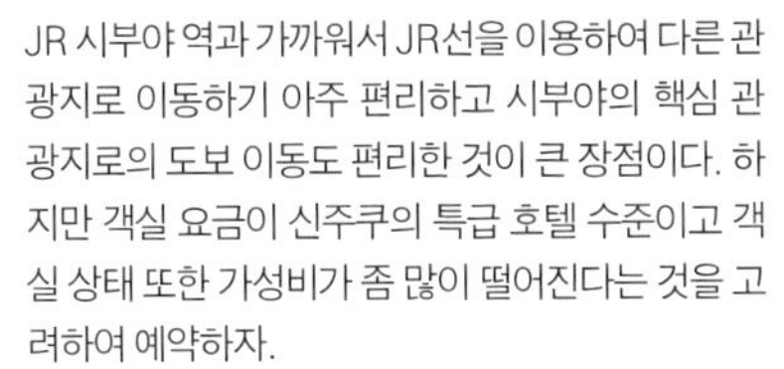

JR 시부야 역과 가까워서 JR선을 이용하여 다른 관광지로 이동하기 아주 편리하고 시부야의 핵심 관광지로의 도보 이동도 편리한 것이 큰 장점이다. 하지만 객실 요금이 신주쿠의 특급 호텔 수준이고 객실 상태 또한 가성비가 좀 많이 떨어진다는 것을 고려하여 예약하자.

주소 東京都渋谷区道玄坂1-12-2 위치 JR 시부야(渋谷) 역 중앙개찰구에서 도보 3분 전화 03-5457-0109 시간 체크인 14:00, 체크아웃 11:00 요금 트윈 33,000엔~ 홈페이지 www.tokyuhotels.co.jp

시부야 토부 호텔 渋谷東武ホテル

시부야의 핵심 지역으로 이동이 편리한 호텔

JR 시부야에서 도보로 이동하는 데 7분 정도 소요되고 캐리어를 끌고 오르막길을 올라야 하는 번거로움이 있지만, 막상 체크인을 하고서는 시부야의 핵심 지역으로 이동하는 데 아주 편리하다. 가격 대비 시설과 위치가 적당하여 시부야를 중심으로 여행 일정을 준비하는 여행객들에게는 좋다.

주소 東京都渋谷区宇田川町 3 - 1 위치 JR 시부야(渋谷) 역 하치코 출구(ハチ公口)에서 도보 7분 전화 03-3476-0111 시간 체크인 14:00, 체크아웃 11:00 요금 트윈 13,000엔~ 홈페이지 www.tobuhotel.co.jp/shibuya

APA 호텔 시부야 도겐자카 アパホテル渋谷道玄坂上

클럽 투어가 목적이라면 이곳으로!

도쿄의 APA 호텔 체인 중 가격이 다소 비싼 곳으로 시설이 깨끗하고 객실 정비가 잘되어 있지만, 방이 다소 좁고 JR 시부야 역과는 걸어서 10분 정도의 거리인데 완만한 오르막길이라 좀 더 힘들게 느껴진다. 시부야 핵심 지역으로의 도보 이동도 멀지 않고 특히 시부야의 유명 클럽과 거리가 가까워 클럽 투어를 하는 여행객들이 선호한다.

주소 東京都渋谷区円山町20-1 위치 JR시부야(渋谷) 역 하치코 출구(ハチ公口)에서 도보 10분 전화 03-6416-7111 시간 체크인 15:00, 체크아웃 10:00 요금 트윈 16,000엔~ 홈페이지 www.apahotel.com

시부야 그란벨 호텔 渋谷グランベルホテル

시부야 역과 가깝고, 조용한 지역에 있어 편히 쉬기 좋은 호텔

JR 시부야 역에서 가까워 다른 지역 관광지로의 이동이 편리하고 조용한 지역에 있다. 시부야 핵심 지역까지는 도보로 약 5~7분 정도 걸리고 객실은 깨끗하고 정비도 잘되어 있지만 다른 좋은 위치의 호텔에 비해 가격이 다소 비싸다. 객실 타입이 여러 가지이므로 예약할 때 객실 조건을 잘 확인하도록 하자.

주소 東京都渋谷区桜丘町15-17 위치 JR 시부야(渋谷) 역 서쪽 출구에서 도보 7분 전화 03-5457-2681 시간 체크인 14:00, 체크아웃 11:00 요금 트윈 17,500엔~ 홈페이지 www.granbellhotel.jp/shibuya

메구로·고탄다·시나가와

시나가와 프린스 호텔 品川プリンスホテル

교통의 요지에 위치한 1급 호텔

교통의 요지인 시나가와 역에 위치한 1급 호텔로 하네다 공항에서 이동하기 편리하고 인기 관광지로 이동하기 좋다. 3,680개의 도쿄 내 최다 객실 수를 자랑하며 레스토랑 및 편의 시설이 잘 갖춰져 있고 호텔 주변에 술집, 음식점, 슈퍼마켓도 가까이 있어 여행객들에게 최상의 호텔이다. 수영장, 볼링장(어린이 전용도 있음), 막셀 아쿠아 파크 등의 부대 시설이 마련되어 있으므로 어린 자녀를 동반한 여행을 할 때 특히 추천한다.

주소 東京都港区高輪4-10-30 위치 JR 시나가와(品川) 역 다카나와 출구(高輪口)에서 도보 2분 전화 03-3440-1111 시간 체크인 14:00, 체크아웃 11:00 요금 트윈 30,000엔~ 홈페이지 www.princehotels.co.jp/shinagawa

시나가와 도부 호텔 品川東武ホテル

시나가와 역과 가까워 주변으로 이동이 편리한 호텔

조용한 주택가에 있으며 가격도 적당하다. 호텔 내 부대시설이 딱히 없지만 2층에 간단하게 무료 커피와 차를 마실 수 있는 휴게 공간이 있다. 가까이 시나가와 프린스 호텔이 있어 이곳의 시설을 쉽게 이용할 수 있고, 시나가와 역이 가까워 다른 관광지로의 이동이 편리하다는 것도 큰 장점이다.

주소 東京都港区高輪4-7-6 위치 JR 시나가와(品川) 역 다카나와 출구(高輪口)에서 도보 5분 전화 03-3447-0111 시간 체크인 15:00, 체크아웃 11:00 요금 트윈 12,000엔~ 홈페이지 www.tobuhotel.co.jp/shinagawa

그랜드 프린스 호텔 뉴 타카나와 グランドプリンスホテル新高輪

조용히 호캉스를 즐기기 좋은 고급 호텔

여유롭게 산책할 수 있는 넓은 정원을 갖춘 고급 호텔로 주택가에 위치하고 있어 조용한 것이 특징이다. 7개의 레스토랑과 옥상의 스카이 풀을 갖추고 있어 여름에는 호캉스를 즐기기 위해 일본 사람들도 많이 찾는다.

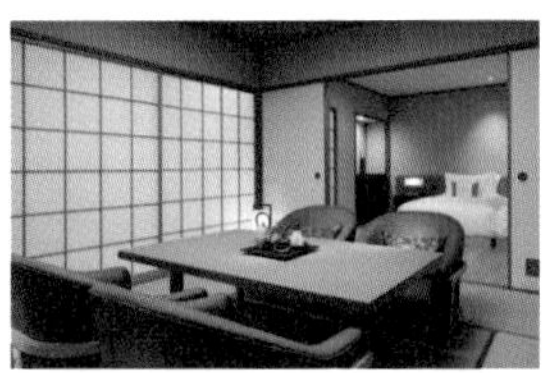

주소 東京都港区高輪3-13-1 위치 JR 시나가와(品川) 역 다카나와 출구(高輪口)에서 도보 5분 전화 03-3442-1111 시간 체크인 15:00, 체크아웃 11:00 요금 트윈 28,000엔~ 홈페이지 www.princehotels.co.jp/shintakanawa

호텔 아베스트 메구로 ホテルアベスト目黒

메구로 역 근처에 있어 다른 지역으로 이동이 편한 호텔

JR 메구로 역 서쪽 출구의 길 건너편에 있어 다른 관광지로의 이동이 용이하고 역과 인접한 호텔치고는 가격도 준수하다. 호텔에서 조식과 석식을 먹을 수 있고 음식점도 호텔 가까이 있어 식사를 하는 데 불편함이 없다. 객실 상태도 깨끗하고 관리도 잘되어 있지만 좁은 것이 유일한 단점이다.

주소 東京都品川区上大崎2-26-5 위치 JR 메구로(目黒) 역 서쪽 출구에서 도보 1분 전화 03-3490-5566 시간 체크인 15:00, 체크아웃 10:00 요금 트윈 14,000엔~ 홈페이지 www.hotelabest-tokyomeguro.com

호텔 미드 인 메구로 에키마에 ホテルミッドイン目黒駅前

JR 메구로 역과 가까워 여행객들의 선호도가 높은 곳

호텔의 외형 규모도 작고 방도 다소 작게 느껴지는 것이 사실이지만 JR 메구로 역과 가까워 여행객들이 선호한다. 주택가에 위치해 조용히 쉴 수 있고 역과는 도보로 불과 3분 거리다. 역 주변 상권은 작지만 대형 슈퍼마켓과 충분한 음식점, 술집이 있다.

주소 東京都目黒区下目黒1-2-19 위치 JR 메구로(目黒) 역 서쪽 출구에서 도보 3분 전화 03-3490-3111 시간 체크인 15:00, 체크아웃 10:00 요금 트윈 14,000엔~ 홈페이지 www.midin.jp/meguro

APA 호텔 시나가와 센가쿠지 에키마에 アパホテル品川泉岳寺駅前

가성비가 좋아 한국인에게 인기 있는 호텔

2015년도에 오픈하여 객실도 깨끗하고 숙박 가격도 저렴하며 게이큐선 센가쿠지泉岳寺駅 역 바로 앞에 있어 하네다 공항에서의 이동도 편리하다. (공항 특급 열차는 센가쿠지 역에서 정차하지 않음) JR 시나가와 역과는 도보 15분 거리여서 여행하기 나쁘지 않은 위치에 있고 하루 피로를 풀어 줄 대욕탕도 갖추고 있다.

주소 東京都港区高輪2-16-30 위치 지하철 센가쿠지(泉岳寺) 역 A2 출구에서 도보 1분 전화 0570-006-801 시간 체크인 15:00, 체크아웃 10:00 요금 트윈 15,000엔~ 홈페이지 www.apahotel.com

미쓰이 가든 호텔 고탄다 三井ガーデンホテル五反田

야경을 보며 온천을 즐길 수 있는 곳

2018년 여름에 오픈한 이 호텔은 객실이 넓고 깨끗하며 16층에서 시내의 야경을 보며 온천을 즐길 수 있다는 것이 큰 장점이다. 또한 고탄다 역과도 가까워 다른 관광지로의 이동도 용이하며 호텔 내·외부에 음식점과 슈퍼마켓을 비롯한 편의 시설이 있어 여행하는 데 불편함이 없다.

주소 東京都品川区東五反田2-2-6 위치 JR 고탄다(五反田) 역 동쪽 출구에서 도보 3분 전화 03-3441-3331 시간 체크인 15:00, 체크아웃 11:00 요금 트윈 14,000엔~ 홈페이지 www.gardenhotels.co.jp/gotanda

도큐 스테이 고탄다 東急ステイ五反田

교통 및 편의 시설과의 접근성이 좋은 곳

이 호텔은 고탄다 역 바로 앞에 있어 JR 야마노테선과 도에이 아사쿠사선을 이용하여 다른 관광지로 이동하는 데 아주 편리하며 역 주변이라 음식점 및 각종 편의 시설이 많아 이용하기 좋다. 세탁기와 간이 주방 시설이 갖추어진 방도 별도로 준비되어 있으니 호텔 예약 시 확인하자.

주소 東京都品川区東五反田1-12-2 위치 JR 고탄다(五反田) 역 동쪽 출구에서 도보 2분 전화 03-3280-0109 시간 체크인 15:00, 체크아웃 11:00 요금 트윈 13,000엔~ 홈페이지 www.tokyustay.co.jp/hotel/GO

긴자

미쓰이 가든 호텔 긴자 프리미어 三井ガーデンホテル銀座プレミア

깔끔한 객실과 좋은 전망이 특징인 호텔

긴자 쇼핑 거리의 남쪽 끝에 있어 긴자보다는 신바시에 더 가까운 호텔이다. 호텔 욕실에 창문이 있어서 개방감이 있고 객실도 잘 관리가 되어 있으며, 전망이 좋다. 다만 시설이나 위치에 비해 가격이 비싼 것이 흠이다.

주소 東京都中央区銀座8-13-1 위치 JR 신바시(新橋) 역 긴자(銀座) 출구에서 도보 5분 전화 03-3543-1131 시간 체크인 15:00, 체크아웃 12:00 요금 트윈 23,000엔~ 홈페이지 www.gardenhotels.co.jp/ginza-premier

호텔 몬토레 긴자 ホテルモントレ銀座

긴자 호텔 중 가격이 저렴한 곳

긴자 쇼핑 거리 북쪽에 있으며 긴자 호텔로는 가격이 저렴한 편이지만 방이 작고 가구들이 오래되어 고풍스럽기보다는 올드한 느낌이다. 청소 상태도 좋고 전체적으로 깨끗하지만 편의 시설이 조금 부족하다. 그래도 지하철역에서 상당히 가까워 다른지역으로 이동이 편리하고 긴자 어느 곳이든 금방 갈 수 있어 접근성은 상당히 좋다.

주소 東京都中央区銀座2-10-2 위치 지하철 긴자잇초메(銀座一丁目) 역 10번 출구에서 도보 1분 전화 03-3544-7111 시간 체크인 15:00, 체크아웃 11:00 요금 트윈 15,000엔~ 홈페이지 www.hotelmonterey.co.jp/ginza

긴자 그랜드 호텔 銀座グランドホテル

오다이바로 이동하기 편한 곳

긴자 쇼핑 거리 서남쪽 끝에 있으며 신바시 역이랑 가까워 오다이바로 이동하기 편리하다. 긴자 지역 동급 호텔로는 가격이 가장 저렴하다고 할 수 있고, 방이 좀 작지만 룸 컨디션은 가격 대비 준수한 편이다. 리모델링이 안 된 객실의 경우 카드형 키가 아닌 방 번호가 적힌 키와 키 홀더를 주므로 분실하지 않기 위해 외출할 때에는 프런트에 맡기도록 하자.

주소 東京都中央区銀座8-6-15 위치 JR 신바시(新橋) 역 긴자(銀座) 출구에서 도보 3분 전화 03-3572-4131 시간 체크인 15:00, 체크아웃 11:00 요금 트윈 13,500엔~ 홈페이지 www.ginzagrand.com

도큐 스테이 긴자 東急ステイ銀座

세탁과 간단한 취사가 가능한 아파트형 객실도 있는 곳

긴자 쇼핑 거리의 중심부에 있고 지하철역도 가까워 위치는 가장 좋은 호텔이라 할 수 있다. 객실 상태가 좋고 공간도 충분하며 침대가 크고 침구도 신경을 썼다. 세탁기와 간단한 취사가 가능한 아파트형 객실도 준비되어 있으니, 호텔 예약 시 방 조건을 확인하자.

주소 東京都中央区銀座4-10-5 위치 ❶ 지하철 긴자(銀座) 역 A7 출구에서 도보 3분 ❷ 지하철 히가시긴자(東銀座) 역 A2 출구에서 도보 1분 전화 03-3541-0109 시간 체크인 15:00, 체크아웃 11:00 요금 트윈 15,000엔~ 홈페이지 www.tokyustay.co.jp/hotel/GZ

우에노

서튼 플레이스 호텔 우에노 サットンプレイスホテル上野

교통 이용이 편리하고, 조용한 것이 장점인 곳

JR 우에노 역 이리야 출구 길 건너편에 있어 교통이 편리하고 대로변 바로 뒤 블록이어서 주변도 조용하다. 호텔은 좀 오래되었고 객실도 좁지만 체크아웃 시간이 11:00로 다소 여유가 있고 관리가 잘되어 방 상태가 준수한 편이다.

주소 東京都台東区上野7-8-23 위치 JR 우에노(上野) 역 이리야 출구(入谷口)에서 도보 2분 전화 080-3029-7776 시간 체크인 16:30, 체크아웃 11:00 요금 트윈 11,000엔~ 홈페이지 sutton-place-hotel-ueno.jphotel.site

미쓰이 가든 호텔 우에노 三井ガーデンホテル上野

아이를 위한 캐릭터 룸이 있는 곳

지하철역과 가깝고 길을 건너면 JR 우에노 역이 있어 다른 지역으로의 이동이 편리하다. 호텔 규모도 크고 관리도 잘되어 있으며 방 공간도 적당하다. 아이들을 위한 캐릭터 룸을 갖추고 있으니 가족 여행이라면 예약 시 방 조건을 체크하자.

주소 東京都台東区東上野3-19-7 위치 JR 우에노(上野) 역 중앙 출구(中央口)에서 도보 2분 전화 03-3839-1131 시간 체크인 15:00, 체크아웃 11:00 요금 트윈 16,500엔~ 홈페이지 www.gardenhotels.co.jp/ueno

호텔 뉴 토호쿠 ホテルニュー東北

친절한 직원, 깔끔한 객실, 저렴한 가격

지하철 우에노 역에서 가까워 다른 지역으로의 이동이 편리하고 저렴하게 숙박을 할 수 있다는 장점이 있는 호텔이다. 호텔은 오래되었지만, 객실 관리는 잘되어 있는 편이며 작은 호텔이지만 직원들은 상당히 친절하다.

주소 東京都台東区東上野3-14-2 위치 ❶ JR 우에노(上野) 역 히로코지 출구(広小路口)에서 도보 5분 ❷ 지하철 우에노(上野) 역 2번 출구에서 도보 2분 전화 03-3833-4526 시간 체크인 14:30, 체크아웃 10:00 요금 트윈 8,500엔~ 홈페이지 newtouhoku.jp

APA 호텔 게이세이 우에노 에키마에 アパホテル 京成上野駅前

역과의 접근성이 좋고, 우에노 공원과 가까워 산책하기 좋은 곳

게이세이선 우에노 역에 바로 인접해 있어 접근성도 좋고 바로 앞이 우에노 공원이어서 여유롭게 산책을 즐기기 좋다. 나리타 국제공항을 이용하는 여행객들이 게이세이선을 타야 한다면 이곳만큼 좋은 위치의 호텔이 없을 것이다. 방은 조금 작지만, 객실 관리를 깔끔하다. 우에노에는 APA 체인 호텔이 3개나 있으므로 사전에 호텔의 정확한 이름과 주소를 꼭 체크하도록 하자.

주소 東京都台東区上野2-14-26 위치 게이세이 우에노(上野) 역 이케노하타 출구(池の端出口)에서 도보 1분 전화 03-5846-6811 시간 체크인 15:00, 체크아웃 10:00 요금 트윈 14,000엔~ 홈페이지 www.apahotel.com

아사쿠사·니혼바시

더 비 도쿄 아사쿠사 ザ·ビー浅草

아사쿠사 센소지, 돈키호테가 가까운 호텔

여행객들이 많이 이용하는 지하철 아사쿠사 역에서는 거리가 좀 있지만 아사쿠사 센소지와 가깝고 호텔 바로 앞에는 돈키호테가 있다. 또한 호텔에서 2분 거리에는 도쿄에서 가장 큰 주방용품 시장인 갓파바시 도구 거리가 있다. 객실 상태가 좋고 관리도 잘되어 있어 역에서 이동하는 번거로움만 제외하면 좋은 호텔이다.

주소 東京都台東区西浅草3-16-12 위치 지하철 다와라마치(田原町) 역 3번 출구에서 도보 7분 전화 03-6284-7057 시간 체크인 15:00, 체크아웃 11:00 요금 트윈 12,000엔~ 홈페이지 www.theb-hotels.com/theb/asakusa

료칸 가모가와 아사쿠사 旅館加茂川

작은 온천이 있어 여행의 피로를 풀기 좋은 곳

지하철 아사쿠사 역과 센소지가 가깝고 나카미세 거리가 바로 앞에 있어 아사쿠사 관광을 위한 숙소로 안성맞춤이어서 인기가 아주 많은 료칸이다. 료칸이 지어진 지 오래되어 조금은 낡았지만, 객실 정비도 잘되어 있고 깔끔하며 작은 온천이 있어 언제든지 여행의 피로를 풀 수 있다. 가족과 함께하기에 좋은 곳으로, 아이도 비용을 지불해야 하므로 추가 요금은 홈페이지에서 확인하자.

주소 東京都台東区浅草1-30-10 위치 지하철 아사쿠사(浅草) 역 A4 출구에서 도보 5분 전화 03-3843-2681 시간 체크인 15:00, 체크아웃 10:00 요금 2인실 28,000엔~ 홈페이지 www.f-kamogawa.jp

스마일 호텔 도쿄 니혼바시 スマイルホテル東京日本橋

가야바초 역과 가까운 호텔

가야바초 역과 아주 가까워 다른 지역으로의 이동이 편리하고 조금만 예약을 서두르면 저렴한 가격에 숙박할 수 있다. 아사쿠사, 우에노, 도쿄, 긴자 등 도심의 우측 지역을 관광할 때 저렴한 숙소로 적합하지만 신주쿠, 시부야 등 서쪽 지역까지 이동하려 한다면 교통비를 잘 따져 보자. 객실도 잘 관리되어 있고 침대도 크지만 여유 공간은 좀 부족하다.

주소 東京都中央区日本橋茅場町2-13-5 위치 지하철 가야바초(茅場町) 역 1번·5번 출구에서 도보 1분 전화 03-3668-7711 시간 체크인 15:00, 체크아웃 11:00 요금 트윈 8,000엔~ 홈페이지 smile-hotels.com/hotels/show/tokyonihombashi

료칸 아사쿠사 시게쓰 旅館浅草 指月

야경을 보며 온천을 즐길 수 있는 료칸

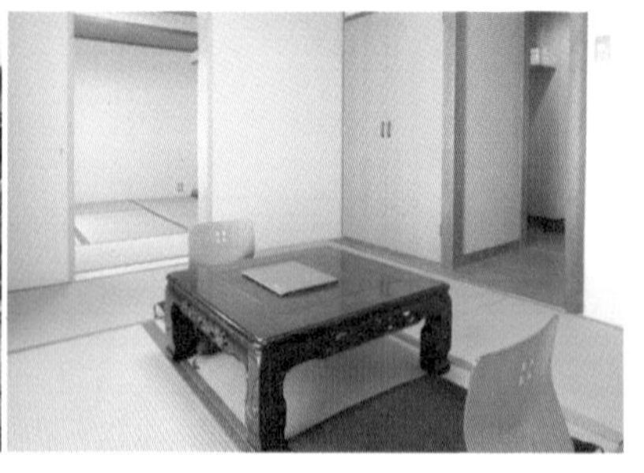

지하철 아사쿠사 역 과 센소지가 가깝고 나카미세 거리가 바로 앞에 있어 주변에 볼거리가 가득한 료칸이다. 싱글룸은 양실이라는 점이 특이하지만 그 외의 다다미방은 공간이 넓어 가족이 함께 묵기 좋다. 야경을 보며 온천을 따로 즐길 수 있는데, 이용 시간이 별도로 공지되어 있으니 홈페이지를 참고하도록 하자.

주소 東京都台東区浅草1-31-11 위치 지하철 아사쿠사(浅草) 역 6번 출구에서 도보 4분 전화 03-3843-2345 시간 체크인 15:00 , 체크아웃 10:00 요금 2인실 31,000엔~ 홈페이지 www.shigetsu.com

더 게이트 호텔 가미나리몬 ザ·ゲートホテル雷門

스카이 트리의 야경을 볼 수 있는 숙소

지하철 아사쿠사 역과 가깝고 길을 건너면 나카미세 거리 입구여서 아사쿠사를 관광하기 아주 좋으며 도부아사쿠사 역과도 가까워 당일치기 닛코 여행을 다녀오기 좋다. 가격이 조금 비싸지만, 객실의 크기나 관리 상태가 제값을 한다. 더불어 동쪽 객실에서는 밤에 스카이 트리의 야경을 볼 수 있어서 좋다.

주소 東京都台東区雷門2-16-11 위치 지하철 아사쿠사(浅草) 역 2번 출구에서 도보 2분 전화 03-5826-3877 시간 체크인 14:00, 체크아웃 11:00 요금 트윈 24,000엔~ 홈페이지 www.gate-hotel.jp/asakusa-kaminarimon

리치몬드 호텔 프리미어 아사쿠사 인터내셔널 リッチモンドホテル プレミア浅草インターナショナル

이자카야가 늘어선 거리가 바로 앞에 있는 호텔

아사쿠사 센소지가 바로 옆에 있으며 한국의 포장마차 같은 이자카야가 길게 늘어선 호피 거리가 바로 앞에 있다. 객실과 침구 모두 깨끗해 안심하고 머물 수 있다. 주변에 같은 이름의 호텔이 하나가 더 있으니 프리미어 이름이 붙어 있는지와 주소를 확인하자.

주소 東京都台東区浅草2-6-7 위치 지하철 다와라마치(田原町) 역 3번 출구에서 도보 7분 전화 03-5806-3155 시간 체크인 14:00, 체크아웃 11:00 요금 트윈 15,000엔~ 홈페이지 richmondhotel.jp

롯폰기·아카사카

더 비 도쿄 아카사카 ザ·ビー 東京 赤坂

치안이 좋고 조용한 분위기의 호텔

주변에 외국 대사관과 공관이 많아 치안이 좋고 아카사카의 주거 지역 쪽에 있어 조용히 휴식을 취하기 좋다. 번화가에서는 도보 10분 정도 소요된다. 호텔은 크지 않지만, 관리가 잘되어 있고 호텔 내 코인 세탁기가 있어 세탁이 필요할 경우 유용하다.

주소 東京都港区赤坂7-6-13 위치 지하철 아카사카(赤坂) 역 7번 출구에서 도보 3분 전화 03-3586-0811 시간 체크인 15:00, 체크아웃 11:00 요금 트윈 14,000엔~ 홈페이지 www.theb-hotels.com/theb/akasaka

마로드 인 아카사카 マロウドイン赤坂

리모델링 후 깔끔하고 넓어진 객실!

최근 리모델링을 하여 객실 상태나 호텔 외관이 새롭게 바뀌었으며 방의 공간도 기존보다 조금 더 넓어졌다. 아카사카의 번화가까지는 도보로 약 10분, 롯폰기 역까지는 도보로 약 15분 정도 소요된다.

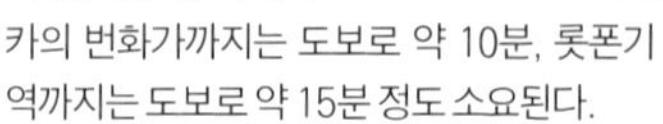

주소 東京都港区赤坂6-15-17 위치 지하철 아카사카(赤坂) 역 6번 출구에서 도보 5분 전화 03-3585-7611 시간 체크인 16:00, 체크아웃 10:00 요금 트윈 14,000엔~ 홈페이지 www.marroad.jp/akasaka

아카사카 그랑벨 호텔 赤坂グランベルホテル

아사카사 번화가 시작점에 위치한 곳

지하철역에서 가깝고 호텔에서 나와 아카사카 역 쪽으로 걸으면 바로 음식점과 술집이 모여 있는 번화가의 시작점에 있다. 주변 비슷한 등급의 호텔에 비해 침대 크기는 넉넉한 편이지만 그만큼 방의 여유 공간이 좁다. 날짜에 따라 가격이 많이 다르니 예약을 서두르도록 하자.

주소 東京都港区赤坂3-10-9 위치 지하철 아카사카미쓰케(赤坂見附) 역 10번 출구에서 도보 2분 전화 03-5575-7130 시간 체크인 14:00, 체크아웃 11:00 요금 트윈 12,000엔~ 홈페이지 www.granbellhotel.jp/akasaka

롯폰기 호텔 에스 六本木 ホテルS

외관과 내관 모두 럭셔리하고 세련된 곳

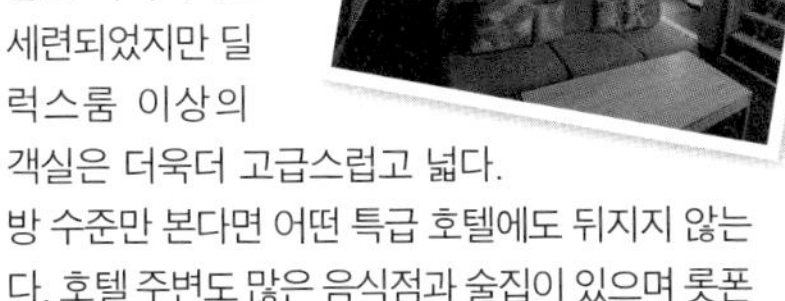

가장 롯폰기다운 부티크 호텔로, 외관도 럭셔리하고 세련되었지만 딜럭스룸 이상의 객실은 더욱더 고급스럽고 넓다. 방 수준만 본다면 어떤 특급 호텔에도 뒤지지 않는다. 호텔 주변도 많은 음식점과 술집이 있으며 롯폰기 어디로든 도보로 이동하는 데 어려움이 없다. 객실 숫자가 많지 않아 예약을 서둘러야만 적정한 금액에 예약을 할 수 있으며 방 조건이 다양하므로 예약할 때 상세히 체크하자.

주소 東京都港区西麻布1-11-6 위치 지하철 롯폰기(六本木) 역 2번 출구에서 도보 5분 전화 03-5771-2469 시간 체크인 15:00, 체크아웃 11:00 요금 트윈 20,000엔~ 홈페이지 hr-roppongi.jp

센추리온 호텔 그랜드 아카사카 センチュリオンホテルグランド赤坂

스파 시설이 있어 여행객 선호도가 높은 호텔

아카사카미쓰케 역에서 가깝고 주변의 동급 호텔과 가격은 비슷하지만 스파 시설을 갖춘 대욕장이 따로 준비되어 있어 여행의 피로를 풀기에 좋다. 객실 공간도 그리 좁지 않고 관리가 잘 되어 깨끗하여 여행객들이 많이 선호하므로 주변의 호텔보다 예약이 빨리 마감된다.

주소 東京都港区赤坂3-19-3 위치 지하철 아카사카미쓰케(赤坂見附) 역 10번 출구에서 도보 2분 전화 03-6435-5226 시간 체크인 15:00, 체크아웃 11:00 요금 트윈 12,000엔~ 홈페이지 www.centurion-hotel.com/grand

APA 호텔 롯폰기 에키마에 アパホテル六本木駅前

가성비가 좋아 인기 있는 호텔

롯폰기 역에 인접해 있고 롯폰기 전역을 도보로 다닐 수 있으며 가격도 저렴하여 여행객들이 많이 찾는 숙소이다. 방은 좁은 편이지만 청결하게 유지되고 있으며 침대 크기도 넉넉하다. 예약 시점에 따라 가격이 상승할 수 있으니 이곳에 머물 예정이라면 서둘러 예약하자.

주소 東京都港区六本木6-7-8 위치 지하철 롯폰기(六本木) 역 3번 출구에서 도보 1분 전화 03-5413-6351 시간 체크인 15:00, 체크아웃10:00 요금 트윈 12,000엔~ 홈페이지 www.apahotel.com

렘 롯폰기 レム六本木

객실마다 안마의자가 있는 호텔

롯폰기 역 앞에 있어 롯폰기 전역을 도보로 움직이는데 수월하고 객실도 깔끔하고 공간도 적당하다. 무엇보다도 객실마다 안마의자가 비치되어 있어 여행의 피로를 푸는 데 도움을 주며 작은 소파도 준비되어 있고 침대 크기도 넉넉하여 편안하게 휴식을 취할 수 있다.

주소 東京都港区六本木7-14-4 위치 지하철 롯폰기(六本木) 역 4B 출구에서 도보 2분 전화 03-6863-0606 시간 체크인 14:00, 체크아웃 12:00 요금 트윈 13,000엔~ 홈페이지 www.hankyu-hotel.com

기타 지역

아트 호텔 나리타 アートホテル成田

나리타 국제공항에서 가까운 호텔

늦은 밤 나리타 국제공항에 도착하거나 아침 일찍 나리타 국제공항에서 오가는 경우 저렴하고 편하게 이용할 수 있는 호텔로 여행객들이 가장 많이 선호한다. 가성비 좋은 객실과 편의 시설을 갖추고 있으며 유료로 저렴하게 이용할 수 있는 온천도 있다. 공항까지 셔틀버스 서비스를 제공하는데, 아침에 해당 서비스를 이용할 경우 승객이 많아 탑승이 거절될 수 있으므로 전날 프런트 데스트에서 미리 예약하는 것이 좋다.

주소 千葉県成田市小菅700 위치 나리타 공항 제1터미널 16번 승차장, 나리타 공항 제2터미널 27번 승차장에서 호텔 셔틀버스 탑승. 약 15분 소요 전화 0476-32-1111 시간 체크인 14:00, 체크아웃 11:00 요금 트윈 7,000엔~ 홈페이지 www.art-narita.com

하네다 엑셀 호텔 도큐 羽田エクセルホテル東急

하네다 공항과 연결된 호텔

하네다 공항 제2 터미널과 연결되어 있어 찾기도 쉽고 늦은 저녁 혹은 이른 아침 항공편을 이용하려는 여행객에게 안성맞춤인 호텔이다. 객실의 공간이 넓고 깨끗하며 공항 활주로를 바라보는 객실은 선호도가 높다. 다른 터미널에서 이동하려면 무료 셔틀버스를 탑승하면 된다.

주소 東京都大田区羽田空港3-4-2 위치 하네다 공항 제2 터미널과 바로 연결 전화 03-5756-6000 시간 체크인 14:00, 체크아웃 11:00 요금 트윈 18,000엔~ 홈페이지 www.tokyuhotels.co.jp

APA 호텔 아키하바라 에키마에 アパホテル秋葉原駅前

아키하바라에 머물 예정이라면 추천하는 호텔

아키하바라 상점가와 가까운 호텔이고 번화가 반대쪽에 위치하고 있어 다소 조용하다. 방은 좀 작지만 호텔 건물이나 객실 상태 모두 관리가 잘되어 있기 때문에 아키하바라 방문이 여행의 주목적이라면 이곳을 추천한다.

주소 東京都千代田区神田佐久間町2-13-20 위치 JR 아키하바라(秋葉原) 역 1번 출구에서 도보 2분 전화 03-5822-5111 시간 체크인 15:00 , 체크아웃 10:00 요금 트윈 13,000엔~ 홈페이지 www.apahotel.com

도쿄 돔 호텔 東京ドームホテル

가족 단위 여행객에게 추천하는 호텔

일본 야구의 성지인 도쿄 돔에 인접한 이 호텔은 주변에 가족을 위한 시설이 가득해 가족과 함께 도쿄 여행을 할 때 좋다. 도보 5분 이내에 여러 교통편이 있어 다른 지역으로의 이동이 편리하고 공원 및 쇼핑 시설 등 호텔 주변 환경도 좋으며 호텔 내에도 수영장을 비롯하여 여러 편의 시설이 갖추어져 있다. 또한 저녁에 객실에서 도쿄의 야경을 한눈에 볼 수 있어 최고의 전망대이기도 하다.

주소 東京都文京区後楽1-3-61 위치 ❶ JR 스이도바시(水道橋) 역 동쪽 출구에서 도보 2분 ❷ 지하철 스이도바시(水道橋) 역 A2 출구에서 도보 1분 전화 03-5805-2111 시간 체크인 14:00, 체크아웃 11:00 요금 트윈 20,000엔~ 홈페이지 www.tokyodome-hotels.co.jp

FRAGILE

근교 여행

- 요코하마
- 하코네
- 가마쿠라
- 닛코

4:57

YOKOHAMA

요코하마

横浜

동일본의 해양 관문이자 아름다운 항구 도시

도쿄가 우리나라의 서울이라면 요코하마는 인천처럼 도쿄와 전철로 이동할 수 있는 정도의 가까운 위성 도시다. 도쿄에 이어 인구가 두 번째로 많으며 동일본의 해양 관문이자 아름다운 항구 도시다. 요코하마는 크게 두 지역으로 나눌 수 있는데 요코하마 경제 활동의 중심지인 요코하마 역 주변 지역과 미나토미라이 21 지구다. 요코하마 역 주변은 대부분 오피스 타운이라 백화점이나 몇몇 전시장을 빼고는 크게 볼거리가 없다. 미나토미라이 21 지구는 태평양을 앞에 둔 시원한 경관, 대형 빌딩과 쇼핑몰, 그리고 공원과 테마파크까지 있어 관광객들에게 인기가 높다. 이곳에서 멀지 않은 곳에 중국인들이 자리

를 잡으면서 자연스럽게 동아시아에서 가장 큰 차이나타운이 형성되었으며 지금은 미나토미라이 21 지구와 더불어 요코하마의 인기 관광 상품으로 자리 잡게 되었다.

한 눈에 보는 지역 특색

아경이 아름다운
미나토미라이 21 지구

일본 속 작은 중국을 만날 수
있는 차이나타운

쇼핑과 맛집 그리고 각종
즐길 거리가 가득한 곳

요코하마
요도바시 카메라
ヨドバシカメラ マルチメディア横浜
요코하마
表参道
요코하마
表参道
요코하마 베이 쿼터
横浜ベイクォータ
소고 백화점
そごう・横浜店
슈퍼 분카도
スーパー文化堂
신타카시마
新高島
히라누마바시
平沼橋
다카시마초
高島町
조나산
ジョナサン
누마즈 우오
비 드
세계 맥주 박물
도베
戸部
미세스 엘리자베스 머
도카이도선
東海道本線
니시 요코하마
西横浜
가몬야마 공원
掃部山公園
노게야마 동물원
野毛山動物園
호텔 오이마쓰
Hotel Oimatsu
요코하마 노게야마 공원
横浜市野毛山公園

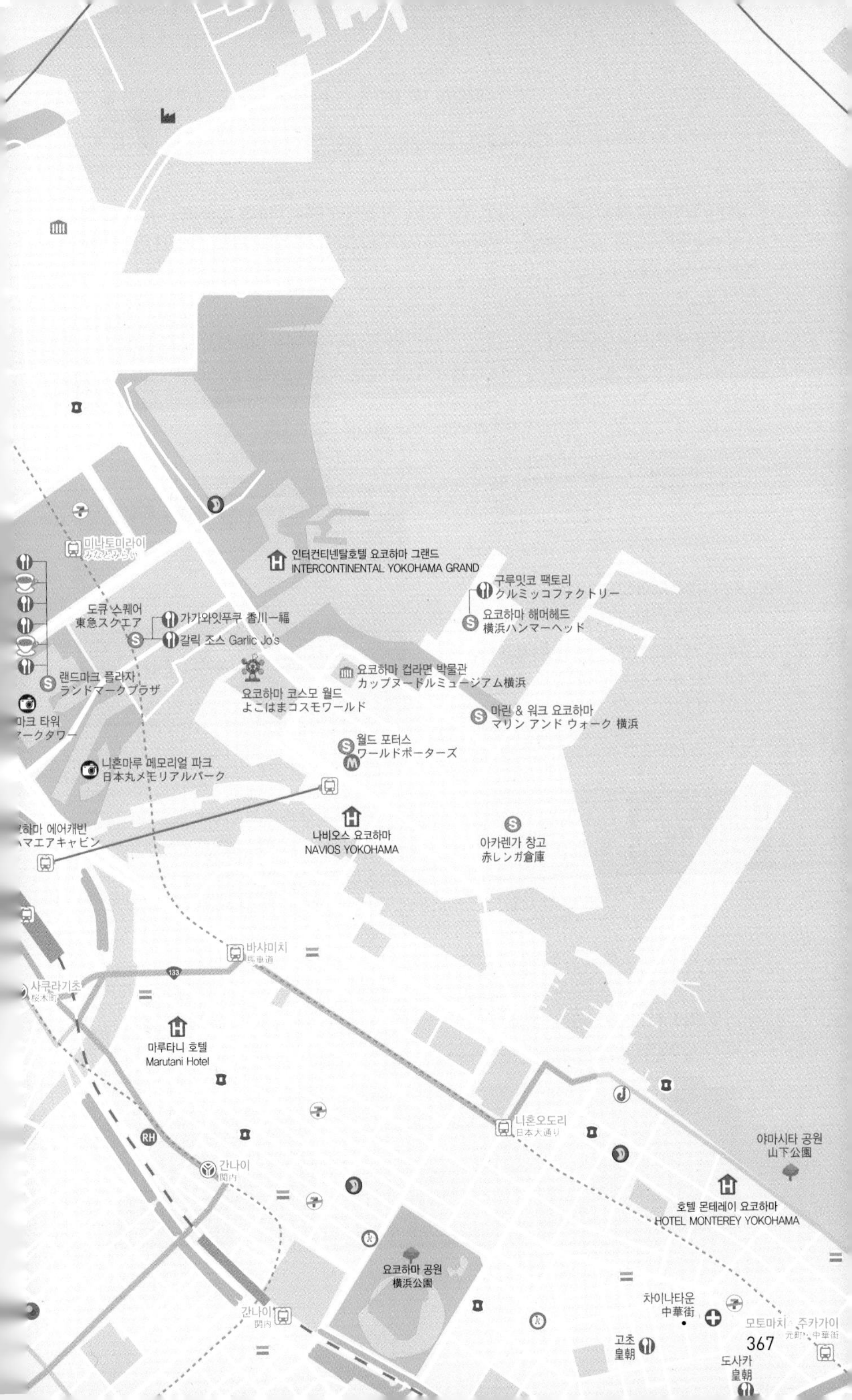

미나토미라이
みなとみらい
인터컨티넨탈호텔 요코하마 그랜드
INTERCONTINENTAL YOKOHAMA GRAND
구루밋코 팩토리
クルミッコファクトリー
요코하마 해머헤드
横浜ハンマーヘッド
도큐 스퀘어
東急スクエア
가가와잇푸쿠 香川一福
갈릭 조스 Garlic Jo's
요코하마 컵라면 박물관
カップヌードルミュージアム横浜
랜드마크 플라자
ランドマークプラザ
요코하마 코스모 월드
よこはまコスモワールド
마린 & 워크 요코하마
マリン アンド ウォーク 横浜
월드 포터스
ワールドポーターズ
니혼마루 메모리얼 파크
日本丸メモリアルパーク
나비오스 요코하마
NAVIOS YOKOHAMA
아카렌가 창고
赤レンガ倉庫
바샤미치
馬車道
133
사쿠라기초
마루타니 호텔
Marutani Hotel
니혼오도리
日本大通り
야마시타 공원
山下公園
간나이
関内
호텔 몬테레이 요코하마
HOTEL MONTEREY YOKOHAMA
요코하마 공원
横浜公園
차이나타운
中華街
모토마치·주카가이
고초
皇朝
도사카
皇朝

How to go?

요코하마 가는 방법

요코하마로 이동할 때 요코하마의 어디로 가는지를 먼저 정해야 한다. 대부분 관광객은 미나토미라이 21 지구를 방문하는데, 가는 방법은 다양하지만 초행길이라면 JR 시나가와 역을 거쳐 JR 게이힌도호쿠선京浜東北線 이용을 추천한다.

✿ 신주쿠新宿 역에서 이동하기

JR 신주쿠 역 1번 플랫폼에서 JR 쇼난신주쿠 라인 쾌속湘南新宿ライン快速 열차를 타고 5 정거장 이동하면 요코하마 역에 도착. 그 후 3번 플랫폼에서 JR 게이힌도호쿠선京浜東北線으로 환승하여 1 정거장 이동 후 JR 사쿠라기초桜木町 역에 하차. (쇼난신주쿠 라인 쾌속 열차가 자주 없으므로 출발 전 시간 확인하자.)

시간 약 35분 소요 요금 580엔

✿ 시나가와品川 역에서 이동하기

JR 시나가와 역 5번 플랫폼에서 JR 게이힌도호쿠-네기시선 쾌속京浜東北-根岸線快速을 탑승하여 9 정거장 이동 후 JR 사쿠라기초桜木町 역에 하차.

시간 약 32분 소요 요금 410엔

✿ 도쿄東京 역에서 이동하기

JR 도쿄 역 6번 플랫폼에서 JR 게이힌도호쿠-네기시선 쾌속京浜東北-根岸線快速을 탑승하여 12 정거장 이동 후 JR 사쿠라기초桜木町 역에 하차.

시간 약 44분 소요 요금 580엔

JR 사쿠라기초 역

Best Tour 추천 코스

JR 사쿠라기초桜木町 역에서 출발해 반시계 방향으로 해안 산책로를 따라 차이나 타운까지 돌아보고 JR 이시가와초石川町 역에서 도쿄로 돌아오는 일정을 추천한다. 단, 여행 시간이 부족하거나 체력적으로 걷기가 힘든 경우는 아카렌가 창고를 끝으로 다시 JR 사쿠라기초 역으로 돌아가자.

JR사쿠라기초 역 → 도보 2분 → 니혼마루 메모리얼파크 → 도보 1분 → 랜드마크타워·랜드마크플라자 → 도보 1분 → 도큐 스퀘어 → 도보 3분 → 요코하마 코스모 월드 → 도보 2분 → 월드 포터스 → 도보 10분 → 아카렌가 창고 → 도보 15분 → 야마시타 공원 → 도보 10분 → 요코하마 차이나타운 → 도보 5분 → JR이시가와초 역

니혼마루 메모리얼 파크

요코하마 코스모 월드

요코하마 차이나타운

미나토미라이 21 지구

요코하마의 계획 도시로 건설된 미나토미라이 21 지구는 관광객들에게 가장 인기가 있는 핵심 지역이다. 다양한 종류의 쇼핑몰도 있지만 바다가 보여 산책하는 것만으로도 충분히 매력을 느낄 수 있다.

요코하마 에어캐빈 ヨコハマエアキャビン [요코하마 에아캬빈]

미나토미라이의 전경을 볼 수 있는 로프웨이

2021년 4월 코로나19가 한창임에도 불구하고 요코하마 미나토미라이 21 지구를 한눈에 볼 수 있는 로프웨이인 요코하마 에어캐빈이 오픈하였다. JR 사쿠라기초 역에서 출발하여 월드 포터스 앞 운가공원運河パーク까지 이동하는 로프웨이이며 시간은 약 5분 걸린다. 캐빈 안에 냉방 장치가 있어 여름에는 시원하다는 장점이 있으나, 전경이나 야경을 보기에는 코스모월드의 대관람차보다 못하다는 평이다. 또한 이동하는 거리가 평지라서 도보로 이동하는 데 어려움이 없기 때문인지 아직 이용자가 그리 많지 않다.

주소 神奈川県横浜市中区桜木町1-200 위치 JR 사쿠라기초(桜木町) 역 서쪽 출구에서 도보 1분 전화 045-319-4931 시간 10:00~22:00(날씨에 따라 운영 시간이 달라질 수 있음) 요금 편도 12세 이상 1,000엔, 3~11세 500엔 / 왕복 12세 이상 1,800엔, 3~11세 900엔 홈페이지 yokohama-air-cabin.jp

니혼마루 메모리얼 파크 日本丸メモリアルパーク [니혼마루 메모리아루 파-쿠]

요코하마 바다의 상징적인 니혼마루 전시장

미나토미라이 21 지구에 최초로 조성된 공원이다. 1930년에 진수한 범선 니혼마루日本丸가 가장 먼저 눈에 들어오고 해사 박물관과 요코하마 미나토 박물관이 있다. 일본의 바다를 개척한 역사를 품고 있는 공원으로 가끔 연주회나 전시회도 열린다. 저녁이 되면 니혼마루 범선과 미나토미라이 21 지구의 야경이 아름다워 기념사진을 찍기에도 좋은 곳이다.

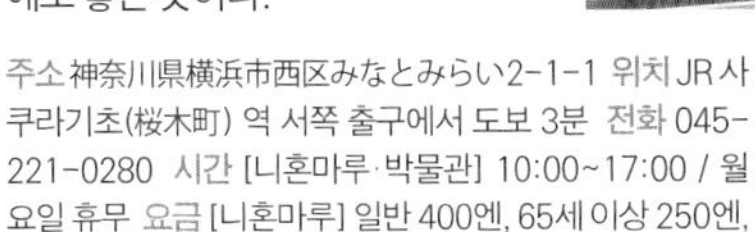

주소 神奈川県横浜市西区みなとみらい2-1-1 위치 JR 사쿠라기초(桜木町) 역 서쪽 출구에서 도보 3분 전화 045-221-0280 시간 [니혼마루·박물관] 10:00~17:00 / 월요일 휴무 요금 [니혼마루] 일반 400엔, 65세 이상 250엔, 초·중·고등학생 200엔 / [박물관] 일반 500엔, 65세 이상 400엔, 초·중·고등학생 200엔 / [니혼마루·박물관 결합] 일반 800엔, 65세 이상 600엔, 초·중·고등학생 300엔 홈페이지 www.nippon-maru.or.jp

랜드마크 타워 ランドマークタワー [란도마-쿠 타와]

요코하마 미나토미라이 21 지구의 상징

랜드마크 타워는 호텔, 쇼핑몰, 오피스 등 모든 시설의 집합체다. 1993년 7월에 오픈한 70층 높이의 건물로 일본에서 두 번째로 높다. 요코하마에서 계획적으로 개발된 미나토미라이 21 지구의 가장 대표적인 건물이자 요코하마의 상징으로, 요코하마의 최대 볼거리라 할 수 있다. 로열 파크 호텔이 운영 중이고 69층에는 스카이 가든이 있으며, 별도의 건물로 랜드마크 플라자 쇼핑몰이 있다. 많은 영화와 드라마의 배경이 되어서 우리에게도 친숙하다. 스카이 가든에서 내려다보는 요코하마의 전경은 도쿄에서 아름답기로 손꼽힌다.

주소 神奈川県横浜市西区みなとみらい 2-2-1 위치 JR 사쿠라기초(桜木町) 역 서쪽 출구에서 도보 4분 전화 045-222-5015 시간 [스카이 가든] 평일 10:00~21:00, 토·일·공휴일 10:00~22:00 요금 [스카이 가든] 성인 1,000엔, 고등학생 800엔, 초·중학생 500엔, 만 4세 이상 200엔 홈페이지 www.yokohama-landmark.jp

랜드마크 플라자 ランドマークプラザ [란도마-쿠 푸라자]

인기 브랜드 숍이 즐비한 쇼핑몰

랜드마크 타워 바로 옆에 위치한 지하 1층, 지상 5층 규모의 쇼핑몰이다. 지상 층이 모두 아트리움 형식으로 가운데가 뚫려 있어 쾌적한 분위기에서 여유 있는 쇼핑을 즐길 수 있다. 고급스럽고 세련된 인기 브랜드 매장이 170곳 정도 있으며 레스토랑과 카페도 많아 식사와 디저트를 즐기기에도 좋다. 애니메이션 캐릭터 상품을 파는 잡화점도 많아 구경하는 재미가 있있으니 천천히 둘러보도록 하자.

주소 神奈川県横浜市西区みなとみらい2-2-1 위치 JR 사쿠라기초(桜木町) 역 서쪽 출구에서 도보 4분 전화 045-222-5015 시간 11:00~20:00(매장에 따라 운영 시간이 다름) 홈페이지 www.yokohama-landmark.jp

도큐 스퀘어 東急スクエア [도큐스쿠에아]

요코하마의 최고의 인기 쇼핑몰

1997년 6월 퀸즈 스퀘어로 오픈하여 2017년 지금의 도큐 스퀘어로 명칭을 변경하였다. 지하3층부터 5층까지 쇼핑몰로 운영하고 있으며 쇼핑 공간이 넓고 상쾌해 관광객에게 많은 인기를 얻고 있다. 특히 유아용품 매장이 많아 어린 자녀를 둔 관광객에게 인기가 좋으며, 다양하고 세련된 임부복을 판매하는 매장이 있어 예비 엄마도 많이 찾는다. 랜드마크 플라자보다 매장 수는 적지만 외국 브랜드를 많이 유치해 차별화하였고, 미나토미라이 역과 연결되어 있어 접근성도 좋으며 레스토랑도 많아 쇼핑과 함께 맛있는 음식을 즐길 수 있다.

주소 神奈川県横浜市西区みなとみらい2-3-2 위치 JR 사쿠라기초(桜木町) 역 서쪽 출구에서 도보 7분 전화 045-682-2100 시간 11:00~20:00(매장에 따라 운영 시간이 다름) 홈페이지 www.minatomirai-square.com

요코하마 코스모 월드 よこはまコスモワールド [요코하마 코스모 와루도]

요코하마의 인기 놀이동산

요코하마뿐만 아니라 일본에서도 손꼽히는 놀이동산인 코스모 월드는 주변에 쇼핑 상점과 레스토랑이 많아 가족이나 친구와 함께하기에 좋다. 코스모 월드는 크게 세 구역으로 나뉘는데, 세계에서 인정받는 어트랙션이 모여 있는 원더 어뮤즈 존과 이탈리아의 브라노 섬의 마을을 옮겨 놓은 듯한 브라노 스트리트 존, 아이들이 뛰어놀며 즐길 수 있는 키즈 카니발 존이다.

주소 神奈川県横浜市中区新港2-8-1 위치 JR 사쿠라기초(桜木町) 역 서쪽 출구에서 도보 15분 전화 045-641-6591 시간 월~금 11:00~21:00, 토·일·공휴일 11:00~22:00 / 목요일 휴무 요금 1회당 100엔~900엔(어트랙션마다 가격이 다름) 홈페이지 cosmoworld.jp

원더 어뮤즈 존 ワンダーアミューズ・ゾーン

14개의 어트랙션과 놀이 공간이 있는 곳으로 세계 최대의 시계형 관람차인 코스모 클락 21 コスモクロック21이 있다. 이 관람차는 높이가 112.5m, 동시 수용 인원은 480명이나 되는 대형 어트랙션으로 저녁이 되면 미나토미라이 21 지구의 아름다운 야경을 볼 수 있는 관광 상품이라 할 수 있다. 또한 코스모 월드의 최고 자랑거리인 바닛슈バニッシュ는 세계 최초의 수중 돌입형 롤러코스터다. 정상부까지 올라가는 동안 미나토미라이 21 지구와 드넓은 태평양이 한눈에 들어오고, 떨어질 때는 짜릿한 롤러코스터의 기분을 느끼며 물속으로 빨려 들어가는 듯한 수중 돌입 타임이 바닛슈만의 하이라이트다.

브라노 스트리트 존 ブラーノストリート・ゾーン

아이들과 함께 즐길 수 있는 어트랙션이 많은 곳으로 그중 아이스 월드アイスワールド는 꽁꽁 얼어붙은 실내를 한 바퀴 돌아 나오는 단순한 코스로, 내부가 너무 추워 눈에 잘 들어오지 않을 수도 있지만 신비한 얼음나라에 온 것 같은 착각이 들 정도로 다양하고 아름다운 조각들로 장식해 놓았다. 더운 여름이면 특히 많은 사람들로 붐비는데 영하 30도인 이곳에 들어갔다 나오면 한동안 땀이 나지 않을 정도로 더위를 이길 수 있는 곳이다.

키즈 카니발 존 キッズカーニバル・ゾーン

아이들과 함께 즐길 수 있는 곳으로 회전목마, 사파리 애완동물 등 무서운 것 없이 함께 즐길 수 있다. 어린 자녀들과 함께 한다면 무조건 키즈 카니발 존은 빼놓지 말고 방문하여 즐거운 시간을 보내도록 하자.

월드 포터스 ワールドポーターズ[와-루도 포-타-주]

다양한 해외 브랜드 매장이 들어서 있는 쇼핑몰

1999년 7월 오픈한 월드 포터스는 해외 브랜드 매장이 많은 쇼핑몰이다. 레스토랑도 해외 유명 프랜차이즈가 들어서 있고, '마이칼'이라는 할리우드의 애니메이션을 중심으로 상영하는 극장도 입점해 있어 이국적인 분위기가 물씬 풍긴다. 또 '하와이안 타운'이라는 별도의 쇼핑 공간에서는 인테리어에서부터 하와이의 분위기를 느낄 수 있고 하와이풍의 의류와 잡화 등을 판매한다. 옥상에 올라가면 공중정원이 조성되어 있어 미나토미라이 21 지구의 전경을 한눈에 볼 수 있다.

주소 神奈川県横浜市中区新港 2-2-1 위치 JR 사쿠라기초(桜木町) 역 서쪽 출구에서 도보 12분 전화 045-222-2000 시간 10:30~21:00 홈페이지 www.yim.co.jp

요코하마 컵라면 박물관 カップヌードルミュージアム横浜 [캇푸 누-도루뮤우지아무 요코하마]

컵라면과 관련된 모든 것을 체험할 수 있는 박물관

일본 최고의 컵라면 회사인 닛신日清이 운영하는 컵라면 박물관이다. 컵라면이 만들어지는 과정부터 컵라면의 역사 그리고 직접 체험까지 할 수 있는 다양한 프로그램을 운영하고 있다. 밀가루 반죽부터 건조 과정까지 치킨 라면을 직접 만들어 보는 치킨 라면 팩토리와 컵라면에 직접 그림을 그리고 원하는 토핑을 넣어서 나만의 컵라면을 만들어 기념품으로 가져올 수 있는 마이 컵라면 팩토리(가장 인기 많은 프로그램), 아이가 직접 체험할 수 있는 컵라면 파크, 컵라면의 역사를 한눈에 볼 수 있는 인스턴트 라면 히스토리 큐브 등 다양한 콘텐츠가 있으니 가족이 함께 즐겨 보자.

주소 神奈川県横浜市中区新港2-3-4 위치 JR 사쿠라기초(桜木町) 역 서쪽 출구에서 도보 14분 전화 045-345-0918 시간 10:00~18:00 / 화요일 휴무 요금 [입장료] 대학생 이상 500엔 / [치킨 라면 팩토리] 초등학생 600엔, 중학생 이상 1,000엔 / [마이 컵라면 팩토리] 1식 500엔 / [컵라면 파크] 1회(30분) 500엔 홈페이지 www.cupnoodles-museum.jp/ja/yokohama

요코하마 해머헤드 横浜ハンマーヘッド [요코하마한마-헷도]

3면이 바다로 둘러싸인 유람선 같은 쇼핑몰

2019년 10월에 오픈한 해머헤드는 요코하마 신항에 만들어진 복합 시설로 여객선 터미널과 호텔 그리고 상업 시설들이 들어서 있다. 상점은 많지 않고 레스토랑과 카페가 주변 경관이 좋아 성업 중이며 쇼핑몰 뒤쪽에 있는 해머헤드 데크ハンマーヘッドデッキ와 해머헤드 파크横浜ハンマーヘッドパーク는 바다를 조망할 수 있는 곳으로 24시간 개방되어 있어 밤늦게까지 사람들로 북적인다.

주소 神奈川県横浜市中区新港2-14-1 위치 JR 사쿠라기초(桜木町) 역 서쪽 출구에서 도보 17분 전화 045-211-8080 시간 월~금 11:00~22:00, 토·일 10:00~22:00 홈페이지 www.hammerhead.co.jp

마린 & 워크 요코하마 マリンアンドウォーク横浜 [마린안도워-쿠 요코하마]

바닷가 옆 상쾌한 아케이드 쇼핑몰

2016년에 오픈한 마린 & 워크 요코하마는 2층 높이의 건물들이 길게 늘어선 아케이드형 쇼핑몰로 28개의 상점과 레스토랑이 입점해 있다. 상점들은 주로 편집숍과 해외 브랜드 매장이고 레스토랑은 바다를 조망하는 테라스 좌석이 많아 분위기 있게 식사를 하며 시간을 보내려는 사람들이 찾는 곳이다. 반려동물과 함께 입장할 수 있는 레스토랑과 휴게 시설이 있고 반려동물 전용 음수대도 있어 반려동물과 즐거운 시간을 보내려는 현지 일본인들이 많다.

주소 神奈川県横浜市中区新港1-3-1 위치 JR 사쿠라기초(桜木町)역 서쪽 출구에서 도보 15분 전화 045-680-6101 시간 11:00~21:00 홈페이지 www.marineandwalk.jp

아카렌가 창고 赤レンガ倉庫 [아카렌가 소코]

개성 있는 패션 및 잡화 중심의 쇼핑몰

미나토미라이 21 지구에서 야마시타 공원 쪽으로 가는 길에 위치한 빨간 벽돌의 건물이다. 과거 요코하마항에 해상 무역을 통해 오가던 화물을 보관하던 창고였으나, 2002년 쇼핑몰로 리뉴얼하여 전시관이 있는 1호관과 쇼핑 상점이 있는 2호관으로 다시 태어났다. 전시관에서는 상설 전시가 열리며 2호관의 쇼핑몰은 고급 브랜드보다는 개성 있는 상점들이 영업하고 있다. 특히 패션을 주도하는 젊은 층이 선호하는 색다른 액세서리와 잡화를 판매하는 상점과 인테리어 소품 매장이 있어 한국 관광객들에게도 인기가 많은 쇼핑몰이다.

주소 神奈川県横浜市中区新港1-1-2 위치 JR 사쿠라기초(桜木町) 역에서 도보 17분 전화 045-211-1515 시간 [1호관] 10:00~19:00 / [2호관] 11:00~20:00 홈페이지 [1호관] akarenga.yafjp.org / [2호관] www.yokohama-akarenga.jp

차이나타운 주변

한가롭게 해변을 산책할 수 있는 야마시타 공원이 있고 하루 종일 관광객으로 북적이는 차이나타운도 있다. 해 질 녘 야마시타 공원에서 일몰을 감상한 후 볼거리가 다양한 차이나타운 관광을 해 보자.

차이나타운 中華街 [주카가이]

동아시아 최대의 차이나타운

동아시아에서 규모가 가장 큰 차이나타운으로 약 400여 개의 점포가 있으며 이곳이 위치한 나카구에 거주하는 중국인 수만 약 6,000명으로, 이곳 외국인 숫자의 약 40%에 해당한다. 1859년 요코하마 항이 개항하면서 중국 상인들이 자리 잡기 시작해 지금의 규모에 이르렀다. 중국풍 기념품 가게와 중국 의상을 판매하는 점포를 쉽게 볼 수 있는데 관광객에게 가장 인기 있는 것은 이곳의 먹거리다. 레스토랑뿐만 아니라 관광하며 먹을 수 있는 간식도 만두, 찐빵, 밤, 당고, 중국식 떡 등으로 그 종류가 다양하다. 중국의 춘절이나 중추절에는 다양한 행사를 볼 수 있으며 9월 19일부터 21일까지 열리는 요코하마 차이나타운 랜턴 페스티벌横浜中華街ランタンフェスティバル은 볼거리가 다양하여 관광객뿐만 아니라 일본인도 많이 찾는다. 차이나타운을 관광할 때에는 골목골목 재미있는 상점들과 볼거리가 많으니 지그재그로 둘러보는 것이 좋다.

주소 神奈川県横浜市中区山下町 위치 JR 이시가와초(石川町) 역 북쪽 출구에서 도보 3분 전화 045-662-1252 홈페이지 www.chinatown.or.jp

야마시타 공원 山下公園 [야마시타 고-엔]

일본 최초의 임해 공원

관동 대지진関東大震災 이후 부서진 도로와 집에서 나온 돌과 기왓조각으로 바다를 메워 만든 일본 최초의 임해 공원이다. 요코하마에서는 가장 크고 대중적인 공원으로, 주변에 선착장이 있어 많은 관광객들이 이곳을 지난다. 미나토미라이 21 지구에서 아카렌가 창고를 거쳐 차이나타운으로 가는 길목이기도 하다. 이곳에서 보는 요코하마 앞바다는 공원의 분위기 때문인지 더 차분하고 조용하게 느껴지는데 도보 관광으로 지쳤다면 이곳에서 잠시 쉬어 가자.

주소 神奈川県横浜市中区山下町279 위치 JR 이시가와초(石川町) 역 북쪽 출구에서 도보 20분 전화 045-671-3648 시간 24시간

신 요코하마 역 주변

미나토미라이 21 지구와 차이나타운 주변이 요코하마의 인기 관광지라면 신 요코하마는 대부분 오피스 타운으로 형성되어 있다. 다른 곳을 둘러본 후 저녁 일정으로 신 요코하마 라멘 박물관을 포함시켜 보자.

신 요코하마 라멘 박물관 新横浜ラーメン博物館 [신 요코하마 라멘 하쿠부쓰칸]

일본 라면의 다양한 맛을 즐길 수 있는 곳

1994년에 개관한 푸드 테마파크로 일본 각지의 유명 라멘 전문점이 9개 들어와 있고 라멘 관련 전시장도 마련되어 있다. 박물관의 인테리어를 1958년의 거리 풍경으로 재현해 놓았고 상점들 또한 그 시대의 간판을 걸고 있으며 기념품점에서도 일본의 옛 물건을 판매한다. 전국의 유명 라멘을 한 곳에서 먹어 볼 수 있는 좋은 기회인데, 그중 한 그릇만 먹을 수 있다는 점이 무척 아쉬운 곳이다. 요코하마의 인기 관광지와는 떨어져 있어 별도의 시간을 내야 하므로 라멘에 대해 진심인 사람만 일정에 넣자.

주소 神奈川県横浜市港北区新横浜2-14-21 위치 JR 신요코하마(新横浜) 역 7번 출구에서 도보 5분 전화 045-471-0503 시간 월~금 11:00~21:00, 토·일·공휴일 10:30~21:00 요금 성인 330엔, 60세 이상·아동 100엔 홈페이지 www.raumen.co.jp

요코하마 추천 맛집

누마즈 우오가시 스시 沼津 魚がし鮨 [누마즈 우오가시 즈시]

산지 직송의 신선한 회로 만드는 초밥

시즈오카의 누마즈항 어시장의 경매권을 가지고 있어 매일 산지에서 직송되는 신선한 회로 만든 초밥을 판매하는 곳으로, 회도 크고 맛도 좋으며 가격도 적당하다. 회의 퀄리티에 비해 가성비가 좋기로는 요코하마에서 손꼽히지만, 스시의 종류가 적은 것이 약간의 흠이다. 회덮밥도 신선한 회가 듬뿍 올라가 많이들 찾는데 초장 없이 간장과 와사비만으로도 비리지 않고 깔끔하게 먹을 수 있다.

주소 神奈川県横浜市西区みなとみらい2-2-1 위치 JR 사쿠라기초(桜木町) 역 서쪽 출구에서 도보 4분, 랜드마크 플라자 5층 전화 045-222-5550 시간 11:00~22:00 메뉴 세키와케(関脇) 1,860엔, 요코즈나(横綱) 3,100엔, 고카이니기리(豪快握り) 4,400엔 홈페이지 www.uogashizushi.co.jp/shop/o-shop/yokohama-landmark

비 드 프랑스 VIE DE FRANCE [바이도 후란스]

가격도 착하고 맛도 좋은 베이커리

이름만 들으면 고급 빵집 같지만 멜론빵이나 카레빵을 제외하고는 흔한 동네 빵집 같은 메뉴가 많다. 하지만 빵의 식감이 유난히 부드러우면서도 쫀득쫀득하여 보통 이상의 맛이다. 아침에는 식사 대용으로 다양한 종류의 샌드위치가 많이 판매되고 평상시에는 명란 치즈 감자빵, 완두콩 치즈빵, 바비큐빵 그리고 가장 인기가 좋은 멜론 크림빵을 많이 찾는다.

주소 神奈川県横浜市西区みなとみらい2-2-1 위치 JR 사쿠라기초(桜木町) 역 서쪽 출구에서 도보 4분, 랜드마크 플라자 1층 전화 045-222-5116 시간 월~토 07:30~21:00, 일 08:00~21:00 메뉴 멜론 크림빵(メロンのクリームパン) 280엔 완두콩 치즈빵(枝豆＆北海道産チーズ) 280엔 홈페이지 www.viedefrance.co.jp

세계 맥주 박물관 世界のビール博物館 [세카이노비루하쿠부츠칸]

전 세계의 다양한 맥주를 만날 수 있는 맥주 창고

전 세계의 다양한 생맥주를 비롯하여 250여 종의 맥주를 마실 수 있는 대형 맥주 창고 매장이다. 미국, 독일, 영국 등의 바BAR를 그대로 옮겨 놓은 듯한 인테리어로, 원하는 나라의 인테리어가 있는 테이블에서 그 느낌 그대로 맥주를 즐길 수 있다. 또한 안주도 나라별로 다르게 준비가 되어 있어 각국 현지에서 즐기는 안주까지도 맛볼 수 있는 재미있는 곳이다.

주소 神奈川県 横浜市西区 みなとみらい 2-2-1 위치 JR 사쿠라기초(桜木町) 역 서쪽 출구에서 도보 4분, 랜드마크 플라자 지하 2층 전화 045-664-2988 시간 월~금 11:00~14:00, 16:00~23:00 / 토·일 11:00~23:00 메뉴 트리플 그릴 소세지(トリプルグリルソーセージ) 2,728엔, 호가든 생맥주(ヒューガルデン ホワイト) 990엔, 메를린 체르니 프리미엄 생맥주 935엔 홈페이지 www.zato.co.jp

아푸리 AFURI [아후리]

깔끔하고 담백한 소금 라멘이 일품!

모던한 인테리어의 아푸리는 랜드마크 플라자에서 쇼핑을 즐기다가 간단히 라멘을 먹기에 적당한 곳이다. 주문과 동시에 면을 삶아서 면발이 찰지고, 대표 메뉴인 유자 소금 라멘은 다른 라멘보다는 국물이 덜 짜고 깔끔하며 면발 또한 부드러워 여성들 입맛에도 딱 알맞다. 차슈가 올라간 밥도 이곳의 대표 음식이니 같이 시켜서 먹으면 더 색다르고 맛있게 먹을 수 있다.

주소 神奈川県 横浜市西区 みなとみらい 2-2-1 위치 JR 사쿠라기초(桜木町) 역 서쪽 출구에서 도보 4분, 랜드마크 플라자 1층 전화 045-307-0787 시간 11:00~23:00 메뉴 유자 소금 라멘(柚子塩らーめん) 1,290엔, 유자 소금 라멘+차슈밥(柚子塩らーめん+炙りコロチャーシュー飯) 1,890엔 홈페이지 afuri.com

미세스 엘리자베스 머핀

ミセスエリザベスマフィン [미세스에리자베수마핀]

신선한 과일 베이스의 머핀과 향긋한 커피

질 좋은 밀가루와 신선한 과일을 베이스로 한 머핀을 매일 구워 판매하는 곳이다. 종류가 많아 선택이 다양하고 양질의 홋카이도산 버터를 사용해 향과 맛이 훌륭하다. 직접 만든 다양한 디저트와 좋은 원두로 내린 커피도 판매하고 있어 여행하다 지쳤을 때 쉬어가기에 좋다. 오전에는 매장을 꽉 채울 만큼 머핀이 많지만 매일 적정량만 판매하기 때문에 오후에는 종류가 많지 않을 수도 있다.

주소 神奈川県 横浜市西区 みなとみらい 2-2-1 위치 JR 사쿠라기초(桜木町) 역 서쪽 출구에서 도보 4분, 랜드마크 플라자 1층 전화 045-222-5115 시간 11:00~20:00 메뉴 버터 리치(バターリッチ) 160엔, 녹차 치즈(抹茶チーズ) 180엔 홈페이지 www.mrs-elizabeth-muffin.jp

기스케 喜助 [키스케]

한국에는 드문 우설 스테이크 맛집

우리나라에서는 맛보기 힘든 우설(소혀) 스테이크 맛집으로, 선입견을 버리고 가 보기를 추천하는 곳이다. 도쿄의 야끼니쿠 가게에서도 우설 고기를 많이 볼 수 있지만, 이곳의 우설은 두툼하고 쫄깃쫄깃 식감도 좋고 비린내가 나지 않아 먹기 편하다. 고기의 크기나 양에 비해 가격도 적당하고 숯불의 향 때문에 더 맛있다. 소꼬리를 삶아서 국물을 낸 국이 함께 나오는데 우설 스테이크와 딱 어울린다. 처음 방문한다면 우설 본연의 맛을 느낄 수 있게 소금 간만 되어 있는 메뉴를 주문하는 것이 좋다. 다른 메뉴도 준비되어 있으니 우설이 싫다면 다른 부위의 스테이크를 주문하면 된다.

주소 神奈川県横浜市西区みなとみらい2-2-1 위치 JR 사쿠라기초(桜木町) 역 서쪽 출구에서 도보 4분, 랜드마크 플라자 1층 전화 045-228-7835 시간 11:00~22:00 메뉴 우설 숯불구이 정식 소금맛(牛たん炭火焼定食 しお味) 2,178엔 (양에 따라 가격이 다름), 안창살 정식(牛ハラミ定食) 1,430엔 홈페이지 www.kisuke.co.jp/shop/yokohama

가가와잇푸쿠 香川一福 [카가와 이치후쿠]

쫄길쫄깃한 면발의 가성비 좋은 우동집

쫄깃쫄깃한 면발과 적당한 가격의 우동집으로 따듯한 국물의 가케 우동이 대표적이다. 밀가루를 반죽하여 숙성시켜 놓은 후 미리 면발을 뽑고 깔끔한 국물까지 더해져 특별한 양념이나 고명이 없이도 먹기도 편하고 아이들도 좋아한다. 명란이 들어간 우동은 우리에게는 짠맛이 강하며 튀김을 추가로 주문하여 함께 먹을 수 있는데 그다지 추천하지는 않는다. 특별한 맛은 아니지만 무난하게 먹을 수 있는 곳이다.

주소 神奈川県横浜市西区みなとみらい2-3-2 위치 JR 사쿠라기초(桜木町) 역 서쪽 출구에서 도보 7분, 도큐 스퀘어 지하 1층 전화 045-228-8722 시간 월~금 11:00~21:00, 토·일·공휴일 11:00~22:00 메뉴 가마타와 버터(釜玉バター) 650엔, 가케 우동(かけうどん) 850엔 홈페이지 kagawa-ippuku.jp

갈릭 조스 Garlic Jo's [가-릿쿠 조오즈]

마늘·이탈리안·미국 요리가 합쳐진 퓨전 레스토랑

도큐 스퀘어에서 잘 알려진 이색 맛집으로, 이름처럼 모든 요리에 마늘이 들어가는 창작 퓨전 요리 전문점이다. 이탈리안 요리 혹은 미국 요리를 기본 베이스로 하여 마늘을 팍팍 넣어서 몹시 호불호가 갈린다. 피자도 파스타도 스테이크도 마늘 듬뿍이라 마늘을 좋아하는 사람은 느끼함 없이 조금 맵고 알싸한 느낌으로 음식을 먹을 수 있는데 마늘을 못 먹는 사람들에게는 지옥 같은 음식점이기도 하다. 마늘을 좋아하고 지금까지 맛보지 못했던 알싸한 파스타나 피자 그리고 마늘 가득 햄버거를 먹고 싶다면 이곳이 딱이다.

주소 神奈川県横浜市西区みなとみらい2-3-2 위치 JR 사쿠라기초(桜木町) 역 서쪽 출구에서 도보 7분, 도큐 스퀘어 지하 1층 전화 050-5494-2115 시간 11:00~22:00 메뉴 마늘 마더 비프스테이크(ガーリックマザービーフステーキ) 2,980엔, 마늘 볶음밥(にんにく炒飯) 1,000엔, 새우 토마토 크림소스(海老のトマトクリームソース) 1,100엔 홈페이지 gka1002.gorp.jp

구루밋코 팩토리 クルミッコファクトリー [쿠루밋코 화쿠토리–]

호두 파르페가 인상적인 뷰 맛집

쇼핑몰 해머헤드 바닷가 쪽 2층에 자리 잡고 있어 시야가 확 트인 카페로, 야외 테라스 자리가 있어 날씨 좋은 날이면 차 한 잔의 여유를 즐기고 싶어지는 곳이다. 90년대에 우리나라 커피 전문점에서 인기를 끌던 파르페를 여기서 만날 수 있어 무척 반갑다. 위치나 주변 환경이 좋은데 가격도 적당하며, 호두가 들어간 음료와 파르페 그리고 아이스크림이 인기 있다. 날씨 좋은 날 테라스에 앉아서 시원한 음료를 마시면서 체력 충전하기에 좋은 곳이다.

주소 神奈川県横浜市中区新港2-14-1 위치 JR 사쿠라기초(桜木町) 역 서쪽 출구에서 도보 17분, 요코하마 헤머헤드 2층 전화 045-263-9635 시간 11:00~20:00 메뉴 더 팩토리 호두나무 크레페(The Factory's クルミッ子パフェ) 858엔, 호두 캐러멜 음료(飲むクルミッ子 飲むクルミッ子) 748엔 홈페이지 beniya-ajisai.co.jp/kf

도사카 友酒家 [토사카]

정성 들여 숯불에 구운 꼬치구이 맛집

사장님이 직접 숯불에 정성 들여 구운 꼬치구이 맛집인 도사카는 차이나타운 번화가 밖에 있어 조용하고 가게는 작지만 보석 같은 곳이다. 다양한 종류의 꼬치구이가 준비되어 있으며 재료의 손질을 가게에서 직접 하고 꼬치구이가 타지 않게 여러 번 뒤집으며 정성이 들어가서 더욱 맛있다. 재료의 크기도 크고 가격도 적당하여 요코하마 여행을 마치고 돌아가는 길에 들르면 딱 좋다. 또한 꼬치구이 가게에 어울리지 않아 보이는 참치회도 많은 사람들이 즐겨 찾는 메뉴이다. 다만 그날 준비된 재료가 떨어지면 다양하게 맛볼 수 없어 너무 늦지 않게 가는 것이 좋다.

주소 神奈川県横浜市中区山下町106-35 위치 JR 이시가와초(石川町) 역 북쪽 출구에서 도보 5분 전화 045-681-6645 시간 17:00~23:00 / 일요일 휴무 메뉴 닭꼬리뼈 꼬치(ぼんじり) 260엔, 소로반(そろばん) 350엔, 쓰쿠네(つくね) 290엔

고초 皇朝 [고우초우]

차이나타운에서 잘 알려진 곳

요코하마 차이나타운에서 오랫동안 인기를 얻고 있는 고초는 약 100여 종의 다양한 중국 음식을 다양하게 먹을 수 있는 뷔페 음식점이다. 일정 비용을 지불하고 2시간 동안 중국 음식을 무제한으로 먹을 수 있으며 맛과 종류가 다른 음식점보다 더 괜찮으니, 다양한 음식을 맛보고 싶다면 발품 팔 필요 없이 이곳에 가면 된다.

주소 神奈川県横浜市中区山下町138-24 위치 JR 이시가와초(石川町) 역 북쪽 출구에서 도보 5분 전화 0120-290-892 시간 11:00~22:00 메뉴 평일 성인 2,980엔, 초등학생 1,900엔, 유아 1,000엔 / 토·일·공휴일 성인 3,680엔, 초등학생 2,200엔, 유아 1,100엔 홈페이지 kocho.gorp.jp

히노야 카레 日乃屋カレー [히노 야카레에]

돈가스 카레가 맛있는 카레 전문점

JR 이시가와초 역 바로 앞에 있어 출퇴근 시간에 직장인들이 간단한 식사를 위해 찾는 히노야 카레는 다양한 메뉴와 매운맛 카레를 판매하는 곳이다. 특별함은 없지만 기본은 하는 카레 전문점으로 전철을 타기 전 출출할 때 간단하게 한 끼 식사로 괜찮다. 이 가게의 특별한 점은 매운맛을 더할 수 있어 취향에 따라 카레의 맵기를 조절할 수 있으며 밥을 무료로 추가할 수 있다는 점이다.

주소 神奈川県横浜市中区吉浜町1-6 위치 JR 이시가와초(石川町) 역 북쪽 출구에서 도보 1분 전화 070-2184-5502 시간 월~금 11:00~22:00 ,토 11:00~20:00, 일 11:00~17:00 메뉴 명물 가쓰 카레(名物カツカレー) 860엔, 새우튀김 카레(海老フライカレー) 860엔 홈페이지 hinoya.jp/shops/yokohama-ishikawacho

경이로운 자연의 절경을 감상할 수 있는 곳

하코네는 한국 관광객에게 도쿄 근교 여행의 필수 코스이자 가장 가고 싶은 관광지로 손꼽는 곳으로 도쿄에서 가장 가깝게 일본 천혜의 대자연을 느낄 수 있는 곳이다. 1936년 후지 하코네 국립공원으로 지정된 이후 주변에 많은 온천장과 숙박 시설이 갖춰지면서 일본 최고의 관광지로 발전하였다. 특히 도처에서 온천수가 솟아 올라 물 좋은 온천이 많다고 입소문이 나면서 일본 중부의 최고 온천 지역으로 발전했다. 하코네산의 정상인 오와쿠다니에서 아직도 꿈틀거리는 화산의 흔적을 느낄 수 있고, 칼데라호인 아시노호에서 유람선을 타고 멋진 하코네의 자연을 감상하는 일정은 하코네

관광의 하이라이트이다. 물이 좋기로 소문난 하코네에서 온천욕을 하면서 자연을 몸으로 느끼고 싶다면 하루 이상의 시간을 내어 꼭 한 번 방문해 보자.

한 눈에 보는 지역 특색

사계절 내내 멋진
절경을 간직한 곳

복잡한 도심에서 벗어난
힐링 여행

도쿄 근교의
온천 휴양지

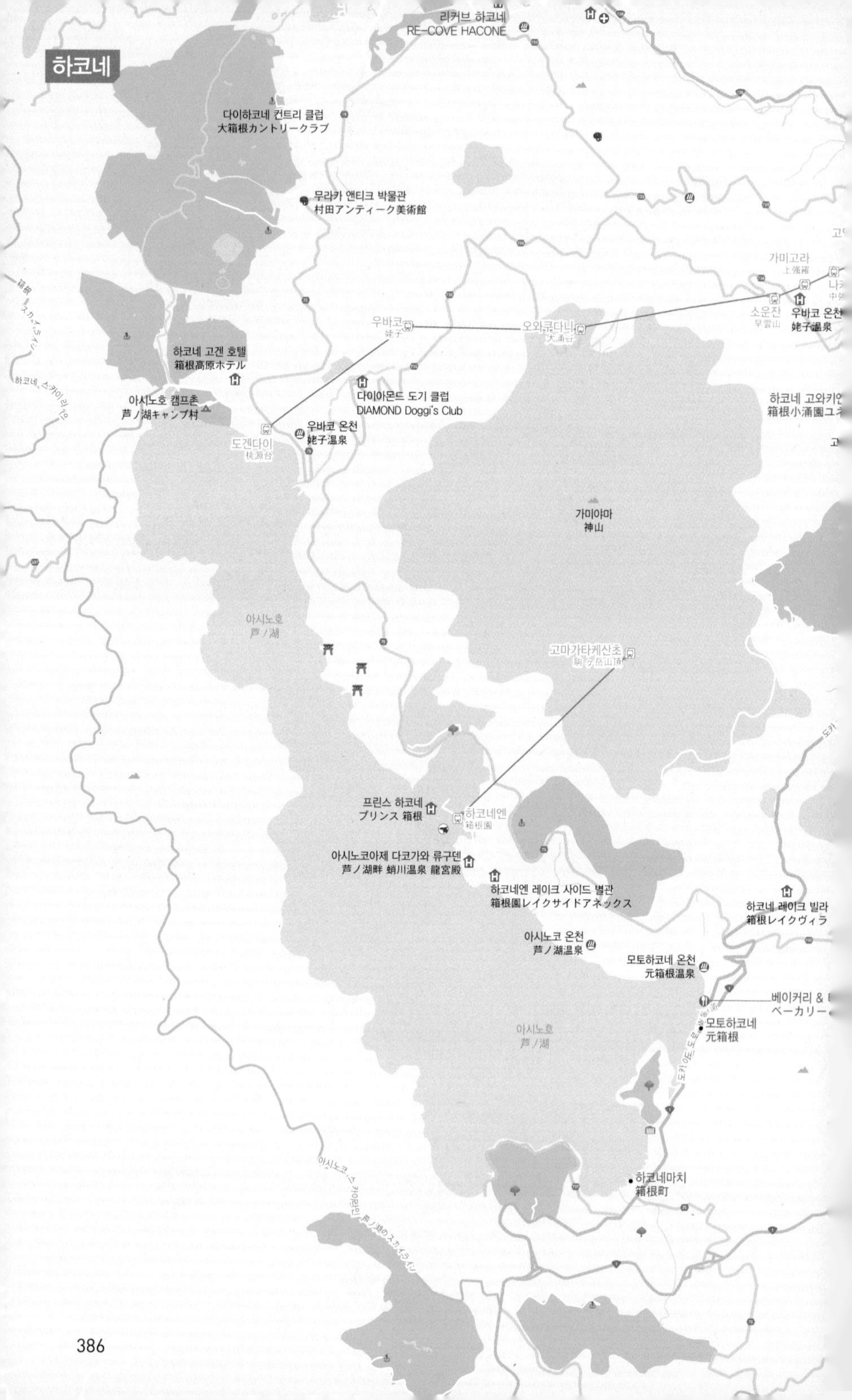
하코네
리커브 하코네
RE-COVE HACONE
다이하코네 컨트리 클럽
大箱根カントリークラブ
무라카 앤티크 박물관
村田アンティーク美術館
가미고라
上強羅
소운잔
早雲山
우바코 온천
姥子温泉
우바코
姥子
오와쿠다니
大涌谷
하코네 고겐 호텔
箱根高原ホテル
아시노호 캠프촌
芦ノ湖キャンプ村
다이아몬드 도기 클럽
DIAMOND Doggi's Club
우바코 온천
姥子温泉
도겐다이
桃源台
가미야마
神山
아시노호
芦ノ湖
고마가타케산초
駒ヶ岳山頂
프린스 하코네
プリンス 箱根
하코네엔
箱根園
아시노코아제 다코가와 류구덴
芦ノ湖畔 蛸川温泉 龍宮殿
하코네엔 레이크 사이드 별관
箱根園レイクサイドアネックス
아시노코 온천
芦ノ湖温泉
모토하코네 온천
元箱根温泉
하코네 레이크 빌라
箱根レイクヴィラ
모토하코네
元箱根
아시노호
芦ノ湖
하코네마치
箱根町
아시노코 스카이라인
芦ノ湖スカイライン
하코네 스카이라인
도카이도

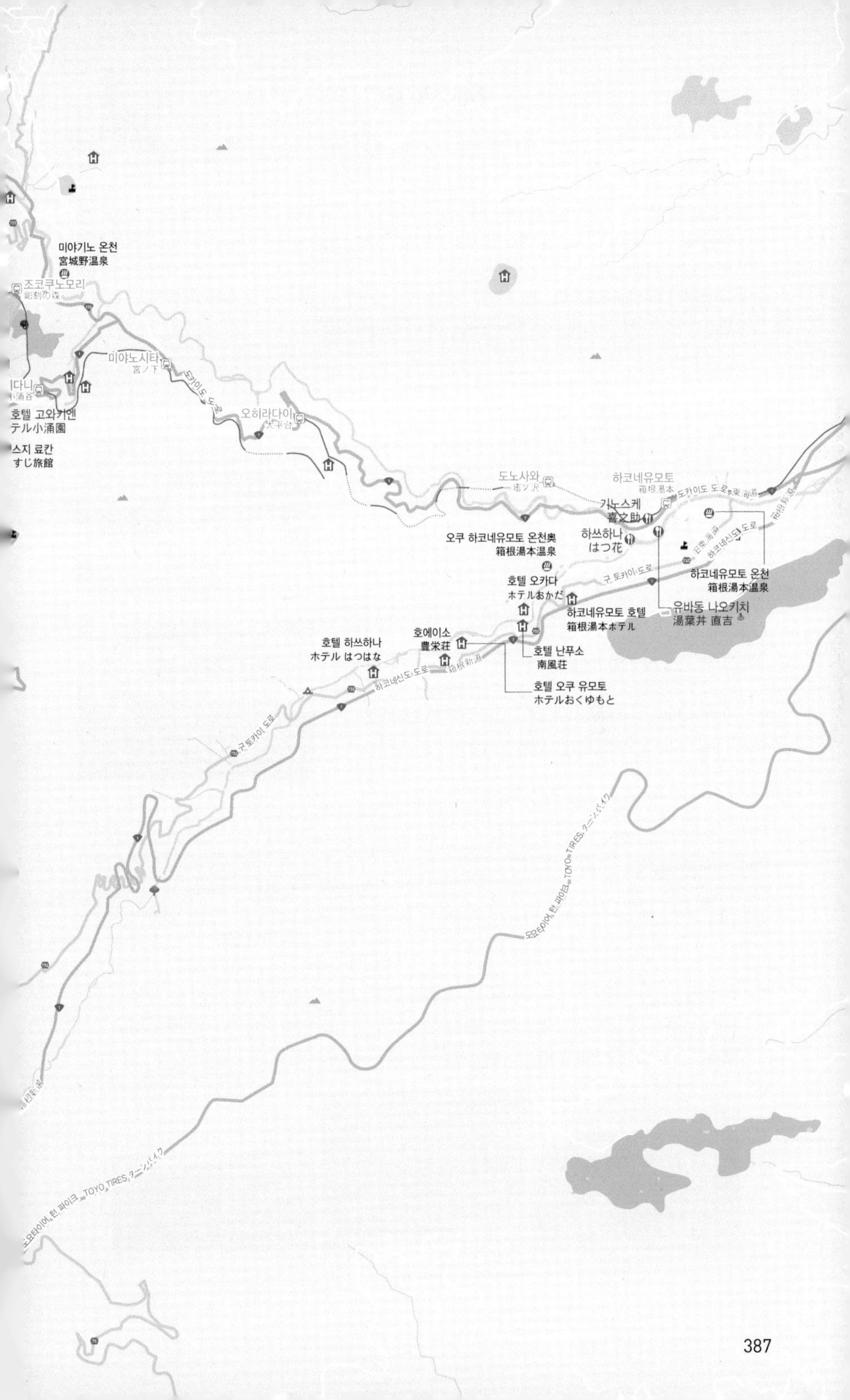
미야기노 온천
宮城野温泉
조코쿠노모리
彫刻の森
미야노시타
宮ノ下
도카이도 부도
ᅵ다니
ᅵ涌谷
호텔 고와키엔
テル小涌園
스지 료칸
すじ旅館
오히라다이
大平台
도노사와
塔ノ沢
하코네유모토
箱根湯本
도카이도 도로 東海道
기노스케
喜之助
하쓰하나
はつ花
오쿠 하코네유모토 온천奧
箱根湯本温泉
호텔 오카다
ホテルおかだ
하코네유모토 호텔
箱根湯本ホテル
하코네유모토 온천
箱根湯本温泉
유바동 나오키치
湯葉丼 直吉
구 토카이 도로
하코네신도 도로
호에이소
豊栄荘
호텔 난푸소
南風荘
호텔 하쓰하나
ホテル はつはな
箱根新道
호텔 오쿠 유모토
ホテルおくゆもと
구 토카이 도로
토요타이어 턴 파이크 TOYO TIRES ターンパイク

How to go?

하코네 가는 방법

하코네로 이동하는 방법 중 가장 추천하는 코스는 오다큐선을 이용하는 것이다. 하코네 프리 패스가 하코네 여행에서는 가장 유용하므로 패스 구매를 추천한다. 패스 이용 시 왕복 기차편과 현지의 모든 교통편이 무료이며, 로망스카 티켓을 추가 구매하면 더욱 편리하게 움직일 수 있다. 만약 JR패스를 소지하고 있다면 현지에서 움직이는 비용만 추가로 지불하거나 신주쿠-하코네유모토 왕복 티켓이 빠진 하코네 프리 패스를 구매하자. 버스로 하코네까지 가는 것은 추천하지 않는다.

오다큐 신주쿠小田急新宿 역에서 이동하기(하코네 프리 패스 소지자, 로망스카 추가 구매)

오다큐 신주쿠 역 2번, 3번 플랫폼(예약 열차 플랫폼 확인)에서 특급 로망스카特急ロマンスカー에 탑승하여 하코네유모토箱根湯本 역으로 이동. 하코네 프리 패스 소지자는 로망스카 티켓을 반값에 할인해서 구입할 수 있다.

시간 약 1시간 30분 소요 요금 하코네 프리 패스 소지자는 1,200엔(e-ticket 1,150엔), 미소지자는 2,470엔

특급 로망스카

도쿄東京 역에서 이동하기(JR 패스 소지자)

JR 도쿄 역 10번 플랫폼에서 JR 도카이도 본선東海道本線을 이용하여 JR 오다와라小田原 역에 하차한 후 11번 플랫폼에서 하코네 등산 열차箱根登山鉄道로 환승하여 하코네유모토箱根湯本 역으로 이동.

시간 약 1시간 43분 소요(환승 대기 시간 제외) 요금 JR 패스 소지자는 하코네 등산 열차 요금 360엔

하코네 등산 열차

Best Tour 추천 코스

하코네 관광은 하코네유모토 역을 시작으로 반시계 방향으로 움직이자. 하코네 프리 패스를 구매하면 하코네의 교통 시간표 책자를 주는데 이것을 유용하게 사용할 수 있으니 여행 때 꼭 소지하자.

하코네유모토 역 → 등산 열차 40분 → 고라 → 케이블카 10분 → 소운잔 → 로프웨이 12분 → 오와쿠다니 → 로프웨이 15분 → 도겐다이 → 유람선 35분 → 하코네마치 → 버스 12분 → 모토하코네 → 도보 45분 → 하코네유모토 → 상점을 구경하면서 도보 이동 → 하코네유모토 역

오와쿠다니

도겐다이

하코네마치

하코네 프리 패스 HAKONE FREE PASS

하코네 관광을 준비한다면 신주쿠부터 하코네유모토까지 가는 오다큐선 교통편(1회 왕복만 가능)과 하코네 지역에서 무료로 모든 교통편을 이용할 수 있는 하코네 프리 패스(2일권)를 구매하자. 비싸다고 생각할 수도 있지만 기본적인 루트만을 이용해도 하코네 프리 패스(2일권)의 가격을 넘어선다. 따라서 본인의 일정 계획을 잘 세우고 홈페이지의 특전을 참고하여 패스를 구매하자. 예약은 필수다!

홈페이지 www.odakyu.jp

★ 구매 장소

오다큐 여행 서비스 센터

오다큐 여행 서비스 센터와 오다큐선 자동 티켓 머신 그리고 오다큐와 계약이 되어 있는 여행사에서 구매할 수 있다. 최근에는 모바일로도 구매가 가능하지만 초행길일 경우 정보를 더 많이 얻을 수 있고 궁금한 점을 체크할 수 있는 오프라인 구매를 권장한다. 오다큐 신주쿠 서쪽 출구 1층에 있는 오다큐 여행 서비스 센터인데 여행에 관련된 자료도 받을 수 있고 자신의 스케줄에 맞는 로망스카를 예약할 수 있다. 한국어가 가능한 직원이 있을 때는 여행에 대해 궁금한 사항을 간단하게 상담할 수 있지만 시간이 정해져 있지는 않다. 업무 시간은 08:00~18:00이기 때문에 아침 일찍 하코네를 여행하려 한다면 출발 이전에 여행 서비스 센터를 방문하여 예약하도록 하자.

★ 하코네 프리 패스 가격

2일권		
출발역	성인(12세 이상)	어린이(6~11세)
신주쿠	6,100엔	1,100엔
오다와라	5,000엔	1,000엔
3일권		
출발역	성인(12세 이상)	어린이(6~11세)
신주쿠	6,500엔	1,350엔
오다와라	5,500엔	1,250엔

※ 로망스카 티켓은 별도로 구매해야 한다(신주쿠 - 하코네유모토의 편도 특급 로망스카 요금은 성인 1,200엔, 어린이는 600엔.)

★ 패스 구매 혜택

- 오다큐선 : 신주쿠-하코네유모토(왕복 1회 이용)
- 하코네 등산 열차, 하코네 등산 케이블카, 하코네 로프웨이, 하코네 해적 관광선 : 티켓 유효 기간 내에 무제한 이용 가능.
- 하코네 등산 버스, 오다큐 하코네 고속버스, 누마즈 등산 도카이 버스, 관광 시설 순회 버스 : 지정 구역 내에 티켓 유효 기간 동안 무제한 이용 가능.

※ 교통 외에도 시설 할인 혜택에 관한 내용은 홈페이지 확인 요망.

하코네 프리 패스 참고 사항

기상이 좋지 않아 하코네 프리 패스를 제대로 사용하지 못했을 때 환불 가능한가요?

하코네의 기상 상황이 좋지 못한 경우 신주쿠에서 출발 전이라면 전액 환불이 가능하지만, 하코네 지역에서 부분적으로 기상 상황이나 현지 상황이 좋지 않은 경우는 부분 환불만 가능하다. 환불은 오다큐 신주쿠 개찰구에서 받을 수 있다.

하코네유모토에서 신주쿠로 돌아오는 로망스카 예약 시간을 변경할 수 있을까요?

하코네유모토 티켓 창구에 가서 시간을 변경할 수 있다. 시간을 당기는 것은 로망스카의 자리가 비어 있다면 언제든지 무료로 변경이 가능하지만, 뒤로 미루는 것은 예약이 꽉 찬 경우에는 환불이 안 되고 급행 열차를 타고 조금 더 고생하며 돌아오는 방법밖에는 없다. 따라서 당일치기로 하코네를 방문한다면 충분한 시간 계산 후 돌아오는 티켓을 구매하고 혹시나 시간이 당겨진다면 현장에서 변경을 요청하는 것이 좋다.

하코네유모토 箱根湯本 [하코네유모토]

하코네 지역의 관문이자 여행의 시작점

하코네유모토는 하코네를 대표하는 곳이면서 하코네 여행의 시작이자 끝이며, 오다큐선의 마지막 도착지이자 하코네 등산 열차의 출발점이어서 하코네에 방문하면 꼭 들르게 되는 지역이다. 인기 온천과 숙박 시설들이 집중되어 있어 하루를 묵어 가기에도 적합하다. 주변에 특산품과 기념품 가게가 많은데 관광지여서 가격이 비싼 편이니 그냥 둘러보는 정도가 좋다. 당일치기로 하코네를 둘러보는 관광객들은 하코네유모토에서 오래 체류할 시간이 없으나 기차 시간을 잘 활용하면 적게는 30분에서 1시간까지 시간을 낼 수 있으니 기차 시간을 체크하고 주변 마을을 둘러보자. 2009년에 역이 새롭게 보수되어 현대화되고 역내 상점이 많이 입점했는데 하코네의 분위기와는 어울리지 않아 조금 아쉽다.

하코네유모토에서 등산 열차를 탑승하면 고라까지 36분 정도가 소요되는데 하코네의 산을 지그재그로 올라가는 모습이 인상적이다. 열차가 울창한 숲속을 통과할 때면 하코네의 대자연을 느낄 수 있어 단순히 이동 수단이라기보다는 또 하나의 하코네 관광 상품이라고 할 수 있다. 하코네 프리 패스가 있다면 무료 탑승이 가능하며 편도는 460엔이다.

고라 強羅 [고-라]

하코네 지역의 고급 휴양지

하코네유모토에서 탄 등산 열차의 마지막 정류장인 고라는 관광객들에게는 단순히 등산 케이블카를 탑승하는 지역으로 알려져 있다. 하지만 고라에서 등산 케이블카를 탑승하여 소운잔까지 가는 구간에는 하코네 최고의 고급 별장과 온천 그리고 미술관도 있어 볼거리가 많다. 고급 별장이 많아 잘 가꾸어진 정원도 쉽게 볼 수 있는데 개인 소유가 많으니 들어가는 것은 삼가야 한다.

주소 神奈川県足柄下郡箱根町強羅

고라에서 등산 케이블카를 탑승하면 소운잔까지 약 10분 정도 소요된다. 굵은 케이블선을 따라 계속되는 오르막길로 올라가며 주변의 자연을 감상할 수 있다. 하코네 프리 패스가 있다면 무료 탑승이 가능하며 편도는 430엔이다.

소운잔 早雲山 [소오운잔]

하코네 로프웨이의 시작점

소운잔은 주변에 특별한 관광지가 있는 것은 아니지만 하코네 관광의 하이라이트인 하코네 로프웨이의 시작점이다. 로프웨이를 탑승하기 전부터 유황 냄새가 조금씩 나기 시작하는데 소운잔을 출발하면 화산 지역인 하코네가 발밑에 펼쳐져 탄성을 자아낸다.

주소 神奈川県足柄下郡箱根町強羅

소운잔에서 출발하는 로프웨이ロープウェイ는 하코네 여행의 가장 특별한 관광 상품이자 로프웨이 안으로 들어오는 유황 냄새와 색다른 전경이 여행의 하이라이트다. 사람이 많지 않을 때에는 연인, 가족 또는 친구끼리 한 칸에 탑승할 수 있으니 이야기 꽃을 피우며 관광을 즐겨 보자. 소운잔에서 오와쿠다니까지는 편도 1,500엔을 지불해야 한다. 하코네 프리 패스가 있다면 로프웨이 전 구간을 무료로 이용할 수 있다.

오와쿠다니 大涌谷 [오-와쿠다니]

로프웨이 관광의 중심

소운잔에서 로프웨이를 탑승했을 때 첫 번째 정거장인 오와쿠다니는 하코네의 화산 지역을 한눈에 볼 수 있는 전망대가 있어 여행자가 무조건 찾는 지역이다. 휴게 시설과 식당이 있어 출출한 배를 채우기에 좋다. 하코네 관광의 특별 간식인 검은 달걀黑玉子(구로타마고)을 먹을 수 있는 곳이기도 하다. 하코네의 뜨거운 온천수에 삶은 검은 달걀 한 개를 먹으면 1년씩 젊어진다는 얘기가 있는데 오와쿠다니의 곳곳에서 판매하며 달걀 5개가 든 한 봉지가 500엔이다. 또한 이곳에서는 부글부글 끓는 계곡과 검은 달걀을 넣은 자연 온천을 볼 수 있는 산책길이 있다. 이곳에 가 봐야 오와쿠다니를 제대로 돌아봤다고 이야기할 수 있을 정도로 이색적인 화산 체험을 하게 될 것이다. 단, 유황 냄새가 심하니 기관지가 안 좋은 사람은 건너뛰자.

주소 神奈川県足柄下郡箱根町強羅1300

소운잔에서 오와쿠다니까지의 로프웨이에서 유황이 피어오르는 화산의 모습을 봤다면, 오와쿠다니에서 도겐다이까지의 구간은 하코네의 푸르른 자연과 저 멀리 후지산의 전경을 볼 수 있다. 가을에는 붉게 물든 하코네의 모습을 볼 수 있고 겨울에는 하얗게 눈 덮인 모습을 감상할 수 있다. 오와쿠다니에서 도겐다이까지는 편도 1,500엔이며 하코네 프리 패스를 이용하면 무료로 탑승할 수 있다.

도겐다이 桃源台 [토오겐다이]

아시노호의 멋진 절경이 펼쳐져 있는 곳

도겐다이는 화산 폭발로 생긴 칼데라호인 아시노호로 유명하다. 도겐다이 선착장에서는 모토하코네나 하코네마치로 이동하는 하코네 유람선을 탈 수 있다. 이 유람선은 해적선이라 불리는데, 이 호수의 유일한 교통수단이다. 유람선의 외부로도 출입이 가능해 맑은 공기를 마시며 하코네의 자연 절경을 감상할 수 있다. 깨끗한 아시노호를 둘러싼 아름다운 산, 멀리 보이는 후지산이 마치 그림처럼 눈 앞에 펼쳐진다. 도겐다이에서 하코네마치 혹은 모토하코네까지는 편도 1,200엔인데 하코네 프리 패스가 있다면 무료로 이용이 가능하다.

하코네마치 箱根町 [하코네마치]

아기자기한 볼거리가 있는 조용한 마을

하코네 유람선을 타면 가장 먼저 들르는 마을인 하코네마치는 선착장 주변으로 조그만 기념품 상점과 음식점이 있으며 몇몇 인기 온천 리조트가 있는 곳이다. 하코네마치에서 모토마치까지 도보로 이동하는 사람이 많은데 이때 300년이 넘은 삼나무가 하늘 높이 뻗은 길을 걸으며 산림욕을 해 보자. 유람선을 이용해 하코네마치에 도착하면 당일치기로 온 관광객들에게는 거의 마지막 관광 지역이다. 도쿄 시내로 돌아갈 때 열차 시간에 여유가 있다면 모토하코네까지 도보로 이동하여 하코네 등산 버스箱根登山バス를 타고 하코네유모토 역으로 가자. 시간이 빠듯하다면 하코네마치 선착장 주변의 몇몇 상점만 둘러보고 바로 버스로 이동하자. 하코네마치에서 하코네유모토 역까지의 등산 버스 요금은 편도 1,080엔이며 하코네 프리 패스를 소지하고 있다면 무료로 이용이 가능하다.

모토하코네 元箱根

하코네 여행의 종착지

하코네 관광을 할 때 대부분의 관광객들이 하코네유모토 역에서 등산 열차를 타고 시계 반대 방향으로 여행을 하는데 이때 마지막 코스가 모토하코네다. 유람선을 탑승하여 아시노호를 건너올 때 멀리 붉은색 도리이가 보이는데, 모토하코네는 이 하코네 신사를 중심으로 발전한 작은 마을이다. 날씨 좋은 날 하코네마치에서 삼나무 숲을 여유 있게 걸어 모토하코네까지 걸어오는 코스도 아주 좋다. 선착장 주변에 몇몇 기념품 가게와 음식점이 있으니 하코네유모토로 돌아갈 거라면 버스 시간을 체크한 후 짬을 내어 동네를 돌아보자.

하코네마치나 모토하코네에서 하코네유모토 역으로 이동을 할 때 하코네 등산 버스를 많이 탑승하는데 하코네마치나 모토하코네는 버스 정류장이 커서 행선지를 파악하기 쉽다. 하지만 도보 이동 중에 등산 버스를 탄다면 자칫 반대로 갈 수 있으니 꼭 탑승 전에 기사에게 행선지를 물어보도록 하자. 또한 하코네유모토 역까지는 35~40분 정도 소요되니 버스 대기 시간까지 포함하여 넉넉하게 시간 계산을 하자.

하코네 고와키엔 유넷산 箱根小涌園ユネッサン [하코네 고와키엔 유넷산]

하코네에서 인기 있는 온천 테마 파크

2001년에 오픈하여 지금까지 하코네에서 대중적으로 인기 있는 온천 테마파크다. 유럽식 인테리어의 현대식 온천 테마파크인 유넷산과 일본 전통 온천 분위기의 모리노유로 구분되는데 통합권을 구매하면 두 곳 모두 이용이 가능하다. 유넷산 안에는 기념품을 판매하는 쇼핑몰도 있으며 어린 자녀를 동반하여 즐길 수 있는 키즈 파크가 있어 남녀노소 누구나 반나절 이상을 즐기기에 충분한 곳이다. 다만 인기 있는 온천 시설이라 성수기가 되면 온천수보다 사람이 더 많아 보일 정도로 관광객들이 몰려서 여유 있게 즐기기 힘들다. 따라서 성수기에 하코네를 방문한다면 이곳은 피하는 것이 좋다.

주소 神奈川県足柄下郡箱根町二ノ平1297 위치 하코네유모토(箱根湯本)역에서 등산 버스를 탑승하여 모토마치 방면으로 20분 이동하여 고와키엔(小涌園) 버스 정류장에서 하차 전화 0460-82-4126 시간 [유넷산] 평일 10:00~18:00, 토·일·공휴일 09:00~19:00 / [모리노유] 11:00~20:00 요금 [유넷산] 성인 2,500엔, 어린이 1,400엔 / [모리노유] 성인 1,500엔, 어린이 1,200엔 / [통합권] 성인 3,500엔, 어린이 1,800엔 홈페이지 www.yunessun.com

하코네 추천 맛집

하쓰하나 はつ花 [하츠하나]

하코네유모토에서 가장 추천하는 소바 맛집

하코네유모토에서 가장 유명한 음식점으로 1934년 오픈하여 메밀 소바의 맛이 아주 일품인 곳이다. 직접 반죽한 메밀면은 쫄깃하고 양 또한 푸짐하여 한 끼 식사를 하기에 부족함이 없으며 하코네의 맑은 물과 하코네산에서 직접 채취한 마로 만든 마 소바는 최고 인기 메뉴이다. 마 소바 외에도 온소바, 자루 소바, 튀김 그리고 아이들이 함께 먹을 수 있는 덮밥도 있다. 본관과 근처 별관을 함께 운영을 하였으나 코로나19로 인해 별관은 임시 휴업 중이니 본관으로 찾아가도록 하자.

주소 神奈川県足柄下郡箱根町湯本635 위치 ❶ 하코네 등산 버스 온천장 입구(温泉場入口) 정류장에 하차하여 도보 2분 ❷ 하코네유모토(箱根湯本) 역 온천 거리 남쪽 출구(温泉街口(南))에서 도보 8분 전화 0460-85-8287 시간 10:00~19:00 / 수요일 휴무 메뉴 마 소바(山かけそば) 1,000엔, 세이로 소바(せいろそば) 1,200엔 홈페이지 hatsuhana.co.jp

유바동 나오키치 湯葉丼 直吉 [유바돈 나오키치]

분위기 좋은 유바와 두부 요리 전문점

하코네의 맑은 물로 만든 유바와 두부 요리를 파는 곳으로 유바가 듬뿍 들어간 따뜻한 나베 요리인 유바동이 맛있는 곳이다. 두부를 만들 때 두유를 끓이면 위에 막이 생기는데 이것을 걷어낸 것을 유바라고 하며 두부보다는 더 식감이 있고 고소하다. 우리가 먹는 순두부처럼 부드러운 두부 요리도 맛있는데 담백하지만 싱거워서 간장을 조금 넣고 먹는 것이 좋다. 내부 공간도 여유가 있고 하코네의 하야강早川을 내다보면서 기분 좋게 식사할 수 있다. 만석이라 줄을 설 때에는 번호표를 받고 족욕을 하는 공간이 있으니 발을 담그고 여유 있게 기다리자.

주소 神奈川県足柄下郡箱根町湯本696 위치 하코네유모토(箱根湯本) 역 온천 거리 남쪽 출구(温泉街口(南))에서 도보 2분 전화 0460-85-5148 시간 11:00~18:00 / 화요일 휴무 메뉴 유바동+두부+생유바 세트(湯葉丼と豆腐と湯葉刺しセット) 1,700엔 홈페이지 www.hakoneyumoto.com/eat/47

기노스케 喜之助 [키노스케]

숯불구이 생선 요리 전문점

숯불에 맛있게 구운 생선 요리를 파는 곳으로 전갱이와 고등어를 선택할 수 있고 생선 비린내도 없으며 가성비 좋은 식사를 할 수 있다. 숯불에 구워 기름기가 쫙 빠져서 담백하고 감칠맛이 좋아 현지인뿐만 아니라 관광객도 많이 찾는 곳이다. 또한 숯불에 구운 닭 요리와 돼지고지 요리도 맛있고, 전갱이튀김과 회도 시원한 맥주와 함께 안주로 먹기에 딱 적당하다. 테이블 좌석과 다다미 좌석을 모두 갖추고 있어 어린 자녀와 함께 여행을 한다면 다다미 좌석에서 편하게 식사할 수 있다. 점심 오픈 시간 전부터 줄을 서는 인기 음식점이니 식사 시간을 조금 피해 방문하는 것이 좋다.

주소 神奈川県足柄下郡箱根町湯本703-19 위치 하코네유모토(箱根湯本) 역 온천 거리 북쪽 출구(温泉街口(北))에서 도보 2분 전화 0460-83-8838 시간 11:00~14:00, 17:30~22:00 / 월요일 휴무 메뉴 전갱이 정식(あじ干物定食) 1,250엔, 기노스케 정식(喜之助定食) 1,500엔 홈페이지 www.kinosuke.co.jp

베이커리 & 테이블 ベーカリー&テーブル [베에카리-안도]

하코네에서 가장 인기 좋은 베이커리

모토하코네 선착장 옆에 위치한 베이커리 & 테이블은 하코네의 절경인 아시노호芦ノ湖의 자연을 감상하면서 60여 종의 다양하고 맛있는 빵이나 샐러드 그리고 음료를 맛볼 수 있어 뷰 맛집으로 소문난 곳이다. 빵과 케이크의 종류가 많아 취향대로 선택할 수 있고 맛도 괜찮으며 음료도 다양하게 준비가 되어 있다. 항상 손님이 많지만 자연을 감상하면서 족욕을 할 수 있는 공간이 준비되어 있고 야외 테라스도 있으니 날씨 좋은 날 자연을 벗 삼아 차 한 잔의 여유를 즐겨 보자.

주소 神奈川県足柄下郡箱根町元箱根9-1 위치 모토하코네 선착장에서 도보 1분 전화 0460-85-1530 시간 1F 베이커리 10:00~17:00 / 2F 카페 09:00~17:00 / 3F 레스토랑 11:00~18:00 메뉴 특제 핫 샌드 플레이트(特製ホットサンド・プレート) 2,880엔, 크로스티니 플레이트(クロスティーニ・プレート) 2,680엔, 오늘의 스프+빵(本日のスープセット(パン付き)) 1,980엔 홈페이지 www.bthjapan.com

가마쿠라 막부의 역사가 숨 쉬고 있는 도시

가마쿠라는 일본 근세 역사에서 중요한 역할을 한 지역이다. 3면은 산으로 둘러싸여 있고 남쪽은 바다인 천혜의 요새로 12세기 말부터 14세기 중반까지 군사적으로 중요한 거점이었다. 이러한 요건으로 막부 시대에는 정치적 중심지로 발전하였고, 도쿄로 정치의 중심이 옮겨가는 메이지 시대까지 실질적인 정치적 수도 역할을 하며 역사적인 도시로 발전했다. 찬란한 불교 문화의 중심인 사찰들이 있어 근대에 들어 관광지로 발전했고 가마쿠라의 남쪽 에노시마 지역도 낚시, 스킨스쿠버, 윈드서핑과 해수욕을 즐길 수 있는 레저 관광지로 변모하였다. 또한 인기 만화 〈슬램덩크〉의 무대가 되면서 가마쿠라와 에

노시마를 찾는 한국 관광객이 더 많아졌다. 일본의 근세 역사와 불교 문화를 둘러보고, 에노덴을 타고 마을을 여유 있게 돌아보는 힐링 여행을 즐길 수 있는 가마쿠라로 떠나 보자.

한 눈에 보는 지역 특색

옛 정취를 느낄 수 있는
사찰의 도시

아름다운 벚꽃길을
산책할 수 있는 힐링 코스

슬램덩크의 성지 순례
에노시마

가마쿠라
기타 가마쿠라
北鎌倉
엔카쿠사
円覚寺
히사카즈 치과 병원
久和歯科医院
도케이사
東慶寺
조치사
淨智寺
요코스가선 横須賀線
겐초사
建長寺
가마쿠라가쿠엔 중·고등학교
鎌倉学園中学校高等学校
발렌시아
Valencia
주후쿠사
寿福寺
쓰루가오카하치만궁
鶴岡八幡宮
고고쿠지
護国寺
야사카 오카미사
八坂大神社
미네모토
峰本
고테쓰
五鉄
타쓰미 신사
巽神社
이노우에 상점
井上商店
가마쿠라
鎌倉
가쓰규
勝牛
가마쿠라 대불
鎌倉大仏
야마카 가마쿠라점
やまかストアー鎌倉店
江ノ島電鉄線
와다즈카
和田塚
하세사
長谷寺
유이가하마
由比ヶ浜
다이센각
対僊閣
하세
長谷
에노시마전철선
요코스가선 横須賀線
21
303
311
32
134

에노시마

가타세야마
片瀬山
쇼난카이간코엔
湘南海岸公園
메지로야마시타
目白山下
쇼난에노시마
湘南江の島線
에노시마
江ノ島
가타세에노시마
片瀬江ノ島
가타세에노시마
片瀬江ノ島
고시고에
腰越
가마쿠라 고등학교
鎌倉高等学校
가마쿠라 코코마에
鎌倉高校前
에노시마전철선 江ノ島電鉄線
시치리가하마
七里ヶ浜
에노시마선 小田急江ノ島線
가타세히가시하마 해수욕장(
(片瀬東浜海水浴場
에노시마 벤텐바시
江の島弁天橋
도비초
とびっちょ
가이사쿠
貝作
에노시마 신사
江島神社
용연의 종
龍恋の鐘
에노시마 대사
江の島大師
지고가후치
稚児が淵

How to go?

가마쿠라 가는 방법

신주쿠新宿 역에서 JR 쇼난신주쿠 라인湘南新宿ライン을 이용하여 가마쿠라로 가는 방법과 시나가와品川 역에서 JR 요코스카선横須賀線을 이용하는 방법, 그리고 신주쿠에서 오다큐선小田急線을 이용하여 가타세에노시마片瀬江ノ島로 가는 방법이 있다. 신주쿠나 시나가와에서 출발해 JR 요코스카선으로 환승하여 기타가마쿠라北鎌倉 역에서 여행을 시작하는 것을 추천한다.

신주쿠新宿 역에서 이동하기

JR 신주쿠 역 1번 플랫폼에서 JR 쇼난신주쿠 라인湘南新宿ライン을 탑승하여 도쓰카戸塚 역을 거쳐 가마쿠라鎌倉 역으로 이동. 도쓰카 역에서 JR 요카스카선横須賀線으로 열차가 갈아타지만 직결 환승 열차이기 때문에 같은 열차에 머물면 된다. 13 정거장 이동.

시간 약 58분 소요 요금 950엔

시나가와品川 역에서 이동하기

JR 시나가와 역 15번 플랫폼에서 JR 요코스카선横須賀線을 탑승하여 기타가마쿠라北鎌倉 역으로 9 정거장 이동.

시간 약 45분 소요 요금 740엔

가타세에노시마片瀬江ノ島 역으로 이동하기

오다큐 신주쿠 역 2 · 3번 플랫폼에서(직통 열차 확인 필수) 오다큐선小田急線을 탑승하여, 가카세에노시마 역으로 5 정거장 이동.

시간 약 1시간 7분 소요 요금 1,400엔(지정석 요금)

TIP.

가마쿠라 여행 계획 시 주의 사항

가마쿠라 여행을 계획할 때 대부분 에노덴을 탑승하는 것으로 하여 하세와 에노시마까지 둘러보는 일정을 생각하는데, 이 긴 일정을 계획했다면 아침 일찍 서둘러야 한다. 가마쿠라에서 사찰을 보려면 기타가마쿠라 역에서부터 도보로 이동해야 하며 가마쿠라 오산을 둘러보는 데만 2~3시간이 소요된다. 또 에노덴으로 하세를 거쳐 에노시마까지 가는 구간도 볼거리가 많아 그곳에서도 소요되는 시간도 만만치 않다. 그러니 식사 시간도 아껴야 한다. 점심은 가마쿠라를 다 관광하고 가마쿠라 역에서 에노덴을 탑승하기 전에 해결하자. 또한 저녁 식사는 에노시마 관광을 마치고 에노덴 에노시마 역으로 돌아와서 간단히 먹거나 가마쿠라 역으로 돌아와 해결한 후 도쿄로 가는 게 좋다.

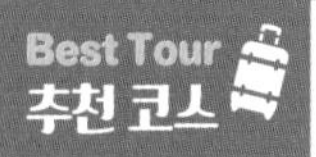

가마쿠라 – 에노시마 관광은 기타가마쿠라에서 시작하자. 도보로 이동하면서 가마쿠라의 관광지를 둘러보고 가마쿠라 역에서 에노덴을 탑승하여 에노시마 역에서 하차한 다음 걸어서 에노시마를 관광하자.

기타가마쿠라 역 → 도보 20분 → 겐초사 → 도보 5분 → 쓰루오카하치만궁 → 도보 15분 → 에노덴 가마쿠라 역 → 에노덴 5분 → 하세 역 → 도보 10분 → 가마쿠라 대불 → 도보 7분 → 하세사 → 도보 5분 → 하세 역 → 에노덴 15분 → 가마쿠라코코마에 역 → 도보 4분 → 가마쿠라 고등학교 → 도보 4분 → 가마쿠라코코마에 역 → 에노덴 8분 → 에노시마 역 → 도보 10분 → 에노시마 해변 → 도보 15분 → 에노시마

가마쿠라 오산

가마쿠라의 오산은 가마쿠라 시대 말기에 막부가 지정한 대표적인 5개의 사찰을 가리키며 가마쿠라에서 가장 중요한 사찰이라 할 수 있다. 도보로 기타가마쿠라 역에서 가마쿠라 역으로 이동하며 쉽게 둘러볼 수 있다.

엔카쿠사 円覚寺 [엔카쿠지]

가마쿠라 오산 중 제2의 사찰

가마쿠라 오산 중 제2의 사찰인 엔카쿠사는 중국의 경산, 만수사를 모방하여 만든 사찰이다. 1282년 호조토키무네가 설립할 때 땅속에서 엔카쿠교가 들어 있는 석궤가 나와 지금의 이름이 붙여졌다. 1287년 이후 잦은 화재로 사찰이 많이 소실되었고 1703년과 1923년 대지진으로 인해 대부분의 문화재가 파괴되었지만 국보인 사리전과 범종을 비롯한 중요 문화재가 많은 사찰이다.

주소 神奈川県鎌倉市山ノ内409 위치 JR 기타가마쿠라(北鎌倉) 역에서 도보 3분 전화 0467-22-0478 시간 3~11월 08:00~16:30, 12~2월 08:00~16:00 요금 일반 500엔, 어린이(초·중학생) 200엔 홈페이지 www.engakuji.or.jp

도케이사 東慶寺 [도케이지]

이혼을 원하는 여자를 위한 사찰

1285년 설립된 사찰로 1903년까지는 대대로 여자 승려가 이곳을 지켜 왔지만, 그 이후에는 남자 승려의 절이 되었다. 에도 시대에는 이혼을 하고 싶으면 남편 측의 요청에 의해서만 가능했는데, 이곳에서 3년간 수행을 하면 이혼이 인정되는 '연절사법'이라는 제도가 있어서 많은 여자들이 찾았다고 한다. 볼거리는 별로 없지만 꽃과 나무로 정원이 잘 가꾸어져 있어 산책하기에 좋은 곳이다.

주소 神奈川県鎌倉市山ノ内1367 위치 JR 기타가마쿠라(北鎌倉) 역에서 도보 3분 전화 0467-22-1663 시간 4~9월 08:30~16:30, 10~3월 08:30~16:00 요금 일반 200엔, 어린이(초·중학생) 100엔 홈페이지 tokeiji.com

조치사 淨智寺 [조오치지]

과거 가마쿠라 최대의 사찰

1283년도에 창건된 조치사는 11개의 탑두 사원이 있고 500여 명이 묵을 수 있는 곳이었다. 그래서 엔카쿠사에 버금갈 정도로 규모가 큰 사찰이었다고 한다. 그러나 가마쿠라 막부 시대가 저물고 1923년 관동 대지진으로 많은 사원들이 파괴되면서 지금은 작은 사찰로 남았다. 경내에 있는 칠복신상의 배를 쓰다듬으면 건강해진다는 속설이 있으니 이곳에 방문한다면 건강을 기원해 보자.

주소 神奈川県鎌倉市山ノ内1402 위치 JR 기타가마쿠라(北鎌倉) 역에서 도보 7분 전화 0467-22-3943 시간 09:00~16:00 요금 일반 200엔, 어린이(초·중학생) 100엔 홈페이지 jochiji.com

겐초사 建長寺 [겐초오지]

가마쿠라 오산 중 제1 사찰

입구부터 삼문三門이라는 큰 대문이 있는 겐초사는 가마쿠라 오산 중 으뜸으로 꼽히는 대규모 사찰로 볼거리가 많다. 1248년 창건되었고 중국 가람 건축 양식의 영향을 받았으며 과거에는 경내에서 중국어도 사용하였다고 한다. 봄이면 겐초사 경내에 멋들어진 벚나무와 운치 있는 조경으로 상쾌한 산책을 할 수 있으며 경내 가장 안쪽인 한소보半僧坊 뒤쪽 하이킹 코스로 올라가면 날씨가 좋은 날에는 후지산이 보인다. 국보인 범종을 비롯한 중요 문화재가 많으니 여유 있게 산책을 즐기며 여러 건축물을 둘러보자.

주소 神奈川県鎌倉市山ノ内8 위치 JR 기타가마쿠라(北鎌倉) 역에서 도보 20분 전화 0467-22-0981 시간 08:30~16:30 요금 일반 500엔, 어린이(초·중학생) 200엔 홈페이지 www.kenchoji.com

주후쿠사 寿福寺 [주후쿠지]

가마쿠라 오산 중 가장 오래된 사찰

가마쿠라의 다른 사찰과는 조금 떨어져 있어 한국 관광객이 많이 찾지 않는 곳이다. 이곳은 1200년에 창건된 사찰로 오산 중 가장 오래되었으며 여러 가마쿠라 무사들의 무덤이 있어 이를 기리기 위해 재를 올리는 사찰로 알려져 있다. 불전의 중앙에 있는 석가여래좌상은 중세 이후에 나라 시대의 기법으로 만든 극히 드문 불상이라 중요 문화재로 지정이 되어 있으며 가마쿠라의 선종 문화를 볼 수 있는 사찰이다.

주소 神奈川県鎌倉市扇ガ谷1-17-7 위치 JR 가마쿠라(鎌倉) 역에서 도보 10분 전화 0467-22-6607 시간 참배길 외에는 일반에 공개되지 않음 요금 무료

Tip

에노덴江ノ電 이용법

기타가마쿠라北鎌倉 역에 도착하여 여러 사찰을 둘러보면서 걷다 보면 가마쿠라鎌倉 역 동쪽 출구에 도착하게 된다. 여기서 역 오른쪽 지하 통로를 통해 반대편 서쪽 출구로 건너가야 하세長谷 지역과 에노시마江ノ島 지역으로 갈 수 있는 에노덴江ノ電 가마쿠라 역을 찾을 수 있다. 역 입구에 에노덴 티켓 발매기가 있는데 여기서 일정을 잘 짜야 한다. 가마쿠라 역 – 하세 역 – 에노시마 역으로 이동하고 가타세에노시마片瀬江ノ島 역에서 오다큐선小田急線을 탑승하여 도쿄로 돌아간다면 에노덴 1일 승차권을 구매할 필요가 없다. 하지만 가마쿠라 역–하세 역–에노시마 역–가마쿠라 역의 루트로 여행한 후 JR 요코스카선을 탑승하여 도쿄로 돌아간다면 에노덴 1일 승차권(노리오리쿤のりおりくん, 성인 800엔, 소인 400엔)을 구매하는 편이 더 저렴하다.

쓰루가오카하치만궁 鶴岡八幡宮 [쓰루가오카하치만구]

가마쿠라 막부의 상징이자 가장 인기 있는 사찰

가마쿠라 사찰 중 가장 많은 관광객이 찾고, 가장 많은 행사가 있어 볼거리가 풍성한 사찰이다. 이곳은 가마쿠라 막부 시대를 연 초대 장군인 미나모토 요리토모源頼朝를 기리기 위해 그의 아들이 1062년 창건하였다. 가마쿠라의 대표 사찰로 매월 행사가 개최되는데(홈페이지 참조) 여행 일정이 맞는다면 재미있는 볼거리가 될 것이다. 또 새해가 되면 소원을 빌기 위해 쓰루가오카하치만궁 계단에 많은 사람들이 모이는데, 만화 〈슬램덩크〉에 나와 더욱 유명해졌다. 또한 3월 말에서 4월 초에는 쓰루가오카하치만궁 정면에서 가마쿠라 역 입구까지 약 1km의 벚꽃 길이 펼쳐져 항시 많은 인파로 북적인다.

주소 神奈川県鎌倉市雪ノ下2-1-31 위치 JR 가마쿠라(鎌倉) 역에서 도보 10분 전화 0467-22-0315 시간 4~9월 05:00~21:00, 10~3월 06:00~21:00 요금 무료 홈페이지 www.hachimangu.or.jp

Tip

쓰루가오카하치만궁의 마쓰리 & 하나비 일정

- 1월 4일 조마신지
- 4월 둘째, 셋째 일요일 가마쿠라 마쓰리
- 8월 10일 가마쿠라 하나비
- 2월 3~4일 세스분
- 8월 7~9일 본보리 마쓰리
- 9월 14~16일 쓰루가오카하치만궁 마쓰리

하세 지역

일본의 3대 대불 중 하나인 가마쿠라 대불을 보기 위해 많은 여행객들이 찾는 지역으로 불교와 관련된 상점과 기념품 가게가 모여 있어 볼거리가 많다.

하세사 長谷寺 [하세데라]

가마쿠라 지역에서 가장 오래된 사찰

736년 창건된 하세사는 이 지역을 대표하는 사찰이자 가마쿠라를 통틀어 가장 오래된 사찰로 화재와 지진으로 무너진 경내를 재건하여 깨끗하게 관리되고 있는 곳이다. 이 사찰의 관음당에는 십일면관음보살十一面観音菩薩이 있는데 11개의 얼굴을 하고 있으며 높이가 무려 9.18m이고, 그 앞에 있는 목탁은 세계에서 가장 큰 것으로 알려져 있다. 이곳의 사원들은 모두 산 중턱에 있고 가마쿠라의 바다를 향한 것이 특징이다. 경내의 정원이 아름답게 꾸며져 있어 산책하는 기분으로 둘러보기에도 좋다.

주소 神奈川県鎌倉市長谷3-11-2 위치 에노덴 하세(長谷) 역에서 도보 5분 전화 0467-22-6300 시간 4~6월 08:00~17:00, 7~3월 08:00~16:30 요금 일반 400엔, 어린이(초·중학생) 200엔 홈페이지 www.hasedera.jp

가마쿠라 대불 鎌倉大仏 [가마쿠라 다이부쓰]

가마쿠라의 상징이자 일본 3대 불상 중 하나

고토쿠인 대불高徳院大仏, 하세의 대불長谷の大仏이라 불리는 가마쿠라 대불은 나라 도다이사의 비로자나 불과 도야마현의 다카오카 대불과 더불어 일본의 3대 대불 중 하나다. 높이 11.39m, 중량은 약 121톤의 대형 불상으로 가마쿠라의 상징이라 할 수 있으며 이 불상이 있는 고토쿠인高徳院은 이것 하나로 가마쿠라 최고의 인기 사찰이 되었다. 1252년부터 만들어진 가마쿠라 대불은 원래 대불전 안에 있었지만 지진과 화재로 대불전이 사라지면서 지금처럼 바깥에 있게 됐다. 대불 내부도 관람이 가능한데 입장료 외에 추가로 20엔을 지불해야 한다. 내부가 좁아서 30명 이상 동시 입장이 안 되기 때문에 사람이 많을 때는 줄을 서야 한다.

주소 神奈川県鎌倉市長谷4-2-28 위치 에노덴 하세(長谷) 역에서 도보 10분 전화 0467-22-0703 시간 4~9월 08:00~17:30, 10~3월 08:00~17:00 요금 일반 300엔, 어린이(초·중학생) 150엔 홈페이지 www.kotoku-in.jp

에노시마 지역

젊은 관광객은 가마쿠라의 사찰보다는 에노덴을 타고 이동하여 바다를 배경으로 한 에노시마를 둘러보는 일정을 더 선호한다. 도쿄 여행에서 유일하게 확 트인 바다를 볼 수 있는 곳으로 가마쿠라 중에서도 가장 추천하는 지역이다.

가마쿠라 고등학교 鎌倉高等学校 [카마쿠라 코-토-갓코오]

슬램덩크 마니아들의 성지

1928년 설립되어 100년에 가까운 역사를 가진 가마쿠라 고등학교는 인기 애니메이션 <슬램덩크>의 강백호를 비롯한 북산고의 주인공들이 다닌 학교로 잘 알려진 곳이다. 원래는 바닷가 마을의 평범한 학교이고, 예전에 만화로 나왔을 때는 인터넷이 발달하지 않은 시기여서 관광객들이 찾지 않았지만 최근 극장판 애니메이션이 상영되면서 많은 인기를 얻었다. 이 때문에 방문하는 관광객들이 많아지면서 무단으로 학교에 들어가는 관광객 때문에 출입이 통제되었고, 학교 앞 기찻길에서 사진을 찍으려는 관광객이 교통 질서를 지키지 않아 눈살을 찌푸리게 하는 경우가 있는데 모쪼록 매너를 지키는 여행자가 되도록 하자.

주소 神奈川県鎌倉市七里ガ浜2-21-1 위치 에노덴 가마쿠라코코마에(鎌倉高校前) 역에서 도보 4분 전화 0467-32-4851 시간 일반인 출입 금지

에노시마 신사 江島神社 [에노시마 진자]

상점가 끝에 위치한 에노시마의 관문

에노덴 에노시마 역에서 내려 에노시마로 건너가는 다리를 넘으면 가장 먼저 비탈길 양쪽으로 기념품 가게들이 줄지어 있는 모습이 들어온다. 이 비탈길을 올라가면 에노시마 신사가 눈에 들어오는데 552년에 창건되어 가마쿠라 무사 정권에도 영주들로부터 대대적으로 존경을 받았다고 한다. 재복財福을 주는 신을 모셨다고 하여 많은 관광객과 일본인이 재복을 기원하러 이곳을 찾는다. 신사로 올라가는 길에 있는 기념품 가게들도 볼거리가 많고 맛있는 간식도 판매하니 천천히 구경하면서 가자.

주소 神奈川県藤沢市江の島2-3-8 위치 ❶ 에노덴 에노시마(江ノ島) 역에서 도보 25분 ❷ 오다큐 가타세에노시마(片瀬江ノ島) 역에서 도보 20분 전화 0466-22-4020 시간 08:30~17:00 요금 무료 홈페이지 enoshimajinja.or.jp/hetsumiya

용연의 종 龍恋の鐘 [류-코이노카네]

사랑은 움직이지 않는다! 영원한 사랑을 맹세하는 곳

에노시마 신사 우측으로 돌아 나가 산책로를 따라 바다를 보면서 걷다 보면 오쿠쓰미야奥津宮가 나오는데 그대로 더 걸어가다 한적한 길에 접어들면 좌측으로 용연의 종으로 올라가는 길이 나온다. 이곳에는 아름다운 바다를 뒤로한 종이 하나 걸려 있다. 사랑하는 연인과 이 종을 치면 영원한 사랑이 이루어진다고 하여 연인들이 에노시마를 찾을 때 꼭 들르는 명소다. 오쿠쓰미야 근처 상점에서 사랑의 메시지를 쓰거나 부적을 걸 수 있는 기념품도 판매하고 있으니 연인과 함께 좋은 추억이 될 듯하다.

주소 神奈川県藤沢市江の島2-5 위치 에노시마 신사에서 도보 15분 전화 0466-24-4141 시간 24시간 요금 무료

Tip

에노시마의 바다 절경 포인트

★ 가타세히가시하마 해수욕장(片瀬東浜海水浴場)

에노시마 섬으로 넘어갈 때 왼쪽에 보이는 해변으로 접근성이 가장 좋고 서핑과 요트를 즐기는 많은 관광객들을 만날 수 있다. 만화 〈슬램덩크〉 마지막 부분에서 서태웅이 국가 대표 유니폼을 입고 조깅하다 강백호를 약 올리는 장면에 나오는 그 해수욕장이다.

★ 가마쿠라코코마에 역(鎌倉高校前駅)

가마쿠라코코마에 역 앞 바닷가 산책로를 따라 다음 정거장인 시치리가하마역七里ヶ浜駅까지 걸어가는 길이 너무도 아름답다. 중간에 카페들도 많아 바다를 바라보면서 여유 있는 시간을 보내기에 딱 좋은 해변이다.

★ 지고카후치(稚児ヶ淵)

에노시마에서 아름답고 넓은 바다를 보기에 딱 좋은 장소이지만 파도가 거칠고 안전사고가 빈번하게 발생하는 곳이다. 위험하니 멀리서 바다를 바라보는 것을 추천한다.

★ 에노시마 벤텐바시(江の島弁天橋)

가타세히가시하마 해수욕장片瀬東浜海水浴場에서 에노시마섬까지 이어지는 인도교인 에노시마 벤텐바시江の島弁天橋는 다리 주변의 넓은 바다를 조망할 수 있고 해질녘에 아름다운 석양을 감상하면서 거닐 수 있는 곳이다. 24시간 거닐 수 있지만 밤늦은 시간에는 가급적 통행을 삼가는 것이 좋으며 태풍이 오거나 기상 상황이 좋지 않을 때에는 이동을 통제하는 경우도 있다.

가마쿠라 추천 맛집

발렌시아 Valencia [바렌시아]

분위기 있는 미술관 옆 레스토랑

발렌시아 레스토랑은 기타가마쿠라 역에서 조용한 동네길을 따라 쓰루가오카하치만궁으로 걸어 내려가다 보면 만날 수 있는 조용하고 분위기 있는 곳이다. 1974년에 오픈하여 지금까지 운영하고 계신 인상 좋은 사장님이 인사를 건네는 이곳은 스페인 요리와 사장님이 직접 내려 주는 진한 향의 드립커피가 메인이다. 우리나라 관광객들이 많이 찾는 곳은 아니지만 걷다가 힘들 때 커피를 마시거나 점심 식사를 하며 쉬는 것도 나쁘지 않다.

주소 神奈川県鎌倉市雪ノ下2-9-23 위치 JR 기타가마쿠라(北鎌倉) 역에서 도보 25분, 가나가와 현립 근대 미술관 별관 옆 전화 0467-22-5000 시간 09:30~17:00 / 월요일 휴무 메뉴 갈라시아풍 해산물 파스타(海の幸とパプリカのガリシア風パスタ) 1,350엔, 커피(コーヒー) 500엔

미네모토 峰本 [미네모토]

흑임자 소바와 닭고기덮밥이 맛있는 곳

쓰루가오카하치만궁 입구 근처에 있는 미네모토는 여름철이면 시원한 소바를 먹기 위해 관광객과 현지인들이 많이 찾는 곳이다. 흑임자를 갈아 만든 소바는 식감이 쫄깃쫄깃하고 더 고소함이 느껴지며, 닭고기덮밥은 부드러운 닭고기가 큼지막하게 들어가고 양도 충분하여 소바와 함께 먹기에 딱 좋다. 가게 직원들도 친절하고 더운 날은 차가운 물수건도 준비되어 있으니 시원한 소바와 함께 더위를 날리자.

주소 神奈川県鎌倉市雪ノ下1-8-35 위치 쓰루가오카하치만궁 입구에서 도보 1분 전화 0467-22-4431 시간 11:00~15:30 메뉴 닭고기덮밥(親子丼) 1,780엔, 오리 소바(鴨せいろ) 1,830엔, 하늘 소바(天せいろ) 1,750엔 홈페이지 www5a.biglobe.ne.jp/~minemoto

고테쓰 五鉄 [고테츠]

푸짐한 해산물덮밥 전문점

최근 오픈한 음식점으로 신선하고 두툼한 해산물이 듬뿍 올라간 해산물덮밥이 맛있는 곳이다. 푸짐한 회와 해산물의 절반은 생와사비와 특제 간장 소스에 잘 비벼서 먹고, 나머지 절반은 녹차お茶漬け와 육수를 부어 먹으면 새로운 맛을 경험할 수 있다. 가마쿠라 역 주변에 회와 해산물덮밥집이 많지만 이곳은 맛도 좋고 인테리어도 깔끔하고 직원들도 친절하여 기분 좋게 식사하기에 적당하다.

주소 神奈川県鎌倉市雪ノ下1-6-28 위치 JR 가마쿠라(鎌倉) 역 동쪽 출구에서 도보 5분 전화 0467-80-2901 시간 11:00~17:00 메뉴 니데쓰(弐鉄) 1,958엔, 고데쓰(五鉄) 4,378엔 홈페이지 kamakura-gotetsu.com

이노우에 상점 井上商店 [이노우에쇼오텐]

장인 정신이 느껴지는 수타 우동 맛집

가마쿠라 역 앞 메인 거리인 고마치 거리小町通り 안쪽에 위치하고 있으며 가게도 작아 그냥 지나치기 쉬운 이곳은 자리도 8석인 아담한 가게이다. 가게는 작은데 주방장이자 사장님이 직접 수타로 만든 우동 면발은 정말 최고의 식감을 자랑한다. 면은 적당히 두껍고 기름칠을 한 것도 아닌데 윤기가 잘잘 흐르며 소스에 찍어서 먹으면 고개가 절로 끄덕여질 정도로 깔끔하고 맛있다. 뜨거운 우동과 차가운 우동을 선택할 수 있는데 식감을 느끼기 위해 무조건 차가운 우동을 추천하며 튀김이나 밥과 같이 먹을 수 있는 세트 메뉴를 추천한다. 참고로 현금으로만 결제 가능하다.

주소 神奈川県鎌倉市小町2-2-22 위치 JR 가마쿠라(鎌倉) 역 동쪽 출구에서 도보 4분 전화 0467-84-9095 시간 11:30~18:00 메뉴 가시와텐 정식(かしわ天定食) 1,650엔, 튀김 정식(天ぷら定食) 1,750엔

가쓰규 勝牛 [가츠규]

두툼한 규카쓰 전문점

가마쿠라 역 근처에 규카쓰나 돈카쓰 전문점이 여럿 있는데, 고기의 질과 양으로 볼 때 체인점이지만 가쓰규가 가장 괜찮다. 밥은 무료로 추가가 가능하고 질 좋은 고기를 재료로 써서 식감도 좋고 맛도 괜찮다. 다양한 조미료가 있지만 와사비와 소금을 각각 올려 먹는 것이 느끼함을 잡아 주고 가장 깔끔하다. 돈카쓰 메뉴도 있지만 규카쓰 전문점에서는 역시 규카쓰를 주문하자.

주소 神奈川県鎌倉市御成町11-3 위치 에노덴 가마쿠라(鎌倉) 역 서쪽 출구에서 도보 1분 전화 0467-39-5629 시간 11:30~18:00 메뉴 소 등심 가쓰(牛ロースカツ膳) 1,380엔, 소갈비 등심 가쓰(牛リブロースカツ膳) 1,280엔 홈페이지 gyukatsu-kyotokatsugyu.com

도비초 とびっちょ [토빗초]

에노시마 최고의 해산물덮밥

에노시마 입구의 기념품 거리 시작점에 위치한 도비초는 적당한 가격에 신선한 회와 해산물을 가득 담은 덮밥을 판매하는 음식점이다. 식사 시간에는 대기하는 사람이 많으니 도착하자마자 대기표를 받고 기다리다 번호를 부르면 안내에 따라 들어가면 된다. 이곳의 최고 인기 메뉴는 뱅어(작은 멸치의 일종)가 듬뿍 올라간 덮밥과 튀김인데 뱅어만 올라간 오리지널 덮밥과 여러 가지 횟감이 함께 올라간 믹스 덮밥을 추천한다. 재료도 신선하고 양도 푸짐하며 와사비와 특제 간장 소스를 뿌려서 비벼 먹으면 비린내 없이 깔끔하고 맛있게 먹을 수 있다. 뱅어를 비롯하여 다양한 재료를 얹은 덮밥과 뱅어 튀김을 주문하여 먹는 것을 가장 추천한다.

주소 神奈川県藤沢市江の島2-1-9 위치 ❶ 에노덴 에노시마(江ノ島) 역에서 도보 23분 ❷ 오다큐 가타세에노시마(片瀬江ノ島) 역에서 도보 18분 전화 0466-29-9090 시간 11:00~21:00 메뉴 도비초 덮밥(とびっちょ丼) 2,380엔, 가마아게 뱅어덮밥(釜揚げしらす丼) 1,180엔, 뱅어튀김(しらすのかき揚げ) 950엔 홈페이지 tobiccho.com/shops/benzaiten

가이사쿠 貝作 [카이사쿠]

에노시마에서 가장 큰 음식점

에노시마 입구에 위치한 가이사쿠는 에노시마에서 가장 큰 음식점이자 가장 다양한 먹거리를 판매하는 곳이다. 입구 주변에서 숯불에 구운 조개, 소라, 옥수수 등 가볍게 먹을 수 있는 간식도 판매하며, 내부로 들어가면 생선구이, 회덮밥, 회정식 등 다양한 식사 메뉴도 준비되어 있다. 회덮밥은 길 건너 도비초보다 질과 양이 많이 부족하기 때문에 이곳에서는 오징어통구이, 생선구이, 조개구이를 먹는 것을 추천한다.

주소 神奈川県藤沢市江の島1-3-20 위치 ❶에노덴 에노시마(江ノ島) 역에서 도보 22분 ❷ 오다큐 가타세에노시마(片瀬江ノ島) 역에서 도보 17분, 에노시마 관광안내소 앞 전화 0466-22-3759 시간 월~금 11:00~20:00, 토·일·공휴일 10:00~20:00 메뉴 생선구이(焼き魚) 1,200엔, 오징어통구이(いかの丸焼き) 950엔 홈페이지 enoshima-kaisaku.owst.jp

역사와 문화, 때 묻지 않은 자연이 살아 있는 곳

하코네와 더불어 도쿄 근교의 손꼽히는 관광지 중 하나인 닛코는 역사와 문화 그리고 때 묻지 않은 자연을 가지고 있다. 에도 시대에 많은 사람이 일생에 한 번만이라도 닛코에 방문하는 것이 소원이었다고 하니 일본인에게 닛코를 빼놓고는 자연의 아름다움을 논할 수 없다고 한다. 닛코라는 지명은 800년대부터 있었다고 전해지고 있으나 실제로 이곳이 사람들에게 많이 알려지기 시작한 시점은 가마쿠라 막부 시대부터이다. 유네스코 세계 문화유산으로 지정된 문화재가 많아 역사와 문화를 동시에 느낄 수 있는 곳이며 주젠지호中禅寺湖와 게곤 폭포華厳の滝 등 자연의 아름다움까지 만끽할 수 있

다. 최근 닛코를 제대로 둘러보려면 하루 이상의 시간을 내야 하고 비용도 많이 들지만, 그만큼의 만족을 얻을 수 있는 관광지다.

한 눈에 보는 지역 특색

때묻지 않은 자연의 아름다움

세계 문화유산으로 지정된 문화재

도쿄 근교의 손꼽히는 힐링 여행지

닛코
펜션 포코아포코
ペンションポコアポコ
원 모어 타임
ONE MORE TIME
펜션 듀엣
ペンション デュエット
기타노 신사
北野神社
닛코 도칸소
日光 東観荘
닛코 오구라산 온천 슌쿄우테이
日光小倉山温泉 春曉庭
기리푸리 플라자
霧降プラザ
호텔 세이고엔
ホテル清晃苑
후타라산 신사
二荒山神社
도쇼궁
東照宮
우메야시키 료칸
梅屋敷旅館
묘게쓰보
妙月坊
린노사 대유원
輪王寺大猷院
린노사
輪王寺
닛코 하나부사
日光はなぶさ
호텔 내추럴 가든 닛코
ホテル ナチュラルガーデン日光
← 주젠지호 방향
中禅寺湖
게곤 폭포 방향
華厳の滝
아케치다이라 전망대 방향
明智平展望台
신교
神橋
닛코 센히메 이야기
日光千姫物語
도부닛코
東武日光
엔야
えんや
닛코
日光
교자노우메찬
餃子のうめちゃん
닛코 우쓰노미야 도로 日光宇都宮道路
아즈마
あずま
닛코 사카에야 튀김 유바만주日光
さかえや 揚げゆばまんじゅう
122
119
247
277
120
14

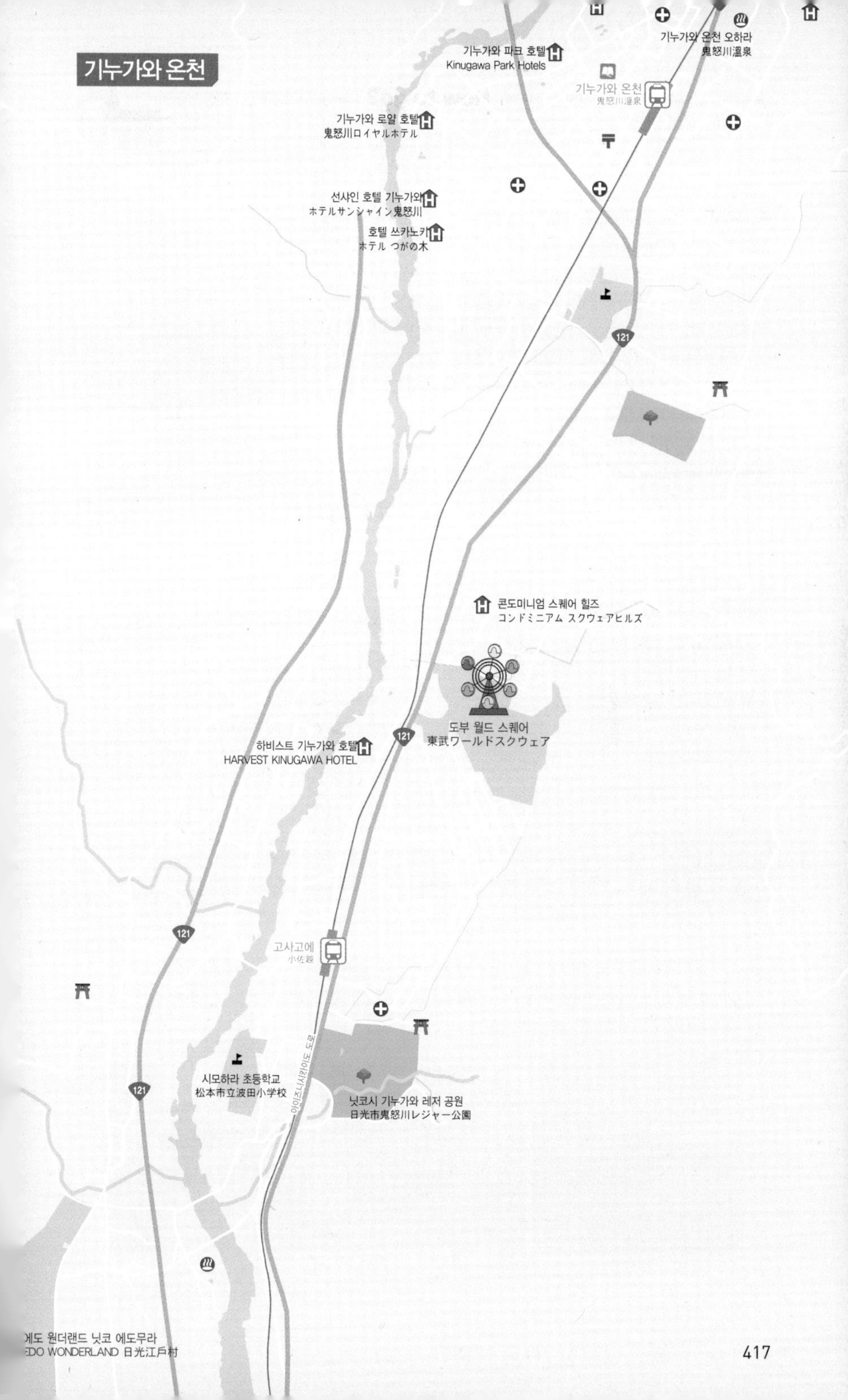
기누가와 온천
기누가와 온천 오하라
鬼怒川溫泉
기누가와 파크 호텔
Kinugawa Park Hotels
기누가와 온천
鬼怒川溫泉
기누가와 로얄 호텔
鬼怒川ロイヤルホテル
선샤인 호텔 기누가와
ホテルサンシャイン鬼怒川
호텔 쓰카노키
ホテル つがの木
콘도미니엄 스퀘어 힐즈
コンドミニアム スクウェアヒルズ
도부 월드 스퀘어
東武ワールドスクウェア
하비스트 기누가와 호텔
HARVEST KINUGAWA HOTEL
121
고사고에
小佐越
시모하라 초등학교
松本市立波田小学校
닛코시 기누가와 레저 공원
日光市鬼怒川レジャー公園
에도 원더랜드 닛코 에도무라
EDO WONDERLAND 日光江戸村

How to go?

닛코 가는 방법

도쿄에서 닛코로 갈 때 도부선東武線 아사쿠사浅草 역에서 출발하는 것이 가격과 시간을 고려할 때 가장 좋은 방법이다. 이케부쿠로池袋 역에서 출발하는 JR 특급特急을 이용하여 이동하는 방법도 있지만 갈아타야 하고, 시간과 비용이 더 들기 때문에 JR 패스가 없다면 추천하지 않는다. 신칸센을 이용하면 시간은 줄일 수 있지만 비용이 많이 들어 이 또한 JR 패스가 없다면 이용하지 않는 것이 좋다. 고속버스나 정기 관광버스를 이용하여 가는 방법도 있는데 비용이 그다지 저렴하지 않고, 갈아타야 하며 이동 시간도 오래 걸린다. 따라서 닛코를 관광할 예정이라면 일정을 착실히 준비한 후 도부선과 결합한 패스를 구입하여 비용과 시간을 절약하는 것이 좋다.

아사쿠사浅草 역에서 이동하기 (닛코 올 에어리어 패스 소지자, 특급권 추가 구매)

도부선東武線 아사쿠사 역 3, 4번 플랫폼(예약 열차 플랫폼 확인)에서 특급 게곤特急華厳 혹은 특급 리버티게곤特急リバティ華厳를 탑승하여 도부닛코東武日光 역에 하차.

시간 약 1시간 45분 소요

도쿄東京 역에서 이동하기 (JR패스 소지자)

JR 도쿄 역에서 신칸센新幹線 코다마こだま(티켓에 맞는 신칸센 발차 플랫폼 확인)를 이용하여 우쓰노미야 역宇都宮駅에 하차한 후, 5번 플랫폼에서 JR 닛코선日光線으로 환승하여 JR 닛코 역으로 이동.

시간 약 1시간 50분 소요(환승 대기 시간 제외)

Best Tour 추천 코스

닛코를 여행할 때는 닛코 올 에어리어 패스를 이용하는 것을 가장 추천하며, 닛코 세계 문화유산 지역과 주젠지호 일대를 둘러보는 하루 일정을 준비하자.

도부닛코 역 → 도보 1분 → 버스승차장 → 버스 35분 + 도보 2분 → 주젠지호 → 도보 5분 → 게곤폭포 → 도보 3분 + 버스 25분 + 도보 10분 → 후타라산 신사 도보 3분 → 도쇼궁 → 도보 7분 → 린노사 → 도보 10분 + 버스 10분 → 도부닛코 역

주젠지호

도쇼궁

린노사

닛코 패스 이용하기

닛코 패스는 닛코 패스 월드 헤리티지 에어리어(NIKKO PASS WORLD HERITAGE AREA)와 닛코 패스 올 에어리어(NIKKO PASS ALL AREA) 두 종류로 구분되는데, 많은 관광객이 어떤 것을 구매해야 할지 헷갈려 한다. 공통된 사용 지역은 닛코 세계 문화유산 지역과 기누가와 온천 지구이며, 올 에어리어 패스에는 주젠지 · 유모토 온천 지역이 추가로 포함되고 헤리티지 패스에는 포함되지 않는다. 또한 올 에어리어 패스는 유효 기간이 4일이고 헤리티지 패스는 유효 기간이 2일이다.

★ 패스 판매처

온라인으로 사전 구매를 할 수 있으나 기상 상황을 확인하고 출발해야 하니 도부선 아사쿠사 역 북쪽 출구 바로 앞 관광 안내 센터(영업 시간 07:20~19:00)에서 구입하는 것을 추천한다.

홈페이지 www.tobu.co.jp

★ 닛코 패스 월드 헤리티지 에어리어

닛코의 핵심 관광지인 닛코 세계 문화유산 지역을 중심으로 북쪽의 기누가와 온천 지구의 버스·철도 무료 탑승 및 입장권 할인을 받을 수 있다. 다만 특급권은 불포함이라 별도로 끊어야 하며 신사·절의 입장권도 별도로 끊어야 한다. (유효 기간 2일)

요금

어 른(12세 이상)	어린이(6~11세)
2,120엔	630엔

포함 사항

- 도부 아사쿠사~시모이마이치下今市 구간 1회 왕복 승차권 (특급권 별도 구매).
- 닛코 세계 문화유산 지역의 도부 버스 무료.
- 시모이마이치에서 도부 닛코·신후지와라 구간의 철도 무료.

할인 사항

- 도부 월드 스퀘어 할인.
- 에도 원더랜드 닛코 에도무라 할인.
- 닛코 패스 마크가 있는 가게에서 할인 특전.

★ 닛코 패스 올 에어리어

닛코의 전 지역을 관광할 때 유용한 패스로 버스·철도 무료 탑승 및 입장권 할인을 받을 수 있다. 다만 특급권은 불포함이라 별도로 끊어야 하며 신사·절의 입장권도 별도로 끊어야 한다. (유효 기간 4일)

요금

날짜	어 른 (12세 이상)	어린이 (6~11세)
4월 20일~11월 30일	4,780엔	1,330엔
12월 1일~4월 19일	4,160엔	1,080엔

포함 사항

- 도부 아사쿠사~시모이마이치下今市 구간 1회 왕복 승차권 (특급권 별도 구매).
- 닛코의 도부 버스 전 노선, 에도무라 순환버스, 기누가와선 버스, 저공해 버스(이용 가능 날짜 홈페이지 참고 바람) 탑승 가능.
- 아케치다이라明智平 로프웨이 이용 가능(이용가능 날짜 홈페이지 참고 바람).
- 주젠지호 유람선 탑승 가능.

할인 사항

- 도부 월드 스퀘어 할인.
- 에도 원더랜드 닛코 에도무라 할인.
- 닛코 패스 마크가 있는 가게에서 할인 특전.

특급 열차 승차권 구매하기

도부선 아사쿠사 역과 도부닛코 역을 왕복할 때는 추가 운임을 내고 티켓을 구매해야 한다. 온라인으로 사전 구매할 수도 있지만, 닛코 여행은 날씨의 영향을 많이 받으므로 기상 상황을 체크한 후 도부 아사쿠사 역 관광 안내 센터에서 패스와 함께 구매하는 것을 권장한다. (요일 및 열차 등급에 따라 요금이 다름)

닛코산 세계 문화유산 지역

닛코산 세계 문화유산 지역은 역사적인 사찰들이 있어 볼거리가 다양하다. 날씨가 좋다면 먼저 주젠지 지역을 올라가서 관광을 하고 내려오는 길에 둘러보는 것을 추천한다.

린노사 輪王寺 [린노-지]

닛코 일대의 사찰과 신사를 대표하는 절

나라 시대에 건립된 린노사는 닛코 일대의 모든 사찰과 신사를 포함하는 거대한 절이었으나 메이지 시대에 들어서 사찰과 신사들이 분리되었다. 이곳은 대유원 사당 본전大猷院霊廟本殿과 대반열반경집해大般涅槃経集解 59권을 비롯한 국보와 88개의 중요 문화재가 있는 역사적으로 중요한 사찰이다. 문화재는 대부분이 불교와 관련된 것들이다. 린노사에 들어서면 31톤의 돌을 조각하여 만든 쇼도쇼닌상勝道上人像을 만날 수 있으며 닛코에서 가장 큰 목조 건물인 산부쓰도三仏堂 본당이 있다. 도쿠가와 이에미쓰徳川家光에 의해 건축되었고 불교 경전 1,000여 점을 보관한 청동탑인 소린토相輪橖도 볼 수 있다. 1999년에 세계 문화유산으로 지정되었다.

주소 栃木県日光市山内2300 위치 도부닛코(東武日光)역에서 도부 버스를 탑승하여 오모테산도(表参道) 정류장(83번) 하차, 도보 5분 전화 0288-54-0531 시간 4~10월 08:00~17:00, 11~3월 08:00~16:00 요금 성인(고등학생 이상) 900엔, 초·중학생 400엔 / 보물관·정원 관람 입장권 별도 구매(홈페이지 참고) 홈페이지 www.rinnoji.or.jp

도쇼궁 東照宮 [도-쇼오구]

많은 예술적인 건축물을 볼 수 있는 사찰

막부 시대를 연 도쿠가와 이에야스徳川家康를 신으로 모시는 사찰이다. 그의 아들인 도쿠가와 히데타다徳川秀忠가 그의 묘를 이곳으로 이장하면서 만든 작은 신사였으나 손자인 도쿠가와 이에미쓰徳川家光에 의해 대규모 사찰로 개수되었다. 정문에 해당하는 요메이몬陽明門을 비롯한 10개의 국보와 45개의 중요 문화재가 있어 볼거리가 많은 곳으로 대부분의 건축물이 국보와 중요 문화재로 지정되어 있다. 많은 건축물이 중국의 영향을 받았으며 화려한 금장식과 섬세하고 화려한 색으로 옷을 입은 건축물들을 보고 있자면 시간 가는 줄 모른다. 닛코의 사찰 중 가장 볼거리가 많아 다른 곳보다 더 많은 시간을 할애하여 관람할 것을 추천한다. 1999년 세계 문화유산으로 지정되었다.

주소 栃木県日光市山内2301 위치 도부닛코(東武日光)역에서 도부 버스를 탑승하여 오모테산도(表参道) 정류장(83번)에 하차 후 도보 10분 전화 0288-54-0560 시간 4~10월 09:00~17:00, 11~3월 09:00~16:00 요금 성인(고등학생 이상) 1,300엔, 초·중학생 450엔 / 보물관·미술관 입장권 별도 구매(홈페이지 참고) 홈페이지 www.toshogu.jp

후타라산 신사 二荒山神社 [후타라산 진자]

닛코 후타라산의 신에게 제사를 지내기 위한 신사

닛코 세계 문화유산 지역의 가장 높은 곳에 위치한 신사로, 767년 쇼도 승려가 닛코의 후타라산 신에게 제사를 지내기 위해 만든 곳이다. 전국 시대에 도요토미 히데요시豊臣秀吉에게 영지가 몰수되었다가 1619년 도쿠가와 기데타다徳川秀忠에 의해 본전이 재건되면서 지금의 모습을 갖추기 시작하였다. 2개의 국보와 44개의 중요 문화재가 있는 이곳은 대부분의 건축물이 신에게 제사를 지내기 위한 사당이다.

주소 栃木県日光市山内2307 위치 도부 닛코(東武日光) 역에서 도부 버스를 탑승하여 다이유인후타라산진자마에(大猷院二荒山神社前) 정류장(85번) 하차, 도보 2분 전화 0288-54-0535 시간 4~10월 08:00~17:00, 11~3월 08:00~16:00 요금 무료 / 보물관 입장권 별도 구매(홈페이지 참고) 홈페이지 www.futarasan.jp

린노사 대유원 輪王寺大猷院 [린노지 다이유인]

도쿠가와 이에미쓰를 기리는 사당

도쿠가와 이에미쓰徳川家光를 기리는 사당으로 그의 아들인 도쿠가와 이에쓰나徳川家綱에 의해 1653년에 완성되었다. 도쇼궁과 비슷하게 화려한 건축물들이 눈에 들어오는데 대부분 금장과 붉은색을 기본으로 하고 있으며 각 건축물의 세밀함은 도쇼궁보다 더 뛰어나다고 할 수 있다. 늦은 오후에 어둠이 내려오기 시작하면 린노사 대유원의 대표 건축물인 야샤몬夜叉門의 금빛 야경이 탄성을 자아낸다. 1999년에 세계 문화유산으로 지정되었다.

주소 栃木県日光市山内2300 위치 도부닛코(東武日光) 역에서 도부 버스를 탑승하여 다이유인후타라산진자마에(大猷院二荒山神社前) 정류장(85번) 하차, 도보 2분 전화 0288-54-0531 시간 4~10월 08:00~17:00, 11~3월 08:00~16:00 요금 성인(고등학생 이상) 550엔, 초·중학생 250엔 홈페이지 www.rinnoji.or.jp/temple/taiyuuin

Tip

닛코에서 버스 탑승하기

닛코에서 여러 관광지를 가기 위해서는 버스 정류장에서 도부東武 버스를 탑승하는데 목적지 표시를 꼭 확인하고 탑승해야 한다. 자칫 방향을 거꾸로 갈 수 있으니 출발 전 하차할 목적지의 정류장을 꼭 확인하자.

신교 神橋 [신쿄오] 

닛코에서 가장 유명한 포토 스폿

닛코의 상징이자 일본 3대 아름다운 다리 중 하나인 신교는 길이 28m로 자연과 어우러져 아름답다. 원래는 닛코를 가로지르는 다이야강大谷川에 8개의 목조 다리가 있었는데 모두 사라지고 1636년에 다리 하나가 재건되었으며 1792년 색을 입혔다. 하지만 1902년에 홍수로 다시 유실되었다가 1904년에 지금의 신교 모습으로 재건되었으며 1999년에 세계 문화유산으로 지정되었다. 신교는 닛코에서 가장 아름다운 건축물 중 하나이니, 이곳을 배경으로 기념사진을 꼭 남기도록 하자.

주소 栃木県日光市上鉢石町 위치 도부닛코(東武日光) 역에서 도부 버스를 탑승하여 신교(神橋)정류장(7번) 하차, 도보 1분 전화 0288-54-0535 홈페이지 www.shinkyo.net

주젠지호 지역

울창하고 아름다운 산과 멋진 폭포, 그림 같은 호수가 어우러진 닛코의 자연 절경을 감상할 수 있는 핵심 지역이다. 주젠지호 북쪽에 위치한 유모토 온천 지역은 숙박을 하기에 괜찮지만 일반 관광 일정에서는 시간이 많이 소요되어 제외하는 것이 좋다.

주젠지호 中禅寺湖 [주젠지코] 

가을 단풍의 절경과 함께 보는 자연 호수

약 2만 년 전 난타이산男体山의 분화로 물길이 막혀 생긴 자연 호수다. 일본에서 가장 높은 고도에 위치한 호수이자 25번째로 규모가 큰 곳이다. 가을이 되면 단풍과 어우러진 호수의 절경이 아름다워 많은 관광객이 찾으며 서양 어류의 방류 및 양식 덕분에 낚시터로도 유명한 곳이다. 유람선을 탑승하면 주젠지호의 맑은 물속이 훤히 비쳐 쉽게 물고기를 볼 수 있다. 주변에 캠핑 시설도 마련되어 있어 가족 단위의 관광객이 여행하기 좋다. 유람선은 짧게는 10분, 길게는 60분을 탑승할 수 있는데 봄이나 여름에는 10분 코스도 괜찮지만 가을에는 주젠지호와 주변의 단풍을 충분히 감상할 수 있는 60분 코스를 추천한다.

주소 栃木県日光市中宮祠2478-21 위치 도부닛코(東武日光) 역에서 도부 버스를 탑승하여 후네노에키주젠지(船の駅中禅寺) 정류장(28번) 하차, 도보 1분 전화 0288-55-0360 시간 유람선 09:00~17:00 요금 닛코 패스 올 에어리어 소지자는 무료(탑승 구간에 따라 요금이 다르므로 홈페이지 참고) 홈페이지 www.chuzenjiko-cruise.com

게곤 폭포 華厳の滝 [게곤노 타키]

일본의 3대 폭포 중 하나

2007년 일본의 지질 100선에 선정되었고 일본 3대 폭포 중 하나다. 난타이산 맑은 물줄기가 97m 아래로 떨어지는 모습이 웅장하며 폭포 중간에 열두 갈래 물줄기의 작은 폭포가 더해져 장관을 이룬다. 가을 단풍 사이로 떨어지는 게곤 폭포의 모습을 보기 위해 많은 관광객이 몰린다. 엘리베이터를 타고 전망대로 올라가면 더 가까이서 이 모습을 볼 수 있으며 이곳에서 조금 떨어진 아케치다이라明智平 전망대에 오르면 난타이산과 주젠지호를 비롯하여 게곤 폭포의 절경을 함께 감상할 수 있다.

주소 栃木県日光市中宮祠2479-2 위치 도부닛코(東武日光) 역에서 도부 버스를 탑승하여 주젠지온센(中禪寺溫泉) 정류장(26번) 하차, 도보 5분 전화 0288-55-0030 시간 엘리베이터 12월~2월 09:00~16:30, 3월~11월 08:00~17:00 요금 엘리베이터 중학생 이상 570엔 , 초등학생 340엔 홈페이지 www.nikko-kankou.org/spot/5

아케치다이라 전망대 明智平展望台 [아케치다이라텐보-다이]

게곤 폭포와 주젠지호 절경을 한눈에 볼 수 있는 전망대

게곤 폭포에서 조금 떨어진 아케치다이라 전망대는 난타이산과 주젠지호를 비롯하여 게곤 폭포의 절경을 한눈에 감상할 수 있다. 아케치다이라에서 로프웨이를 타고 전망대로 이동하게 되는데, 이동하는 동안에도 절경을 감상할 수 있어 주젠지 지역에서 가장 추천하는 관광 상품 중 하나이다. 단풍이 절정인 가을에는 사람들이 많아 긴 줄을 서야 할 수도 있지만 그만큼 절경을 감상할 수 있는 코스이기 때문에 꼭 로프웨이를 탑승하여 전망대를 방문하자.

주소 栃木県日光市細尾町深沢 위치 도부닛코(東武日光) 역에서 도부 버스를 탑승하여 아케치다이라(明智平) 정류장(24번) 하차, 도보 5분 전화 0288-55-0331 시간 09:00~15:30 입장료 닛코 패스 올 에어리어 소지자는 무료 / 중학생 이상 1,000엔 , 초등학생 500엔(왕복 요금) 홈페이지 www.nikko-kotsu.co.jp/ropeway

기누가와 온천 지역

기누가와 지역에는 여러 테마파크가 있지만 가격도 비싸고 가성비가 좋지 않아 너무 기대하면 실망이 큰 지역이다. 기누가와 지역은 온천물이 좋아 숙박하기에는 괜찮은 숙소가 많지만 일반 관광으로는 크게 추천하지 않는다.

에도 원더랜드 닛코 에도무라 EDO WONDERLAND 日光江戸村 [에도완다-란도 닛코에도무라]

에도시대의 문화와 생활을 체험할 수 있는 테마파크

1986년 오픈한 에도 원더랜드는 시대의 생활상을 그대로 볼 수 있으며 체험 공간과 테마 극장이 있어 문화와 역사를 돌아볼 수 있는 테마파크다. 우리나라 사람들은 일본의 에도 시대의 문화나 생활에 대해 잘 몰라 흥미가 좀 떨어지기도 하지만 닌자의 활극을 볼 수 있고 체험이 가능한 어트랙션도 인기가 있다. 이 시대를 배경으로 한 드라마나 CF 촬영도 종종 있어 다양한 볼거리를 제공해 주지만 오랫동안 머물 정도는 아니다. 닛코 에도무라와 도부 월드 스퀘어의 둘 중 한 곳만 선택해야 한다면 가격 대비 만족도가 높은 도부 월드 스퀘어를 추천한다.

주소 栃木県日光市柄倉470-2 위치 기누가와온센(鬼怒川温泉) 역에서 다이얼 버스를 이용하여 종점에서 하차 전화 0288-77-1777 시간 09:00~17:00 / 수요일 휴무 요금 1일권 13세 이상 5,800엔, 6~12세 3,000엔 홈페이지 edowonderland.net

도부 월드 스퀘어 東武ワールドスクウェア [도부 와-루도 스쿠웨아]

세계 유명 건축물을 축소 재현한 테마파크

세계 각국의 유적지나 유명 건축물을 축소하여 재현해 놓은 도부 월드 스퀘어는 14만 개의 미니어처를 설치하여 현지의 생동감을 느낄 수 있는 곳이다. 1993년 오픈하여 세계 21개 나라, 100여 점의 건축물이 있으며 현대의 일본 모습까지 재현하여 이곳을 둘러보면 세계 여행을 다녀온 듯한 느낌이다. 각 시설물마다 포토존이 마련되어 있는데 그곳을 실제 관광한 듯한 기념사진을 찍을 수 있어 관광객들에게 호응을 얻는 곳이다.

주소 栃木県日光市鬼怒川温泉大原209-1 위치 도부월드스퀘어역(東武ワールドスクウェア駅) 바로 앞 전화 0288-77-1055 시간 09:00~17:00 요금 성인 2,800엔, 어린이 1,400엔 홈페이지 www.tobuws.co.jp

닛코 추천 맛집

아즈마 あずま [아즈마]

이색적인 유바 음식을 접할 수 있는 곳

아즈마는 가성비 괜찮은 소바와 유바 튀김을 먹을 수 있는 곳이다. 유바는 우리에게는 낯선 음식인데, 두부 껍질 같은 것이라 생각하면 된다. 두유를 끓이면 위에 막이 생기는데 그것을 건져서 식히면 유바가 된다. 유바가 들어가 있는 온溫소바나 라멘이 이곳의 메인 메뉴이고 유바를 뺀 가케 소바도 판매한다. 유바를 넣은 만두나 유바를 말아서 만든 튀김도 있으니 가볍게 식사를 하고자 할 때 가 보자.

주소 栃木県日光市松原町10-6 위치 도부닛코(東武日光) 역 출구에서 도보 1분 전화 0288-54-0123 시간 11:00~19:00 / 화요일 휴무 메뉴 유바만두(ゆば焼売) 600엔, 유바튀김(日光ゆば唐揚) 600엔, 가케 소바(かけそば) 500엔 홈페이지 nikkotoukou.shop-pro.jp

닛코 사카에야 튀김 유바만주 日光さかえや 揚げゆばまんじゅう [닛코사카에야아게유바만주]

닛코 대표 간식 유바 만주 판매점

단맛 나는 소가 들어 있고 겉을 유바로 감싸서 튀겨 낸 유바만주는 겉은 바삭하고 속은 촉촉한 닛코의 대표 간식이다. 유바의 식감도 좋고 맛있어서 아이들도 쉽게 먹을 수 있는 간식으로 가게 앞에 벤치가 있어 가게에서 무료로 주는 차와 함께 편하게 먹을 수 있다. 기차가 도착하는 시간에 사람들이 많이 구매하는데 미리 만들어 놓아서 긴 줄을 서지는 않으며 일하시는 분들이 모두 친절하다. 닛코를 여행할 때 식사를 할 곳이 정해져 있지 않다면 미리 튀김 유바만주를 간식으로 사 두는 것도 좋다.

주소 栃木県日光市松原町10-1 위치 도부닛코(東武日光) 역 출구에서 도보 1분 전화 0288-54-1528 시간 09:30~17:30 메뉴 튀김 유바만주 5개(揚げゆばまんじゅう) 1,200엔 홈페이지 www.sakaeya.net

교자노우메찬 餃子のうめちゃん [교자노우메찬]

라멘 가게인데 만두가 더 맛있는 곳

간장 라멘醤油ラーメン과 된장 라멘味噌ラーメン을 파는 가게인데, 라멘보다 만두가 더 맛있는 곳이다. 라멘은 특별하지는 않지만 가성비가 괜찮고 매운 라멘의 경우에는 밥을 말아 먹기에도 적당하다. 만두는 마늘이 들어간 만두와 생강이 들어간 만두가 대표적인데 생소한 생강보다는 마늘 만두를 더 추천한다. 마늘 만두는 육즙이 풍부하고 다진 마늘이 들어가 있어서 느끼하지 않아 맛있으니 이 가게를 찾는다면 라멘과 함께 마늘 만두를 먹어 보자. 참고로 점심 시간에만 영업하니 꼭 시간을 체크하자.

주소 栃木県日光市松原町264-2 위치 도부닛코(東武日光) 역 출구에서 도보 5분 전화 0288-25-6934 시간 12:00~14:30 / 월요일 휴무 메뉴 간장 라멘(しょうゆらーめん) 750엔, 마늘빵 만두 5개(にんにくパンチ餃子) 450엔

엔야 えんや [엔야]

가성비 좋은 스테이크 전문점

외관이나 실내 인테리어가 숲속의 산장에 온 듯한 분위기의 엔야는 다양한 부위의 와규를 판매하는 스테이크 전문점이다. 메뉴로는 등심이나 갈매기살 스테이크와 새우와 가리비살을 갈아 넣은 햄버그 스테이크가 인기가 좋다. 점심 때 방문하면 런치 메뉴로 적당한 가격의 스테이크 세트를 맛볼 수 있는데 스프나 샐러드 그리고 음료까지 포함되어 있어 꽤 괜찮은 식사를 할 수 있다. 여행 일정에 쫓기지 않는다면 식사를 하고 후식으로 커피를 마시며 여유 있는 시간을 가져보자.

주소 栃木県日光市石屋町443 위치 도부닛코(東武日光) 역 출구에서 도보 7분 전화 0288-53-5605 시간 11:00~14:00, 17:00~ 21:30 / 월요일 휴무 메뉴 슈퍼 믹스 그릴(スーパーミックスグリル, 점심 한정) 2,980엔 홈페이지 www.enya-nikko.jp

묘게쓰보 妙月坊 [묘오게츠보]

닛코에서 아주 유명한 숲속의 스테이크 맛집

한때 닛코에서 가장 큰 음식점이었다는 묘게쓰보는 숲속의 운치 있는 음식점으로, 안에서도 외부의 자연을 그대로 볼 수 있어 쾌적하고 상쾌함을 느끼면서 기분 좋게 식사를 할 수 있다. 와규 스테이크와 스테이크 덮밥이 메인 메뉴이며 가격은 저렴하지 않지만 맛은 일품이다. 주변 환경이 좋아서 식사를 하고 디저트를 즐기면서 차를 마시는 사람들이 많으니, 여유 있게 닛코의 자연을 느끼면서 디저트 메뉴를 즐겨 보자. 메인 메뉴에 추가 요금을 내고 세트로 주문하면 스프, 샐러드, 밥, 디저트와 음료까지 코스로 먹을 수 있다.

주소 栃木県日光市山内2381 위치 신교(神橋)에서 도보 4분 전화 0288-25-5025 시간 11:00~14:00, 17:00~ 21:30 / 월요일 휴무 메뉴 립아이 스테이크 A세트(リブアイミニッツステーキ) 6,380엔, 쇠고기 스테이크 덮밥(ステーキどんぶり) 3,850엔 홈페이지 myogetsubo.com

스시 구로사키 鮨くろさき [스시 쿠로사키]

재료가 신선하고 맛있는 스시 전문점

스시 구로사키는 가격은 다소 비싼 듯하지만 신선한 재료와 깔끔한 플레이팅으로 만족감을 주는 곳이다. 주젠지 호수 근처에는 고급 숙박 시설이 모여 있어 음식 가격이 비싼 편인데, 이곳은 상대적으로 적당하게 느껴진다. 두툼한 회가 올라간 스시도 맛있지만 함께 먹을 수 있는 계란찜은 입에서 살살 녹는다는 표현을 느낄 수 있을 정도로 부드럽다. 회, 회덮밥, 생선구이, 돈가스 등 다양한 메뉴가 있어 가족 단위의 관광객에게도 딱 적당한 음식점이다.

주소 栃木県日光市中宮祠2480 위치 타치키캐논이리쿠치(立木観音いりぐち) 정류장(27번) 하차, 도보 4분 전화 0288-55-0538 시간 11:30~14:00, 17:30~21:00 메뉴 상스시 세트(上寿司御膳) 3,520엔, 오마카세 세트(おまかせ握り御膳) 4,950엔 홈페이지 gg4u900.gorp.jp

Tip

닛코산 지역의 세계 문화유산을 보고 내려오면 야스가와초安川町라는 동네에 음식점이 꽤 많은데 관광지라서 가격 대비 음식이 별로이다. 또한 주젠지 호수 근처는 고급 호텔들이 많아 음식점의 가격이 비싸지만 음식의 질은 좀 떨어지며 단체 관광객들이 많이 가는 유람선 선착장 근처 식당은 실망감이 클 수 있으니 참고하자.

테마 여행

- 사계절이 들썩들썩 **도쿄 축제 이야기**
- 한밤의 분위기에 취하는 **도쿄 야경**
- 여행의 피로를 풀어 주는 **도쿄 온천 즐기기**
- 아이와 함께하기 좋은 **도쿄 추억 여행**
- 감성 가득, 커피향 가득 **도쿄의 카페 산책**
- 놓칠 수 없는 즐거움 **일본 대표 음식**
- 한눈에 알 수 있는 **도쿄 쇼핑의 모든 것**
- 시원하게 나이스 샷! **도쿄 골프 여행**

Theme Travel 1

사계절이 들썩들썩

도쿄 축제 이야기

건강과 재복을 기원하기 위해 신이나 조상에게 지내는 제사에서 비롯된 축제 마쓰리와 화려한 불꽃이 하늘을 수놓는 하나비 그리고 벚꽃이 떨어지는 나무 아래서 자연의 정취를 즐기는 하나미까지 도쿄에는 수많은 축제가 있다. 축제 기간에 맞춰 여행을 계획한다면 더욱 재미있는 도쿄를 경험하게 될 것이다.

하쓰모데 初詣

1월 1일 첫 참배라는 뜻으로, 신에게 지난 1년간 잘 돌봐 준 것에 감사드리고 새해에도 평안하기를 기원하는 행사이다. 도쿄는 아사쿠사浅草의 센소사淺草寺와 하라주쿠原宿의 메이지 신궁明治神宮, 마루노우치丸の內의 야스쿠니 신사靖國神社에서 열리며 가마쿠라鎌倉의 쓰루가오카하치만궁鶴岡八幡宮에서도 열린다.

개최 시기 1월 1일

조마신지 除魔神事

무사의 승리를 기원하는 마쓰리로 궁도를 이용하여 원형 판에 있는 귀신의 글자를 쏘아 맞추는 행사다. 가마쿠라의 쓰루가오카하치만궁에서 열리는 이 마쓰리는 크지는 않지만 옛 행사가 큰 변화 없이 내려온 것이라 일본 전통의 색을 진하게 느낄 수 있다.

개최 시기 1월 5일

세쓰분 마쓰리 節分祭り

집안의 잡귀를 내보내고 복을 비는 뜻에서 콩 뿌리기를 하는 날이다. 도깨비 가면을 쓴 아버지에게 아이들이 콩을 뿌리기도 한다. 원래 1년에 네 번의 행사가 있었지만, 지금은 봄을 시작하는 입춘 전날 열리는 세쓰분이 메인 행사가 되었다. 여러 지역에서 행사가 진행이 되지만, 아사쿠사 와시 신사를 방문하여 행사를 즐겨 보자.

개최 시기 2월 입춘 전날

긴류노마이 金龍の舞

아사쿠사浅草 센소사浅草寺에서 열리는 축제로 센소사의 기원이 된 관음상의 발견을 기념하는 행사이다. 금빛으로 번쩍이는 용을 앞세우고 나카미세仲見世부터 센소사까지 행진을 한다. 아사쿠사 역부터 많은 인파가 몰려 일행을 잃어버릴 수 있으니 주의하고 서둘러 나카미세 거리 안으로 들어가야만 행사를 볼 수 있다. 오전 9시부터 오전 11시까지 행사가 진행된다.

개최 시기 3월 18일

벚꽃 하나미 さくら花見

벚꽃 잎이 떨어지는 나무 아래에서 친구와 가족, 때로는 연인끼리 음식과 술을 즐기며 아름다운 봄을 즐기는 축제다. 대부분의 일본 사람들은 하나미를 1년 중 손에 꼽을 만한 큰 행사로 생각하여 휴가를 내거나 주말을 이용해 꼭 즐기고 있다. 가장 대표적인 지역이 우에노 공원上野公園인데 많은 사람들이 아침부터 돗자리를 깔아 자리를 잡고 저녁까지 벚꽃의 정취를 즐긴다.

개최 시기 3월 말부터 4월 중순까지(벚꽃 개화 시기에 따라 달라짐)

하나 마쓰리 花祭り

4월 초파일 사찰에 신도들이 모인 가운데 불상을 목욕시키고 꽃 장식을 한 것에서 유래된 하나 마쓰리는 신에게 제사를 드리는 의미의 축제이다. 각 사찰에서 대부분 행해지며 가장 볼만한 곳은 아사쿠사 센소사와 JR 나리타 혹은 게이세이센 나리타 역에서 가까운 나리타 센소사이다.

개최 시기 음력 4월 8일

야요이 마쓰리 弥生祭り

닛코의 가장 큰 마쓰리로 거의 일주일간 진행이 되며 신에게 봄을 고하는 제사를 지내는 것을 시작으로 기마식과 꽃가마가 어우러진 행사가 열린다. 닛코의 청명한 봄과 함께하는 이 행사는 볼거리가 많은데 특히 16일에 가장 많은 인파가 몰리며 저녁까지 행사가 이어진다.

개최 시기 음력 4월 12~17일

간다 마쓰리 神田祭り

도쿄의 3대 마쓰리이자 오사카의 텐진 마쓰리天神祭り, 교토의 기온 마쓰리祇園祭り와 함께 일본의 3대 마쓰리로 도쿠가와 이에야스徳川家康가 1603년 세키가하라 전투에서 승리한 것을 기념하여 벌인 축제가 지금까지 이어져 오고 있다. 화려한 장식의 가마 수십 대가 지나가는 이 행사를 준비하기 위해 지역 주민과 지자체는 물론 기업들까지 참여할 만큼 축제의 규모가 크다. 예전에는 홀수해에만 행사가 열렸지만 지금은 해마다 열리고 있고 꽃 장식 가마 행사뿐만 아니라 북춤, 전통춤 등 다양한 행사를 볼 수 있으니 기회가 된다면 꼭 여행 일정에 넣도록 하자.

개최 시기 5월 15일에 가까운 토요일

산자 마쓰리 三社祭り

도쿄의 3대 마쓰리 중 하나인 산자 마쓰리는 아사쿠사 센소사의 축제이지만 그 규모가 커져서 지금은 도쿄 전체의 축제로 자리 잡았다. 토요일에는 100여 대의 신위를 실은 가마가 퍼레이드를 하고 일요일에는 1톤짜리 대형 가마 '미코시みこし'가 등장해 축제의 하이라이트를 보여 준다. 행사가 열리는 기간 동안 저녁에는 야시장과 먹거리 포장마차들이 많이 열려 다양한 음식을 먹고 즐길 수 있다.

개최 시기 5월 셋째 주 금~일

산노 마쓰리 山王祭り

간다 마쓰리, 후카가와 마쓰리와 더불어 도쿄의 3대 마쓰리 중 하나로 홀수 해에만 볼 수 있다. 지요다구의 히에 신사에서 진행이 되며 왕이 타는 가마가 지나가는 성대한 신코사이로 유명하다. 국가의 안녕과 국민의 평안을 기원하는 '예제봉폐' 외에도 축제 음악인 가구라바야시, 산노 북 등 일본 전통 공연과 민속춤 대회, 산노 어린이 축제 등 다양한 행사가 진행된다.

개최 시기 6월 15일

다나바타 마쓰리 七夕祭り

칠월 칠석에 대나무 가지에 소원을 적은 종이를 붙여 기원하는 축제다. 우에노의 쇼와 거리에서 고쿠사이 거리까지 1, 2구간에 색색의 조형물을 걸어 놓는다. 이 행사의 백미는 엄청난 먹거리의 포장마차다. 거리를 빽빽하게 채울 정도의 많은 포장마차에는 저녁 늦게까지 많은 사람으로 북적인다.

개최 시기 7월 7일

바다 등불 축제 海の灯まつり

매년 7월 셋째 주 일요일에 열리는 바다 등불 축제는 바다의 날을 기념하여 레인보우 브리지가 보이는 아쿠아 시티, 도쿄 덱스 비치 앞바다에서 열린다. 오다이바 앞바다에 환하게 불을 밝힌 배들이 바다를 멋지게 수놓고 오다이바 해변 공원에는 종이로 만든 등으로 모양을 내거나 글을 써 그 모습이 장관을 이룬다.

개최 시기 7월 셋째 주 일요일

가마쿠라 하나비 鎌倉花火

가마쿠라의 에노시마 앞 태평양을 배경으로 개최되는 멋진 바다의 하나비는 약 2,500발의 화약을 30분간 쏘아 올린다. 매년 약 15만 명 정도의 인파가 몰리는데 개최 날짜가 정해져 있지 않아 미리 인터넷을 통해 공지를 확인해야 한다. 사람들이 가장 많이 몰리는 곳은 에노덴 유히가하마역由比ヶ浜 역에서 가까운 유히가하마 해수욕장이지만 에노시마에서 조금 더 여유롭게 즐길 수 있다.

개최 시기 7월 23일~24일경

가마쿠라 봄보리 마쓰리 鎌倉ぼんぼり祭り

가마쿠라의 쓰루가오카하치만궁 앞에서 열리는 봄보리 마쓰리는 입추 전날부터 9일 동안 열리는 등불 축제다. 지나가는 여름과 시작되는 가을을 위해 제사를 지내며 가마쿠라에 거주하는 문화인을 비롯해 각계각층의 저명인사들에게 받은 서화 약 400점을 등불로 만든다. 저녁에 보면 그 모습이 장관이다.

개최 시기 8월 7~9일

도쿄만 불꽃 대축제 三社祭り

매년 8월 둘째 주 토요일 저녁 7시에 도쿄만에서 열리는 불꽃 대축제는 약 1시간 동안 12,000발의 폭죽을 하늘로 쏘아 올려 장관을 연출한다. 오다이바의 덱스 도쿄 비치나 아쿠아 시티에서 가장 잘 볼 수 있다. 엄청난 인파가 몰리니 숙소로 돌아갈 것도 미리 생각하면서 즐겨야 한다.

개최 시기 8월 둘째 주

Theme Travel 2

한밤의 분위기에 취하는

도쿄 야경

도쿄 여행 중 저녁 일정을 계획할 때 가장 먼저 고려하는 것이 야경이 아름다운 지역을 선택하는 것이다. 야경이 아름다운 곳 중 관광객이 가장 선호하는 지역을 꼽으라면 오다이바의 레인보우 브리지, 도쿄 도청에서 바라보는 신주쿠 도심, 롯폰기 힐스에서 바라보는 도쿄 타워, 밤 문화의 핵심인 긴자의 밤거리, 마지막으로 태평양을 배경으로 조성된 요코하마의 미나토미라이 21 지구다. 또한 어린 자녀를 동반한 여행을 계획한다면 디즈니랜드나 디즈니 시의 환상적인 일루미네이션도 좋다.

롯폰기의 야경

롯폰기 힐스의 도쿄 시티뷰 전망대에서 보는 것도 아름답지만, 비용을 안 들이고 롯폰기 힐스 모리 타워 입구에서 도쿄 타워를 배경으로 바라보는 시내도 멋지다. 겨울에는 고급 명품 매장과 크리스마스 장식으로 아름다운 게야키사카 거리를 걸어 보는 것도 좋다.

신주쿠의 야경

도쿄여행에서 절대 빠지지 않는 관광 지역인 신주쿠에는 신주쿠를 비롯한 도쿄 전체의 야경을 한눈에 볼 수 있는 도쿄 도청 전망대가 있다. 또한 가부키초와 신주쿠도리는 저녁이 되면 화려한 네온사인으로 거리를 환하게 밝히는데 저녁에 이 길을 걷는 것도 또 다른 여행의 묘미다.

오다이바의 야경

오다이바는 도쿄에서 가장 손꼽히는 야경 스폿으로 꼭 가 보기를 추천한다. 가장 멋진 야경을 감상할 수 있는 곳은 유리카모메 다이바 역에서 아쿠아시티 쇼핑몰로 가는 길목으로, 자유의 여신상 뒤로 보이는 레인보우 브리지의 야경이 일품이다.

요코하마의 야경

요코하마 미나토미라이 21 지역의 야경은 도쿄 도심과는 다른 환상적인 도심의 야경을 감상할 수 있다. JR 사쿠라기초 역을 나오면 보이는 야경이 가장 아름다우며 아카렌카 창고 쪽에서 바라보는 미나토미라이 21 지구의 야경도 장관이다.

긴자의 야경

긴자의 밤거리는 백화점이 폐장하기 전인 저녁 8~9시가 가장 네온사인이 번쩍이는 시간이다. 주오 거리가 긴자 밤거리의 메인이니 이 길을 거닐면서 긴자의 야경과 함께 쇼핑을 즐겨 보자.

시부야의 야경

시부야는 저녁이 되면 화려한 거리의 모습을 볼 수 있다. 큐프런트Q-Front 앞 건널목의 신호등에 초록색 불이 들어오면 길을 건너려는 엄청난 사람들로 장관을 이룬다. 또한 센터 거리에는 새벽까지 음식점과 술집 그리고 클럽들마다 많은 사람이 붐빈다.

디즈니 리조트의 야경

건물들의 화려한 일루미네이션과 야간 퍼레이드 그리고 공연이 꼭 만화 속에 들어온 것 같은 색다른 야경을 선사한다. 이 환상적인 야경에 불꽃놀이가 어우러지면 환상의 세계를 맛보게 될 것이다. 다만 우천 시 볼거리가 많이 줄어들 수 있으니 항상 날씨와 홈페이지를 통한 공연 시간을 체크하자.

Theme Travel 3

여행의 피로를 풀어주는

도쿄 온천 즐기기

일본 여행에서 온천을 빼놓을 순 없다. 하지만 도쿄 시내에서는 제대로 된 온천을 즐기기가 쉽지 않고 대부분 하루 이상의 시간을 내어 외곽 지역으로 다녀와야 한다. 도쿄에서 온천을 하려면 어디로 가야 하는 지와 각 온천의 특징을 한눈에 볼 수 있다.

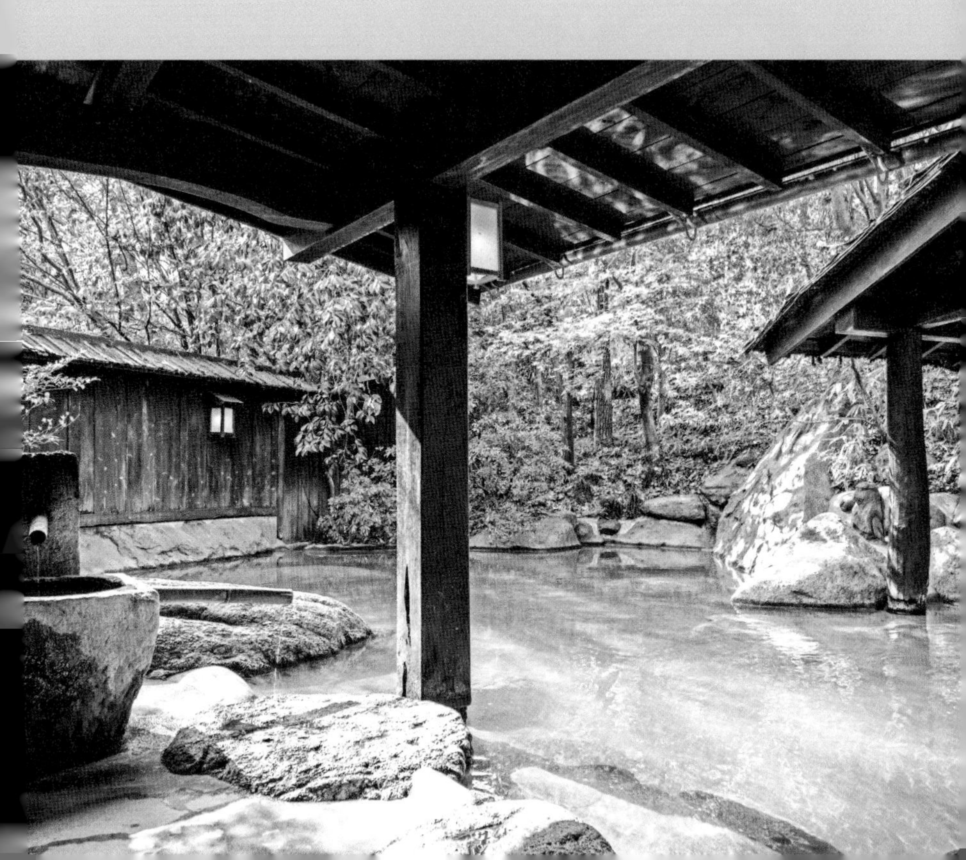

외곽 지역의 온천 호텔 · 리조트

도쿄 여행 중 온천을 즐기려면 하코네, 닛코, 그리고 유명 온천 지역인 아타미로 이동해야 한다. 적게는 2시간 정도 소요가 되는 먼 거리에 있어 짧은 여행 일정일 때는 계획하기가 쉽지 않다. 아타미 지역은 도쿄 근교에서 가장 고급스러운 온천 리조트가 즐비한 곳으로 휴양이 목적인 여행이라면 도쿄 시내 관광을 줄이고 이곳을 방문하는 것도 좋다. 하코네 지역은 그나마 도쿄 여행에서 인기 관광지로 꼽히기 때문에 많은 사람들이 방문하는데 저렴한 온천 호텔이 있어 좀 더 대중적인 지역이다. 리코브 호텔, 유모토후지야 호텔 등이 한국 여행자들에게 인기를 얻고 있는 곳이다. 닛코 지역은 기누가와 온천 지역이 인기가 있기는 하지만 접근성이 좋지않아 한국 관광객이 거의 이용하지 않는다.

추천 리조트

❖ 아타미 뉴 후지야 호텔 ❖ 호텔 리조피아 아타미 ❖ 오에도 온센 모노가타리 아타미

온천 딸린 료칸

도쿄 시내나 근교에서 작은 온천이 딸린 료칸들이 많은데 대부분 시설이나 경치가 좋고 식사가 좋을수록 비용이 비싸다. 도심에서 그나마 저렴하게 이용할 수 있는 료칸들이 대부분 아사쿠사 지역에 있다. 그중 한국 관광객들이 선호하는 곳이 '료칸 아사쿠사 시게쓰'이다. 제대로 된 고급 료칸을 경험하려면 아타미나 하코네, 닛코 지역으로 가야 하는데 1인당 20,000엔 이상의 높은 가격을 지불해야 한다. 따라서 료칸을 선택하기 전에 인터넷 정보를 통하여 위치나 가격 등을 충분히 고려하여 선택하자.

추천 료칸

❖ 료칸 아사쿠사 시게쓰

대욕탕을 갖춘 숙소

과거에는 온천 시설이나 대욕탕을 갖춘 숙소는 특급 호텔이나 고급 료칸에 머물렀지만 최근에는 비즈니스급 호텔 또는 조금은 저렴한 료칸에서도 대욕탕이나 간단한 온천 시설을 갖추었다. 호텔 정보에 관련 내용들이 있으니 참고해서 이용하자.

테마 온천 즐기기

일반적으로 생각하는 자연 속의 온천이 아닌 온천 수영장, 여러 가지 주제의 테마 온천탕과 놀 거리가 다양한 대형 테마 온천이 관광객을 사로잡고 있다. 도쿄 시내에서는 도쿄 돔이 있는 고라쿠엔의 '스파 라쿠아'를 빼놓을 수 없고, 외곽 지역에서는 하코네 지역의 '유넷산 온천'이 인기가 좋다. 당일치기로 이곳에 다녀오려면 아침부터 부지런히 움직여야 한다. 테마 온천은 온천수의 질과 효능보다는 재미 있게 온천을 경험하기 위한 곳이다. 전통 온천이 조용하게 즐길 수 있는 매력이 있다면 테마 온천은 다양한 즐길 거리로 심심치 않은 시간을 보낼 수 있는 게 매력이다.

추천 테마 온천

❖ 스파 라쿠아 ❖ 하코네 고와키엔 유넷산

Theme Travel 4

아이들과 함께하기 좋은 도쿄 추억 여행

어린 자녀와 도쿄 여행을 한다면 도쿄의 디즈니 리조트, 지브리 미술관, 하코네 관광 정도를 계획하고 그 외에는 대부분 도심에서 시간을 보내기 마련이다. 특히 미취학 아동을 동반하는 경우에는 여행 스케줄을 계획할 때 더욱더 고민하게 된다. 관광지를 제외하고 도심에서 아이와 함께 시간 보내며 추억을 만들 수 있는 장소를 소개한다.

아소보노 アソボーノ [아소보노]

아이가 뛰어놀 수 있는 대형 실내 놀이터

도쿄 돔 시티에 위치한 아소보노는 아이들과 함께 즐길 수 있는 안전한 대형 실내 놀이터이다. 총 5개의 구역으로 나눠져 있는데, 계산을 하고 들어가자마자 보이는 구역은 도쿄도 최대의 볼풀 공간이 있어 아이들이 신나게 뛰어놀 수 있는 어드벤처 오션Adventure Ocean이다. 그 밖에 프라레일(기차놀이)과 토미카 그리고 여러 블록 놀이를 할 수 있는 플레저 스테이션Pleasure Station, 소꿉놀이, 시장 놀이, 요리 놀이를 가족과 함께 즐길 수 있는 컬러풀 타운Colorful Town, 0~24개월 아이들만을 위한 놀이 공간인 크롤 가든Crawl Garden, 보드 게임, 완구, 조립 놀이, 실바니안 인형 놀이를 할 수 있는 토이 포레스트Toy Forest로 구성되어 있다. 아소보노의 큰 장점은 근무하는 직원들이 많아 안전하고 깨끗한 것이 장점이며 아이와 함께 시간을 보내기에 더없이 좋은 곳이다.

주소 東京都文京区後楽1-3-61 위치 JR·지하철 스이도바시(水道橋) 역 A4 출구에서 도보 1분 전화 03- 5800-9999 시간 평일 10:00~18:00, 토·일·공휴일 09:30~19:00 요금 [6개월~초등학생] 평일 60분 950엔(연장 30분마다 450엔), 토·일·공휴일 1,050엔(연장 30분마다 500엔), 1일 프리 패스 1,800엔 / [중학생 이상] 평일 950엔, 토·일·공휴일 1,050엔(연장 요금 없음) 홈페이지 www.tokyo-dome.co.jp/asobono

긴자 하쿠힌칸 토이 파크 銀座博品館 [긴자하쿠힌칸]

도쿄 최대의 장난감 백화점

긴자 하쿠히칸 토이 파크는 아이들뿐만 아니라 어른들이 좋아하는 장난감, 게임, 문구 등 다양한 제품을 즐기고 구매할 수 있는 대형 장난감 백화점이다. 지하 1층에는 바비 인형, 리카 인형을 비롯한 인형이 있고, 1층은 액세서리, 문구류, 파티 용품 등, 2층은 건담을 비롯한 여러 장난감, 3층은 블록, 기차놀이, 자동차 놀이 등이 있으며 4층은 게임, 피규어, 퍼즐 등이 있다. 5~6층에는 아이들과 함께 식사할 수 있는 레스토랑이 있고, 8층에는 아이들을 위한 전용 극장이 있다. 아이들과 즐거운 시간을 보낼 수 있는 공간으로 아이들의 손을 꼭 잡고 꼭 방문하자.

주소 東京都中央区銀座8-8-11 위치 ❶ 긴자(銀座) 역 A2번 출구에서 도보 5분 ❷ JR 신바시(新橋) 역 긴자 출구에서 도보 3분 전화 03-3571-8008 시간 11:00~20:00 홈페이지 www.hakuhinkan.co.jp

요코하마 컵라면 박물관 カップヌードルミュージアム 横浜 [캇푸 누도루 뮤지아무 요코하마]

컵라면과 관련된 모든 것을 체험할 수 있는 박물관

일본 컵라면으로 최고 회사인 니신이 운영하는 컵라면 박물관이다. 컵라면이 만들어지는 과정부터 컵라면의 역사 그리고 직접 체험까지 할 수 있는 다양한 프로그램을 운영하고 있다. 밀가루 반죽부터 건조 과정까지 치킨 라면을 직접 만들어 보는 치킨 라면 팩토리와 컵라면에 직접 그림을 그리고 원하는 토핑을 넣어서 나만의 컵라면을 만들어 기념품으로 가져올 수 있는 마이 컵라면 팩토리(가장 인기 많은 프로그램), 아이가 직접 체험할 수 있는 컵라면 파크, 컵라면의 역사를 한눈에 볼 수 있는 인스턴트 라면 히스토리 큐브 등 다양한 콘텐츠가 있으니 가족이 함께 즐겨 보자.

주소 神奈川県横浜市中区新港2-3-4 위치 JR 사쿠라기초(桜木町) 역 서쪽 출구에서 도보 14분 전화 045-345-0918 시간 10:00~18:00 / 화요일 휴무 요금 [입장료] 대학생 이상 500엔 / [치킨 라면 팩토리] 초등학생 600엔, 중학생 이상 1,000엔 / [마이 컵라면 팩토리] 1식 500엔 / [컵라면 파크] 1회(30분) 500엔 홈페이지 www.cupnoodles-museum.jp/ja/yokohama

레고 랜드 디스커버리 센터 Lego Land Discovery Center [레고란도 데스카바리센타]

온 가족이 함께하는 레고 놀이터

오다이바 덱스 도쿄 비치에 위치한 레고 랜드는 온 가족이 함께 즐길 수 있는 체험장과 볼거리가 풍성한 곳이다. 자동차에 탑승하여 총으로 적들을 물리치는 게임인 킹덤 퀘스트Kingdom Quest, 오다이바를 한눈에 볼 수 있게 레고로 제작한 미니 랜드Miniland, 어린 아이가 자유롭게 레고 만들기를 할 수 있는 듀프로 빌리지Dupro Village, 신나게 놀이터처럼 뛰어놀 수 있는 레고 닌자고 시티 어드벤처Lego Ninjago City Adventure 등 총 13개의 구역으로 구성이 되어 있다. 레고 랜드를 방문한다면 온 가족이 체험형 어트렉션을 함께 즐기고 아이들과 레고 만들기를 통해 부모와 교감을 가질 수 있는 좋은 추억을 만들어 줄 것이다.

주소 東京都港区台場1-6-1 위치 유리카모메 오다이바카이힌코엔(お台場海浜公園) 역 2C번 출구에서 도보 4분, 덱스 도쿄 비치 아일랜드 몰 3층 전화 0800-100-5346 시간 평일 10:00~20:00, 토·일·공휴일 10:00~21:00 요금 자유이용권 2,800엔(온라인 구매 시 2,250엔) 홈페이지 www.legolanddiscoverycenter.com/tokyo

시나가와 프린스 호텔 볼링 센터

品川プリンスホテルボウリングセンター [시나가와푸린스호테루 보오린구센타]

아이와 함께할 수 있는 볼링장

시나가와 프린스 호텔 1~2층에 있는 볼링센터는 레일의 양옆에 가드가 있어서 볼링을 쳐보지 않은 아이도 쉽고 재미있게 게임을 즐길 수 있다. 신발도 아이에게 맞는 작은 사이즈도 있고 볼링공의 무게도 가벼운 것이 있으며 시간 제한이 없어서 아이들과 천천히 즐길 수 있다. 게임을 전혀 몰라도 공을 굴리고 핀이 쓰러지는 것만으로도 아이들이 너무 좋아하니 꼭 방문해 보자.

주소 東京都港区高輪4-10-30 위치 JR 시나가와(品川) 역 다카나와(高輪) 출구에서 도보 2분, 시나가와 호텔 1~2층에 위치 전화 03-3440-1116 시간 월·수·목·금 11:00~21:00, 화 11:00~19:00, 토 10:00~20:00, 일·공휴일 10:00~19:00 요금 [평일 11:00~18:00] 일반 700엔, 고등학생·대학생 650엔, 중학생 이하 600엔 / [평일 18:00 이후, 토·일·공휴일] 일반 800엔, 고등학생·대학생 750엔, 중학생 이하 700엔 / 볼링화 대여비 450엔 ※ 1게임당 비용이며 프린세스 호텔 투숙자는 할인 혜택 있음 홈페이지 www.princehotels.co.jp/shinagawa/bowling

Theme Travel 5

감성 가득, 커피향 가득

도쿄 카페 산책

한국에서도 분위기 좋고 맛 좋은 카페가 많지만, 도쿄도 카페 천국이라고 할 수 있을 정도로 많은 매장이 영업하고 있다. 일본은 세계 4위의 커피 소비국인 만큼 많은 매장 수뿐만 아니라 다양하고 특색 있는 카페를 볼 수 있는데, 우리나라에서는 보기 힘든 특별한 카페는 어떤 것들이 있고 어떤 특징이 있는지 알아보자.

푸글렌 FUGLEN [후구렌]

고급 원두를 사용해 인기가 많은 카페

1963년 노르웨이 오슬로에 첫선을 보인 푸글렌 매장은 커피뿐만 아니라 칵테일을 비롯한 주류까지 판매한다. 2012년 도쿄 시부야에 매장을 오픈한 후 지금은 아사쿠사, 세타가야까지 3개의 매장을 운영하고 있으며 케냐, 에티오피아, 온두라스, 브라질의 고급 원두를 직접 선택하여 드립 커피 중심으로 판매를 하고 있다. 이곳은 원두커피뿐만 아니라 와플도 인기가 좋아 오전 일찍부터 방문객이 많고 저녁에는 맥주와 칵테일을 분위기 있게 마시려는 손님들이 꽉 차는 인기 카페이다.

추천 매장 푸글렌 아사쿠사

주소 東京都台東区浅草 2丁目 6-15 위치 ❶ 쓰쿠바 익스프레스(つくばエクスプレス) 아사쿠사(浅草) 역 A1 출구에서 도보 1분 ❷ 도쿄 메트로 긴자선(銀座線) 아사쿠사 역 6번 출구에서 도보 12분 전화 03-5811-1756 시간 일~화 07:00~22:00, 수~목 07:00~01:00, 금~토 07:00~02:00 홈페이지 fuglencoffee.jp

블루 보틀 커피 BLUE BOTTLE COFFEE [부루우보토루코오히]

한국 여행객이 가장 많이 찾아가는 카페

블루 보틀은 2002년 미국 오클랜드에 처음 문을 열고 꾸준하게 성장하고 있는 프리미엄 커피 전문 매장이다. 매장 수는 많지 않지만 로스팅 후 24시간 이내에 판매를 하여 커피 맛으로 승부를 걸면서 조금씩 이름을 알렸고 2017년에 네슬레가 인수하면서 매장 수를 대폭 확장하고 있다. 일본에는 2015년 2월에 도쿄 히라노平野에 처음 문을 열었고 도쿄에 10개의 점포가 운영되고 있다. 우리나라에도 블루 보틀이 들어오긴 했지만 아직 매장 수가 적어 접근성이 원활하지 않고, 도쿄 블루 보틀 매장에는 일본만의 특별하고 다양한 굿즈를 판매하고 있어 관광객들에게 인기가 좋다.

추천 매장 블루 보틀 시나가와점

주소 東京都港区港南2-18-1 위치 JR 시나가와 역 건물 내 아트레 시나가와에 있음 전화 03-6712-8199 시간 월~금 08:00~22:00, 토·일·공휴일 10:00~22:00 홈페이지 store.bluebottlecoffee.jp

스트리머 커피 컴퍼니 STREAMER COFFEE COMPANY [스토리마 코오히 칸파니]

라테 아트 챔피언이 운영하는 카페

2008년 시애틀의 라테 아트 챔피언십에서 우승한 사와다 히로시澤田洋史가 만든 카페로, 크림으로 스트리머 커피의 로고를 새겨 넣은 라테가 가장 유명하다. 최고급 아라비카 원두를 자연 건조하여 스트리머 비법의 블렌딩과 로스팅을 거치면 새로운 풍미의 커피로 다시 태어난다. 스트리머 커피 컴퍼니는 도쿄에 총 6개의 매장을 운영하고 있으며 진한 원두의 맛을 느낄 수 있는 스트리머 에스프레소ストリーマーエスプレッソ 매장은 간다에 단 1개만 영업 중이다.

추천 매장 스트리머 커피 컴퍼니 시부야점

주소 東京都渋谷区渋谷 1丁目20-28 위치 도쿄 메트로 후쿠토신선(副都心) 시부야(渋谷) 역 13번 출구에서 도보 10분, 오모테산도에서 캣스트리트를 따라 시부야로 이동할 때 들리기 편하다. 전화 03-6427-3705 시간 월~금 08:00~18:00, 토~일·공휴일 10:00~18:00 홈페이지 streamer.coffee/index.html

카멜백 CAMELBACK [캬메루밧쿠]

인기 오믈렛 샌드위치와 라테 한 잔

시부야에 위치한 카멜백은 진한 에스프레소를 비롯한 커피의 맛도 좋지만 샌드위치가 커피보다 더 유명한 곳이다. 이곳의 인기 메뉴인 계란 오믈렛 샌드위치는 너무도 간단해 보이지만 가장 인기가 많으며, 양고기 베이컨이 들어간 샌드위치도 한 끼 식사로 손색이 없다. 카멜백에서 자부심을 가지는 커피는 에스프레소이며 향이 진하고 맛이 깊은 것이 특징이다. 편하게 마실 수 있는 좌석이 단 3개뿐이라 아쉽지만 테이크아웃해야 한다. 샌드위치와 함께 먹으려면 에스프레소보다 아메리카노나 라테가 더 어울리니 참고하자.

추천 매장 카멜백 시부야점

주소 東京都渋谷区神山町42-2 위치 도쿄 메트로 치요다선(千代田線) 요요기코엔(代々木公園) 역 2번 출구에서 도보 10분 전화 03-6407-0069 시간 화~일 08:00~17:00 / 월요일 휴무 홈페이지 www.camelback.tokyo

오니버스 커피 ONIBUS COFFEE [오니바스 코오히]

일본의 조용한 공원 같은 분위기의 카페

일본의 조용한 주택가와 어울리는 오니버스 커피 매장은 내부는 심플하고 깔끔하게 인테리어가 되어 있고, 외부는 동네 공원에서 편히 커피를 마시는 듯한 분위기를 연출하였다. 원두는 케냐 등 현지에서 직접 품질을 확인하고 구매하며 그날그날 로스팅하여 판매하는 곳으로 신선하고 깔끔한 커피 맛이 일품이다. 도쿄 매장은 나카메구로와 지유가오카 등 6군데를 운영하고 있다. 메뉴는 딱 5가지로 선택이 쉽지만, 이곳의 인기 커피인 핸드 드립 커피가 가장 판매량이 많다.

추천 매장 오니버스 커피 메구로점

주소 東京都目黒区上目黒 2丁目14-1 위치 도큐도요코선(東急東横線) 나카메구로(中目黒) 역 동쪽 2번 출구에서 도보 2분 전화 03-6412-8683 시간 09:00~18:00 홈페이지 www.onibuscoffee.com

엑셀시오르 카페 EXCELSIOR CAFFÉ [에쿠세루시오루 카훼]

일본의 대중적인 카페 체인점

1999년 도토루 커피에서 이탈리안 에스프레소를 중심으로 한 엑셀시오르 카페를 처음 선보인 이후 일본에서는 대중적인 커피 전문점으로 자리를 잡아 여행 중 쉽게 찾을 수 있는 곳이다. 이탈리안 음식과 함께 샌드위치, 디저트 메뉴 등이 다양하게 있어 식사와 커피를 함께할 수도 있다. 재미있는 것은 엑셀시오르 카페의 간판이 파란색과 검은색 두 종류가 있는데 파란색이 레귤러 매장이고 검은색은 프리미엄 매장EXCELSIOR CAFFE BARISTA이어서 좀 더 메뉴가 다양하고 분위기도 더 고급스럽다는 것이다.

추천 매장 엑셀시오르 카페 시부야 도겐사카점

주소 東京都渋谷区道玄坂 2丁目2-6-1 岩崎ビル 위치 JR 시부야(渋谷) 역 하치코 출구에서 도보 2분, 시부야 109에서 도겐사카 거리 건너편 전화 03-5428-3638 시간 06:00~00:00 홈페이지 www.doutor.co.jp/exc

털리스 커피 TULLY`S COFFEE [타리이즈 코오히]

원두커피와 브런치 메뉴가 일품인 카페

1992년 미국 워싱턴에 처음 문을 연 털리스 커피는 일본에서는 1997년 도쿄 긴자에 처음 오픈을 한 이후로 꾸준히 전국적으로 매장을 늘리고 있어 도쿄에서 정말 흔하게 볼 수 있다. 진하고 깊은 맛의 브라질 원두를 사용하고 아메리카노와 라테를 다양한 디저트와 함께할 수 있어서 더욱 좋다. 최근 오전에는 팬케이크와 토스트 메뉴를 전면에 내세워 브런치를 선호하는 일본 사람들에게 점점 인기를 얻고 있어 오전에 특히 자리가 꽉 차는 매장이 많다.

추천 매장 털리스 커피 미쓰코시 커뮤점

주소 東京都中央区銀座 4-6-16 위치 지하철 긴자(銀座) 역 A7번 출구와 연결, 미쓰코시 백화점 3층 전화 03-5159-0655 시간 월~토 10:00~20:00, 일 10:00~19:30 홈페이지 www.tullys.co.jp

도토루 커피 DOUTOR COFFEE [도토루 코오히]

일본 커피의 시초 도토루 커피

일본 커피의 대부이자 자존심인 도토루 커피는 1962년 회사를 설립하여 오프라인 매장으로는 1972년 요코하마에 1호점을 오픈하였다. 진한 원두커피로 일본인의 인기를 얻고 있는 도토루는 다양한 커피를 선보이기 위해 엑셀시오르 브랜드를 런칭하였고, 커피의 저변 확대를 위해 편의점과 슈퍼마켓 전용 커피도 출시하였다. 일본에서 커피를 대중적으로 알리는 데 큰 역할을 하였지만, 최근에는 다양한 커피 전문점이 속속 오픈하면서 매장 수가 많이 줄어들고 있는 현실이다.

추천 매장 도토루 커피 하라주쿠점

주소 東京都渋谷区神宮前 1丁目13-18 第 2大英ビル 위치 JR 하라주쿠(原宿) 역 오모테산도(表参道) 출구에서 도보 2분
전화 03-3478-0323 시간 일~금·공휴일 07:00~22:00, 토 07:00~21:00 홈페이지 doutor.jp

Theme Travel 5

놓칠 수 없는 즐거움
일본 대표 음식

도쿄 여행 중 빠질 수 없는 먹는 즐거움이다. 이러한 다양한 먹거리를 맛보기 위해서는 먹고 싶은 음식들을 미리 염두에 두고 여행 일정을 준비할 때 지역에 따른 맛집을 미리 체크해 두어야만 빠지지 않고 맛볼 수 있다. 물론 긴 줄과 여행 동선 때문에 계획대로 흘러가지 않을 때도 있겠지만, 최대한 먹고 싶은 음식을 즐길 수 있도록 사전에 잘 체크하자.

초밥 ずし [스시]

초밥(스시)이 빠지면 일본을 다녀왔다고 말할 수 없을 정도로 초밥은 일본 여행에서 필수다. 초밥은 해물의 신선도가 생명인데 테이블 회전율이 빠른 가게일수록 좋다. 회전 초밥집은 일본어를 몰라도 쉽게 골라 먹을 수 있다는 장점과 퀄리티 높지 않은 뻔한 초밥밖에 없다는 단점이 있다. 반면, 일반 초밥집은 횟감의 질이 좋지만 가격이 비싸고 주문에 어려움이 있다. 어떤 초밥집을 가든 미리 초밥의 종류를 알아 둔다면 더 맛있는 초밥을 주문하여 즐거운 식사 시간을 가질 수 있다.

참치 まぐろ [마구로]

연어 サーモン [살몬]

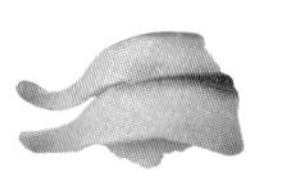

방어 ぶり [부리]

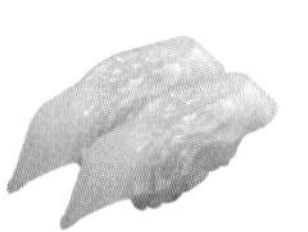

광어 ひらめ [히라메]

문어 たこ [다코]

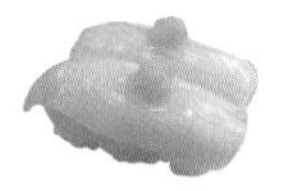

오징어 いか [이카]

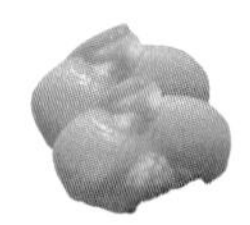

가리비 ほたてがい [호타테가이]

새우 えび [에비]

장어 うなぎ [우나기]

바닷장어 あなご [아나고]

꽁치 さんま [산마]

고등어 さば [사바]

달걀말이 たまご [다마고]

유부초밥 いなり [이나리]

성게 알 うに [우니]

오이 김밥 かっぱ巻き [갓파마키]

낫토 김밥 納豆巻き [낫토마키]

참치 마요네즈 김밥 つなまよ巻き [쓰나마요마키]

일본 면 요리

일본의 가장 대표적인 면 요리로 라멘과 우동 그리고 메밀국수(소바)를 들 수 있다. 라멘의 종류는 크게 국물 간을 소금으로 한 시오라멘塩ラーメン, 간장으로 한 소유라멘醤油ラーメン, 된장으로 한 미소라멘味噌ラーメン으로 나뉘며 나가사키 짬뽕長崎チャンポン 같은 얼큰한 라멘도 큰 인기다. 일본 우동은 특징은 탱탱하고 쫄깃한 면발이며, 우동 면을 수타로 뽑는지, 국물을 직접 내는지 확인하는 것이 중요하다. 겨울에는 따뜻한 우동, 여름에는 냉冷우동을 추천하며 카레 우동도 별미이니 참고하도록 하자. 메밀국수의 경우, 따뜻한 국물의 메밀국수는 어떤 재료를 넣고 육수를 끓이느냐에 따라 맛의 깊이가 달라지며, 차가운 메밀국수는 면의 식감이 얼마나 찰지고 쫄깃쫄깃한지가 중요하다. 또한 이러한 면 요리를 먹을 때 보통 사이드 메뉴로 군만두, 주먹밥, 튀김 등을 먹는데 라멘+군만두, 우동 또는 메밀국수+주먹밥 또는 튀김 조합의 세트 메뉴도 생각해 보자.

면 요리

라멘 ラーメン
[라멘]

우동 うどん
[우동]

메밀국수 蕎麦
[소바]

면 요리 사이드 메뉴

군만두 餃子
[교자]

주먹밥 おにぎり
[오니기리]

튀김 てんぷら
[덴푸라]

Tip

일본 라멘은 돼지뼈와 닭뼈를 오랜 시간 고아 국물을 내는데, 누린내 때문에 입맛에 안 맞을 수도 있으니 평소 사골 국물을 싫어하는 사람이라면 주의하자. 일본 라멘에 처음 도전한다면 비린내도 적고 깊은 국물 맛을 느낄 수 있는 시오라멘을 추천한다.

도쿄 여행 중에 많이 접하는 음식 중 하나는 덮밥이다. 덮밥은 메인 요리를 밥 위에 올려 비벼 먹는 음식으로, 초장이나 고추장에 비벼 먹는 한국의 비빔밥과는 달리 간장이나 와사비를 넣어 섞어 먹는다. 밥 위에 올라가는 재료에 따라 이름이 달라지는데, 장어가 듬뿍 올라간 우나기돈うなぎ丼, 뜨거운 밥 위에 돈가스와 계란을 부은 가쓰돈カツ丼, 소고기 덮밥인 규돈牛丼, 밥 위에 튀김을 올려 조금씩 비벼 먹는 텐돈天丼 그리고 회를 가득 올리고 와사비와 간장을 넣어 비벼 먹는 회 덮밥인 가이센돈海鮮丼 등이 있다.

소고기 덮밥 牛丼
[규돈]

돼지고기 덮밥 豚丼
[부타돈]

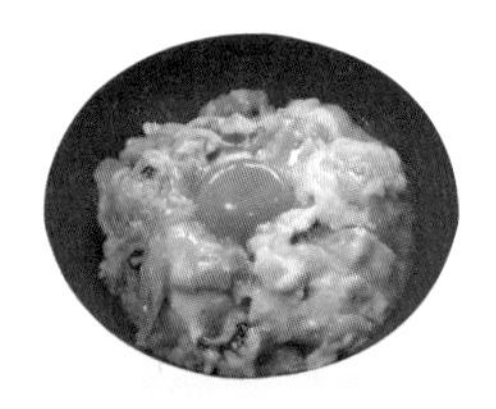

닭고기 덮밥 親子丼
[오야코돈]

돈가스 덮밥 カツ丼
[가쓰돈]

튀김 덮밥 天丼
[텐돈]

회 덮밥 海鮮丼
[가이센돈]

장어 덮밥 うなぎ丼
[우나기돈]

기타 식사와 간식

부드러운 계란으로 감싼 오므라이스와 진하고 향이 풍부한 일본의 카레, 부드러운 살코기와 바삭한 튀김옷이 일품인 '겉바속촉'의 돈가스는 도쿄 관광지 어디에서든 흔하게 접할 수 있는 메뉴이다. 일본의 빈대떡인 오코노미야키와 몬자야키 그리고 야키소바는 시원한 맥주와 어울리는 음식이다. 문어가 들어간 다코야키는 허기질 때 간단히 먹을 수 있는 인기 간식이고 닭의 여러 부위를 맛볼 수 있는 꼬치구이는 시원한 맥주 또는 향긋한 일본 사케와 잘 어울린다.

오므라이스 オムライス
[오무라이스]

돈가스 豚カツ
[돈카츠]

소고기 돈가스 牛カツ
[규카쓰]

카레 カレー
[카레]

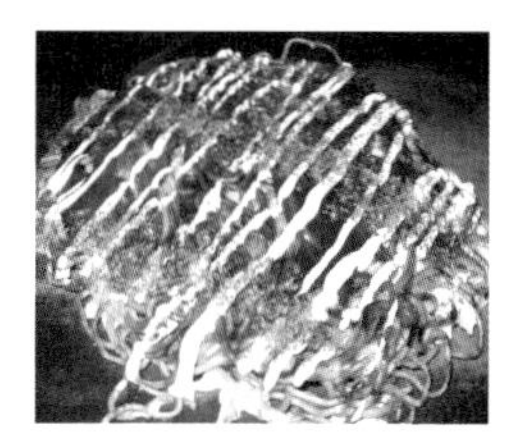

오코노미야키 お好み焼き
[오코노미야키]

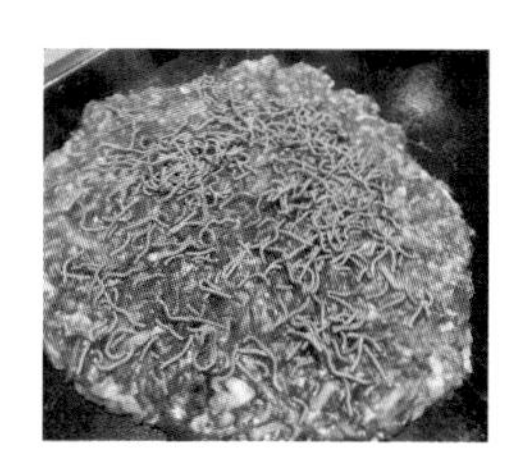

몬자야키 もんじゃ焼き
[몬자야키]

볶음 메밀국수 やきそば
[야키소바]

꼬치구이 串焼き
[쿠시야키]

다코야키 たこ焼き
[다코야키]

디저트

여행하다 힘들 때는 달콤한 디저트를 먹으면 식사만으로는 부족한 활력을 얻을 수 있다. 시부야나 하라주쿠를 여행하다 보면 치즈케이크 가게들 앞으로 긴 줄을 볼 수 있다. 일본 사람들이 달고 부드러운 치즈케이크를 좋아하는 만큼 맛있는 치즈케이크가 많으니 한번 먹어 보자. 백화점 지하에 가면 쉽게 볼 수 있는 베이커리에는 크림빵, 카레빵, 푸딩 등 간단하게 먹을 수 있는 맛 좋은 디저트가 많으니 한번쯤 들러 보는 것도 좋다. 뿐만 아니라 최근 홍대나 대학로에서도 볼 수 있는 일본식 팥빙수 안미쓰는 시원한 맛뿐만 아니라 각종 과일이 들어 있어 달콤한 여름철 디저트로 최고다.

크레이프 クレープ
[쿠레푸]

단고 だんご
[단고]

닌교야키 人形焼
[닌교야키]

치즈케이크 チーズケーキ
[치즈케키]

크림빵 クリームパン
[쿠리무 판]

안미쓰 あんみつ
[안미쓰]

카레빵 カレーパン
[카레판]

푸딩 プディング

커피 コーヒー
[코히]

요구르트 ヨーグルト
[요-구루토]

일본 술

여행 후 저녁에 마시는 시원한 맥주 한잔이 여행의 고단함을 깨끗이 날려 버릴 것이다. 처음 일본에 방문하는 사람은 병맥주보다는 생맥주를 마셔 보자. 술을 잘 못 마시는 사람은 과일 향이 나면서 도수가 낮은 츄하이가 좋고 일본 술에 대해 더 깊이 알고 싶다면 일본식 발포주인 핫포슈나 일반 니혼슈(일본 술)가 좋다.

생맥주 なまビール
[나마비루]

맥주 ビール
[비루]

발포주 發泡酒
[핫포슈]

과일맛 탄산주 チューハイ
[츄하이]

위스키 ウィスキー
[위스키]

일본술 日本酒
[니혼슈]

Theme Travel 6

한눈에 알 수 있는

도쿄 쇼핑의 모든 것

도쿄 여행에서 빠질 수 없는 것이 쇼핑이다. 어디를 가더라도 백화점과 쇼핑몰을 쉽게 볼 수 있고 전자제품 전문 매장이나 드럭스토어와 돈키호테, 편의점도 빼놓으면 섭섭하다. 그런데 막상 쇼핑을 하려면 같은 체인 매장이면 가격이 똑같은지, 더 좋은 제품은 없는지, 좀 더 저렴하게 구매할 방법이 없을지 등등 고려할 점이 많다. 즐거운 쇼핑을 위해 어떤 사항을 체크해야 하는지 알아보자.

백화점

백화점의 천국인 도쿄

도쿄에서 너무도 흔하게 볼 수 있는 것이 대형 백화점이다. 백화점마다 입점 업체나 판매 제품이 다를 수 있다. 백화점 쇼핑에서 첫째로 고려할 점은, 자신의 여행 동선에 어떤 백화점이 있는지 파악하는 것이다. 둘째, 미리 홈페이지 검색을 통해 자신이 원하는 브랜드가 있는가를 확인하고 한국에서 구매했을 때 가격과 비교하자. 백화점 제품은 상당히 비싸고 가장 많이 찾는 화장품의 경우에는 면세점이 오히려 저렴하므로 가격을 잘 비교하는 현명함이 필요하다. 셋째, 우리나라 면세 한도를 잘 지켜서 구매해야 한다. 나중에 귀국할 때 면세 한도를 넘겨서 과세를 당할 수도 있으니 주의하자. 마지막으로, 대부분의 백화점이 면세 카운터를 운영하고 있다. 외국인은 영수증과 여권이 있으면 면세 적용을 받을 수 있으니 꼭 세금을 환급받자.

추천 백화점

❖신주쿠 이세탄 백화점 ❖이케부쿠로 세이부 백화점 ❖긴자 미쓰코시 백화점

아웃렛

도쿄 외곽 지역에 형성된 아웃렛 매장

도쿄는 워낙 땅값이 비싸서 시내 중심에는 제품을 할인하여 판매하는 대형 아울렛 매장을 볼 수 없지만 조금만 벗어나면 상쾌하고 즐겁게 쇼핑을 즐길 수 있는 아울렛이 있으니 확인해 보자.

추천 아웃렛

❖시스이 프리미엄 아웃렛(酒々井プレミアムアウトレット)
주소 千葉県印旛郡飯積2-4-1 홈페이지 www.premiumoutlets.co.jp/shisui

❖고텐바 프리미엄 아웃렛(御殿場プレミアムアウトレット)
주소 静岡県御殿場市深沢1312 홈페이지 www.premiumoutlets.co.jp/gotemba

❖미쓰이 아웃렛 파크 이루마(三井アウトレットパーク 入間)
주소 埼玉県入間市宮寺3169-1 홈페이지 mitsui-shopping-park.com/mop/iruma

❖미쓰이 아웃렛 파크 요코하마 베이사이드(三井アウトレットパーク 横浜ベイサイド)
주소 神奈川県横浜市金沢区白帆5-2 홈페이지 mitsui-shopping-park.com/mop/yokohama

❖미쓰이 아웃렛 파크 가쿠하리 (三井アウトレットパーク 幕張)
주소 千葉県千葉市美浜区ひび野2-6-1 홈페이지 mitsui-shopping-park.com/mop/makuhari

❖미쓰이 아웃렛 파크 다마미나미오사와(三井アウトレットパーク 多摩南大)
주소 東京都八王子市南大沢1-600 홈페이지 mitsui-shopping-park.com/mop/tama

쇼핑몰

백화점보다 더 많은 대형 쇼핑몰

도쿄는 백화점의 도시라고도 하는데 어느덧 옛말이 되었다. 지금의 도쿄는 대형 종합 쇼핑몰의 도시라고 해도 틀리지 않을 만큼 많은 쇼핑몰로 넘쳐난다. 하지만 대부분 콘셉트가 있어 무작정 크다고 해서 본인이 원하는 브랜드를 찾기가 쉽지 않다. 따라서 미리 여행 일정에 있는 쇼핑몰의 홈페이지에 들어가서 입점 업체를 확인하고 방문하자. 쇼핑몰에서 구매한 제품은 모두 면세를 받을 수 있으니 잊지 말고 세금을 환급받자.

추천 쇼핑몰

❖긴자 식스 ❖시부야 109 ❖오모테산도 힐스

명품 매장

명품 쇼핑은 어디로 가야 할까?

도쿄는 명품족들이 많이 찾는 도시 중 하나이다. 명품 매장은 백화점과 단독 매장으로 구분할 수 있다. 그중에서 명품 단독 매장이 많이 몰려 있는 도쿄의 명품 거리는 긴자銀座의 주오 거리中央通り, 롯폰기六本木의 게야키자카 거리けやき坂通り, 그리고 오모테산도表参道가 가장 대표적이다. 일본에는 명품의 수요가 많아 대부분의 제품이 입고되므로 신상뿐만 아니라 국내에 없는 디자인도 있다. 명품 매장을 방문할 때 매장에 따라 드레스코드를 확인하여 출입을 제한할 수 있으니 참고하자.

추천 명품 쇼핑 거리

❖긴자 주오 거리 ❖오모테산도 ❖롯폰기 게야키사카 거리

전자 제품 전문점

빅 카메라와 라비가 전쟁 중

도쿄에서 가장 대표적인 전자 제품 매장은 빅 카메라ビックカメラ와 라비LABI 그리고 요도바시 카메라ヨドバシカメラ를 꼽을 수 있는데 매장 수가 가장 많고 실제로 시장을 주도하는 곳은 빅 카메라이다. 하지만 전자 제품의 경우 우리나라와 전압이 맞지 않으며 제품의 프로그램 언어가 달라 AS가 어려워 구매를 추천하지 않지 않는다. 최근에는 이들 매장에서 게임기의 소프트웨어나 장난감 판매도 대대적으로 하고 있어 관광객들에게는 이쪽 쇼핑이 더 어울릴 듯하다.

추천 매장

❖빅 카메라 ❖요도바시 카메라 ❖라비

가구·생활용품 전문점

핸즈와 니토리를 제친 무인양품의 선전

일본의 대표적인 가구·생활용품 매장인 도큐 핸즈가 '핸즈'로 이름을 바꾸었는데 코로나19로 판매가 상당히 위축되어 점포 수가 줄어들었다. 라이벌인 니토리도 매장 수를 줄이면서 영업 활동이 주춤해졌다. 이때를 노려 무인양품이 대대적으로 매장 수를 늘리고 매장 규모도 확장하면서 지금 일본의 가구와 생활용품 시장은 무인양품이 이끌고 있다고 해도 과언이 아니다. 도쿄 여행 중에 무인양품 매장을 흔히 볼 수 있으며 무인양품 긴자점의 경우 호텔과 레스토랑까지 영역이 확장되었다. 디자인과 제품의 종류는 무인양품이 뛰어나고 니토리는 가격, 핸즈는 창의성이 더 좋다는 점을 참고하자.

추천 매장

❖니토리 ❖핸즈 ❖무인양품

전자제품 및 생활용품 구매 시 주의점

전자제품을 구매할 때 주의할 점은 일본과 우리나라의 전압이 110V와 220V로 틀리기 때문에 요즘에는 자동 변환이 대부분 되지만, 중고 제품이나 변환이 안 되는 제품이 있을 수 있으므로 꼭 체크를 해야 한다. 또한 컴퓨터나 노트북 태블릿 PC의 경우 소프트웨어의 버전 및 언어 충돌로 사용을 못하는 경우도 발생하므로 구입 시 주의하자.

생활용품을 구매할 때 규모가 큰 인테리어 제품이나 가구의 경우 반입 과정에서 파손이 있을 수 있으므로 꼭 구매를 하고 싶을 경우 포장을 잘해야만 상태를 깨끗이 보존할 수 있다.

드럭스토어

화장품과 의약품, 건강 기능 식품을 돈키호테가 아닌 드럭스토어에서 구매하는 사람도 많다. 도쿄의 웬만한 역 주변이라면 고쿠민, 선드럭, 마쓰모토 키요시 같은 드럭스토어를 쉽게 찾을 수 있는데 말이 드럭스토어지 없는 게 없는 작은 생활용품 백화점이다. 드럭스토어는 제품의 종류가 더 다양한 것이 장점이지만 가격이 다소 비싸므로 잘 알려진 제품이라면 돈키호테에서의 구매를 더 추천한다. SURF라는 앱을 다운받으면 구매하고자 하는 제품의 가격 비교와 매장을 확인할 수 있으므로 사전에 체크하자.

추천 매장

❖마쓰모토 키요시 ❖고쿠민 ❖선드럭

다이소

과거에는 도쿄 관광 기념품을 구매하기 위해 다이소를 많이 찾았지만, 지금은 돈키호테의 기세에 밀려 관광객이 많이 줄어들었다. 돈키호테에 비해 가격 경쟁력이 잃었고 제품 종류도 단순해서 문구류를 제외하면 큰 장점이 없다. 하지만 여전히 가격이 저렴한 편이고 여행지를 다니다가 다이소 매장을 많이 볼 수 있으니 시간이 난다면 가볍게 들러 보자.

추천 매장

❖하라주쿠 다케시타 거리 다이소 ❖오다이바 다이버 시티 도쿄 플라자 다이소

슈퍼마켓

도쿄를 여행할 때 알뜰한 쇼핑을 위해 슈퍼마켓을 방문하는 사람들이 많아졌다. 슈퍼마켓의 최고 인기 품목은 도시락인데 편의점보다 종류도 다양하고 푸짐하며 가격도 저렴한 것이 특징이라 많이 찾고 있으며 카레, 스프, 커피, 과자, 치즈 등도 돈키호테 같은 할인점보다 다양한 제품들이 많아 여성 관광객들이 많이 찾는다. 다만 슈퍼마켓은 대부분 주택가에 위치해 있어 일반적으로 여행 동선에서는 보기 힘들다. 구글맵 어플을 통해 숙소 주변 슈퍼마켓의 위치와 영업 시간을 먼저 파악하고, 숙소로 돌아가는 길에 슈퍼마켓에 들러 색다른 쇼핑의 재미를 느껴 보자.

추천 매장

❖피콕 ❖세이유

돈키호테

도쿄 여행에서 무조건 일정에 포함을 시키는 돈키호테는 먹거리부터 화장품, 의약품, 생활 잡화까지 모든 것이 다 있는 만물상이고 가격도 저렴하여 우리나라 여행객들에게 방문 1순위로 꼽히는 쇼핑 매장이다. 매장 규모에 따라 판매하는 제품의 종류가 다르고 가격도 천차만별이며 코로나19로 인해 아직까지 점포마다 영업 시간의 제한을 두고 있는 경우가 있어 방문 전 사전에 홈페이지를 통해 확인을 해야 한다. 5,500엔 이상 구매 시 면세 혜택을 받을 수 있고 모바일 웹 쿠폰을 통해 누구나 추가 할인을 받을 수 있으므로 참고하여 더 저렴하게 쇼핑을 즐겨 보자.

추천 매장

❖시부야 메가 돈키호테 ❖신주쿠 동남지점 돈키호테 ❖이케부쿠로 동쪽 출구 돈키호테

편의점

도쿄의 편의점은 어디를 가더라도 쉽게 여러 개를 볼 수 있을 정도로 눈에 많이 띄는데 24시간 운영이 되기 때문에 간단히 끼니를 때우기도 좋고 언제든지 간식이나 비품들을 구매할 수 있다. 술과 담배를 판매하는 곳은 편의점 입구 간판에 술酒, 담배たばこ가 표시되어 있고 간혹 신분증을 요구하는 경우도 있다. 편의점마다 제품의 차이가 있고 도시락도 종류가 다양하며 편의점의 전략 PB상품(자체 상품)들이 있어 편한 시간에 아무 때나 편의점 쇼핑을 즐기는 것도 또 하나의 재미다.

추천 매장

❖로손(빵, 샌드위치 인기) ❖패밀리 마트(도시락, 치킨, 오뎅 인기) ❖세븐일레븐(PB 음료 제품, PB 커피)

Theme Travel 7

시원하게 나이스 샷!

도쿄 골프 여행

최근 골프를 즐기는 사람들의 숫자도 많이 늘었고 연령도 많이 낮아지면서 회원권이 없다면 골프장 예약이 만만치 않게 힘들고 금액도 상당하다. 이 때문에 골프를 사랑하는 마니아들이 가격도 적당하고 가까운 일본으로 골프 여행을 떠나는 경우가 늘고 있는데, 그중 골프도 즐기고 관광도 할 수 있는 매력적인 도쿄의 골프장을 소개하고자 한다.

가모가와 컨트리클럽 鴨川カントリークラブ [가모가와 칸토리-쿠라뿌]

넓고 세심하게 관리된 코스가 돋보이는 곳

가모가와 컨트리클럽이 위치한 지바현은 도쿄 아래쪽에 위치한 반도 형태의 지형으로, 기후면에서는 가고시마만큼이 따뜻한 곳이다. 심지어 한낮의 평균 온도는 가고시마보다 따뜻하다. 골프텔에 인접한 가모가와 컨트리클럽은 꽃으로 가득하고 높이 차이가 거의 없는 평평한 구릉 리조트 코스이다. 티 박스에 서면 정말 산에 만들어진 코스인지 의심스러울 정도로 페어웨이가 넓고, 티 박스 앞에 워터 해저드가 있어 초보자들의 가슴을 콩닥거리게 한다.

넓은 페어웨이와 세심한 코스 관리 그리고 잘 배열된 벙커와 연못은 가모가와 컨트리클럽의 개성을 잘 보여 준다. 아웃 코스에서는 그린 주변에 벙커가 세심하게 배치되어 있으므로 섬세한 세컨드 샷이 좋은 스코어를 만드는 열쇠이다. 인 코스에는 연못 주위에 살짝 어려운 포인트를 만들어 샷을 하는 재미를 더해 준다. 특히 16번 홀은 티의 오른쪽 앞에서 연못이 있어 슬라이스 볼은 여지없이 연못으로 퐁당 빠지게 된다는 점을 참고하자.

리조트 안에 골프 코스가 있어 이동하지 않고 숙소에서 바로 나오면 카트가 준비되어 있어 골프를 즐기기에 안성맞춤이다. 특히 한국 손님들에 대한 배려로 직원들 모두 통역기를 가지고 다니며 모든 상황을 친절히 안내하여 숙박, 골프 등이 편안하고 따뜻한 분위기에서 진행된다.

주소 千葉県鴨川市和泉2607 전화 0470-93-4567 개장 연도 1970년 10월 16일 개장 총 홀수 18홀 면적 6,710야드 홈페이지 reserve.accordiagolf.com/golfCourse/kamogawa

하나오 컨트리클럽 花生カントリークラブ [하나오 칸토리-쿠라뿌]

유명 디자이너 고바야시 미쓰아키의 작품

1992년 11월에 개장한 골프장으로 유명 디자이너인 고바야시 미쓰아키가 코스 하나하나에 많은 심혈을 기울여 디자인하여 어느 코스도 질리지 않게 한다. 특히 워터 해저드는 정신이 번쩍 나게 하며 골프장은 커다란 정원과도 같은 느낌으로 조경이 잘 되어 깔끔한 이미지를 준다.

전체적으로 기복이 적은 구릉형 코스로 여성과 노인도 즐길 수 있다. 아웃 코스의 왼편에는 언덕 등 OB가 계속해서 이어진다. 특히 페어웨이에 카트 진입이 가능하여 여유롭게 자연과 골프를 즐길 수가 있다. 인 코스는 마지막 다섯 홀이 전부 연못이나 작은 샛강을 끼고 있어 샷의 정확성이 필요하다. 하나오 컨트리클럽의 자랑거리인 9번 홀은 코스 전체에 벚나무를 가득 심어 놓아 3월 말부터 4월 초까지 벚꽃이 흩날리는 틈으로 샷을 하며 낭만까지 즐기게 된다.

주소 千葉県夷隅郡大多喜町平沢字鍵坂1523-18 전화 0470-83-1111 개장 연도 1992년 11월 23일 개장 총 홀수 18홀 면적 6,858야드 홈페이지 reserve.accordiagolf.com/golfCourse/hanao

보슈 컨트리클럽 房州カントリークラブ [보슈 칸토리-쿠라뿌]

골프 대회에 적합한 정통파 챔피언 코스

1970년 지바현의 많은 골프 코스를 디자인한 도미사와 세이조에 의해 설계된 18홀 골프장으로 정통파 챔피언 코스이다. 산 능선을 이용하여 만든 골프 코스여서 오르막과 내리막이 있다. 아웃 코스의 경우 지형상 블라인드 홀이 많아 코스를 잘 파악하고 티샷을 해야 한다. 그래도 페어웨이 안으로 카트 진입이 가능하다. 태평양 앞바다를 내려다보이는 인기 별장 지대에 인접해 있으며 날씨가 좋은 날은 북쪽으로는 후지산, 남쪽으로는 이즈 반도를 한눈에 담을 수 있다.

코스는 완만하게 이어지는 언덕 지역으로 작은 그린과 해저드가 의외로 경기력에 영향을 줘서 스코어 만들기를 어렵게 한다. 쉬워 보이지만 어려운 골프 코스는 각종 메이저 대회 코스로도 손색이 없으며 실제로 많은 골프 대회가 개최된다.

주소 千葉県館山市藤原1128 전화 0470-28-1211 개장 연도 1970년 4월 25일 개장 총 홀수 18홀 면적 6,267야드 홈페이지 reserve.accordiagolf.com/golfCourse/boushuPhoto-보슈

Tip

도쿄 골프 여행을 준비할 때 단독으로 예약하는 경우도 있지만, 대부분은 여행사를 통해 골프 여행 상품을 구매한다. 이때 단순히 상품 가격만 보지 말고 내용을 꼼꼼히 확인하도록 하자. 가격이 저렴한 것처럼 보이지만 잘 살펴보면 불포함 사항이 많거나 이동 거리가 멀고 가격이 낮은 골프장을 일정에 넣는 경우가 있다. 따라서 현지 골프장과 직접 연계한 골프 전문 여행사를 통해 예약하는 것을 추천한다.

추천 골프 여행사 가온투어㈜가온레저산업

주소 서울특별시 강남구 개포로249 신영빌딩, 302호 전화 02-556-3601 홈페이지 www.gaontour.com

여행 정보

- 여행 준비
- 공항 안내
- 한국 출국
- 일본 입국
- 일본 출국
- 한국 입국

ひょうたん

TOKYO
여행 준비

여권 만들기

여권은 해외여행 시 여행국에 여행자의 신분과 국적을 증명하고 보호를 의뢰하는 문서다. 여권이 없으면 외국 어느 나라에도 출입이 불가하다. 분실하거나 파손되었을 때는 본인이 직접 영사관을 방문하여 재발급을 받을 수 있다. 단수 여권과 복수 여권이 있는데 단수 여권은 유효 기한이 1년이고 1회 사용 시 효력이 상실된다. 복수 여권은 사용 기간이 10년으로 횟수 제한 없이 사용할 수 있다. 여권을 발급 신청할 때는 본인이 직접 방문하는 것이 원칙이지만 미성년자 자녀나 질병·장애·사고가 있는 가족의 경우에는 대리 접수가 가능하다. 여권은 외교부가 지정한 시청, 구청, 도청에서 발급하고 있으며 여권 발급에는 보통 3~5일 정도 소요된다. 휴가철이나 명절에는 5일에서 길게는 10일까지 소요될 수 있으니 미리 접수해야 한다. 여권 발급에 필요한 서류와 발급 비용과 관련한 자세한 사항은 홈페이지에서 확인이 가능하다.

홈페이지 www.passport.go.kr.

비자 발급

도쿄는 방문 기간이 90일이 넘지 않을 경우 비자를 발급받지 않아도 된다. 단, 90일 이상의 장기 여행, 학업이나 취업 활동을 목적으로 하는 경우에는 사전에 입국 목적에 맞는 비자를 주한 일본 대사관을 통해 발급받아야 한다. 비자에 관련된 자세한 사항은 홈페이지에서 확인할 수 있다.

홈페이지 www.kr.emb-japan.go.jp

여행 정보 수집

여행 지역으로 도쿄를 정했더라도 어떻게 여행할 것인지, 무엇을 먹을 것인지, 잠은 어디에서 잘 것인지도 정하고 예약도 해 두어야 한다. 도쿄 관련 여행 블로그와 카페, 여행사 홈페이지와 JNTO(일본정부관광국) 홈페이지에서 손쉽게 여행 정보를 얻을 수 있다. 무엇보다 〈인조이 도쿄〉에 웬만한 도쿄 여행 정보가 다 들어있으니 적극 활용하자.

여행 정보 수집에 유용한 홈페이지

JNTO(일본 정부 관광국)
www.welcometojapan.or.kr

네일동(네이버 일본 여행 동호회)
cafe.naver.com/jpnstory

트립어드바이저
www.tripadvisor.co.kr/Attractions-g294232-Activities-Japan.html

라이브재팬
livejapan.com/ko/in-tokyo

여행 일정 짜기

도쿄뿐만 아니라 주변에 요코하마, 가마쿠라, 하코네, 닛코 등 매력적인 도시가 많아 일정을 짤 때 고민이 많아진다. 3박 4일 이하의 짧은 일정이라면 도쿄 시내를 중심으로 계획을 세우는 것이 좋고 그 이상이라면 주변 도시 중 어느 곳에 갈지 선택해 보자. 또, 숙소를 어느 지역에 예약할지 먼저 정한 후 동선이 복잡해지지 않게 일정을 정해야 시간 낭비 없이 알찬 여행을 할 수 있다. 이 책의 추천 코스를 활용하는 것도 좋은 방법이다. 아래의 고려 사항을 참고해 나만의 여행 일정을 준비해 보자.

★ 나의 여행 기간은?
★ 출발과 도착 항공편은 어느 지역으로 할 것인가?
★ 숙소는 어느 지역으로 정하는 것이 좋을까?
★ 최적의 이동 거리와 교통편은 무엇인가?
★ 관광지의 관람 시간과 비용은 어느 정도 될까?
★ 어디서 무엇을 먹을 것인가?

항공권 예약

도쿄 여행을 준비할 때 가장 고민되는 것 중 하나가 항공권 예약이다. 가격도 천차만별이고, 출국 시간과 귀국 시간, 출발하는 공항과 도착하는 공항도 모두 다르기 때문이다. 그러니 본인의 예산과 여행 일정에 맞게 잘 선택하자. 같은 항공권이라도 어디에서 예약하느냐에 따라 조금씩 가격 차이가 있어 가격 비교는 필수다. 항공권의 유효 기간 및 제한 조건에 따라 차이가 있을 수 있으며 숙소와 함께 예약할 경우 추가 할인을 받을 수도 있으니 여행사 사이트를 참고하자(가격 비교 사이트 제외).

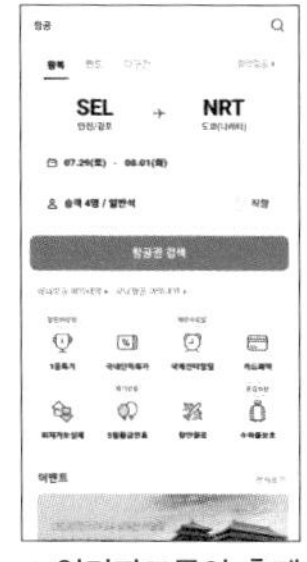

▲ 인터파크투어 홈페이지(모바일)

여행 일정이 정해졌다면 출국 시간과 귀국 시간을 모두 고려하여 일정에 맞는 공항과 항공사를 선택하자. 같은 항공권이라도 어느 사이트에서 예약을 하는지, 항공권의 조건(환불 조건, 수하물 기준, 날짜 변경)이 어떤지에 따라 가격이 많이 다르기 때문에 비교해 보고 구매해야 후회하지 않는다. 우선 항공사 홈페이지에서 가격을 확인한 후 여러 여행사 홈페이지의 가격을 비교하고 결제 조건(제휴카드, 숙박예약 시 할인, 어플 예약 할인 등)을 따져 보도록 한다.

항공권 예약 시 유용한 홈페이지

인터파크투어 tour.interpark.com
여행이지 www.kyowontour.com
하나투어 www.hanatour.com
노랑풍선 www.onlinetour.co.kr

숙소 예약

항공권 다음으로 신경 써야 할 것이 숙소 예약이다. 숙소는 계획한 여행 일정에 맞는 위치를 고려해야 하고, 가격을 비교해야 한다. 단, 가격이 저렴한 곳만 찾았다가는 이동에 드는 시간과 교통비가 더 많이 들 수도 있다. 그리고 보이는 요금은 저렴한데 결제 단계에 들어가면 예약 수수료 및 서비스 비용을 포함하여 가격이 확 올라가는 경우가 많으므로 꼭 결제 단계의 요금을 비교해야만 한다.

▲ 여기어때 홈페이지(모바일)

그리고 비싼 곳이라고 무조건 좋은 것은 아니니 호텔 정보를 꼼꼼히 확인하자. 또한 인터넷 사용에 관한 것과 부대 시설 등을 미리 체크하자. 민박집의 경우는 다인실을 이용해야만 저렴하고 샤워실을 공동으로 사용해야 하는 불편이 있다. 도쿄에는 다양한 가격대의 비즈니스급 호텔이 많아 민박집을 이용하는 것보다는 비즈니스 호텔을 추천한다. 항공권과 함께 예약하면 추가로 할인 혜택을 받을 수 있는 여행사도 많고 여러 날을 숙박하면 연박 할인이 되는 호텔도 많으니 잘 체크하자.

숙소 예약 시 유용한 홈페이지

여기어때 www.goodchoice.kr
야놀자 www.yanolja.com
인터파크투어 tour.interpark.com
아고다 www.agoda.co.kr
호텔스닷컴 kr.hotels.com

여행자 보험

해외여행 중에는 도난, 상해 등 여러 돌발 상황이 생길 수 있는데 이에 대한 보상을 받기 위해서는 여행자 보험에 꼭 가입해야 한다. 여행자 보험은 보험 회사, 여행 기간과 보상 금액에 따라 가입 비용이 다르므로 보험 약관이나 가입 안내서를 자세히 살펴보자. 여행사에서 항공권 혹은 호텔을 예약하면 여행자 보험 할인을 해 주는 경우도 있고 로밍을 하면 통신사를 통해 할인 적용을 받을 수도 있다. 보험료 청구 시 약관에 따라 현지의 관공서나 병원에서 발행하는 확인서, 영수증 등의 증빙 서류가 필요하니 사고 발생 시 꼭 챙겨 두자.

여행자 보험 가입 시 유용한 사이트

KB손해보험 direct.kbinsure.co.kr
현대해상 다이렉트 direct.hi.co.kr
삼성화재 다이렉트 direct.samsungfire.com

교통 패스 · 입장권 구입

나리타 공항에서 시내로 이동할 때의 교통편(스카이라이너 · 나리타익스프레스) 혹은 하코네를 방문하기 위한 하코네 프리 패스는 사전에 인터넷으로 예약하면 할인을 받을 수 있다. 또한 도쿄 디즈니랜드, 디즈니 시, 지브리 박물관 등의 입장권도 인터넷으로 할인받고 사전 예약할 수 있다.

환전

여행 출발 전에 미리 가까운 은행이나 사설 환전소

에서 엔화로 환전을 하자. 자신이 이용하는 주거래 은행에서 환전을 하면 보다 저렴한 수수료를 내고 환전할 수 있다. 일본 현지에서도 환전이 가능하지만, 수수료가 비싸기 때문에 사전에 꼭 환전하도록 하고 만약 여행 시 현금이 부족하면 신용카드를 사용해야 하지만 해외 결제 수수료가 청구된다는 점을 참고하자.

사전 입국 심사 · 세관 신고 등록

도쿄의 공항에 도착하면 입국 심사와 세관 신고를 하게 되는데 사전에 인터넷으로 입국 신고와 세관 신고를 해 두면 빠르게 입국장을 빠져나갈 수 있다. 비지트 재팬 웹(Visit Japan Web, 홈페이지 vjw-lp.digital.go.jp/ko)에 접속하여 안내에 따라 여권 정보, 항공 정보, 숙소 정보를 입력하고 입국 신고와 세관 신고 내용을 입력하면 된다. 한국어 서비스가 지원되므로 어렵지 않게 등록이 가능하며 등록이 완료되면 QR코드가 표시되는데 입국 심사와 세관 신고를 할 때 이 QR코드를 제시하면 된다. 혹시 깜빡 잊고 사전 입국 심사나 세관 신고를 하지 못했다면 기존과 같이 종이로 작성하여 제출하면 된다.

▲ 비지트 재팬 웹

로밍 · 포켓 와이파이 신청

도쿄에 도착하면 사전 입국 심사부터 모바일을 사용하게 되므로 본인이 사용하는 통신사의 로밍 서비스나 포켓 와이파이 대여를 사전 신청하도록 한다. 통신사에 따라 저렴한 로밍 정액제가 있으며, 포켓 와이파이를 사전 신청하고 출발 전 공항에서 수령할 수도 있기 때문에 요금을 꼼꼼히 따져 보고 신청하도록 하자.

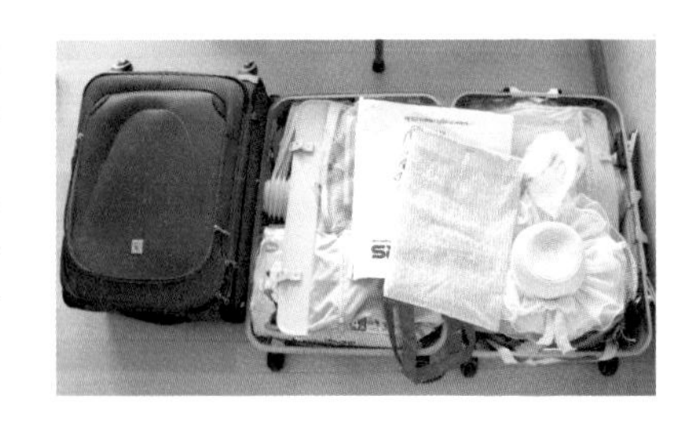

짐 꾸리기

짐은 최대한 가볍게 꾸리도록 하고 얇은 옷으로 여러벌을 준비하는 것이 유용하다. 또한 신발은 여행 일정에 따라 다르겠지만 가급적 편한 운동화를 신는 것이 좋다. 도쿄의 다양한 음식을 맛보는 것도 여행의 큰 매력인데 굳이 한국 음식을 싸 가느라 불필요한 짐을 준비하지 말자. 위탁 수하물은 항공사에 따라 구매 티켓의 등급에 따라 무게를 다르게 규정하고 있으니 항공권 구매 시 위탁 수하물에 대한 규정을 꼭 체크해야 추가 요금을 지불하지 않는다. 또한 액체 수하물은 보안 검사를 통과할 수 없으며 외부 반입이 금지되어 있으니 모두 위탁 수하물에 넣어야 한다. 휴대폰의 충전 배터리는 위탁 수하물로 반입이 되지 않으니 꼭 소지하고 비행기를 탑승하자.

준비물 체크 리스트

★ 여권, 항공권, 현금, 신용 카드
★ 일정에 맞는 옷
★ 카메라, 휴대폰, 어댑터(돼지코)
★ 여행 계획표 혹은 자료
★ 작은 배낭
★ 긴급 연락처 정보, 여권 사본
★ 〈인조이 도쿄〉 여행서

TOKYO
공항 안내

인천 국제공항

2001년 개항한 인천 국제공항은 4개의 활주로를 갖춘 최대 규모의 국제공항이자 우리나라 대표 관문이다. 도쿄로 가는 항공편의 80%는 인천 국제공항에서 출발하며 비정규편으로 인천-하네다를 운행하는 것을 제외하고는 전부 인천-나리타 노선이다. 두 개의 터미널 중 제1 터미널은 아시아나항공을 비롯한 스타얼라이언스, 원월드, 저비용 항공사가 이용하고 있으며, 제2 터미널에서는 대한항공을 비롯한 스카이팀 항공사가 이용하고 있다. 서울(서울역 기준)에서 인천 국제공항까지는 공항철도로 43분 정도 소요되며, 리무진 버스로는 교통사정에 따라 다르지만 1시간 이상 소요된다.

제1 터미널 이용 항공사 아시아나항공 , 에어부산 , 에어서울 , 제주항공 , 진에어 , 티웨이항공
제2 터미널 이용 항공사 대한항공 ※ 일본 항공은 코로나19 이후 대한항공과 코드셰어 운항 중(2023년 10월 기준)
홈페이지 www.airport.kr

김포 국제공항

1988년 개항한 김포 국제공항은 2001년 국제선이 모두 인천 국제공항으로 이전한 후 국제선 운영을 중단하였다가 김포-하네다 노선이 신설되면서 국제선 운영을 재개하였다. 현재 김포-하네다 노선과 김포-오사카노선을 운영하고 있으며 서울(서울역 기준)에서 김포 국제공항까지 공항철도로 22분 정도 소요되며 버스와 택시등 다양한 교통편을 이용할 수 있어 도쿄로 가기 위해 접근성이 가장 좋은 국제공항이다.

김포 국제공항 취항 항공사 대한항공 , 아시아나항공, 일본항공(JAL) , 전일본공수(ANA)
홈페이지 www.airport.co.kr/gimpo

김해 국제공항

부산을 비롯한 경상남도의 관문인 김해 국제공항은 코로나19로 도쿄행 항공편이 모두 중단되었다가 현재(2023년 10월)는 하루 평균 4편이 운항하고 있다. 부산(부산역 기준)에서 김해 국제공항까지는 전철을 이용하여 42분 정도 소요되며 지역에 따라 버스로 이동하는 것이 더 빠를 수 있으니 출발지에서 교통편을 사전에 체크하도록 하자.

홈페이지 www.airport.co.kr/gimhae

나리타 국제공항

1978년 개항한 나리타 국제공항은 일본 최대 규모의 국제공항으로 3개의 터미널을 운영하고 있으며 인천 국제공항에서 출발하는 정규편 항공은 모두 나리타 국제공항을 이용한다. 도쿄(도쿄역)에서 나리타 국제공항까지 교통편에 따라 다르지만 평균 1시간 정도 소요된다. 항공사에 따라 이용 터미널이 다르므로 꼭 이용 항공편의 터미널을 사전에 체크하도록 하자.

제1 터미널 이용 항공사 아시아나항공, 에어부산 , 에어서울(이상 남쪽 윙), 대한항공 , 진에어(이상 북쪽 윙)

제2 터미널 이용 항공사 일본항공(JAL), 티웨이항공 ※ 일본항공은 코로나19 이후 대한항공과 코드셰어 운항 중(2023년 10월 기준)

제3 터미널 이용 항공사 제주항공

홈페이지 www.narita-airport.jp/kr

하네다 국제공항

하네다 국제공항은 마치 우리나라의 김포 국제공항처럼 도쿄 시내에서 가장 가까운 공항이다. 2003년 김포-하네다 노선이 신설되었으며 2010년 새롭게 국제선 청사를 신설하여 취항 항공편이 많이 늘어났다. 도쿄(도쿄역 기준)에서 하네다 국제공항까지 전철이나 모노레일을 이용하는 경우 35분 정도 소요된다. 관광객이 많이 찾는 신주쿠 지역으로의 이동은 나리타 국제공항보다 훨씬 빠르고 가격도 많이 저렴하다.

홈페이지 tokyo-haneda.com

TOKYO
한국 출국

공항 도착 → 탑승권 발급(위탁 수하물 부치기) → 출국장 → 보안 검사 → 출국 심사 → 면세점 쇼핑(탑승 대기) → 항공기 탑승

공항 도착

일본으로 가는 국제선 항공을 탑승하기 위해서는 2시간 전까지 공항에 도착하도록 하자. 성수기에는 공항에 사람이 많아 출국 수속에 시간이 많이 걸릴 수도 있으니 충분한 시간 여유를 갖고 공항에 도착하는 것이 좋다. 인천 공항은 공항 리무진, 공항 철도, 택시, 자가용 등을 이용할 수 있지만 도심과 거리가 있어 이동 소요 시간을 잘 체크해야 한다. 김포 공항은 도심에서 가깝지만 철도 외에 육로를 이용해 이동할 때는 교통 체증을 고려해 시간에 여유를 두고 출발하는 것이 좋다.

탑승권 발급(위탁 수하물 부치기)

공항에 도착한 후에 인천 공항은 3층, 김포 공항과 김해 공항은 2층에 있는 항공사 탑승 수속 데스크로 가자. 최근에는 키오스크(무인 탑승 수속기)에서 탑승 수속을 해야 하는데 항상 안내 직원이 있으므로 잘 모를 때는 도움을 받도록 하자. 키오스크에서 항공권을 발급받은 후 해당 항공사에 위탁 수하물을 등록하여 맡긴다. 이때 항공사마다 위탁 수하물 기준이 있으니 짐을 쌀 때 항공사나 여행사를 통해 미리 확인하고, 액체 수하물은 기내 반입이 불가능하니 미리 위탁 수하물에 넣어 두자. (유아를 동반할 경우 유아용 음식과 음료 반입 가능)

출국장

인천 공항과 김포 공항 모두 3층에, 김해 공항은 2층에 출국장이 있다. 출국장으로 들어갈 때에는 탑승권과 여권을 소지한 사람만 입장이 가능하다. 출국장으로 들어가면 보안 검사를 받기 전에 세관 신고를 할 수 있다. 고가의 물품을 소지하였거나 미화 10,000달러를 초과하는(증명서가 있어야 함) 현금을 가지고 출국 때는 미리 신고를 해야 귀국 시 벌금 등의 불이익을 받지 않는다.

보안 검사

외투와 소지품을 검색대에 올리고 때에 따라 신발까지 검사하는 경우도 있다. 노트북 컴퓨터나 태블릿 PC는 가방에서 따로 꺼내 검사를 받아야 한다. 복용 중인 특수 의약품이 있어 반출해야 할 때는 의사의 진단서를 첨부해야 하니 사전에 병원을 통해 확인하자. 임신부나 영유아를 동반한 경우 검색대에 소지품을 올려 두고 검사원에게 이야기를 하면 보안 검색대를 통과하지 않고 별도의 검사를 받을 수 있다.

출국 심사

보안 검사를 끝내고 나오면 출국 심사를 받는데 한 줄로 서서 여권과 탑승권을 제출하고 선글라스와 모자는 벗어야 한다. 가족 단위, 유아, 장애인은 보호자와 함께 출국 심사를 받을 수 있다. 또한 만19세 이상 국민이라면 자동 출국 심사대를 통해 간편하게 출국 심사를 받을 수 있다.

면세점 쇼핑(탑승 대기)

출국 심사가 끝나면 면세 구역으로 들어서게 된다. 이곳에서 탑승 시간 전까지 면세점 쇼핑을 즐길 수 있으며 시내 면세점을 이용한 경우 안내 표지판에 따라 면세품을 수령하는 인도장으로 가서 수령하면 된다. 자칫 쇼핑을 하다가 출발 시간을 지키지 못하는 경우가 있는데 다른 여행객들에게 민폐가 가는 행동이니 꼭 출발 30분 전까지 탑승 게이트로 이동하도록 하자.

항공기 탑승

항공권에 해당 항공기의 탑승장 번호와 탑승 시간이 표기되어 있으니 확인하고 탑승 시간에 맞춰 탑승장으로 이동하자. 유모차의 경우는 탑승 전 항공사에 위탁 수하물로 맡겨야하니 탑승 시간보다 일찍 게이트의 항공사 카운터에 가서 접수하도록 한다. 간혹

탑승권에 있는 탑승장 번호가 변경되는 경우가 있으니 탑승장으로 이동하기 전에 다시 체크하는 것이 좋다.

TOKYO
일본 입국

도쿄 공항 도착 → 입국 심사 → 위탁 수하물 찾기 → 세관 신고 및 보안 검사 → 입국장

도쿄 공항 도착

나리타 공항 또는 하네다 공항에 착륙해 안전벨트 사인의 불이 꺼지면 자리에서 일어나 짐을 챙겨 순서대로 내린다. 도착 게이트를 빠져나와 입국 심사장으로 이동한다.

입국 심사

입국 심사 줄을 설 때는 외국인(Foreigner, 外国人) 줄에 서서 한 명씩 입국 심사를 받는다. 심사관에게 입국 심사를 받을 때 비지트 재팬 웹(Visit Japan Web)으로 사전 등록한 QR코드를 심사대에 있는 단말기에 찍고 여권을 심사관에게 제시한다. 그리고 심사관의 안내에 따라 얼굴 사진과 양쪽 검지의 지문 스캔을 한다.

위탁 수하물 찾기

입국 심사를 받고 나온 후 위탁 수하물이 있다면 해당 항공편이 표시된 수하물 수취대에서 짐을 찾는다. 이때 비슷한 가방이 있을 수 있으니 자기 것이 맞는지 꼭 확인하자.

보안 검사

위탁 수하물을 찾고 입국장으로 나가기 전 전 세관 신고 및 보안 검사를 한다. 안내원의 지시에 따라비지트 재팬 웹(Visit Japan Web)을 통해 사전에 등록한 세관 신고 QR코드를 제출하거나 세관 통로 앞에 있는 컴퓨터에 QR코드를 인식시키고 간단한 보안 검사를 받는다.

입국장

입국장을 빠져나오면 본격적인 즐거운 도쿄 여행의 시작이다!

TOKYO
일본 출국

공항 도착 → 탑승권 발급(위탁 수하물 부치기) → 출국장 → 보안 검사 → 출국 심사 → 면세점 쇼핑 → 항공기 탑승

공항 도착

한국에서 출발할 때와 마찬가지로 2시간 전까지 공항에 도착하도록 하자. 나리타 공항은 항공사마다 터미널이 다르고 하네다 공항은 국제선 청사로 가야 하므로 사전에 해당 항공사의 터미널을 확인하도록 하자.

탑승권 발급

키오스크(무인 탑승 수속기)에서 탑승 수속을 해야 하는데 항상 안내 직원이 있으므로 잘 모를 때는 도움을 받도록 하자. 키오스크를 통해 항공권을 발급받은 후 해당 항공사에 위탁 수하물을 등록하여 맡긴다. 도쿄에서 구매한 물건들로 무게가 초과하는 경우가 많으므로 짐을 쌀 때 항공사나 여행사를 통해 허용 중량을 미리 확인하고, 액체 수하물은 기내 반입이 불가능하니 미리 위탁 수하물에 넣어 두자. (유아를 동반할 경우 유아용 음식과 음료 반입 가능)

출국장

출국장으로 들어갈 때에는 탑승권과 여권을 소지한 사람만 입장이 가능하다. 음료, 액체류, 화기 제품은 반입이 안되므로 사전에 버리거나 정리해야 한다.

보안 검사

외투와 소지품을 검색대에 올리고 때에 따라 신발까지 검사하는 경우도 있다. 노트북 컴퓨터나 태블릿 PC는 가방에서 따로 꺼내 검사를 받아야 한다. 임신부나 영유아를 동반한 경우 검색대에 소지품을 올려두고 검사원에게 이야기를 하면 보안 검색대를 통과하지 않고 별도의 검사를 받도록 한다.

출국 심사

한 줄로 서서 여권과 탑승권을 제출하고 선글라스와 모자는 벗어야 한다. 가족 단위, 유아, 장애인은 보호자와 함께 출국 심사를 받을 수 있다.

면세 구역

출국 심사가 끝나면 면세 구역으로 들어서게 된다. 이곳에서 탑승 시간 전까지 면세점 쇼핑을 즐길 수 있는데 우리나라에 가져갈 선물을 구매하다 자칫 출발 시간을 놓치는 일이 없도록 시간 체크를 잘 하도록 한다.

항공기 탑승

항공권에 해당 항공기의 탑승장 번호와 탑승 시간이 표기되어 있으니 확인하고 탑승 시간에 맞춰 탑승장으로 이동하자. 또한 유모차의 경우는 탑승 전 항공사에 위탁 수하물로 맡겨야하니 탑승 시간보다 일찍 게이트의 항공사 카운터에 가서 접수하도록 한다. 간혹 탑승권에 있는 탑승장 번호가 변경되는 경우가 있으니 탑승장으로 이동하기 전 다시 체크하는 것이 좋다.

TOKYO
한국 입국

공항 도착 ➔ 입국 심사 ➔ 위탁 수하물 찾기 ➔ 세관 신고 ➔ 입국장

공항 도착

착륙 후 안전벨트 사인의 불이 꺼지면 자리에서 일어나 짐을 들고 순서대로 내린다. 도착 게이트를 빠져나와 입국 심사장으로 이동한다.

입국 심사

입국 심사는 내국인 줄에 서서 입국 심사관에게 여권을 제시하고 선글라스와 모자는 벗어야 한다. 가족 단위, 유아, 장애인은 보호자와 함께 입국 심사를 받을 수 있다. 또한 출국 때와 마찬가지로 만19세 이상 국민이라면 자동 출국 심사대를 통해 간편하게 입국 심사를 받을 수 있다.

위탁 수하물 찾기

위탁 수하물이 있다면 해당 항공편이 표시된 수하물 수취대에서 짐을 찾는다. 이때 비슷한 가방이 있을 수 있으니 자기 것이 맞는지 꼭 확인하자.

세관 신고

2023년 5월 1일부터 면세 한도를 초과하지 않았다면 휴대품 신고서를 작성할 필요 없이 '세관 신고 없음' 통로로 나가면 된다. 만약 면세 한도를 초과한 경우에는 미리 모바일로 관세청 어플을 다운받아 신고하거나, 기내에서 종이 신고서를 미리 작성한 후 '세관 신고 있음' 통로로 이동한다. 모바일로 사전 신고를 하면 QR코드가 생성이 되는데 QR코드를 기계에 대고 통과하면 되고, 종이 신고서의 경우 직원에게 제출하면 된다. 만약 허위 신고를 하는 경우 중과세를 낼 수 있으니 주의하도록 하자.

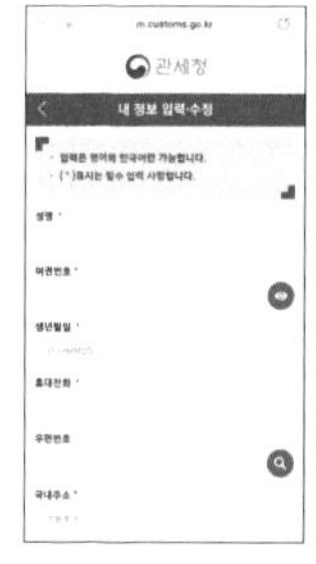

여행 회화

일본어

숫자

1	いち 이치	6	ろく 로쿠
2	に 니	7	しち 시치
3	さん 산	8	はち 하치
4	し 시	9	きゅう 큐–
5	ご 고	10	じゅう 주–

돈

1엔	いちえん 이치엔	100엔	ひゃくえん 햐쿠엔
5엔	ごえん 고엔	500엔	ごひゃくえん 고햐쿠엔
10엔	じゅうえん 주–엔	1000엔	せんえん 센엔
50엔	ごじゅうえん 고주–엔	5000엔	ごせんえん 고센엔
10000엔	いちまんえん 이치만엔		

매일 쓰는 기본 표현

안녕하세요.	おはよう ございます。 오하요–고자이마스(아침) こんにちは。 콘니치와(낮) こんばんは。 콘방와(밤)
감사합니다.	ありがとう ございます。 아리가토– 고자이마스
미안합니다.	すみません。 스미마센

괜찮아요.	だいじょうぶです。 다이조-부데스
부탁합니다.	おねがいします。 오네가이시마스
네.	はい。 하이
아니오.	いいえ。 이이에
좋아요.	いいです。 이이데스
싫어요.	いやです。 이야데스
뭐예요?	なんですか。 난데스카
어디인가요?	どこですか。 도코데스카
얼마인가요?	いくらですか。 이쿠라데스카
잘 모르겠어요.	よく わかりません。 요쿠 와카리마센
일본어를 못해요.	にほんごが できません。 니혼고가 데키마센
영어로 부탁합니다.	えいごで おねがいします。에-고데 오네가이시마스
천천히 말씀해 주세요.	ゆっくり はなして ください。 윳쿠리 하나시테 구다사이
다시 한번 말씀해 주세요.	もう いちど おねがいします。 모-이치도 오네가이시마스
써 주세요.	かいて ください。 카이테 쿠다사이
나는 한국 사람입니다.	わたしは かんこくじんです。와타시와 칸코쿠진데스

비행기 안에서

제 자리가 어디죠?	わたしの せきは どこですか。 와타시노 세키와 도코데스카
이쪽입니다.	こちらです。코치라데스

이쪽 こちら 코치라
저쪽 あちら 아치라
그쪽 そちら 소치라

실례합니다.	しつれいします。 시츠레이시마스
저기요.	すみません。 스미마센
담요 주세요.	もうふ　ください。 모–후 쿠다사이
커피 주세요.	コーヒー　ください。 고–히– 쿠다사이 냉수　おみず 오미즈 주스　ジュース 주–스 맥주　ビール 비–루
화장실은 어디인가요?	トイレは　どこですか。 토이레와 도코데스카
언제쯤 도착할까요?	いつごろ　到着とうちゃくしますか。 이츠고로 도차쿠시마스카

입국 심사

외국인은 어느 쪽에 서나요?	がいこくじんは　どちらですか。 가이코쿠진와 도치라데스카
방문 목적이 무엇입니까?	にゅうこくの　もくてきは なんですか。 뉴–코쿠노 모쿠테키와 난데스카
관광입니다.	かんこうです。 칸코–데스
공부하러 왔습니다.	りゅうがくです。 류–가쿠데스
어느 정도 체류합니까?	どのくらい　たいざいしますか。 도노쿠라이 타이자이시마스카
일주일입니다.	いっしゅうかんです。 잇슈–칸데스 일주일　いっしゅうかん 잇슈–칸 이틀　ふつか 후츠카 사흘　みっか 밋카 나흘　よっか 욧카
어디에서 머물 예정입니까?	どこに　たいざいしますか。 도코니 타이자이시마스카
프린스 호텔입니다.	プリンスホテルです。 푸린스 호테루데스

수화물 찾기

NH 908 짐은 어디서 찾나요?	NH908の　てにもつは　どこで　受け取りますか。 에누에치 큐-제로하치노 테니모츠와 도코데 우케토리마스카
짐이 나오지 않았어요.	にもつが　でて　きません。 니모츠가 데테 키마센
제 짐은 두 개 입니다.	わたしの　にもつは　ふたつです。 와타시노 니모츠와 후타츠데스 한 개　ひとつ 히토츠 두 개　ふたつ 후타츠 세 개　みっつ 밋츠
짐이 없어졌어요.	にもつが　なくなりました。 니모츠가 나쿠나리마시타

세관 검사

신고할 물건 없습니까?	申告する ものは ありませんか。 신코쿠스루 모노와 아리마센카
없습니다.	ありません。 아리마센
가방 안에 무엇이 들어 있습니까?	かばんの なかに なにが はいって いますか。 카방노 나카니 나니가 하잇테 이마스카
가방을 열어 주세요.	かばんを あけて ください。 카방오 아케테 쿠다사이
이것은 무엇입니까?	これは なんですか。 코레와 난데스카
이건 제가 사용하고 있는 물건입니다.	これは わたしが つかって いる ものです。 코레와 와타시가 쓰캇테 이루 모노데스
이것은 가지고 들어갈 수 없습니다.	これは もちこむ ことが できません。 코레와 모치코무 코토가 데키마센

공항에서

버스 승강장은 어디인가요?	バスのりばは　どこですか。 바스 노리바와 도코데스카
어디로 가야 하나요?	どこに　いきますか。 도코니 이키마스카
관광 안내소는 어디인가요?	かんこう あんないしょは　どこですか。 칸코– 안나이쇼와 도코데스카
지도를 주세요.	ちずを　ください。 치즈오 쿠다사이
호텔 예약이 가능한가요?	ホテルの　よやくが　できますか。 호테루노 요야쿠가 데키마스카

교통

표는 어디에서 삽니까?	きっぷは　どこで　かいますか。 킷푸와 도코데 카이마스카
요금은 얼마입니까?	りょうきんは　いくらですか。 료–킨와 이쿠라데스카
전철은 어디서 탑니까?	でんしゃは　どこで　のりますか。 덴샤와 도코데 노리마스카
몇 시에 출발합니까?	なんじ　しゅっぱつですか。 난지 슛파츠데스카
신주쿠행입니까?	しんじゅくゆきですか。 신주쿠 유키데스카
이거 시나가와에 가나요?	これ、しながわに　いきますか。 코레, 시나가와니 이키마스카
신주쿠까지 얼마나 걸립니까?	しんじゅくまで　どのくらい　かかりますか。 신주쿠마데 도노쿠라이 가카리마스카
하라주쿠에 가고 싶은데요.	はらじゅくに　いきたいですが。 하라주쿠니 이키타이데스가
어디서 갈아탑니까?	どこで　のりかえますか。 도코데 노리카에마스카
걸어서 갈 수 있습니까?	あるいて　いけますか。 아루이테 이케마스카
열차를 잘못 탔어요.	のりまちがえて　しまいました。 노리마치가에테 시마이마시타

표를 잃어버렸어요.	きっぷを　なくして　しまいました。 킷푸오 나쿠시테 시마이마시타

호텔에서

체크인 부탁드립니다.	チェックイン　おねがいします。 체쿠인 오네가이시마스
예약했는데요.	よやくしましたが。요야쿠시마시타가
방에 열쇠를 두고 나왔어요.	へやに　かぎを　おきわすれました。 헤야니 카기오 오키와스레마시타
415호실입니다.	415ごうしつです。욘이치고 고–시츠데스
체크아웃은 몇 시까지입니까?	チェックアウトは　なんじまでですか。 체쿠아우토와 난지마데데스카
내일 7시에 모닝콜 부탁합니다.	あした　7じに　モーニングコール　おねがいします。 아시타 시치지니 모–닝구코–루 오네가이시마스
인터넷을 할 수 있습니까?	インターネットを　つかえますか。 인타–넷토– 츠카에마스카
편의점은 어디에 있나요?	コンビには　どこに　ありますか。 콘비니와 도코니 아리마스카
하루 더 머물고 싶은데요.	もう　いっぱく　したいですが。 모–잇파꾸 시타이데스가
짐을 5시까지 맡아 주세요.	にもつを　5じまで　あずかって　ください。 니모츠오 고지마데 아즈캇테 쿠다사이

쇼핑

이거 주세요.	これ　ください。코레 구다사이
옷 입어 봐도 될까요?	きて　みても　いいですか。키테 미테모 이이데스카

작아요.	ちいさいです。 치이사이데스
커요.	おおきいです。 오오키이데스
얼마입니까?	いくらですか。 이쿠라데스카
비싸요.	たかいです。 타카이데스
싸게 해 주세요.	やすく　して　ください。야스쿠 시테 쿠다사이
할인이 가능합니까?	わるびき　できますか。와리비키 데키마스카
포장해 주세요.	ほうそうして　ください。호–소–시테 구다사이
쇼핑백에 넣어 주세요.	かみぶくろに　いれて　ください。 가미부쿠로니 이레테 쿠다사이
영수증 주세요.	レシート　ください。레시–토 쿠다사이

음식

추천 요리는 무엇입니까?	おすすめ　りょうりは　なんですか。 오스스메 료– 리와 난데스카
잘 먹겠습니다.	いただきます。 이타다키마스
잘 먹었습니다.	ごちそうさまでした。 고치소–사마데시타
맛있어요.	おいしいです。 오이시이데스
맛이 이상합니다.	あじが　おかしいです。 아지가 오카시–데스
생맥주 500cc 두 잔.	なまビール　500cc　2はい。 나마비–루 고햐쿠시이시이 니하이
물 좀 주세요.	みず　ください。 미즈 쿠다사이
개인용 접시 하나 주세요.	とりざら　ひとつ　ください。토리자라 히토츠 쿠다사이
담배를 피워도 됩니까?	たばこを　すっても　いいですか。 타바코–슷테모 이이데스카
계산해 주세요.	おかんじょう　おねがいします。 오칸조–오네가이시마스

찾아보기

INDEX

지역 여행

Sightseeing

Eating

Sleeping

근교 여행

Sightseeing

Eating

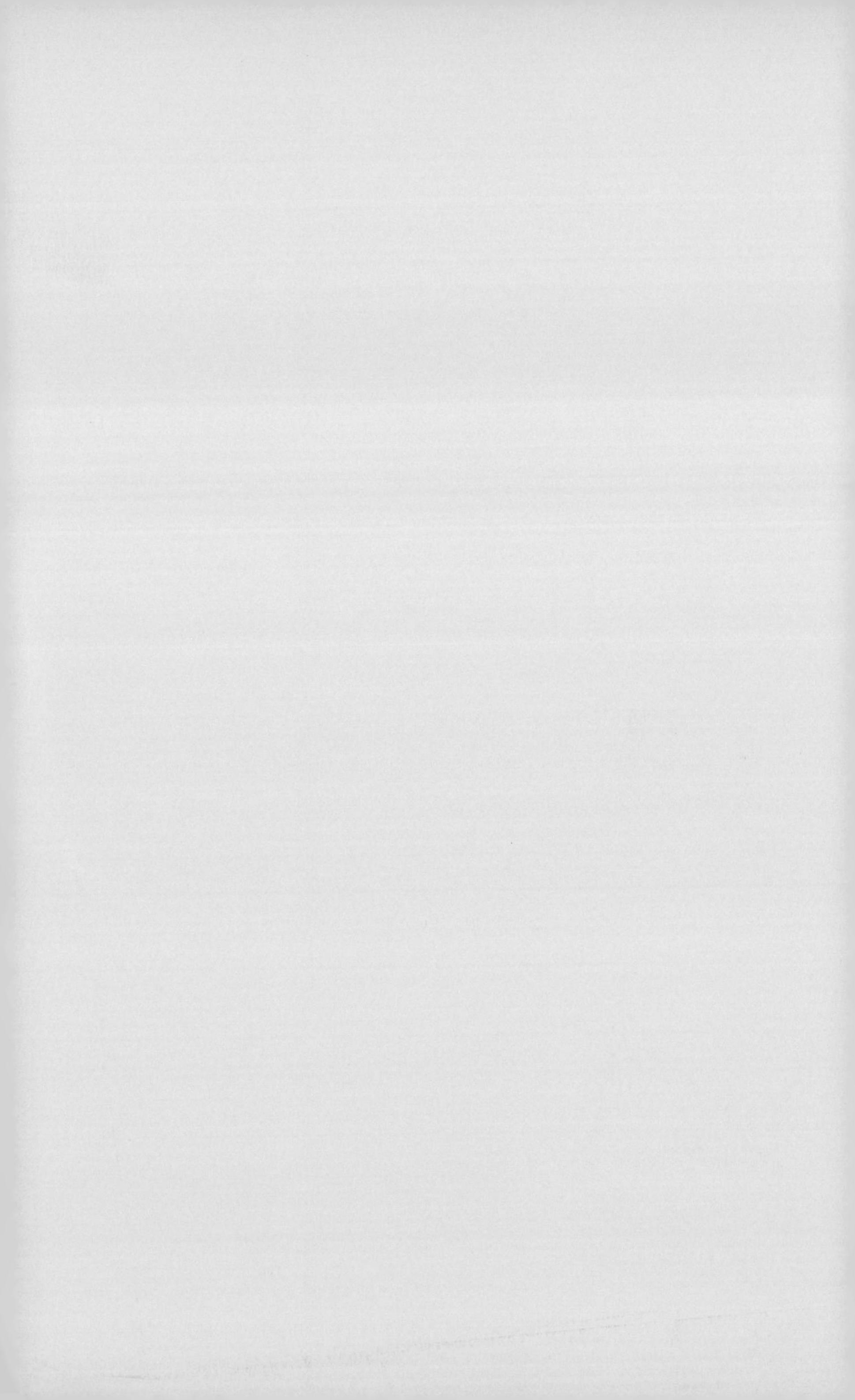